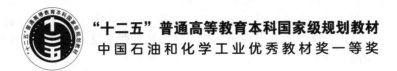
"十二五"普通高等教育本科国家级规划教材

中国石油和化学工业优秀教材奖一等奖

化工仪表及自动化

（化学工程与工艺专业适用）

第七版

厉玉鸣　李大字　主编　　王会芹　孟华　副主编

U0235032

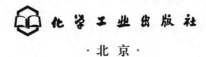
化学工业出版社

·北京·

内容简介

本书是在保持第六版体系结构的基础上，对其内容进行除旧添新、适当修改而成的。本书内容共分十章。除了介绍工业生产过程中自动控制系统方面的基本知识，本书还分别介绍了构成自动控制系统的被控对象、检测仪表与传感器、自动控制仪表及执行器等；在简单、复杂控制系统的基础上，介绍了新型控制系统、计算机控制系统，最后结合生产过程介绍了典型化工单元操作的控制方案。

本书配套思政、微课、动画、视频等数字资源，读者可扫描封底二维码根据提示获取。

本书适用于高等学校化学工程与工艺专业，也适用于其他相关专业（例如石油、医药、轻工、食品、林业、冶金、煤矿、生物、环境……），还可供从事连续生产过程的工艺技术人员参考。

图书在版编目（CIP）数据

化工仪表及自动化：化学工程与工艺专业适用/厉玉鸣，李大字主编 . — 7 版 . —北京：化学工业出版社，2024. 4. —（"十二五"普通高等教育本科国家级规划教材）. — ISBN 978-7-122-45933-6

Ⅰ. TQ056

中国国家版本馆 CIP 数据核字第 20245KL399 号

责任编辑：唐旭华　郝英华　　　　装帧设计：韩　飞
责任校对：宋　夏

出版发行：化学工业出版社
　　　　　（北京市东城区青年湖南街 13 号　邮政编码 100011）
印　　刷：北京云浩印刷有限责任公司
装　　订：三河市振勇印装有限公司
787mm×1092mm　1/16　印张 17　字数 447 千字
2024 年 7 月北京第 7 版第 1 次印刷

购书咨询：010-64518888　　　售后服务：010-64518899
网　　址：http://www.cip.com.cn
凡购买本书，如有缺损质量问题，本社销售中心负责调换。

定　　价：45.00 元　　　　　　　版权所有　违者必究

前　言

本书自 1981 年出版以来，经全国许多高等学校使用，基本上满足了化工高等院校及一些相关专业（例如石油、医药、轻工、食品、林业、冶金、煤矿、生物、环境……）的教学需要。在 1991 年、1999 年、2006 年、2011 年、2018 年，编者针对该书使用中发现的问题，并考虑到化工仪表及自动化生产水平的提高，对原书的内容作了五次较大的改动，逐渐形成以自动化为主线的整体编写思路，分别出版了该书的第二版至第六版。该书自出版以来，经过多次印刷，被许多学校和单位选用，受到广大师生的欢迎和支持，并提出了许多宝贵的意见，在此表示衷心的感谢。

伴随着科学技术的迅猛发展，自动化技术已成为当代举世瞩目的高技术之一。由于生产过程连续化、大型化、复杂化，广大的工艺生产技术人员需要学习和掌握必要的检测技术及自动化方面的知识，这是现代工业生产实现高效、优质、安全、低耗的基本条件和重要保证，也是有关人员管理与开发现代化生产过程所必须具备的知识。为了满足广大师生及有关人员学习本门课程的需要，我们在原书的基础上编写了该书的第七版。这次修订的总体思路是在基本保持原书体系结构的基础上，删除某些在当前已显得陈旧的内容，改写某些显得比较烦琐或工艺技术人员较少接触的内容，增加了反映当前自动化水平的内容，以及来源于工程实际的典型案例和数字资源。为贯彻党的二十大为党育人、为国育才精神，本书在修订过程中，注重立德树人理念的融入，增加了课程思政元素，以实现育人与育才相结合的目标。针对工艺类学生的特点和需要，本书在注重课程内容不断更新和整体优化的同时，努力以较少的理论推导和较简明的叙述，将化工仪表及自动化的基本内容以及许多新概念、新系统、新方法、新工具一并展现在读者面前。全书基本上涵盖了国内外仪表自动化方面的最新技术和发展动态。在编写方面，集教学内容的先进性与叙述的深入浅出为一体，以更好地满足工艺类专业学生学习的需要。

本书各章后面给出了习题与思考题，供广大师生参考。为了满足广大师生的教学需要，我们与几所院校合作编写了相应的《化工仪表及自动化例题习题集》（第三版），该习题集基本上覆盖了本社目前已经出版的同类教材的所有习题与思考题，除了对主要的习题给出了详细的题解，还列举了部分例题进行了深入的分析，以使该课程的任课教师与学生能更好地理解教材的内容与要点。

本书第七版由厉玉鸣、李大字担任主编，王会芹、孟华任副主编。

参加过本书第一版至第六版编写工作的还有华南理工大学吴嘉麟，南京工业大学何叔畲、钱玲，北京林业大学张谦，北京服装学院李慧、陈亚男，河北科技大学杨霞，北京化工大学王建林、潘立登、马俊英、黄玉洁、金翠云、马昕等老师，对他们为本书付出的辛勤劳动深表敬意。书中配套的数字资源由东方仿真软件有限公司以及北京化工大学李大字、钱行、赵利强、脱建勇、马昕、杨博、苑杨提供。在这次修订过程中，得到许多同志的帮助，这里谨向这些同志及对本书提出过宝贵意见的广大师生和其他读者表示感谢，并恳切希望大家继续对本书第七版提出宝贵的意见。

编者

2024 年 3 月

目　　录

数字资源对照表

对应章节	资源名称	资源类型	页码
绪论	钱学森先生在控制工程及系统科学中的伟大贡献	思政	2
第一章第一节	脱水装置应急联锁控制回路	视频	3
第一章第一节	ESD系统	视频	3
第一章第二节	控制器的PID控制规律非技术因素延伸——敬业精神	思政	5
第二章第一节	化工过程的特点及其描述方法	微课	18
第二章第二节	对象数学模型的建立	微课	20
第二章第三节	放大系数 & 时间常数	微课	26、27
第二章第三节	滞后时间	微课	29
第三章第一节	仪表的性能指标	微课	34
第三章第二节	压力单位及测压仪表	微课	38
第三章第二节	弹簧管压力表	动画	40
第三章第二节	电容式压力传感器	动画	43
第三章第二节	压力变送器	视频	44
第三章第三节	电磁流量计	视频	60
第三章第三节	电磁流量计——领路人王竹溪	思政	61
第三章第三节	质量流量计原理展示	动画	62
第三章第四节	浮筒式液位计结构原理	视频	66
第三章第四节	差压式液位变送器	微课	67
第三章第四节	差压式液位计	动画	67
第三章第四节	电容式液位计	动画	69
第三章第五节	热电阻结构原理	视频	86
第三章第六节	现代检测技术与传感器的发展	微课	94
第三章第七节	显示仪表	微课	97
第三章第七节	数字式显示仪表	视频	98
第三章第八节	安全仪表系统的基本概念及结构	微课	101、102
第三章第八节	集成设计及传感器设计原则	微课	102、103
第四章第一节	概述	微课	116
第四章第二节	双位控制	微课	117
第四章第二节	比例控制	微课	118
第四章第二节	积分、微分控制	微课	121、122
第四章第三节	数字式控制器	微课	123
第四章第四节	基于PLC的温度检测与反馈控制	视频	127
第四章第四节	PLC可编程控制器	视频	129
第五章第一节	气动执行器的执行机构	微课	141
第五章第一节	气动薄膜调节阀	动画	141
第五章第一节	气动执行器的控制机构	微课	142
第五章第一节	角形阀	动画	142
第五章第一节	控制阀的理想流量特性	微课	144
第五章第一节	控制阀的工作流量特性	微课	146
第五章第三节	带阀门定位器的活塞式执行机构	动画	151
第六章第一节	简单控制系统的结构与组成	微课	154
第六章第一节	简单控制系统的结构	视频	154
第六章第二节	被控变量的选择	微课	155

对应章节	资源名称	资源类型	页码
第六章第二节	操纵变量及控制规律的选择	微课	157、161
第六章第二节	控制器控制规律的影响	视频	161
第六章第二节	对象特性对控制效果的影响	视频	161
第六章第二节	控制器正、反作用的判断	动画	162
第六章第三节	控制器参数的工程整定	微课	165
第六章第三节	临界比例度法整定PID参数的过程	视频	166
第六章第三节	衰减振荡法整定PID参数的过程	视频	166
第六章第三节	试凑法整定PID参数的过程	视频	167
第七章第二节	均匀控制系统	微课	180
第七章第三节	比值控制系统	微课	182
第七章第四节	前馈控制系统	思政	186
第七章第五节	选择性控制系统	微课	190
第八章第一节	自适应控制	微课	201
第八章第二节	预测控制	微课	203
第八章第三节	智能控制＆专家控制系统＆模糊控制系统	微课	205
第八章第三节	神经元网络控制＆故障检测与故障诊断＆解耦控制系统＆鲁棒控制	微课	205
第九章第一节	概述	微课	215
第九章第二节	集散控制系统	微课	218
第九章第二节	DCS软件操作视频	视频	218
第九章第三节	现场总线控制系统	微课	224
第九章第三节	FCS介绍	视频	224
第九章第四节	网络控制系统	微课	227
第十章第一节	离心泵(单吸)原理展示	动画	232
第十章第一节	离心泵的控制方案	微课	232
第十章第一节	离心泵控制	视频	232
第十章第一节	泵-南水北调工程	思政	233
第十章第一节	往复泵的控制方案	微课	233
第十章第一节	压缩机的控制方案及防喘振控制	微课	234、235
第十章第二节	两侧均无相变化的换热器控制方案	微课	237
第十章第二节	两侧均无相变化的冷却器仿真操作	视频	237
第十章第二节	载热体进行冷凝的加热器自动控制	微课	239
第十章第二节	冷却剂进行汽化的冷却器自动控制	微课	240
第十章第二节	锅炉开车过程控制	视频	241
第十章第二节	汽包水位控制系统	微课	242
第十章第二节	锅炉燃烧控制系统	微课	245
第十章第二节	板式塔(普通浮阀塔)原理展示	动画	246
第十章第三节	精馏塔的自动控制	微课	246
第十章第三节	精馏塔的自动控制仿真模拟	视频	246
第十章第四节	化学反应器的控制要求	微课	251
第十章第四节	釜式反应器原理展示	动画	252
第十章第四节	釜式反应器的温度自动控制	微课	252
第十章第四节	连续带搅拌釜式反应器的仿真操作——反应前稳定进料	视频	252
第十章第四节	连续带搅拌釜式反应器的仿真操作——连续反应过程	视频	252
第十章第四节	固定床反应器原理展示	动画	253
第十章第四节	床式反应器的自动控制	微课	253
第十章第五节	常用生化过程控制	微课	255

绪　　论

自动化技术是当今举世瞩目的高技术之一，也是中国今后重点发展的一个高科技领域。

自动化技术的研究开发和应用水平是衡量一个国家发达程度的重要标志，也是现代化社会的一大标志。

自动化技术的进步推动了工业生产的飞速发展，在促进产业革命中起着十分重要的作用，特别是在石油、化工、冶金、轻工等部门，由于采用了自动化仪表和集中控制装置，促进了连续生产过程自动化的发展，大大地提高了劳动生产率，获得了巨大的社会效益和经济效益。

化工自动化是化工、炼油、食品、轻工等化工类型生产过程自动化的简称。在化工设备上，配备上一些自动化装置，代替操作人员的部分直接劳动，使生产在不同程度上自动地进行，这种用自动化装置来管理化工生产过程的办法，称为化工自动化。

自动化是提高社会生产力的有力工具之一。实现化工生产过程自动化的目的如下。

（1）加快生产速度，降低生产成本，提高产品产量和质量。在人工操作的生产过程中，由于人的五官、手、脚，对外界的观察与控制其精确度和速度是有一定限度的。而且由于体力关系，人直接操纵设备功率也是有限的。如果用自动化装置代替人的操纵，则以上情况可以得到避免和改善，并且通过自动控制系统，使生产过程在最佳条件下进行，从而可以大大加快生产速度，降低能耗，实现优质高产。

（2）减轻劳动强度，改善劳动条件。多数化工生产过程是在高温、高压或低温、低压下进行，还有的是易燃、易爆或有毒、有腐蚀性、有刺激性气味，实现了化工自动化，工人只要对自动化装置的运转进行监视，而不需要再直接从事大量危险的操作。

（3）能够保证生产安全，防止事故发生或扩大，达到延长设备使用寿命，提高设备利用能力的目的。如离心式压缩机，往往由于操作不当引起喘振而损坏机体；聚合反应釜，往往因反应过程中温度过高而影响生产，假如对这些设备进行必要的自动控制，就可以防止或减少事故的发生。

（4）生产过程自动化的实现，能根本改变劳动方式，提高工人文化技术水平，为逐步地消灭体力劳动和脑力劳动之间的差别创造条件。

从化工生产过程自动化的发展情况来看，首先是应用一些自动检测仪表来监视生产。在20世纪40年代以前，绝大多数化工生产处于手工操作状况，操作工人根据反映主要参数的仪表指示情况，用人工来改变操作条件，生产过程单凭经验进行。对于那些连续生产的化工厂，在进出物料彼此联系中装设了大的贮槽，起着克服干扰影响及稳定生产的作用，显然生产是低效率的，花在设备上的庞大投资也是浪费的。

20世纪50年代到60年代，人们对化工生产各种单元操作进行了大量的开发工作，使得化工生产过程朝着大规模、高效率、连续生产、综合利用方向迅速发展。因此，要使这类工厂生产运行正常，必须要有性能良好的自动控制系统和仪表。此时，在实际生产中应用的自动控制系统主要是温度、压力、流量和液位四大参数的简单控制，同时，串级、比值、多冲量等复杂控制系统也得到了一定程度的发展。所应用的自动化技术工具主要是基地式电动、气动仪表及单元组合式仪表。此时期由于还不能深入了解化工对象的动态特性，因此，应用半经验、半理论的设计准则和整定公式，给自动控制系统设计和参数整定起了相当重要的作用，解决了许多实际问题。

20 世纪 70 年代以来，化工自动化技术又有了新的发展。在自动化技术工具方面，仪表的更新非常迅速，特别是计算机在自动化中发挥越来越重要的作用，这对常规仪表产生了一系列的影响，促使常规仪表不断变革，以满足生产过程中对能量利用、产品质量等各方面越来越高的要求。在自动控制系统方面，由于控制理论和控制技术的发展，给自动控制系统的发展创造了各种有利条件，各种新型控制系统相继出现，控制系统的设计与整定方法也有了新的发展。

现代自动化技术已经不只是局限于对生产过程中重要参数的自动控制了，概括地说，现代自动化技术主要具有以下一些特点：现代自动化技术已发展为综合自动化，其应用的领域和规模越来越大，控制与管理一体化的系统已提到议事日程，因此，其社会、经济效益也越来越大；自动化技术显示了知识密集化、高技术集成化的特点，它是信息技术、自动化技术、管理科学等相结合的现代高技术，在发展自动化技术的过程中，软设备所起的作用日益被重视；自动化过程中的智能化程度日益增加，各种智能仪表不断出现，控制的精度越来越高，控制的方式日益多样化，自动化技术不仅仅是减轻和代替了人们的体力劳动，而且也在很大程度上代替了人们的脑力劳动。

20 世纪末，计算机、信息技术的飞速发展，引发了自动化系统结构的变革：专用微处理器嵌入传统测量控制仪表，使它们具有数字计算和数字通信能力；采用双绞线等作为通信总线，把多个测量控制仪表连接成网络系统，并按开放、标准的通信协议，在多个现场智能测量控制设备之间以及与远程监控计算机之间实现数据传输与信息交换，组成各种适合实际需要的自动控制系统，即现场总线控制系统。现场总线控制系统的出现，使自动化仪表、集散控制系统和可编程序控制器产品的体系结构、功能结构都发生了很大的变化。

由于现代自动化技术的发展，在化工行业，生产工艺、设备、控制与管理已逐渐成为一个有机的整体，因此，一方面，从事化工过程控制的技术人员必须深入了解和熟悉生产工艺与设备；另一方面，化工工艺技术人员必须具有相应的自动控制的知识。现在，越来越多的工艺技术人员认识到：学习自动化及仪表方面的知识，对于管理与开发现代化化工生产过程是十分重要的。为此，化工工艺类专业设置了本门课程。通过本课程的学习，应能了解化工自动化的基本知识，理解自动控制系统的组成、基本原理及各环节的作用；能根据工艺要求，与自控设计人员共同讨论和提出合理的自动控制方案；能在工艺设计或技术改造中，与自控设计人员密切合作，综合考虑工艺与控制两个方面，并为自控设计人员提供正确的工艺条件与数据；能了解化工对象的基本特性及其对控制过程的影响；能了解基本控制规律及其控制器参数与被控过程的控制质量之间的关系；能了解主要工艺参数（温度、压力、流量及物位）的基本测量方法和仪表的工作原理及其特点；在生产控制、管理和调度中，能正确地选用和使用常见的测量仪表和控制装置，使它们充分发挥作用；能在生产开停车过程中，初步掌握自动控制系统的投运及控制器的参数整定；能在自动控制系统运行过程中，发现和分析出现的一些问题和现象，以便提出正确的解决办法；能在处理各类技术问题时，应用一些控制论、系统论、信息论的观点来分析思考，寻求考虑整体条件、考虑事物间相互关联的综合解决方法。

化工生产过程自动化是一门综合性的技术学科。它应用自动控制学科、仪器仪表学科及计算机学科的理论与技术服务于化学工程学科。然而，化学工程本身又是一门覆盖面很广的学科，化工过程有其自身的规律，而化学工艺更是类型纷繁。对于熟悉化学工程学科的人员，如能再学习和掌握一些检测技术和控制系统方面的知识，必能在推进中国的化工自动化事业中，起到事半功倍的作用。

钱学森先生在控制工程及系统科学中的伟大贡献 🌐 — 思政 —

第一章　自动控制系统基本概念

第一节　化工自动化的主要内容

为了实现化工生产过程自动化，一般要包括自动检测、自动保护、自动操纵和自动控制等方面的内容，现分别予以介绍。

1. 自动检测系统

利用各种检测仪表对主要工艺参数进行测量、指示或记录的，称为自动检测系统。它代替了操作人员对工艺参数的不断观察与记录，因此起到人的眼睛的作用。

图 1-1 的热交换器是利用蒸汽来加热冷液的，冷液经加热后的温度是否达到要求，可用测温元件配上平衡电桥来进行测量、指示和记录；冷液的流量可以用孔板流量计进行检测；蒸汽压力可用压力表来指示，这些就是自动检测系统。

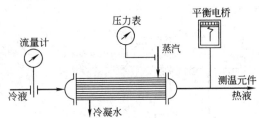

图 1-1　热交换器自动检测系统示意图

2. 自动信号和联锁保护系统 — 视频 —

生产过程中，有时由于一些偶然因素的影响，导致工艺参数超出允许的变化范围而出现不正常情况时，就有引起事故的可能。为此，常对某些关键性参数设有自动信号联锁装置。当工艺参数超过了允许范围，在事故即将发生以前，信号系统就自动地发出声光信号，告诫操作人员注意，并及时采取措施。如工况已到达危险状态时，联锁系统立即自动采取紧急措施，打开安全阀或切断某些通路，必要时紧急停车，以防止事故的发生和扩大。它是生产过程中的一种安全装置。例如某反应器的反应温度超过了允许极限值，自动信号系统就会发出声光信号，报警给工艺操作人员以及时处理生产事故。由于生产过程的强化，往往靠操作人员处理事故已成为不可能，因为在一个强化的生产过程中，事故常常会在几秒内发生，由操作人员直接处理是根本来不及的。自动联锁保护系统可以圆满地解决这类问题，如当反应器的温度或压力进入危险限时，联锁系统可立即采取应急措施，加大冷却剂量或关闭进料阀门，减缓或停止反应，从而可避免引起爆炸等生产事故。

3. 自动操纵及自动开停车系统 — 视频 —

自动操纵系统可以根据预先规定的步骤自动地对生产设备进行某种周期性操作。例如合成氨造气车间的煤气发生炉，要求按照吹风、上吹、下吹制气、吹净等步骤周期性地接通空气和水蒸气，利用自动操纵机可以代替人工自动地按照一定的时间程序扳动空气和水蒸气的阀门，使它们交替地接通煤气发生炉，从而极大地减轻了操作工人的重复性体力劳动。

自动开停车系统可以按照预先规定好的步骤，将生产过程自动地投入运行或自动停车。

4. 自动控制系统

生产过程中各种工艺条件不可能是一成不变的。特别是化工生产，大多数是连续性生产，各设备相互关联着，当其中某一设备的工艺条件发生变化时，都可能引起其他设备中某些参数或多或少地波动，偏离了正常的工艺条件，为此，就需要用一些自动控制装置，对生产中某些关键性参数进行自动控制，使它们在受到外界干扰（扰动）的影响而偏离正常状态时，能自动地控制而回到规定的数值范围内，为此目的而设置的系统就是自动控制系统。

由以上所述可以看出，自动检测系统只能完成"了解"生产过程进行情况的任务；信号联锁保护系统只能在工艺条件进入某种极限状态时，采取安全措施，以避免生产事故的发生；自动操纵系统只能按照预先规定好的步骤进行某种周期性操纵；只有自动控制系统才能自动地排除各种干扰因素对工艺参数的影响，使它们始终保持在预先规定的数值上，保证生产维持在正常或最佳的工艺操作状态。因此，自动控制系统是自动化生产中的核心部分，也是本课程了解和学习的重点。

第二节　自动控制系统的基本组成及表示形式

一、自动控制系统的基本组成

自动控制系统是在人工控制的基础上产生和发展起来的。所以，在开始介绍自动控制的时候，先分析人工操作，并与自动控制加以比较，对分析和了解自动控制系统是有裨益的。

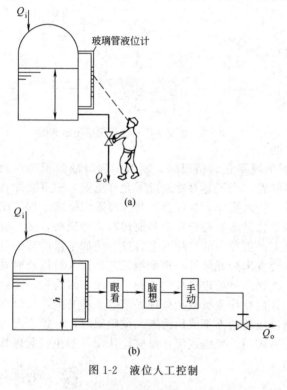

图 1-2　液位人工控制

图 1-2 所示是一个液体贮槽，在生产中常用来作为一般的中间容器或成品罐。从前一个工序来的物料连续不断地流入槽中，而槽中的液体又送至下一工序进行加工或包装。当流入量 Q_i（或流出量 Q_o）波动时会引起槽内液位的波动，严重时会溢出或抽空。解决这个问题的最简单办法，是以贮槽液位为操作指标，以改变出口阀门开度为控制手段，如图 1-2(a) 所示。当液位上升时，将出口阀门开大，液位上升越多，阀门开得越大；反之，当液位下降时，则关小出口阀门，液位下降越多，阀门关得越小。为了使液位上升和下降都有足够的余地，选择玻璃管液位计指示值中间的某一点为正常工作时的液位高度，通过改变出口阀门开度而使液位保持在这一高度上，这样就不会出现贮槽中液位过高而溢至槽外，或使贮槽内液体抽空而发生事故的现象。归纳起来，操作人员所进行的工作有三方面，如图 1-2(b) 所示。

（1）检测　用眼睛观察玻璃管液位计（测量元件）中液位的高低，并通过神经系统告诉大脑。

（2）运算（思考）、命令　大脑根据眼睛看到的液位高度，加以思考并与要求的液位值进行比较，得出偏差的大小和正负，然后根据操作经验，经思考、决策后发出命令。

（3）执行　根据大脑发出的命令，通过手去改变阀门开度，以改变出口流量 Q_o，从而使液位保持在所需高度上。

眼、脑、手三个器官，分别担负了检测、运算和执行三个作用，来完成测量、求偏差、操纵阀门以纠正偏差的全过程。由于人工控制受到人的生理上的限制，因此在控制速度和精度上都满足不了大型现代化生产的需要。为了提高控制精度和减轻劳动强度，可用一套自动化装置来代替上述人工操作，这样就由人工控制变为自动控制了。液体贮槽和自动化装置一起构成了一个自动控制系统，如图 1-3 所示。

为了完成人的眼、脑、手三个器官的任务，自动化装置一般至少也应包括三个部分，分别用来模拟人的眼、脑和手的功能。如图 1-3 所示，自动化装置的三个部分分别是：

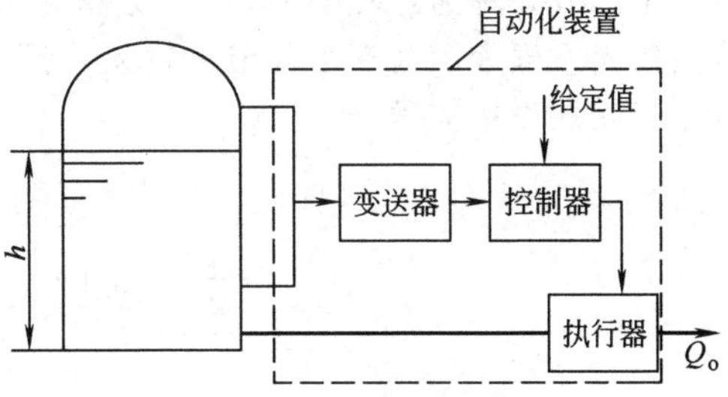

（1）测量元件与变送器　它的功能是测量液位并将液位的高低转化为一种特定的、统一的输出信号（如气压信号或电压、电流信号等）；

图 1-3　液位自动控制系统

（2）自动控制器　它接收变送器送来的信号，与工艺需要保持的液位高度相比较得出偏差，并按某种运算规律算出结果，然后将此结果用特定信号（气压或电流）发送出去；

（3）执行器　通常指控制阀，它与普通阀门的功能一样，只不过它能自动地根据控制器送来的信号值来改变阀门的开启度。

显然，这套自动化装置具有人工控制中操作人员的眼、脑、手的部分功能，因此，它能完成自动控制贮槽中液位高低的任务。

在自动控制系统的组成中，除了必须具有前述的自动化装置外，还必须具有控制装置所控制的生产设备。在自动控制系统中，将需要控制其工艺参数的生产设备或机器叫做被控对象，简称对象。图 1-3 所示的液体贮槽就是这个液位控制系统的被控对象。化工生产中的各种塔器、反应器、换热器、泵和压缩机以及各种容器、贮槽都是常见的被控对象，甚至一段输气管道也可以是一个被控对象。在复杂的生产设备中，如精馏塔、吸收塔等，在一个设备上可能有好几个控制系统。这时在确定被控对象时，就不一定是生产设备的整个装置。譬如说，一个精馏塔，往往塔顶需要控制温度、压力等，塔底又需要控制温度、塔釜液位等，有时中部还需要控制进料流量，在这种情况下，就只有塔的某一与控制有关的相应部分才是某一个控制系统的被控对象。例如，在讨论进料流量的控制系统时，被控对象指的仅是进料管道及阀门等，而不是整个精馏塔本身。

控制器的 PID 控制规律非技术因素延伸——敬业精神　　🌐 — 思政 —

二、自动控制系统的表示形式

1. 方框图

方框图是控制系统或系统中每个环节的功能和信号流向的图解表示，是控制系统进行理论分析、设计中常用到的一种形式。方框图由方框、信号线、比较点、引出点组成。其中，每一个方框表示系统中的一个组成部分（也称为环节），方框内添入表示其自身特性的数学表达式或文字说明；信号线是带有箭头的直线段，用来表示环节间的相互关系和信号的流向；比较点表示对两个或两个以上信号进行加减运算，"＋"号表示相加，"－"号表示相减；引出点表示信号引出，从同一位置引出的信号在数值和性质方面完全相同。作用于方框上的信号为该环节的输入信号，由方框送出的信号称为该环节的输出信号。图 1-4 为方框图基本组成单元示意图。

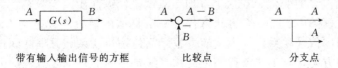

带有输入输出信号的方框　　　　比较点　　　　　　分支点

图 1-4　方框图的基本组成单元示意图

例如图 1-3 的液位自动控制系统可以用图 1-5 的方框图来表示。每个环节表示组成系统的一个部分，称为"环节"。两个方框之间用一条带有箭头的线条表示其信号的相互关系，箭头指向方框表示为这个环节的输入，箭头离开方框表示为这个环节的输出。线旁的字母表示相互间的作用信号。

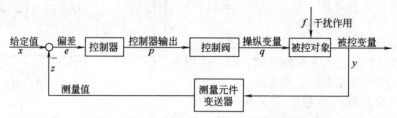

图 1-5　液位自动控制系统方框图

图 1-3 的贮槽在图 1-5 中用一个"被控对象（简称对象）"方框来表示，其液位就是生产过程中所要保持恒定的变量，在自动控制系统中称为被控变量，用 y 来表示。在方框图中，被控变量 y 就是对象的输出。影响被控变量 y 的因素来自进料流量的改变，这种引起被控变量波动的外来因素，在自动控制系统中称为干扰作用（扰动作用），用 f 表示。干扰作用是作用于对象的输入信号。与此同时，出料流量的改变是由于控制阀动作所致，如果用一方框表示控制阀，那么，出料流量即为"控制阀"方块的输出信号。出料流量的变化也是影响液位变化的因素，所以也是作用对象的输入信号。出料流量信号 q 在方框图中把控制阀和对象连接在一起。

贮槽液位信号是测量元件及变送器的输入信号，而变送器的输出信号 z 进入比较机构，与工艺上希望保持的被控变量数值，即给定值（设定值）x 进行比较，得出偏差信号 e（$e = x - z$），并送往控制器。比较机构实际上只是控制器的一个组成部分，不是一个独立的仪表，在图中把它单独画出来（一般方框图中是以○或 ⊗ 表示），为的是能更清楚地说明其比较作用。控制器根据偏差信号的大小，按一定的规律运算后，发出信号 p 送至控制阀，使控制阀的开度发生变化，从而改变出料流量以克服干扰对被控变量（液位）的影响。控制阀的开度变化起着控制作用。具体实现控制作用的变量叫做操纵变量，如图 1-3 中流过控制阀的出料流量就是操纵变量。用来实现控制作用的物料一般称为操纵介质或操纵剂，如上述中的流过控制阀的流体就是操纵介质。

用同一种形式的方框图可以代表不同的控制系统。例如图 1-6 所示的蒸汽加热器温度控制系统，当进料流量或温度变化等因素引起出口物料温度变化时，可以将该温度变化测量后送至温度控制器 TC。温度控制器的输出送至控制阀，以改变加热蒸汽量来维持出口物料的温度不变。这个控制系统同样可以用图 1-5 的方框图来表示。这时被控对象是加热器，被控变量 y 是出口物料的温度。干扰作用可能是进料流量、进料温度的变化、

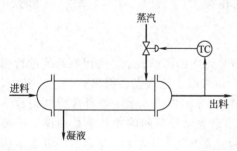

图 1-6　蒸汽加热器温度控制系统

加热蒸汽压力的变化、加热器内部传热系数或环境温度的变化等。而控制阀的输出信号即操纵变量 q 是加热蒸汽量的变化，在这里，加热蒸汽是操纵介质或操纵剂。

必须指出，方框图中的每一个方块都代表一个具体的装置。方框与方框之间的连接线，只是代表方框之间的信号联系，并不代表方框之间的物料联系。方框之间连接线的箭头也只是代表信号作用的方向，与工艺流程图上的物料线是不同的。工艺流程图上的物料线是代表物料从一个设备进入另一个设备，而方框图上的线条及箭头方向有时并不与流体流向相一

致。例如对于控制阀来说，它控制着操纵介质的流量（即操纵变量），从而把控制作用施加于被控对象去克服干扰的影响，以维持被控变量在给定值上。所以控制阀的输出信号 q，任何情况下都是指向被控对象的。然而控制阀所控制的操纵介质却可以是流入对象的（例如图 1-6 中的加热蒸汽），也可以是由对象流出的（例如图 1-3 中的出口流量）。这说明方框图上控制阀的引出线只是代表施加到对象的控制作用，并不是具体流入或流出对象的流体。如果这个物料确实是流入对象的，那么信号与流体的方向才是一致的。

对于任何一个简单的自动控制系统，只要按照上面的原则去作它们的方框图时，就会发现，不论它们在表面上有多大差别，它的各个组成部分在信号传递关系上都形成一个闭合的环路。其中任何一个信号，只要沿着箭头方向前进，通过若干个环节后，最终又会回到原来的起点。所以，自动控制系统是一个闭环系统。

再看图 1-5 中，系统的输出变量是被控变量，但是它经过测量元件和变送器后，又返回到系统的输入端，与给定值进行比较。这种把系统（或环节）的输出信号直接或经过一些环节重新返回到输入端的做法叫做反馈。从图 1-5 中还可以看到，在反馈信号 z 旁有一个负号"－"，而在给定值 x 旁有一个正号"＋"（正号可以省略）。这里正和负的意思是在比较时，以 x 作为正值，以 z 作为负值，也就是到控制器的偏差信号 $e=x-z$。因为图 1-5 中的反馈信号 z 取负值，所以叫负反馈，负反馈的信号能够使原来的信号减弱。如果反馈信号取正值，反馈信号使原来的信号加强，那么就叫做正反馈。在这种情况下，方框图中反馈信号 z 旁则要用正号"＋"，此时偏差 $e=x+z$。在自动控制系统中都采用负反馈。因为当被控变量 y 受到干扰的影响而升高时，只有负反馈才能使反馈信号 z 升高，经过比较到控制器去的偏差信号 e 将降低，此时控制器将发出信号而使控制阀的开度发生变化，变化的方向为负，从而使被控变量下降回到给定值，这样就达到了控制的目的。如果采用正反馈，那么控制作用不仅不能克服干扰的影响，反而是推波助澜，即当被控变量 y 受到干扰升高时，z 亦升高，控制阀的动作方向是使被控变量进一步升高，而且只要有一点微小的偏差，控制作用就会使偏差越来越大，直至被控变量超出了安全范围而破坏生产。所以控制系统绝对不能单独采用正反馈。

综上所述，自动控制系统是具有被控变量负反馈的闭环系统。它与自动检测、自动操纵等开环系统比较，最本质的区别，就在于自动控制系统有负反馈。开环系统中，被控（工艺）变量是不反馈到输入端的，如化肥厂的造气自动机就是典型的开环系统的例子。图 1-7 是这种自动操纵系统的方框图。自动机在操作时，一旦开机，就只能是按照预先规定好的程序周而复始地运转。这时煤气炉的工况如果发生了变化，自动机是不会自

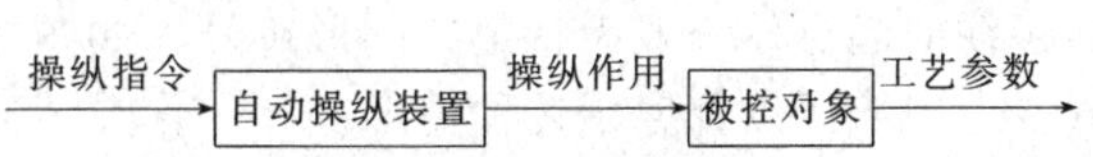

图 1-7　自动操纵系统方框图

动地根据炉子的实际工况来改变自己的操作的。自动机不能随时"了解"炉子的情况并依此改变自己的操作状态，这是开环系统的缺点。反过来说，自动控制系统由于是具有负反馈的闭环系统，它可以随时了解被控对象的情况，有针对性地根据被控变量的变化情况而改变控制作用的大小和方向，从而使系统的工作状态始终等于或接近于所希望的状态，这是闭环系统的优点。

2. 管道及仪表流程图

管道及仪表流程图（Piping and Instrumentation Diagram，P&ID）是自控设计的文字代号、图形符号在工艺流程图上描述生产过程控制的原理图，是控制系统设计、施工中采用的一种图示形式。管道及仪表流程图在工艺流程图的基础上，按其流程顺序，标出相应的测量点、控制点、控制系统及自动信号与联锁保护系统等。在控制方案确定以后，由工艺人员和自控人员共同研究绘制。

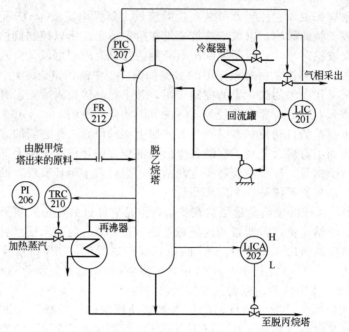

图 1-8 脱乙烷塔的工艺管道及控制流程图

图 1-8 是乙烯生产过程中脱乙烷塔的工艺管道及控制流程图。为了说明问题方便，对实际的工艺过程及控制方案都做了部分修改。从脱甲烷塔出来的釜液进入脱乙烷塔脱除乙烷。从脱乙烷塔塔顶出来的碳二馏分经塔顶冷凝器冷凝后，部分作为回流，其余则去乙炔加氢反应器进行加氢反应。从脱乙烷塔底出来的釜液部分经再沸器后返回塔底，其余则去脱丙烷塔脱除丙烷。

在绘制 P&ID 图时，图中所采用的图例符号要按有关的技术规定进行，如可参见化工行业标准 HG/T 20505—2000《过程测量和控制仪表的功能标志及图形符号》。下面结合图 1-8 对其中一些常用的统一规定做简要介绍。

（1）图形符号

① 测量点（包括检出元件、取样点）。是由工艺设备轮廓线或工艺管线引到仪表圆圈的连接线的起点，一般无特定的图形符号，如图 1-9 所示。图 1-8 中的塔顶取压点和加热蒸汽管线上的取压点都属于这种情形。

必要时，检测元件也可以用象形或图形符号表示。例如流量检测采用孔板时，检测点也可用图 1-8 中脱乙烷塔的进料管线上的符号表示。

图 1-9　测量点的一般表示方法　　　　　　图 1-10　连接线的表示法

② 连接线。通用的仪表信号线均以细实线表示。连接线表示交叉及相接时，采用图 1-10 的形式。必要时也可用加箭头的方式表示信号的方向。在需要时，信号线也可按气信号、电信号、导压毛细管等采用不同的表示方式以示区别。

③ 仪表（包括检测、显示、控制）的图形符号。仪表的图形符号是一个细实线圆圈，直径约 10mm，对于不同的仪表安装位置的图形符号如表 1-1 所示。

表 1-1　仪表安装位置的图形符号

序号	安装位置	图形符号	备　注	序号	安装位置	图形符号	备　注
1	就地安装仪表	◯		4	集中仪表盘后安装仪表	⊖	
		⊖（嵌在管道中）	嵌在管道中	5	就地仪表盘后安装仪表	⊜	
2	集中仪表盘面安装仪表	⊖		6	盘面，共享显示/控制首选或基本过程控制系统	□⊖	
3	就地仪表盘面安装仪表	⊖		7	盘面，共享显示/控制备选或安全仪表系统	◇	

　　对于处理两个或两个以上被测变量，具有相同或不同功能的复式仪表时，可用两个相切的圆或分别用细实线圆与细虚线圆相切表示（测量点在图纸上距离较远或不在同一图纸上），如图 1-11 所示。

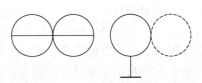

图 1-11　复式仪表的表示法

　　（2）字母代号　在控制流程图中，用来表示仪表的小圆圈的上半圆内，一般写有两位（或两位以上）字母，第一位字母表示被测变量，后继字母表示仪表的功能，常用被测变量和仪表功能的字母代号见表 1-2。

表 1-2　被测变量和仪表功能的字母代号

字　母	第　一　位　字　母		后　继　字　母
	被测变量	修饰词	功　能
A	分析		报警
C	电导率		控制（调节）
D	密度	差	
E	电压		检测元件
F	流量	比（分数）	
I	电流		指示
K	时间或时间程序		自动-手动操作器
L	物位		
M	水分或湿度		
P	压力或真空		
Q	数量或件数	积分、累积	积分、累积
R	放射性		记录或打印
S	速度或频率	安全	开关、联锁
T	温度		传送
V	黏度		阀、挡板、百叶窗
W	力		套管
Y	供选用		继动器或计算器
Z	位置		驱动、执行或未分类的终端执行机构

　　注："供选用的字母（例如表中 Y），指的是在个别设计中反复使用，而本表内未列入含意的字母。使用时字母含意需在具体工程的设计图例中作出规定，第一位字母是一种含意，而作为后继字母，则为另一种含意。"

以图 1-8 的脱乙烷塔控制流程图，来说明如何以字母代号的组合来表示被测变量和仪表功能的。塔顶的压力控制系统中的 PIC-207，其中第一位字母 P 表示被测变量为压力，第二位字母 I 表示具有指示功能，第三位字母 C 表示具有控制功能，因此，PIC 的组合就表示一台具有指示功能的压力控制器。该控制系统是通过改变气相采出量来维持塔压稳定的。同样，回流罐液位控制系统中的 LIC-201 是一台具有指示功能的液位控制器，它是通过改变进入冷凝器的冷剂量来维持回流罐中液位稳定的。

在塔的下部的温度控制系统中的 TRC-210 表示一台具有记录功能的温度控制器，它是通过改变进入再沸器的加热蒸汽量来维持塔底温度恒定的。当一台仪表同时具有指示、记录功能时，只需标注字母代号"R"，不标"I"，所以 TRC-210 可以同时具有指示、记录功能。同样，在进料管线上的 FR-212 可以表示同时具有指示、记录功能的流量仪表。

在塔底的液位控制系统中的 LICA-202 代表一台具有指示、报警功能的液位控制器，它是通过改变塔底采出量来维持塔釜液位稳定的。仪表圆圈外标有"H"、"L"字母，表示该仪表同时具有高、低限报警，在塔釜液位过高或过低时，会发出声、光报警信号。

（3）仪表位号　在检测、控制系统中，构成一个回路的每个仪表（或元件）都应有自己的仪表位号。仪表位号是由字母代号组合和阿拉伯数字编号两部分组成。字母代号的意义前面已经解释过。阿拉伯数字编号写在圆圈的下半部，其第一位数字表示工段号，后续数字（二位或三位数字）表示仪表序号。图 1-8 中仪表的数字编号第一位都是 2，表示脱乙烷塔在乙烯生产中属于第二工段。通过控制流程图，可以看出其上每台仪表的测量点位置、被测变量、仪表功能、工段号、仪表序号、安装位置等。例图 1-8 中的 PI-206 表示测量点在加热蒸汽管线上的蒸汽压力指示仪表，该仪表为就地安装，工段号为 2，仪表序号为 06。而 TRC-210 表示同一工段的一台温度记录控制仪，其温度的测量点在塔的下部，仪表安装在集中仪表盘面上。

第三节　自动控制系统的分类

自动控制系统有多种分类方法，可以按被控变量来分类，如温度、压力、流量、液位等控制系统。也可以按控制器具有的控制规律来分类，如比例、比例积分、比例微分、比例积分微分等控制系统。在分析自动控制系统特性时，最经常遇到的是将控制系统按照工艺过程需要控制的被控变量的给定值是否变化和如何变化来分类，这样可将自动控制系统分为三类，即定值控制系统、随动控制系统和程序控制系统。

1. 定值控制系统

所谓"定值"就是恒定给定值的简称。工艺生产中，如果要求控制系统的作用是使被控制的工艺参数保持在一个生产指标上不变，或者说要求被控变量的给定值不变，那么就需要采用定值控制系统。图 1-3 所讨论的液位控制系统就是定值控制系统的一个例子，这个控制系统的目的是使贮槽内的液位保持在给定值不变。同样，图 1-6 所示的温度控制系统也属于定值控制系统，它的目的是使出口物料的温度保持恒定。化工生产中要求的大都是这种类型的控制系统，因此后面所讨论的，如果未加特别说明，都是指定值控制系统。

2. 随动控制系统（自动跟踪系统）

这类系统的特点是给定值不断地变化，而且这种变化不是预先规定好了的，也就是说给定值是随机变化的。随动系统的目的就是使所控制的工艺参数准确而快速地跟随给定值的变化而变化。例如航空上的导航雷达系统、电视台的天线接收系统，都是随动系统的一些例子。

在化工生产中，有些比值控制系统就属于随动控制系统。例如要求甲流体的流量与乙流体的流量保持一定的比值，当乙流体的流量变化时，要求甲流体的流量能快速而准确地随之变化。由于乙流体的流量变化在生产中可能是随机的，所以相当于甲流体的流量给定值也是随机的，故属于随动控制系统。

3. 程序控制系统（顺序控制系统）

这类系统的给定值也是变化的，但它是一个已知的时间函数，即生产技术指标需按一定的时间程序变化。这类系统在间歇生产过程中应用比较普通。例如合成纤维锦纶生产中的熟化罐温度控制和机械工业中金属热处理的温度控制都是这类系统的例子。近年来，程序控制系统应用日益广泛，一些定型的或非定型的程控装置越来越多地被应用到生产中，微型计算机的广泛应用也为程序控制提供了良好的技术工具与有利条件。

第四节 自动控制系统的过渡过程和品质指标

一、控制系统的静态与动态

在自动化领域中，把被控变量不随时间而变化的平衡状态称为系统的静态，而把被控变量随时间变化的不平衡状态称为系统的动态。

当一个自动控制系统的输入（给定和干扰）和输出均恒定不变时，整个系统就处于一种相对稳定的平衡状态，系统的各个组成环节如变送器、控制器、控制阀都不改变其原先的状态，它们的输出信号也都处于相对静止状态，这种状态就是上述的静态。值得注意的是这里所指的静态与习惯上所讲的静态是不同的。习惯上所说的静态都是指静止不动（当然指的仍然是相对静止）。而在自动化领域中的静态是指系统中各信号的变化率为零，即信号保持在某一常数不变化，而不是指物料不流动或能量不交换。因为自动控制系统在静态时，生产还在进行，物料和能量仍然有进有出，只是平稳进行没有改变就是了。

自动控制系统的目的就是希望将被控变量保持在一个不变的给定值上，这只有当进入被控对象的物料量（或能量）和流出对象的物料量（或能量）相等时才有可能。例如图 1-3 所示的液位控制系统，只有当流入贮槽的流量和流出贮槽的流量相等时，液位才能恒定，系统才处于静态。图 1-6 所示的温度控制系统，只有当进入换热器的热量和由换热器出去的热量相等时，温度才能恒定，此时系统就达到了平衡状态，亦即处于静态。

假若一个系统原先处于相对平衡状态即静态，由于干扰的作用而破坏了这种平衡时，被控变量就会发生变化，从而使控制器、控制阀等自动化装置改变原来平衡时所处的状态，产生一定的控制作用来克服干扰的影响，并力图使系统恢复平衡。从干扰发生开始，经过控制，直到系统重新建立平衡，在这一段时间中，整个系统的各个环节和信号都处于变动状态之中，所以这种状态叫做动态。

在自动化工作中，了解系统的静态是必要的，但是了解系统的动态更为重要。这是因为在生产过程中，干扰是客观存在的，是不可避免的，例如生产过程中前后工序的相互影响；负荷的改变；电压、气压的波动；气候的影响等。这些干扰是破坏系统平衡状态引起被控变量发生变化的外界因素。在一个自动控制系统投入运行时，时时刻刻都有干扰作用于控制系统，从而破坏了正常的工艺生产状态。因此，就需要通过自动化装置不断地施加控制作用去对抗或抵消干扰作用的影响，从而使被控变量保持在工艺生产所要求控制的技术指标上。所以，一个自动控制系统在正常工作时，总是处于一波未平，一波又起，波动不止，往复不息的动态过程中。显然，研究自动控制系统的重点是要研究系统的动态。

二、控制系统的过渡过程

图 1-12 是简单控制系统的方框图。假定系统原先处于平衡状态，系统中的各信号不随时间而变化。在某一个时刻 t_0，有一干扰作用于对象，于是系统的输出 y 就要变化，系统进入动态过程。由于自动

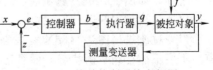

图 1-12 简单控制系统方框图

控制系统的负反馈作用，经过一段时间以后，系统应该重新恢复平衡。系统由一个平衡状态过渡到另一个平衡状态的过程，称为系统的过渡过程。

系统在过渡过程中，被控变量是随时间变化的。了解过渡过程中被控变量的变化规律对于研究自动控制系统是十分重要的。显然，被控变量随时间的变化规律首先取决于作用于系统的干扰形式。在生产中，出现的干扰是没有固定形式的，且多半属于随机性质。在分析和设计控制系统时，为了安全和方便，常选择一些定型的干扰形式，其中常用的是阶跃干扰，如图 1-13 所示。由图可以看出，所谓阶跃干扰就是在某一瞬间 t_0，干扰（即输入量）突然地阶跃式的加到系统上，并继续保持在这个幅度。采取阶跃干扰的形式来研究自动控制系统是因为考虑到这种形式的干扰比较突然，比较危险，它对被控变量的影响也最大。如果一个控制系统能够有效地克服这种类型的干扰，那么对于其他比较缓和的干扰也一定能很好地克服，同时，这种干扰的形式简单，容易实现，便于分析、实验和计算。

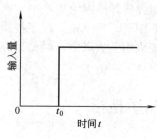

图 1-13 阶跃干扰作用

一般说来，自动控制系统在阶跃干扰作用下的过渡过程有如图 1-14 所示的几种基本形式。

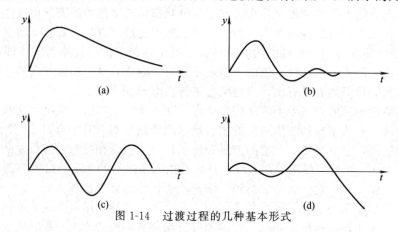

图 1-14 过渡过程的几种基本形式

1. 非周期衰减过程

被控变量在给定值的某一侧作缓慢变化，没有来回波动，最后稳定在某一数值上，这种过渡过程形式为非周期衰减过程，如图 1-14(a) 所示。

2. 衰减振荡过程

被控变量上下波动，但幅度逐渐减小，最后稳定在某一数值上，这种过渡过程形式为衰减振荡过程，如图 1-14(b) 所示。

3. 等幅振荡过程

被控变量在给定值附近来回波动，且波动幅度保持不变，这种情况称为等幅振荡过程，如图 1-14(c) 所示。

4. 发散振荡过程

被控变量来回波动，且波动幅度逐渐变大，即偏离给定值越来越远，这种情况称为发散振荡过程，如图 1-14(d) 所示。

以上过渡过程的四种形式可以归纳为三类。

（1）过渡过程图 1-14(d) 是发散的，称为不稳定的过渡过程，其被控变量在控制过程中，不但不能达到平衡状态，而且逐渐远离给定值，它将导致被控变量超越工艺允许范围，严重时会引起事故，这是生产上所不允许的，应竭力避免。

（2）过渡过程图 1-14(a) 和（b）都是衰减的，称为稳定过程。被控变量经过一段时间后，逐渐趋向原来的或新的平衡状态，这是所希望的。

对于非周期的衰减过程，由于这种过渡过程变化较慢，被控变量在控制过程中长时间地偏离给定值，而不能很快恢复平衡状态，所以一般不采用，只是在生产上不允许被控变量有波动的情况下才采用。

对于衰减振荡过程，由于能够较快地使系统达到稳定状态，所以在多数情况下，都希望自动控制系统在阶跃输入作用下，能够得到如图 1-14(b) 所示的过渡过程。

（3）过渡过程形式图 1-14(c) 介于不稳定与稳定之间，一般也认为是不稳定过程，生产上不能采用。只是对于某些控制质量要求不高的场合，如果被控变量允许在工艺许可的范围内振荡（主要指在位式控制时），那么这种过渡过程的形式是可以采用的。

三、控制系统的品质指标

控制系统的过渡过程是衡量控制系统品质的依据。由于在多数情况下，都希望得到衰减振荡过程，所以取衰减振荡的过渡过程形式来讨论控制系统的品质指标。

假定自动控制系统在阶跃输入作用下，被控变量的变化曲线如图 1-15 所示。这是属于衰减振荡的过渡过程。图上横坐标 t 为时间，纵坐标 y 为被控变量离开给定值的变化量。假定在时间 $t=0$ 之前，系统稳定，且被控变量等于给定值，即 $y=0$；在 $t=0$ 瞬间，外加阶跃干扰作用，系统的被控变量开始按衰减振荡的规律变化，经过相当长时间后，y 逐渐稳定在 C 值上，即 $y(\infty)=C$。

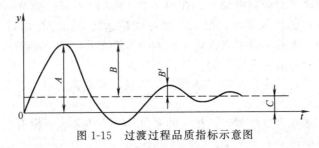

图 1-15　过渡过程品质指标示意图

对于如图 1-15 所示，如何根据这个过渡过程来评价控制系统的质量呢？习惯上采用下列几个品质指标。

1. 最大偏差或超调量

最大偏差是指在过渡过程中，被控变量偏离给定值的最大数值。在衰减振荡过程中，最大偏差就是第一个波的峰值，在图 1-15 中以 A 表示。最大偏差表示系统瞬间偏离给定值的最大程度。若偏离越大，偏离的时间越长，即表明系统离开规定的工艺参数指标就越远，这对稳定正常生产是不利的。因此最大偏差可以作为衡量系统质量的一个品质指标。一般来说，最大偏差当然是小一些为好，特别是对于一些有约束条件的系统，如化学反应器的化合物爆炸极限、触媒烧结温度极限等，都会对最大偏差的允许值有所限制。同时考虑到干扰会不断出现，当第一个干扰还未清除时，第二个干扰可能又出现了，偏差有可能是叠加的，这就更需要限制最大偏差的允许值。所以，在决定最大偏差允许值时，要根据工艺情况慎重选择。

有时也可以用超调量来表征被控变量偏离给定值的程度。在图 1-15 中超调量以 B 表示。从图中可以看出，超调量 B 是第一个峰值 A 与新稳定值 C 之差，即 $B=A-C$。如果系统的新稳定值等于给定值，那么最大偏差 A 也就与超调量 B 相等了。

2. 衰减比

虽然前面已提及一般希望得到衰减振荡的过渡过程，但是衰减快慢的程度多少为适当的呢？表示衰减程度的指标是衰减比，它是前后相邻两个峰值的比。在图 1-15 中衰减比是 $B:B'$，习惯上表示为 $n:1$。假如 n 只比 1 稍大一点，显然过渡过程的衰减程度很小，接近于等幅振荡过程，由于这种过程不易稳定、振荡过于频繁、不够安全，因此一般不采用。如果 n 很大，则又太接近于非振荡过程，过渡过程过于缓慢，通常这也是不希望的。一般 n 取 4～10 之间为宜。因为衰减比在 4:1 到 10:1 之间时，过渡过程开始阶段的变化速度比较快，被控变量在同时受到干扰作用和控制作用的影响后，能比较快地达到一个峰值，然后马上下降，又较快地达到一个低峰值，而且第二个峰值远远低于第一个峰值。当操作人员看到这种现象后，心里就比较踏实，因为他知道被控变量再振荡数次后就会很快稳定下来，并且最终的稳态值必然在两峰值之间，决不会出现太高或太低的现象，更不会远离给定值以致造成事故。尤其在反应比较缓慢的情况下，衰减振荡过程的这一特点尤为重要。对于这种系统，如果过渡过程是或接近于非振荡的衰减过程，操作人员很可能在较长时间内，都只看到被控变量一直上升（或下降），似乎很自然地怀疑被控变量会继续上升（或下降）不止，由于这种焦急的心情，很可能会导致去拨动给定值指针或仪表上的其他旋钮。假若一旦出现这种情况，那么就等于对系统施加了人为的干扰，有可能使被控变量离开给定值更远，使系统处于难于控制的状态。所以，选择衰减振荡过程并规定衰减比在 4:1 至 10:1 之间，完全是操作人员多年操作经验的总结。

3. 余差

当过渡过程终了时，被控变量所达到的新的稳态值与给定值之间的偏差叫做余差，或者说余差就是过渡过程终了时的残余偏差，在图 1-15 中以 C 表示。偏差的数值可正可负。在生产中，给定值是生产的技术指标，所以，被控变量越接近给定值越好，亦即余差越小越好。但在实际生产中，也并不是要求任何系统的余差都很小，如一般贮槽的液位调节要求就不高，这种系统往往允许液位有较大的变化范围，余差就可以大一些。又如化学反应器的温度控制，一般要求比较高，应当尽量消除余差。所以，对余差大小的要求，必须结合具体系统作具体分析，不能一概而论。

有余差的控制过程称为有差调节，相应的系统称为有差系统。没有余差的控制过程称为无差调节，相应的系统称为无差系统。

4. 过渡时间

从干扰作用发生的时刻起，直到系统重新建立新的平衡时止，过渡过程所经历的时间叫过渡时间。严格地讲，对于具有一定衰减比的衰减振荡过渡过程来说，要完全达到新的平衡状态需要无限长的时间。实际上，由于仪表灵敏度的限制，当被控变量接近稳态值时，指示值就基本上不再改变了。因此，一般是在稳态值的上下规定一个小的范围，当被控变量进入这一范围并不再越出时，就认为被控变量已经达到新的稳态值，或者说过渡过程已经结束。这个范围一般定为稳态值的 $\pm5\%$（也有的规定为 $\pm2\%$）。按照这个规定，过渡时间就是从干扰开始作用之时起，直至被控变量进入新稳态值的 $\pm5\%$（或 $\pm2\%$）的范围内且不再越出时为止所经历的时间。过渡时间短，表示过渡过程进行得比较迅速，这时即使干扰频繁出现，系统也能适应，系统控制质量就高；反之，过渡时间太长，第一个干扰引起的过渡过程尚未结束，第二个干扰就已经出现，这样，几个干扰的影响叠加起来，就可能使系统满足不了生产的要求。

5. 振荡周期或频率

过渡过程同向两波峰（或波谷）之间的间隔时间叫振荡周期或工作周期，其倒数称为振荡频率。在衰减比相同的情况下，周期与过渡时间成正比，一般希望振荡周期短一些为好。

还有一些次要的品质指标，其中振荡次数，是指在过渡过程内被控变量振荡的次数。所谓"理想过渡过程两个波"，就是指过渡过程振荡两次就能稳定下来，它在一般情况下，可认为是较为理想的过程。此时的衰减比约相当于 4 : 1，图 1-15 所示的就是接近于 4 : 1 的过渡过程曲线。上升时间也是一个品质指标，它是指干扰开始作用起至第一个波峰时所需要的时间，显然，上升时间以短一些为宜。

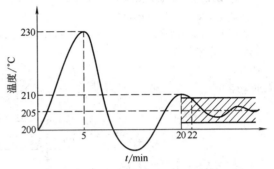

综上所述，过渡过程的品质指标主要有：最大偏差、衰减比、余差、过渡时间等。这些指标在不同的系统中各有其重要性，且相互之间既有矛盾，又有联系。因此，应根据具体情况分清主次，区别轻重，对那些对生产过程有决定性意义的主要品质指标应优先予以保证。另外，对一个系统提出的品质要求和评价一个控制系统的质量，都应该从实际需要出发，不应过分偏高偏严，否则就会造成人力物力的巨大浪费，甚至根本无法实现。

图 1-16　温度控制系统过渡过程曲线

例　某换热器的温度控制系统在单位阶跃干扰作用下的过渡过程曲线如图 1-16 所示。试分别求出最大偏差、余差、衰减比、振荡周期和过渡时间（给定值为 200℃）。

解　最大偏差 $A = 230 - 200 = 30℃$

　　　　余差 $C = 205 - 200 = 5℃$

由图上可以看出，第一个波峰值 $B = 230 - 205 = 25℃$，第二个波峰值 $B' = 210 - 205 = 5℃$，故衰减比应为 $B : B' = 25 : 5 = 5 : 1$。

振荡周期为同向两波峰之间的时间间隔，故周期 $T = 20 - 5 = 15$（min）

过渡时间与规定的被控变量限制范围大小有关，假定被控变量进入额定值的 ±2%，就可以认为过渡过程已经结束，那么限制范围为 $200 \times (\pm 2\%) = \pm 4℃$，这时，可在新稳态值（205℃）两侧以宽度为 ±4℃画一区域，图 1-16 中以画有阴影线的区域表示，只要被控变量进入这一区域且不再越出，过滤过程就可以认为已经结束。因此，从图上可以看出，过渡时间为 22min。

四、影响控制系统过渡过程品质的主要因素

从前面的讨论中知道，一个自动控制系统可以概括成两大部分，即工艺过程部分（被控对象）和自动化装置部分。前者并不是泛指整个工艺流程，而是指与该自动控制系统有关的部分。以图 1-6 所示的热交换器温度控制系统为例，其工艺过程部分指的是与被控变量温度 T 有关的工艺参数和设备结构、材质等因素，也就是前面讲的被控对象。自动化装置部分指的是为实现自动控制所必需的自动化仪表设备，通常包括测量与变送装置、控制器和执行器等三部分。对于一个自动控制系统，过渡过程品质的好坏，在很大程度上取决于对象的性质。例如在前所述的温度控制系统中，属于对象性质的主要因素有：换热器的负荷大小，换热器的结构、尺寸、材质等，换热器内的换热情况、散热情况及结垢程度等。自动化装置应按对象性质加以选择和调整，两者要很好地配合。自动化装置的选择和调整不当，也会直接影响控制质量。此外，在控制系统运行过程中，自动化装置的性能一旦发生变化，如阀门失灵、测量失真，也要影响控制质量。总之，影响自动控制系统过渡过程品质的因素是很多的，在系统设计和运行过程中都应给予充分注意。为了更好地分析和设计自动控制系统，提高过渡过程的品质指标，从第二章开始，将对组成自动控制系统的各个环节，按被控对象、测量与变送装置、控制器和执行器的顺序逐个进行讨论，只有在充分了解这些环节的作用和特性后，才能进一步研究和分析设计自动控制系统，提高系统的控制质量。

习题与思考题

1. 什么是化工自动化？它有什么重要意义？
2. 化工自动化主要包括哪些内容？
3. 闭环控制系统与开环控制系统有什么不同？
4. 自动控制系统主要由哪些环节组成？
5. 什么是管道及仪表流程图？
6. 图 1-17 为某列管式蒸汽加热器控制流程图。试分别说明图中 PI-307、TRC-303、FRC-305 所代表的意义。

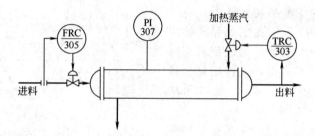

图 1-17　某列管式蒸汽加热器控制流程图

7. 什么是自动控制系统的方框图，它与控制流程图有什么区别？
8. 在自动控制系统中，测量变送装置、控制器、执行器各起什么作用？
9. 试分别说明什么是被控对象、被控变量、给定值、操纵变量？
10. 什么是干扰作用？什么是控制作用？试说明两者的关系。
11. 图 1-18 所示为一反应器温度控制系统示意图。A、B 两种物料进入反应器进行反应，通过改变进入夹套的冷却水流量来控制反应器内的温度不变。试画出该温度控制系统的方框图，并指出该系统中的被控对象、被控变量、操纵变量及可能影响被控变量的干扰是什么？

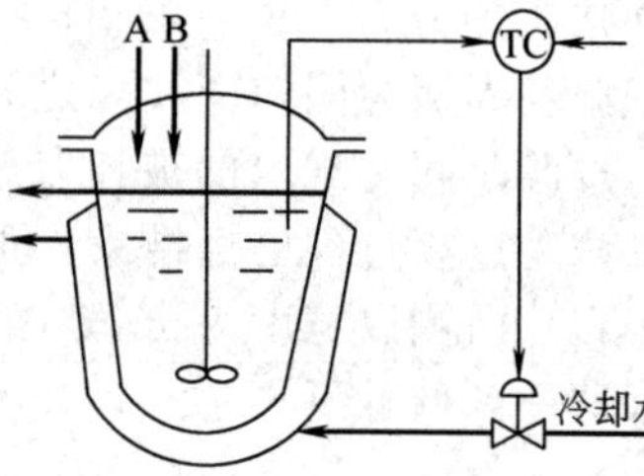

12. 什么是负反馈？负反馈在自动控制系统中有什么重要意义？
13. 结合题 11，说明该温度控制系统是一个具有负反馈的闭环系统。

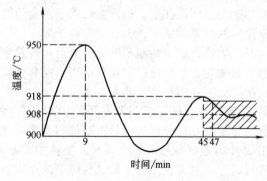

图 1-18　反应器温度控制系统

14. 图 1-18 所示的温度控制系统中，如果由于进料温度升高使反应器内的温度超过给定值，试说明此时该控制系统的工作情况，此时系统是如何通过控制作用来克服干扰作用对被控变量影响的？
15. 按给定值形式不同，自动控制系统可分哪几类？
16. 什么是控制系统的静态与动态？为什么说研究控制系统的动态比研究其静态更为重要？
17. 何谓阶跃作用？为什么经常采用阶跃作用作为系统的输入作用形式？

18. 什么是自动控制系统的过渡过程？它有哪几种基本形式？

19. 为什么生产上经常要求控制系统的过渡过程具有衰减振荡形式？

20. 自动控制系统衰减振荡过渡过程的品质指标有哪些？影响这些品质指标的因素是什么？

21. 某化学反应器工艺规定操作温度为（900±10）℃。考虑安全因素，控制过程中温度偏离给定值最大不得超过 80℃。现设计的温度定值控制系统，在最大阶跃干扰作用下的过渡过程曲线如图 1-19 所示。试求该系统的过渡过程品质指标：最大偏差、

图 1-19　过渡过程曲线

超调量、衰减比和振荡周期，并回答该控制系统能否满足题中所给的工艺要求？

22. 图 1-20(a) 是蒸汽加热器的温度控制原理图。试画出该系统的方框图，并指出被控对象、被控变量、操纵变量和可能存在的干扰是什么？现因生产需要，要求出口物料温度从 80℃ 提高到 81℃，当仪表给定值阶跃变化后，被控变量的变化曲线如图 1-20(b) 所示。试求该系统的过渡过程品质指标：最大偏差、衰减比和余差（提示：该系统为随动控制系统，新的给定值为 81℃）。

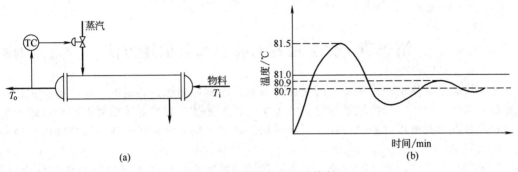

(a)　　　　　　　　　　　(b)

图 1-20　蒸汽加热器温度控制

第二章　过程特性及其数学模型

第一节　化工过程的特点及其描述方法　

　　自动控制系统是由被控对象、测量变送装置、控制器和执行器组成。系统的控制质量与组成系统的每一个环节的特性都有密切的关系，特别是被控对象的特性对控制质量的影响很大。本章着重研究被控对象的特性，而所采用的研究方法对研究其他环节的特性也是同样适用的。

　　在化工自动化中，常见的对象有各类换热器、精馏塔、流体输送设备和化学反应器等。此外，在一些辅助系统中，气源、热源及动力设备（如空压机、辅助锅炉、电动机等）也可能是需要控制的对象。本章着重研究连续生产过程中各种对象的特性，因此有时也称研究过程的特性。

　　各种对象千差万别，有的操作很稳定，操作很容易；有的对象则不然，只要稍不小心就会超越正常工艺条件，甚至造成事故。有经验的操作人员，他们往往很熟悉这些对象，只有充分了解和熟悉这些对象，才能使生产操作得心应手，获得高产、优质、低消耗。同样，在自动控制系统中，当采用一些自动化装置来模拟人工操作时，首先也必须深入了解对象的特性，了解它的内在规律，才能根据工艺对控制质量的要求，设计合理的控制系统，选择合适的被控变量和操纵变量，选用合适的测量元件及控制器。在控制系统投入运行时，也要根据对象特性选择合适的控制器参数（也称控制器参数的工程整定），使系统正常地运行。特别是一些比较复杂的控制方案设计，例如前馈控制、计算机最优控制等更离不开对象特性的研究。

　　所谓研究对象的特性，就是用数学的方法来描述出对象输入量与输出量之间的关系。这种对象特性的数学描述就称为对象的数学模型。在建立对象数学模型（建模）时，一般将被控变量看作对象的输出量，也叫输出变量，而将干扰作用和控制作用看作对象的输入量，也叫输入变量。干扰作用和控制作用都是引起被控变量变化的因素，如图 2-1 所示。由对象的输入变量至输出变量的信号联系称之为通道。控制作用至被控变量的信号联系称控制通道；干扰作用至被控变量的信号联系称干扰通道。在研究对象特性时，应预先指明对象的输入量是什么，输出量是什么，因为对于同一个对象，不同通道的特性可能是不同的。

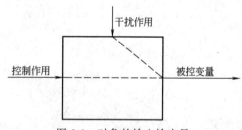

图 2-1　对象的输入输出量

　　在控制系统的分析和设计中，对象的数学模型是十分重要的基础资料。对象的数学模型可分为静态数学模型和动态数学模型。静态数学模型描述的是对象在静态时的输入量与输出量之间的关系；动态数学模型描述的是对象在输入量改变以后输出量的变化情况。静态与动态是事物特性的两个侧面，可以这样说，动态数学模型是在静态数学模型基础上的发展，静态数学模型是对象在达到平衡状态时的动态数学模型的一个特例。

　　必须指出，这里所要研究的主要是用于控制的数学模型，它与用于工艺设计与分析的数学模型是不完全相同的。尽管在建立数学模型时，用于控制的和用于工艺设计的可能都是基于同样的物理和化学规律，它们的原始方程可能都是相同的，但两者还是有差别的。

用于控制的数学模型一般是在工艺流程和设备尺寸等都已确定的情况下，研究的是对象的输入变量是如何影响输出变量的，即对象的某些工艺变量（如温度、压力、流量等）变化以后是如何影响另一些工艺变量的（一般是指被控变量），研究的目的是为了使所设计的控制系统达到更好的控制效果。用于工艺设计的数学模型（一般是静态的）是在产品规格和产量已经确定的情况下，通过模型的计算，来确定设备的结构、尺寸、工艺流程和某些工艺条件，以期达到最好的经济效益。

数学模型的表达形式主要有两大类：一类是非参量形式，称为非参量模型；另一类是参量形式，称为参量模型。

1. 非参量模型

当数学模型是采用曲线或数据表格等来表示时，称为非参量模型。非参量模型可以通过记录实验结果来得到，有时也可以通过计算来得到，它的特点是形象、清晰，比较容易看出其定性的特征。但是，由于它们缺乏数学方程的解析性质，要直接利用它们来进行系统的分析和设计往往比较困难，必要时，可以对它们进行一定的数学处理来得到参量模型的形式。

由于对象的数学模型描述的是对象在受到控制作用或干扰作用后被控变量的变化规律，因此对象的非参量模型可以用对象在一定形式的输入作用下的输出曲线或数据来表示。根据输入形式的不同，主要有阶跃反应曲线、脉冲反应曲线、矩形脉冲反应曲线、频率特性曲线等。这些曲线一般都可以通过实验直接得到。

2. 参量模型

当数学模型是采用数学方程式来描述时，称为参量模型。

对象的参量模型可以用描述对象输入、输出关系的微分方程式、偏微分方程式、状态方程、差分方程等形式来表示。

对于线性的集中参数对象，通常可用常系数线性微分方程式来描述，如果以 $x(t)$ 表示输入量，$y(t)$ 表示输出量，则对象特性可用下列微分方程式来描述

$$a_n y^{(n)}(t) + a_{n-1} y^{(n-1)}(t) + \cdots + a_1 y'(t) + a_0 y(t)$$
$$= b_m x^{(m)}(t) + b_{m-1} x^{(m-1)}(t) + \cdots + b_1 x'(t) + b_0 x(t) \tag{2-1}$$

式中，$y^{(n)}(t)$，$y^{(n-1)}(t)$，$\cdots$，$y'(t)$ 分别表示 $y(t)$ 的 n 阶，$(n-1)$ 阶，$\cdots$，一阶导数；$x^{(m)}(t)$，$x^{(m-1)}(t)$，$\cdots$，$x'(t)$ 分别表示 $x(t)$ 的 m 阶，$(m-1)$ 阶，$\cdots$，一阶导数；a_n，a_{n-1}，$\cdots$，a_1，a_0 及 b_m，b_{m-1}，$\cdots$，b_1，b_0 分别为方程中的各项系数。

在允许的范围内，多数化工对象动态特性可以忽略输入量的导数项，因此可表示为

$$a_n y^{(n)}(t) + a_{n-1} y^{(n-1)}(t) + \cdots + a_1 y'(t) + a_0 y(t) = x(t)$$

例如，一个对象如果可以用一个一阶微分方程式来描述其特性（通常称一阶对象），则可表示为

$$a_1 y'(t) + a_0 y(t) = x(t) \tag{2-2}$$

或表示成
$$T y'(t) + y(t) = K x(t) \tag{2-3}$$

式中
$$T = \frac{a_1}{a_0}, \ K = \frac{1}{a_0}$$

以上方程式中的系数 a_n、a_{n-1}、$\cdots$、a_1、b_m、b_{m-1}、$\cdots$、b_0 以及 T、K 等都可以认为是相应的参量模型中的参量，它们与对象的特性有关，一般需要通过对象的内部机理分析或大量的实验数据处理才能得到。

第二节 对象数学模型的建立 － 微课 －

一、建模目的

建立被控对象的数学模型，其主要目的可归结为以下几种。

（1）控制系统的方案设计 对被控对象特性的全面和深入地了解，是设计控制系统的基础。例如控制系统中被控变量及检测点的选择、操纵变量的确定、控制系统结构形式的确定等都与被控对象的特性有关。

（2）控制系统的调试和控制器参数的确定 为了使控制系统能安全投运并进行必要的调试，必须对被控对象的特性有充分的了解。另外，在控制器控制规律的选择及控制器参数的确定时，也离不开对被控对象特性的了解。

（3）制定工业过程操作优化方案 操作优化往往可以在基本不增加投资与设备的情况下，获取可观的经济效益。这样一个命题的解决离不开对被控对象特性的了解，而且主要是依靠对象的静态数学模型。

（4）新型控制方案及控制算法的确定 在用计算机构成一些新型控制系统时，往往离不开被控对象的数学模型。例如预测控制、推理控制、前馈动态补偿等都是在已知对象数学模型的基础上才能进行的。

（5）计算机仿真与过程培训系统 利用开发的数学模型和系统仿真技术，使操作人员有可能在计算机上对各种控制策略进行定量的比较与评定，有可能在计算机上仿效实际的操作，从而高速、安全、低成本地培训工程技术人员和操作工人，有可能制定大型设备启动和停车的操作方案。

（6）设计工业过程的故障检测与诊断系统 利用开发的数学模型可以及时发现工业过程中控制系统的故障及其原因，并能提供正确的解决途径。

二、机理建模

机理建模是根据对象或生产过程的内部机理，列写出各种有关的平衡方程，如物料平衡方程、能量平衡方程、动量平衡方程、相平衡方程以及某些物性方程、设备的特性方程、化学反应定律、电路基本定律等，从而获取对象（或过程）的数学模型，这类模型通常称为机理模型。应用这种方法建立的数学模型，其最大优点是具有非常明确的物理意义，所得的模型具有很大的适应性，便于对模型参数进行调整。但是，由于化工对象较为复杂，某些物理、化学变化的机理还不完全了解，而且线性的并不多，加上分布参数元件又特别多（即参数同时是位置与时间的函数），所以对于某些对象，人们还难以写出它们的数学表达式，或者表达式中的某些系数还难以确定。

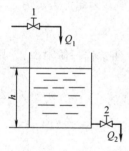

图 2-2 水槽对象

下面通过一些简单的例子来讨论机理建模的方法。

1. 一阶对象

当对象的动态特性可以用一阶微分方程式来描述时，一般称为一阶对象。

（1）水槽对象 图 2-2 是一个水槽，水经过阀门 1 不断地流入水槽，水槽内的水又通过阀门 2 不断流出。工艺上要求水槽的液位 h 保持一定数值。在这里，水槽就是被控对象，液位 h 就是被控变量。如果阀门 2 的开度保持不变，而阀门 1 的开度变化是引起液位变化的干扰因素。那么，这里所指的对象特性，就是指当阀门 1 的开度变化时，液位 h 是如何变化的。在这种情况下，对象的输入量是流入水槽的流量 Q_1，对象的输出量是液位 h。下面推导表征 h 与 Q_1 之间关系的数学表达式。

在生产过程中，最基本的关系是物料平衡和能量平衡。当单位时间流入对象的物料（或能量）不等于流出对象的物料（或能量）时，表征对象物料（或能量）蓄存量的参数就要随时间而变化，找出它们之间的关系，就能写出描述它们之间关系的微分方程式。因此，列写微分方程式的依据可表示为

　对象物料蓄存量的变化率＝单位时间流入对象的物料－单位时间流出对象的物料

上式中的物料量也可以表示为能量。

以图 2-2 的水槽对象为例，截面积为 A 的水槽，当流入水槽的流量 Q_1 等于流出水槽的流量 Q_2 时，系统处于平衡状态，即静态，这时液位 h 保持不变。

假定某一时刻 Q_1 有了变化，不再等于 Q_2，于是 h 也就变化，h 的变化与 Q_1 的变化究竟有什么关系呢？这必须从水槽的物料平衡来考虑，找出 h 与 Q_1 的关系，这是推导表征 h 与 Q_1 关系的微分方程式的根据。

在用微分方程式来描述对象特性时，往往着眼于一些量的变化，而不注重这些量的初始值。所以下面在推导方程的过程中，假定 Q_1、Q_2、h 都代表它们偏离初始平衡状态的变化值。

如果在很短一段时间 dt 内，由于 Q_1 不等于 Q_2，引起液位变化了 dh，此时，流入和流出水槽的水量之差 $(Q_1-Q_2)dt$ 应该等于水槽内增加（或减少）的水量 $A\,dh$，若用数学式表示，就是

$$(Q_1-Q_2)dt = A\,dh \tag{2-4}$$

上式就是微分方程式的一种形式。在这个式子中，还不能一目了然地看出 h 与 Q_1 的关系。因为在水槽出水阀 2 开度不变的情况下，随着 h 的变化，Q_2 也会变化。h 越大，静压头越大，Q_2 也会越大。也就是说，在式(2-4) 中，Q_1、Q_2、h 都是时间的变量，如何消去中间变量 Q_2，得出 h 与 Q_1 的关系式呢？

如果考虑变化量很微小（由于在自动控制系统中，各个变量都是在它们的额定值附近做微小的波动，因此做这样的假定是允许的），可以近似认为 Q_2 与 h 成正比，与出水阀的阻力系数 R_s 成反比，用式子表示为

$$Q_2 = \frac{h}{R_s} \tag{2-5}$$

将此关系式代入式(2-4)，便有

$$\left(Q_1 - \frac{h}{R_s}\right)dt = A\,dh \tag{2-6}$$

移项整理后可得

$$AR_s\frac{dh}{dt} + h = R_s Q_1 \tag{2-7}$$

令

$$T = AR_s \tag{2-8}$$

$$K = R_s \tag{2-9}$$

代入式(2-7)，便有

$$T\frac{dh}{dt} + h = KQ_1 \tag{2-10}$$

这就是用来描述简单的水槽对象特性的微分方程式。它是一阶常系数微分方程式，式中 T 称时间常数，K 称放大系数。

（2）*RC* 电路　图 2-3 为 *RC* 电路，若取 e_i 为输入参数，e_o 为输出参数，根据基尔霍夫定律可得

$$e_i = iR + e_o \tag{2-11}$$

显然 i 为中间变量，应消去。因为

$$i = C \frac{de_o}{dt} \tag{2-12}$$

联立式（2-11）与式（2-12），得

$$RC \frac{de_o}{dt} + e_o = e_i \tag{2-13}$$

或

$$T \frac{de_o}{dt} + e_o = e_i \tag{2-14}$$

式中

$$T = RC$$

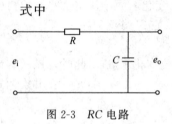

图 2-3　*RC* 电路

式（2-14）就是描述 *RC* 电路特性的方程式，它与描述水槽特性的式（2-10）是类似的，都是一阶常系数微分方程式，只不过在式（2-14）中，放大系数 $K=1$ 罢了。

2. 积分对象

当对象的输出参数与输入参数对时间的积分成比例关系时，称为积分对象。

图 2-4 所示的液体贮槽，就具有积分特性。因为贮槽中的液体由正位移泵抽出，因而从贮槽中流出的液体流量 Q_2 将是常数，它的变化量为 0。因此，液位 h 的变化就只与流入量的变化有关。如果以 h、Q_1 分别表示液位和流入量的变化量，那么就有

$$dh = \frac{1}{A} Q_1 dt \tag{2-15}$$

式中，A 为贮槽横截面积。

对式（2-15）积分，可得

$$h = \frac{1}{A} \int Q_1 dt \tag{2-16}$$

这说明图 2-4 所示贮槽具有积分特性。

3. 二阶对象

当对象的动态特性可以用二阶微分方程式来描述时，一般称为二阶对象。

（1）串联水槽对象　对于图 2-5 所示的两贮槽串联，其表征对象特性的微分方程式的建立和一只贮槽的情况类似。假定这时对象的输入量是 Q_1，输出量是 h_2，也就是研究当输入

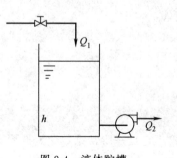

图 2-4　液体贮槽

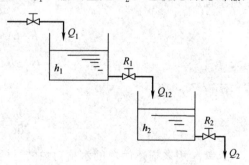

图 2-5　串联水槽

流量 Q_1 变化时第二只贮槽的液位 h_2 的变化情况。同样假定输入、输出量变化很小的情况下，贮槽的液位与输出流量具有线性关系。即

$$Q_{12} = \frac{h_1}{R_1} \tag{2-17}$$

$$Q_2 = \frac{h_2}{R_2} \tag{2-18}$$

式中，R_1、R_2 分别表示第一只贮槽的出水阀与第二只贮槽的出水阀的阻力系数。

另外，假定每只贮槽的截面积都为 A，则对于每只贮槽，都具有与式(2-4) 相同的物料平衡关系，即

$$(Q_1 - Q_{12})\,dt = A\,dh_1 \tag{2-19}$$
$$(Q_{12} - Q_2)\,dt = A\,dh_2 \tag{2-20}$$

由以上四个方程式，经过简单的推导和整理，消去中间变量 Q_{12}、Q_2、h_1，可得输出量 h_2 与输入量 Q_1 之间的关系式。为此将式(2-19) 和式(2-20) 写成如下形式

$$\frac{dh_1}{dt} = \frac{1}{A}(Q_1 - Q_{12}) \tag{2-21}$$

$$\frac{dh_2}{dt} = \frac{1}{A}(Q_{12} - Q_2) \tag{2-22}$$

由式(2-22) 解得

$$Q_{12} = A\,\frac{dh_2}{dt} + Q_2 \tag{2-23}$$

将式(2-18) 代入式(2-23)，然后再代入式(2-21) 得

$$\frac{dh_1}{dt} = \frac{1}{A}\left(Q_1 - A\,\frac{dh_2}{dt} - \frac{h_2}{R_2}\right) \tag{2-24}$$

将式(2-18) 与式(2-17) 代入式(2-22)，并求导，得到

$$\frac{d^2 h_2}{dt^2} = \frac{1}{A}\left(\frac{1}{R_1} \times \frac{dh_1}{dt} - \frac{1}{R_2} \times \frac{dh_2}{dt}\right) \tag{2-25}$$

将式(2-24) 代入式(2-25)，并整理后得

$$AR_1AR_2\,\frac{d^2 h_2}{dt^2} + (AR_1 + AR_2)\,\frac{dh_2}{dt} + h_2 = R_2 Q_1 \tag{2-26}$$

或写成

$$T_1 T_2\,\frac{d^2 h_2}{dt^2} + (T_1 + T_2)\,\frac{dh_2}{dt} + h_2 = KQ_1 \tag{2-27}$$

式中，$T_1 = AR_1$ 为第一只贮槽的时间常数；$T_2 = AR_2$ 为第二只贮槽的时间常数；$K = R_2$ 为整个对象的放大系数。

这就是用来描述两只贮槽串联的对象的微分方程式，它是一个二阶常系数微分方程式。

（2）*RC* 串联电路　图 2-6 是两个形式相同的 *RC* 电路串联而成的滤波电路，根据基尔霍夫定律可写出下列方程

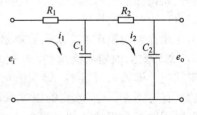

图 2-6　*RC* 串联电路

$$e_i = i_1 R_1 + \frac{1}{C_1}\int (i_1 - i_2)\,dt \tag{2-28}$$

$$\frac{1}{C_1}\int (i_1 - i_2)\,dt = i_2 R_2 + e_o \tag{2-29}$$

$$e_o = \frac{1}{C_2}\int i_2\,dt \tag{2-30}$$

由以上三个方程，消去中间变量，可得

$$R_1C_1R_2C_2\frac{d^2e_o}{dt_2}+(R_1C_1+R_2C_2+R_1C_2)\frac{de_o}{dt}+e_o=e_i \qquad (2-31)$$

这也是一个二阶常系数微分方程式，说明 RC 串联电路是一个二阶对象。

以上通过推导，可以得到描述对象特性的微分方程式。对于其他类型的简单对象，也可以用这种方法来研究。但是，对于比较复杂的对象，用这种数学方法来研究就比较困难，而且所得微分方程式也不像上述那么简单。

三、实验建模

前面讨论了应用数学描述方法求取对象（或环节）的特性。虽然这种方法具有较大的普遍性，然而在化工生产中，许多对象的特性很复杂，往往很难通过内在机理的分析，直接得到描述对象特性的数学表达式，且这些表达式（一般是高阶微分方程式或偏微分方程式）也较难求解；另一方面，在这些推导的过程中，往往作了许多假定和假设，忽略了很多次要因素。但是在实际工作中，由于条件的变化，可能某些假定与实际不完全相符，或者有些原来次要的因素上升为不能忽略的因素，因此，要直接利用理论推导得到的对象特性作为合理设计自动控制系统的依据，往往是不可靠的。在实际工作中，常常用实验的方法来研究对象的特性，它可以比较可靠地得到对象的特性，也可以对通过机理分析得到的对象特性加以验证或修改。

所谓对象特性的实验测取法，就是在所要研究的对象上，加上一个人为的输入作用（输入量），然后，用仪表测取并记录表征对象特性的物理量（输出量）随时间变化的规律，得到一系列实验数据（或曲线）。这些数据或曲线就可以用来表示对象的特性。有时，为了进一步分析对象的特性，对这些数据或曲线再加以必要的数据处理，使之转化为描述对象特性的数学模型。

这种应用对象的输入输出的实测数据来决定其模型的结构和参数，通常称为系统辨识。它的主要特点是把被研究的对象视为一个黑匣子，完全从外部特性上来测试和描述它的动态特性，因此不需深入了解其内部机理，特别是对于一些复杂的对象，实验建模比机理建模要简单和省力。

对象特性的实验测取法有很多种，这些方法往往是以所加输入形式的不同来区分的，下面作一简单的介绍。

1. 阶跃反应曲线法

所谓测取对象的阶跃反应曲线，就是用实验的方法测取对象在阶跃输入作用下，输出量 y 随时间的变化规律。

例如要测取图 2-7 所示简单水槽的动态特性，这时，表征水槽工作状况的物理量是液位 h，我们要测取输入流量 Q_1 改变时，输出 h 的反应曲线。假定在时间 t_0 之前，对象处于稳定状况，即输入流量 Q_1 等于输出流量 Q_2，液位 h 维持不变。在 t_0 时，突然开大进水阀，然后保持不变。Q_1 改变的幅度可以用流量仪表测得，假定为 A。这时若用液位仪表测得 h 随时间的变化规律，便是简单水槽的反应曲线，如图 2-8 所示。

这种方法比较简单。如果输入量是流量，只要将阀门的开度作突然的改变，便可认为施加了阶跃干扰。因此不需要特殊的信号发生器，在装置上进行极为容易。输出参数的变化过程可以利用原来的仪表记录下来（若原来的仪表精度不符合要求，可改用具有高灵敏度的快速记录仪），不需要增加特殊仪器设备，测试工作量也不大。总的说来，阶跃反应曲线法是一种比较简易的动态特性测试方法。

这种方法也存在一些缺点。主要是对象在阶跃信号作用下，从不稳定到稳定一般所需时

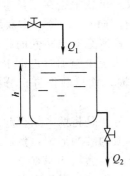

图 2-7　简单水槽对象

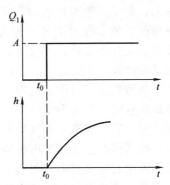

图 2-8　水槽的阶跃反应曲线

间较长，在这样长的时间内，对象不可避免要受到许多其他干扰因素的影响，因而测试精度受到限制。为了提高精度，就必须加大所施加的输入作用幅值，可是这样做就意味着对正常生产的影响增加，工艺上往往是不允许的。一般所加输入作用的大小是取额定值的 5％～10％。因此，阶跃反应曲线法是一种简易但精度较差的对象特性测试方法。

2. 矩形脉冲法

当对象处于稳定工况下，在时间 t_0 突然加一阶跃干扰，幅值为 A，到 t_1 时突然除去阶跃干扰，这时测得的输出量 y 随时间的变化规律，称为对象的矩形脉冲特性，而这种形式的干扰称为矩形脉冲干扰，如图 2-9 所示。

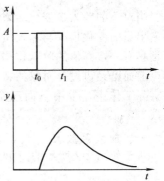

图 2-9　矩形脉冲特性曲线

用矩形脉冲干扰来测取对象特性时，由于加在对象上的干扰，经过一段时间后即被除去，因此干扰的幅值可取得比较大，以提高实验精度，对象的输出量又不至于长时间地偏离给定值，因而对正常生产影响较小。目前，这种方法也是测取对象动态特性的常用方法之一。

除了应用阶跃干扰与矩形脉冲干扰作为实验测取对象动态特性的输入信号形式外，还可以采用矩形脉冲波和正弦信号（分别见图 2-10 与图 2-11）等来测取对象的动态特性，分别称为矩形脉冲波法与频率特性法。

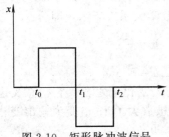

图 2-10　矩形脉冲波信号

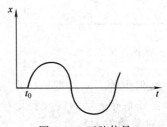

图 2-11　正弦信号

上述各种方法都有一个共同的特点，就是要在对象上人为地外加干扰作用（或称测试信号），这在一般的生产中是允许的，因为一般加的干扰量比较小，时间不太长，只要自动化人员与工艺人员密切配合，互相协作，根据现场的实际情况，合理地选择以上几种方法中的一种，是可以得到对象的动态特性的，从而为正确设计自动化系统创造有利的条件。由于对象动态特性对自动化工作有着非常重要的意义，因此只要有可能，就要创造条件，通过实验来获取对象的动态特性。

近年来，对于一些不宜施加人为干扰来测取特性的对象，可以根据在正常生产情况下长期积累下来的各种参数的记录数据或曲线，用随机理论进行分析和计算，来获取对象的特性。这在自动化技术及计算工具进一步发展的基础上，是一种研究对象特性的有效方法。为了提高测试精度和减少计算量，也可以利用专用的仪器，在系统中施加对正常生产基本上没有影响的一些特殊信号（例如伪随机信号），然后对系统的输入输出数据进行分析处理，可以比较准确地获得对象动态特性。

机理建模与实验建模各有其特点，目前一种比较实用的方法是将两者结合起来，称为混合建模。这种建模的途径是先由机理分析的方法提供数学模型的结构形式，然后对其中某些未知的或不确定的参数利用实测的方法给予确定。这种在已知模型结构的基础上，通过实测数据来确定其中的某些参数，称为参数估计。以换热器建模为例，可以先列写出其热量平衡方程式，而其中的换热系数 K 值等可以通过实测的试验数据来确定。

第三节　描述对象特性的参数

当对象的输入量变化后，输出量究竟是如何变化的呢？这就是要研究的问题。显然，对象输出量的变化情况与输入量的形式有关。为了使问题比较简单起见，下面假定对象的输入量是具有一定幅值的阶跃作用。

前面已经讲过，对象的特性可以通过其数学模型来描述，但是为了研究问题方便起见，在实际工作中，常用下面三个物理量来表示对象的特性。这些物理量，称为对象的特性参数。

一、放大系数 K
　　　　　　　　　　　　　　　　　　　　　　　　　　— 微课 —

对于如图 2-2 所示的简单水槽对象，当流入流量 Q_1 有一定的阶跃变化后，液位 h 也会有相应的变化，但最后会稳定在某一数值上。如果我们将流量 Q_1 的变化看作对象的输入，而液位 h 的变化看作对象的输出，那么在稳定状态时，对象一定的输入就对应着一定的输出，这种特性称为对象的静态特性。

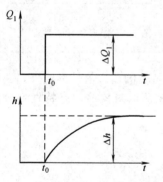

假定 Q_1 的变化量用 ΔQ_1 表示，h 的变化量用 Δh 表示。在一定的 ΔQ_1 下，h 的变化情况如图 2-12 所示。在重新达到稳定状态后，一定的 ΔQ_1 对应着一定的 Δh 值。令 K 等于 Δh 与 ΔQ_1 之比，用数学关系式表示，即

$$K = \frac{\Delta h}{\Delta Q_1}$$

图 2-12　水槽液位的变化曲线

或　　　　　　　　　　　$$\Delta h = K \Delta Q_1 \tag{2-32}$$

K 在数值上等于对象重新稳定后的输出变化量与输入变化量之比。它的意义也可以这样来理解：如果有一定的输入变化量 ΔQ_1，通过对象就被放大了 K 倍变为输出变化量 Δh，则称 K 为对象的放大系数。

对象的放大系数 K 越大，就表示对象的输入量有一定变化时，对输出量的影响越大。在工艺生产中，常常会发现有的阀门对生产影响很大，开度稍微变化就会引起对象输出量大幅度的变化，甚至造成事故；有的阀门则相反，开度的变化对生产的影响很小。这说明在一个设备上，各种量的变化对被控变量的影响是不一样的。换句话说，就是各种量与被控变量之间的放大系数有大有小。放大系数越大，被控变量对这个量的变化就越灵敏，这在选择自动控制方案时是需要考虑的。

现以合成氨厂的变换炉为例，来说明各个量的变化对被控变量的放大系数是不相同的。

图 2-13 是一氧化碳变换过程示意图。变换炉的作用，是将一氧化碳和水蒸气在触媒存在的条件下发生作用，生成氢气和二氧化碳，同时放出热量。生产过程要求一氧化碳的转化率要高，蒸汽消耗量要少，触媒寿命要长。生产上通常用变换炉一段反应温度作为被控变量，来间接地控制转换率和其他指标。

影响变换炉一段反应温度的因素是很复杂的，其中主要有冷激流量、蒸汽流量和半水煤气流量。改变阀门 1、2、3 的开度就可以分别改变冷激量、蒸汽量和半水煤气量的大小。生产上发现，改变冷激量对被控变量温度的影响最大、最灵敏；改变蒸汽量影响次之；改变半水煤气量对被控变量温度的影响最不显著。如果改变冷激量、蒸汽量和半水煤气量的百分数是相同的，那么变换炉一段反应温度的变化情况如图 2-14 所示。图中曲线 1、2、3 分别表示冷激量、蒸汽量、半水煤气量改变时的温度变化曲线。由该图可以看出，当冷激量、蒸汽量、半水煤气量改变的相对百分数相同时，稳定以后，曲线 1 的温度变化最大；曲线 2 次之；曲线 3 的温度变化最小。这说明冷激量对温度的相对放大系数最大；蒸汽量对温度的相对放大系数次之；半水煤气量对温度的相对放大系数最小。

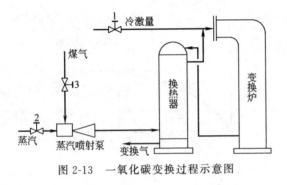

图 2-13　一氧化碳变换过程示意图

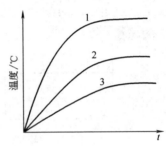

图 2-14　不同输入作用时的被控
变量变化曲线

当然，究竟通过控制什么参数来改变被控变量为最好的控制方案，除了要考虑放大系数的大小之外，还要考虑许多其他因素，详细分析将在第七章进行。

二、时间常数 T

— 微课 —

从大量的生产实践中发现，有的对象受到干扰后，被控变量变化很快，较迅速地达到了稳定值；有的对象在受到干扰后，惯性很大，被控变量要经过很长时间才能达到新的稳态值。从图 2-15 中可以看到，截面积很大的水槽与截面积很小的水槽相比，当进口流量改变同样一个数值时，截面积小的水槽液位变化很快，并迅速趋向新的稳态值。而截面积大的水槽惯性大，液位变化慢，须经过很长时间才能稳定。同样道理，夹套蒸汽加热的反应器与直接蒸汽加热的反应器相比，当蒸汽流量变化时，直接蒸汽加热的反应器内反应物的温度变化

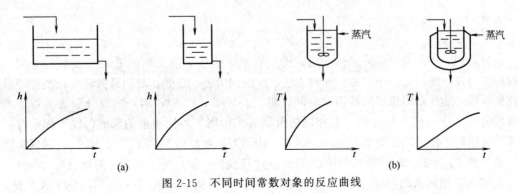

(a)　　　　　　　　　　　　　　　　　　　(b)

图 2-15　不同时间常数对象的反应曲线

就比夹套加热的反应器来得快［如图 2-15（b）所示］。如何定量地表示对象的这种特性呢？在自动化领域中，往往用时间常数 T 来表示。时间常数越大，表示对象受到干扰作用后，被控变量变化得越慢，到达新的稳定值所需的时间越长。

为了进一步理解放大系数 K 与时间常数 T 的物理意义，下面结合图 2-2 所示的水槽例子，来进一步加以说明。

由前面的推导可知，简单水槽的对象特性可由式(2-10) 来表示，现重新写出

$$T \frac{\mathrm{d}h}{\mathrm{d}t} + h = KQ_1$$

假定 Q_1 为阶跃作用，$t<0$ 时 $Q_1 = 0$；$t \geq 0$ 时 $Q_1 = A$，如图 2-16（a）所示。为了求得在 Q_1 作用下 h 的变化规律，可以对上述微分方程式求解，得

$$h(t) = KA(1 - e^{-t/T}) \tag{2-33}$$

上式就是对象在受到阶跃作用 $Q_1 = A$ 后，被控变量 h 随时间变化的规律，称为被控变量过渡过程的函数表达式。根据式(2-33) 可以画出 $h \sim t$ 曲线，称为阶跃反应曲线或飞升曲线，如图 2-16（b）所示。

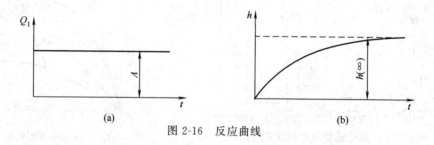

图 2-16　反应曲线

从图 2-16 反应曲线可以看出，对象受到阶跃作用后，被控变量就发生变化，当 $t \to \infty$ 时，被控变量不再变化而达到了新的稳态值 $h(\infty)$，这时由式(2-33) 可得

$$h(\infty) = KA \quad \text{或} \quad K = \frac{h(\infty)}{A} \tag{2-34}$$

这就是说，K 是对象受到阶跃输入作用后，被控变量新的稳定值与所加的输入量之比，故是对象的放大系数。它表示对象受到输入作用后，重新达到平衡状态时的性能，是不随时间而变的，所以是对象的静态性能。

对于简单水槽对象，由式(2-9) 可知，$K = R_\mathrm{s}$，即放大系数只与出水阀的阻力有关，当阀的开度一定时，放大系数就是一个常数。

下面再来讨论时间常数 T 的物理意义。将 $t = T$ 代入式(2-33)，就可以求得

$$h(T) = KA(1 - e^{-1}) = 0.632KA \tag{2-35}$$

将式(2-34) 代入式(2-35) 得

$$h(T) = 0.632h(\infty) \tag{2-36}$$

这就是说，当对象受到阶跃输入后，被控变量达到新的稳态值的 63.2% 所需的时间，就是时间常数 T，实际工作中，常用这种方法求取时间常数。显然，时间常数越大，被控变量的变化也越慢，达到新的稳定值所需的时间也越大。在图 2-17 中，四条曲线分别表示对象的时间常数为 T_1、T_2、T_3、T_4 时，在相同的阶跃输入作用下被控变量的反应曲线。假定它们的稳态输出值均是相同的（图中为 100）。显然，由图可以看出，$T_1 < T_2 < T_3 < T_4$。时间常数大的对象（例 T_4 所表示的对象），对输入的反应比较慢，一般也可以认为它的惯性要大一些。

在输入作用加入的瞬间，液位 h 的变化速度是多大呢？将式(2-33) 对时间 t 求导得

$$\frac{\mathrm{d}h}{\mathrm{d}t}=\frac{KA}{T}\mathrm{e}^{-t/T} \tag{2-37}$$

由上式可以看出，在过渡过程中，被控变量变化速度是越来越慢的，当 $t=0$ 时，有

$$\frac{\mathrm{d}h}{\mathrm{d}t}\bigg|_{t=0}=\frac{KA}{T}=\frac{h(\infty)}{T} \tag{2-38}$$

当 $t\to\infty$ 时，由式（2-37）可得

$$\frac{\mathrm{d}h}{\mathrm{d}t}\bigg|_{t\to\infty}=0 \tag{2-39}$$

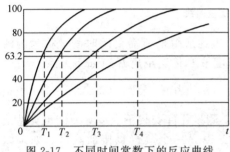

图 2-17　不同时间常数下的反应曲线

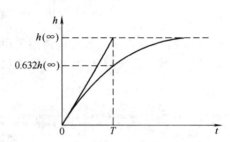

图 2-18　时间常数 T 的求法

式（2-38）所表示的是 $t=0$ 时液位变化的初始速度。从图 2-18 所示的反应曲线来看，$\dfrac{\mathrm{d}h}{\mathrm{d}t}\bigg|_{t=0}$ 就等于曲线在起始点时切线的斜率。由于切线的斜率为 $\dfrac{h(\infty)}{T}$，从图 2-18 可以看出，这条切线在新的稳定值 $h(\infty)$ 上截得的一段时间正好等于 T。因此，时间常数 T 的物理意义可以这样来理解：当对象受到阶跃输入作用后，被控变量如果保持初始速度变化，达到新的稳态值所需的时间就是时间常数。可是实际上被控变量的变化速度是越来越小的。所以，被控变量变化到新的稳态值所需要的时间，要比 T 长得多。理论上说，需要无限长的时间才能达到稳态值。从式（2-33）可以看出，只有当 $t=\infty$ 时，才有 $h=KA$。但是当 $t=3T$ 时，代入式（2-33），便得

$$h(3T)=KA(1-\mathrm{e}^{-3})\approx0.95KA\approx0.95h(\infty) \tag{2-40}$$

这就是说，从加入输入作用后，经过 $3T$ 时间，液位已经变化了全部变化范围的 95%，这时，可以近似地认为动态过程基本结束。所以，时间常数 T 是表示在输入作用下，被控变量完成其变化过程所需要的时间的一个重要参数。

三、滞后时间 τ

前面介绍的简单水槽对象在受到输入作用后，被控变量立即以较快的速度开始变化，如图 2-11 所示。这是一阶对象在阶跃输入作用下的反应曲线。这种对象用时间常数 T 和放大系数 K 两个参数就可以完全描述了它们的特性。但是有的对象，在受到输入作用后，被控变量却不能立即而迅速地变化，这种现象称为滞后现象。根据滞后性质的不同，可分为两类，即传递滞后和容量滞后。

1. 传递滞后

传递滞后又叫纯滞后，一般用 τ_0 表示。τ_0 的产生一般是由于介质的输送需要一段时间而引起的。例如图 2-19（a）所示的溶解槽，料斗中的固体用皮带输送机送至加料口。在料斗加大送料量后，固体溶质需等输送机将其送到加料口并落入槽中后，才会影响溶液浓度。当以料斗的加料量作为对象的输入，溶液浓度作为输出时，其反应曲线如图 2-19（b）所示。

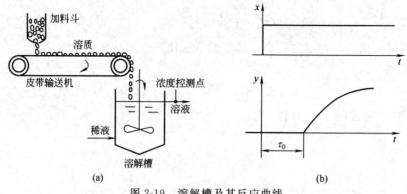

图 2-19 溶解槽及其反应曲线

图中所示的 τ_0 为皮带输送机将固体溶质由加料斗输送到溶解槽所需要的时间，称为纯滞后时间。显然，纯滞后时间 τ_0 与皮带输送机的传送速度 v 和传送距离 L 有如下关系

$$\tau_0 = \frac{L}{v} \tag{2-41}$$

另外，从测量方面来说，由于测量点选择不当、测量元件安装不合适等原因也会造成传

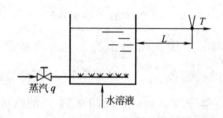

图 2-20 蒸汽直接加热器

递滞后。图 2-20 是一个蒸汽直接加热器。如果以进入的蒸汽量 q 为输入量，实际测得的溶液温度为输出量。并且测温点不是在槽内，而是在出口管道上，测温点离槽的距离为 L。那么，当加热蒸汽量增大时，槽内温度升高，然而槽内溶液流到管道测温点处还要经过一段时间 τ_0。所以，相对于蒸汽流量变化的时刻，实际测得的溶液温度 T 要经过时间 τ_0 后才开始变化。这段时间 τ_0 亦为纯滞后时间。由于测量元件或测量点选择不当引起纯滞后的现象在成分分析过程中尤为常见。安装成分分析仪器时，取样管线太长，取样点安装离设备太远，都会引起较大的纯滞后时间，这是在实际工作中要尽量避免的。

图 2-21 所示为有、无纯滞后的一阶阶跃响应曲线。x 为输入量，$y(t)$ 为无纯滞后时的输出量，$y_\tau(t)$ 为有纯滞后时的输出量。比较两条响应曲线，它们除了在时间轴上前后相差一个 τ 的时间外，其他形状完全相同。也就是说纯滞后对象的特性是当输入量发生变化时，其输出量不是立即反映输入量的变化，而是要经过一段纯滞后时间 τ 以后，才开始等量地反映原无滞后时的输出量的变化。表示成数学关系式为

$$y_\tau(t) = \begin{cases} y(t-\tau), & t > \tau \\ 0, & t \leqslant \tau \end{cases} \tag{2-42}$$

或

$$y(t) = \begin{cases} y_\tau(t+\tau), & t > 0 \\ y_\tau(t+\tau) = 0, & t \leqslant 0 \end{cases} \tag{2-43}$$

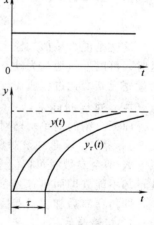

图 2-21 有、无纯滞后的
一阶阶跃响应曲线

因此对于有、无纯滞后特性的对象其数学模型具有类似的形式。如果上述例子中都是可以用一阶微分方程式来描述的一阶对象，而且它们的时间常数和放大系数亦相等，仅在自变量 t 上相差一个 τ 的时间，那么，若无纯滞后的对象特性可以用下述方程式描述

$$T \frac{\mathrm{d}y(t)}{\mathrm{d}t} + y(t) = Kx(t) \tag{2-44}$$

则有纯滞后的对象特性可以用下述方程式描述

$$T \frac{\mathrm{d}y_\tau(t+\tau)}{\mathrm{d}t} + y_\tau(t+\tau) = Kx(t) \tag{2-45}$$

2. 容量滞后

有些对象在受到阶跃输入作用 x 后，被控变量 y 开始变化很慢，后来才逐渐加快，最后又变慢直至逐渐接近稳定值，这种现象叫容量滞后或过渡滞后，其反应曲线如图 2-22 所示。

容量滞后一般是由于物料或能量的传递需要通过一定阻力而引起的。如前面介绍过的两个水槽串联的二阶对象，其特性可用式(2-27)的微分方程式描述，为了方便起见，将输出量 h_2 用 y 表示，输入量 Q_1 用 x 表示，则方程式可写为

$$T_1 T_2 \frac{\mathrm{d}^2 y}{\mathrm{d}t^2} + (T_1 + T_2)\frac{\mathrm{d}y}{\mathrm{d}t} + y = Kx \tag{2-46}$$

假定输入作用为阶跃函数，其幅值为 A。为了得到该二阶对象在阶跃作用下输出 y 随时间 t 的变化规律，需要求解上述二阶微分方程式。已知，二阶常系数微分方程式的解是

$$y(t) = y_{\mathrm{tr}}(t) + y_{\mathrm{ss}}(t) \tag{2-47}$$

其中 $y_{\mathrm{tr}}(t)$ 为对应的齐次方程式的通解，$y_{\mathrm{ss}}(t)$ 为非齐次方程的一个特解。

由于对应的齐次方程式为

$$T_1 T_2 \frac{\mathrm{d}^2 y}{\mathrm{d}t^2} + (T_1 + T_2)\frac{\mathrm{d}y}{\mathrm{d}t} + y = 0 \tag{2-48}$$

其特征方程为

$$T_1 T_2 S^2 + (T_1 + T_2)S + 1 = 0 \tag{2-49}$$

求得特征根为
$$S_1 = -\frac{1}{T_1}, \quad S_2 = -\frac{1}{T_2}$$

故齐次方程式的通解为

$$y_{\mathrm{tr}}(t) = C_1 \mathrm{e}^{-t/T_1} + C_2 \mathrm{e}^{-t/T_2} \tag{2-50}$$

式中，C_1、C_2 为决定于初始条件的待定系数。

式(2-46)的一个特解可以认为是稳定解，由于输入 $x = A$，稳定时

$$y_{\mathrm{ss}}(t) = KA \tag{2-51}$$

将式(2-51)及式(2-50)代入式(2-47)，可得

$$y(t) = C_1 \mathrm{e}^{-t/T_1} + C_2 \mathrm{e}^{-t/T_2} + KA \tag{2-52}$$

用初始条件 $y(0) = 0$，$\dot{y}(0) = 0$ 代入式(2-52)，可分别解得

$$C_1 = \frac{T_1}{T_2 - T_1} KA \tag{2-53}$$

$$C_2 = \frac{-T_2}{T_2 - T_1} KA \tag{2-54}$$

将上述两式代入式(2-52)，可得

$$y(t) = \left(\frac{T_1}{T_2 - T_1} \mathrm{e}^{-t/T_1} - \frac{T_2}{T_2 - T_1} \mathrm{e}^{-t/T_2} + 1 \right) KA$$

$$= \frac{KA}{T_2 - T_1} (T_1 \mathrm{e}^{-t/T_1} - T_2 \mathrm{e}^{-t/T_2}) + KA \tag{2-55}$$

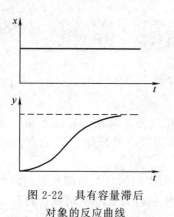

图 2-22　具有容量滞后
对象的反应曲线

上式便是串联水槽对象的阶跃反应函数。由此式可知，在 $t=0$ 时 $y(t)=0$；在 $t=\infty$ 时，$y(t)=KA$。$y(t)$ 是稳态值 KA 与两项衰减指数函数的代数和。因而把这个解画成曲线，就有如图 2-22 所示的形状。这说明输入量在作阶跃变化的瞬间，输出量变化的速度等于零，以后随着 t 的增加，变化速度慢慢增大，但当 t 大于某一个 t_1 值后，变化速度又慢慢减小，直至 $t\to\infty$ 时，变化速度减少为零。

对于这种对象，要想用前面所讲的描述对象的三个参数 K、T、τ 来描述的话，必须作近似处理，即用一阶对象的特性（是有滞后）来近似上述二阶对象。方法如下：在图 2-23 所示的二阶对象阶跃反应曲线上，过反应曲线的拐点 O 作一切线，与时间轴相交，交点与被控变量开始变化的起点之间的时间间隔 τ_h 就为容量滞后时间。由切线与时间轴的交点到切线与稳定值 KA 线的交点之间的时间间隔为 T。这样，二阶对象就被近似为是有滞后时间 $\tau=\tau_h$，时间常数为 T 的一阶对象了。

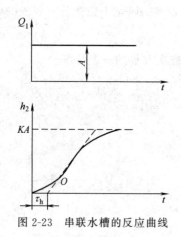

图 2-23　串联水槽的反应曲线

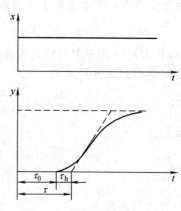

图 2-24　滞后时间 τ 示意图

纯滞后和容量滞后尽管本质上不同，但实际上很难严格区分，在容量滞后与纯滞后同时存在时，常常把两者合起来统称滞后时间 τ，即 $\tau=\tau_0+\tau_h$，如图 2-24 所示。

不难看出，自动控制系统中，滞后的存在是不利于控制的。也就是说，系统受到干扰作用后，由于存在滞后，被控变量不能立即反映出来，于是就不能及时产生控制作用，整个系统的控制质量就会受到严重的影响。当然，如果对象的控制通道存在滞后，那么所产生的控制作用不能及时克服干扰作用对被控变量的影响，也要影响控制质量的。所以，在设计和安装控制系统时，都应当尽量把滞后时间减到最小。例如，在选择控制阀与检测点的安装位置时，应选取靠近控制对象的有利位置。从工艺角度来说，应通过工艺改进，尽量减少或缩短那些不必要的管线及阻力，以利于减少滞后时间。

习题与思考题

1. 什么是对象特性？为什么要研究对象特性？
2. 何谓对象的数学模型？静态数学模型与动态数学模型有什么区别？
3. 建立对象的数学模型有什么重要意义？
4. 建立对象的数学模型有哪两类主要方法？
5. 机理建模的根据是什么？

6. 何谓系统辨识和参数估计?

7. 试述实验测取对象特性的阶跃反应曲线法和矩形脉冲法各有什么特点?

8. 反映对象特性的参数有哪些? 各有什么物理意义? 它们对自动控制系统有什么影响?

9. 为什么说放大系数 K 是对象的静态特性? 而时间常数 T 和滞后时间 τ 是对象的动态特性?

10. 对象的纯滞后和容量滞后各是什么原因造成的? 对控制过程有什么影响?

11. 已知一个对象特性是具有纯滞后的一阶特性,其时间常数为 5,放大系数为 10,纯滞后时间为 2,试写出描述该对象特性的一阶微分方程式。

12. 如图 2-3 所示的 RC 电路中,已知 $R=5$,$C=2$。试画出 e_i 突然由 0 阶跃变化到 5V 时的 e_o 变化曲线,并计算出 $t=T$、$t=2T$、$t=3T$ 时的 e_o 值。

13. 已知一个简单水槽,其截面积为 $0.5m^2$,水槽中的液体由正位移泵抽出,即流出流量是恒定的。如果在稳定的情况下,输入流量突然在原来的基础上增加了 $0.1m^3/h$,试画出水槽液位 Δh 的变化曲线。

14. 为了测定某重油预热炉的对象特性,在某瞬间(假定为 $t_0=0$)突然将燃料气量从 2.5t/h 增加到 3.0t/h,重油出口温度记录仪得到的阶跃反应曲线如图 2-25 所示。假定该对象为一阶对象,试写出描述该重油预热炉特性的微分方程式(分别以温度变化量与燃料量变化量为输出量与输入量),并写出燃料量变化量为 0.5t/h 时温度变化量的函数表达式。

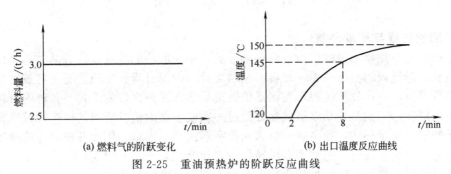

(a) 燃料气的阶跃变化　　　　(b) 出口温度反应曲线

图 2-25　重油预热炉的阶跃反应曲线

第三章　检测仪表与传感器

在工业生产过程中，为了正确地指导生产操作、保证生产安全、提高产品质量和实现生产过程自动化，一项必不可少的工作是准确而及时地检测出生产过程中的各个有关参数，例如压力、流量、物位及温度等。用来检测这些参数的技术工具称为检测仪表。用来将这些参数转换为一定的便于传送的信号（例如电信号或气压信号）的仪表通常称为传感器。当传感器的输出为单元组合仪表中规定的标准信号时，通常称为变送器。本章将主要介绍有关压力、流量、物位、温度等参数的检测方法、检测仪表及相应的传感器或变送器。

第一节　概　　述

一、测量过程与测量误差

在生产过程中需要测量的参数是多种多样的，相应的检测方法及仪表的结构原理也各不相同，但从测量过程的实质来看，却都有相同之处。测量过程在实质上都是将被测参数与其相应的测量单位进行比较的过程，而测量仪表就是实现这种比较的工具。各种测量仪表不论采用哪一种原理，它们都是要将被测参数经过一次或多次的信号能量的转换，最后获得一种便于测量的信号能量形式，并由指针位移或数字形式显示出来。例如各种炉温的测量，常常是利用热电偶的热电效应，把被测温度转换成直流毫伏信号（电能），然后变为毫伏测量仪表上的指针位移，并与温度标尺相比较而显示出被测温度的数值。

在测量过程中，由于所使用的测量工具本身不够准确，观测者的主观性和周围环境的影响等等，使得测量的结果不可能绝对准确。由仪表读得的被测值与被测量真值之间，总是存在一定的差距，这一差距就称为测量误差。

测量误差通常有两种表示方法，即绝对误差和相对误差。

绝对误差在理论上是指仪表指示值 x_i 和被测量的真值 x_t 之间的差值，可表示为

$$\Delta = x_i - x_t \tag{3-1}$$

所谓真值是指被测物理量客观存在的真实数值，它是无法得到的理论值。因此，所谓测量仪表在其标尺范围内各点读数的绝对误差，一般是指用被校表（精确度较低）和标准表（精确度较高）同时对同一被测量进行测量所得到的两个读数之差，可用下式表示

$$\Delta = x - x_0 \tag{3-2}$$

式中，Δ 为绝对误差；x 为被校表的读数值；x_0 为标准表的读数值。

测量误差还可以用相对误差来表示。相对误差等于某一点的绝对误差 Δ 与标准表在这一点的指示值 x_0 之比。可表示为

$$y = \frac{\Delta}{x_0} = \frac{x - x_0}{x_0} \tag{3-3}$$

式中，y 为仪表在 x_0 处的相对误差。

二、仪表的性能指标

一微课一

一台仪表性能的优劣，在工程上可用如下指标来衡量。

1. 精确度（简称精度）

任何测量过程都存在一定的误差，因此使用测量仪表时必须知道该仪表的精确程度，以

便估计测量结果与真实值的差距，即估计测量值的误差大小。

前面已经提到，仪表的测量误差可以用绝对误差 Δ 来表示。但是，必须指出，仪表的绝对误差在测量范围内的各点上是不相同的。因此，常说的"绝对误差"指的是绝对误差中的最大值 Δ_{max}。

事实上，仪表的精确度不仅与绝对误差有关，而且还与仪表的测量范围有关。例如，两台测量范围不同的仪表，如果它们的绝对误差相等的话，测量范围大的仪表精确度较测量范围小的为高。因此，工业上经常将绝对误差折合成仪表测量范围的百分数表示，称为相对百分误差 δ，即

$$\delta = \frac{\Delta_{max}}{测量范围上限值 - 测量范围下限值} \times 100\% \qquad (3\text{-}4)$$

仪表的测量范围上限值与下限值之差，称为该仪表的量程。

根据仪表的使用要求，规定一个在正常情况下允许的最大误差，这个允许的最大误差就叫允许误差。允许误差一般用相对百分误差来表示，即某一台仪表的允许误差是指在规定的正常情况下允许的相对百分误差的最大值，即

$$\delta_允 = \pm \frac{仪表允许的最大绝对误差值}{测量范围上限值 - 测量范围下限值} \times 100\% \qquad (3\text{-}5)$$

仪表的 $\delta_允$ 越大，表示它的精确度越低；反之，仪表的 $\delta_允$ 越小，表示仪表的精确度越高。

事实上，我国就是利用这一办法来统一规定仪表的精确度（精度）等级的。将仪表的允许相对百分误差去掉"±"号及"%"号，便可以用来确定仪表的精确度等级。目前，我国生产的仪表常用的精确度等级有 0.005，0.02，0.05，0.1，0.2，0.4，0.5，1.0，1.5，2.5，4.0 等。如果某台测温仪表的允许误差为 ±1.5%，则认为该仪表的精确度等级符合 1.5 级。为了进一步说明如何确定仪表的精确度等级，下面举两个例子。

例 1　某台测温仪表的测温范围为 200～700℃，校验该表时得到的最大绝对误差为 +4℃，试确定该仪表的精度等级。

解　该仪表的相对百分误差为

$$\delta = \frac{+4}{700 - 200} \times 100\% = +0.8\%$$

如果将该仪表的 δ 去掉"+"号与"%"号，其数值为 0.8。由于国家规定的精度等级中没有 0.8 级仪表，同时，该仪表的误差超过了 0.5 级仪表所允许的最大误差，所以，这台测温仪表的精度等级为 1.0 级。

例 2　某台测温仪表的测温范围为 0～1000℃。根据工艺要求，温度指示值的误差不允许超过 ±7℃，试问应如何选择仪表的精度等级才能满足以上要求？

解　根据工艺上的要求，仪表的允许误差为

$$\delta_允 = \frac{\pm 7}{1000 - 0} \times 100\% = \pm 0.7\%$$

如果将仪表的允许误差去掉"±"号与"%"号，其数值介于 0.5～1.0 之间，如果选择精度等级为 1.0 级的仪表，其允许的误差为 ±1.0%，超过了工艺上允许的数值，故应选择 0.5 级仪表才能满足工艺要求。

由以上两个例子可以看出，根据仪表校验数据来确定仪表精度等级和根据工艺要求来选择仪表精度等级，情况是不一样的。根据仪表校验数据来确定仪表精度等级时，仪表的允许误差应该大于（至少等于）仪表校验所得的相对百分误差；根据工艺要求来选择仪表精度等级时，仪表的允许误差应该小于（至多等于）工艺上所允许的最大相对百分误差。

仪表的精度等级是衡量仪表质量优劣的重要指标之一。精度等级数值越小，就表征该仪

表的精确度等级越高，也说明该仪表的精确度越高。0.05 级以上的仪表，常用来作为标准表；工业现场用的测量仪表，其精度大多是 0.5 级以下的。

仪表的精度等级一般可用不同的符号形式标志在仪表面板上，如 ①.5、 ⚠1.0 等。

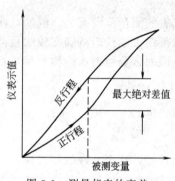

图 3-1　测量仪表的变差

2. 变差

变差是指在外界条件不变的情况下，用同一仪表对被测量在仪表全部测量范围内进行正反行程（即被测参数逐渐由小到大和逐渐由大到小）测量时，被测量值正行和反行所得到的两条特性曲线之间的最大偏差，如图 3-1 所示。

造成变差的原因很多，例如传动机构间存在的间隙和摩擦力、弹性元件的弹性滞后等等。变差的大小，用在同一被测参数值下，正反行程间仪表指示值的最大绝对差值与仪表量程之比的百分数表示，即

$$变差 = \frac{最大绝对差值}{测量范围上限值 - 测量范围下限值} \times 100\% \quad (3-6)$$

必须注意，仪表的变差不能超出仪表的允许误差，否则，应及时检修。

3. 灵敏度与灵敏限

仪表指针的线位移或角位移，与引起这个位移的被测参数变化量之比值称为仪表的灵敏度，用公式表示如下

$$S = \frac{\Delta\alpha}{\Delta x} \quad (3-7)$$

式中，S 为仪表的灵敏度；$\Delta\alpha$ 为指针的线位移或角位移；Δx 为引起 $\Delta\alpha$ 所需的被测参数变化量。

所以仪表的灵敏度，在数值上就等于单位被测参数变化量所引起的仪表指针移动的距离（或转角）。

所谓仪表的灵敏限，是指能引起仪表指针发生动作的被测参数的最小变化量。通常仪表灵敏限的数值应不大于仪表允许绝对误差的一半。

值得注意的是，上述指标仅适用于指针式仪表。在数字式仪表中，往往用分辨力来表示仪表灵敏度（或灵敏限）的大小。

4. 分辨力

对于数字式仪表，分辨力是指数字显示器的最末位数字间隔所代表的被测参数变化量。如数字电压表显示器末位一个数字所代表的输入电压值。显然，不同量程的分辨力是不同的，相应于最低量程的分辨力称为该表的最高分辨力，也叫灵敏度。通常以最高分辨力作为数字电压表的分辨力指标。例如，某表的最低量程是 $0 \sim 1.0000\text{V}$，五位数字显示，末位一个数字的等效电压为 $10\mu\text{V}$，便可说该表的分辨力为 $10\mu\text{V}$。当数字式仪表的灵敏度用它与量程的相对值表示时，便是分辨率。分辨率与仪表的有效数字位数有关，如一台仪表的有效数字位数为三位，其分辨率便为千分之一。

5. 线性度

线性度是表征线性刻度仪表的输出量与输入量的实际校准曲线与理论直线的吻合程度。如图 3-2 所示。通常总是希望测量仪表的输出与输入之间呈线性关系。因为在线性情况下，模拟式仪表的刻度就可以做成均匀刻度，而数字式仪表就可以不必采取线性化措施。

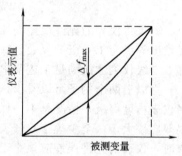

图 3-2　线性度示意图

线性度通常用实际测得的输入-输出特性曲线（称为校准曲线）与理论直线之间的最大偏差与测量仪表量程之比的百分数表示，即

$$\delta_{\mathrm{f}} = \frac{\Delta f_{\max}}{\text{仪表量程}} \times 100\% \tag{3-8}$$

式中，δ_{f} 为线性度（又称非线性误差）；$\Delta f_{\max}$ 为校准曲线对于理论直线的最大偏差（以仪表示值的单位计算）。

6. 反应时间

当用仪表对被测量进行测量时，被测量突然变化以后，仪表指示值总是要经过一段时间后才能准确地显示出来。反应时间就是用来衡量仪表能不能尽快反映出参数变化的品质指标。反应时间长，说明仪表需要较长时间才能给出准确的指示值，那就不宜用来测量变化频繁的参数。因为在这种情况下，当仪表尚未准确显示出被测值时，参数本身却早已改变了，使仪表始终指示不出参数瞬时值的真实情况。所以，仪表反应时间的长短，实际上反映了仪表动态特性的好坏。

仪表的反应时间有不同的表示方法。当输入信号突然变化一个数值后，输出信号将由原始值逐渐变化到新的稳态值。仪表的输出信号（即指示值）由开始变化到新稳态值的 63.2% 所用的时间，可用来表示反应时间，也有用变化到新稳态值的 95% 所用的时间来表示反应时间的。

三、工业仪表的分类

工业仪表种类繁多，结构形式各异，根据不同的原则，可以进行相应的分类。

1. 按仪表使用的能源分类

按使用的能源来分，工业自动化仪表可以分为气动仪表、电动仪表和液动仪表。目前工业上常用的为电动仪表。电动仪表是以电为能源，信号之间联系比较方便，适宜于远距离传送和集中控制；便于与计算机联用；现在电动仪表可以做到防火、防爆，更有利于电动仪表的安全使用。但电动仪表一般结构较复杂；易受温度、湿度、电磁场、放射性等环境影响。

2. 按信息的获得、传递、反映和处理的过程分类

从工业自动化仪表在信息传递过程中的作用不同，可以分为五大类。

（1）检测仪表　检测仪表的主要作用是获取信息，并进行适当的转换。在生产过程中，检测仪表主要用来测量某些工艺参数，如温度、压力、流量、物位以及物料的成分、物性等，并将被测参数的大小成比例地转换成电的信号（电压、电流、频率等）或气压信号。

（2）显示仪表　显示仪表的作用是将由检测仪表获得的信息显示出来，包括各种模拟量、数字量的指示仪、记录仪和积算器，以及工业电视、图像显示器等。

（3）集中控制装置　包括各种巡回检测仪、巡回控制仪、程序控制仪、数据处理机、电子计算机以及仪表控制盘和操作台等。

（4）控制仪表　控制仪表可以根据需要对输入信号进行各种运算，例如放大、积分、微分等。控制仪表包括各种电动、气动的控制器以及用来代替模拟控制仪表的微处理机等。

（5）执行器　执行器可以接受控制仪表的输出信号或直接来自操作人员的指令，对生产过程进行操作或控制。执行器包括各种气动、电动、液动执行机构和控制阀。

上述各类仪表在信息传递过程中的关系可以用图 3-3 来表示。

3. 按仪表的组成形式分类

（1）基地式仪表　这类仪表的特点是将测量、显示、控制等各部分集中组装在一个表壳里，形成一个整体。这种仪表比较适于在现场做就地检测和控制，但不能实现多种参数的集中

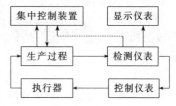

图 3-3　各类仪表的作用

显示与控制。这在一定程度上限制了基地式仪表的应用范围。

（2）单元组合仪表 将对参数的测量及其变送、显示、控制等各部分，分别制成能独立工作的单元仪表（简称单元，例如变送单元、显示单元、控制单元等）。这些单元之间以统一的标准信号互相联系，可以根据不同要求，方便地将各单元任意组合成各种控制系统，适用性和灵活性都很好。

化工生产中的单元组合仪表有电动单元组合仪表和气动单元组合仪表两种。国产的电动单元组合仪表以"电"、"单"、"组"三字的汉语拼音字头为代号，简称 DDZ 仪表；同样，气动单元组合仪表简称 QDZ 仪表。

本章将介绍几个主要工艺参数的检测方法及仪表。显示仪表、控制仪表及执行器将分别在第三章、第四章、第五章中介绍。

第二节 压力检测及仪表

工业生产中，所谓压力是指由气体或液体均匀垂直地作用于单位面积上的力。在工业生产过程中，压力是重要的操作参数之一。特别是在化工、炼油等生产过程中，经常会遇到压力和真空度的测量，其中包括比大气压力高很多的高压、超高压和比大气压力低很多的真空度的测量。如高压聚乙烯，要在 150MPa 或更高压力下进行聚合；氢气和氮气合成氨气时，要在 15MPa 或 32MPa 的压力下进行反应；而炼油厂减压蒸馏，则要在比大气压低很多的真空下进行。如果压力不符合要求，不仅会影响生产效率，降低产品质量，有时还会造成严重的生产事故。此外，压力测量的意义还不局限于它自身，有些其他参数的测量，如物位、流量等往往是通过测量压力或差压来进行的，即测出了压力或差压，便可确定物位或流量。

一、压力单位及测压仪表

— 微课 —

由于压力是指均匀垂直地作用在单位面积上的力，故可用式（3-9）表示

$$p = \frac{F}{S} \tag{3-9}$$

式中，p 为压力；F 为垂直作用力；S 为受力面积。

根据国际单位制（代号为 SI）规定，压力的单位为帕斯卡，简称帕（Pa），1 帕为 1 牛顿每平方米，即

$$1Pa = 1N/m^2 \tag{3-10}$$

帕所表示的压力较小，工程上经常使用兆帕（MPa）。帕与兆帕之间的关系为：

$$1MPa = 1 \times 10^6 Pa \tag{3-11}$$

过去使用的压力单位比较多，根据 1984 年 2 月 27 日国务院"关于在我国统一实行法定计量单位的命令"的规定，这些单位将不再使用。但为了使大家了解国际单位制中的压力单位（Pa 或 MPa）与过去的单位之间的关系，下面给出几种单位之间的换算关系表 3-1。

在压力测量中，常有表压、绝对压力、负压或真空度之分，其关系见图 3-4。

工程上所用的压力指示值，大多为表压（绝对压力计的指示值除外）。表压是绝对压力和大气压力之差，即

$$p_{表压} = p_{绝对压力} - p_{大气压力}$$

当被测压力低于大气压力时，一般用负压或真空度来表示，它是大气压力与绝对压力之差，即

$$p_{真空度} = p_{大气压力} - p_{绝对压力}$$

因为各种工艺设备和测量仪表通常是处于大气之中，本身就承受着大气压力。所以，工程上经常用表压或真空度来表示压力的大小。以后所提到的压力，除特别说明外，均指表压

表 3-1　各种压力单位换算表

压力单位	帕/Pa	兆帕/MPa	工程大气压/(kgf/cm²)	物理大气压/atm	汞柱/mmHg	水柱/mH₂O	(磅/英寸²)/(lb/in²)	巴/bar
帕	1	1×10^{-6}	1.0197×10^{-5}	9.869×10^{-6}	7.501×10^{-3}	1.0197×10^{-4}	1.450×10^{-4}	1×10^{-5}
兆帕	1×10^{6}	1	10.197	9.869	7.501×10^{3}	1.0197×10^{2}	1.450×10^{2}	10
工程大气压	9.807×10^{4}	9.807×10^{-2}	1	0.9678	735.6	10.00	14.22	0.9807
物理大气压	1.0133×10^{5}	0.10133	1.0332	1	760	10.33	14.70	1.0133
汞柱	1.3332×10^{2}	1.3332×10^{-4}	1.3595×10^{-3}	1.3158×10^{-3}	1	0.0136	1.934×10^{-2}	1.3332×10^{-3}
水柱	9.806×10^{3}	9.806×10^{-3}	0.1000	0.09678	73.55	1	1.422	0.09806
磅/英寸²	6.895×10^{3}	6.895×10^{-3}	0.07031	0.06805	51.71	0.7031	1	0.06895
巴	1×10^{5}	0.1	1.0197	0.9869	750.1	10.197	14.50	1

或真空度。

测量压力或真空度的仪表很多，按照其转换原理的不同，大致可分为四大类。

1. 液柱式压力计

它是根据流体静力学原理，将被测压力转换成液柱高度进行测量的。按其结构形式的不同，有 U 形管压力计、单管压力计和斜管压力计等。这类压力计结构简单、使用方便，但其精度受工作液的毛细管作用、密度及视差等因素的影响，测量范围较窄，一般用来测量较低压力、真空度或压力差。

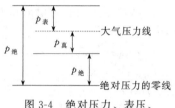

图 3-4　绝对压力、表压、负压（真空度）的关系

2. 弹性式压力计

它是将被测压力转换成弹性元件变形的位移进行测量的。例如弹簧管压力计、波纹管压力计及膜式压力计等。

3. 电气式压力计

它是通过机械和电气元件将被测压力转换成电量（如电压、电流、频率等）来进行测量的仪表，例如各种压力传感器和压力变送器。

4. 活塞式压力计

它是根据水压机液体传送压力的原理，将被测压力转换成活塞上所加平衡砝码的质量来进行测量的。它的测量精度很高，允许误差可小到 0.05%～0.02%。但结构较复杂，价格较贵。一般作为标准型压力测量仪器，来检验其他类型的压力计。

二、弹性式压力计

弹性式压力计是利用各种形式的弹性元件，在被测介质压力的作用下，使弹性元件受压后产生弹性变形的原理而制成的测压仪表。这种仪表具有结构简单、使用可靠、读数清晰、牢固可靠、价格低廉、测量范围宽以及有足够的精度等优点。若增加附加装置，如记录机构、电气变换装置、控制元件等，则可以实现压力的记录、远传、信号报警、自动控制等。弹性式压力计可以用来测量几百帕到数千兆帕范围内的压力，因此在工业上是应用最为广泛的一种测压仪表。

1. 弹性元件

弹性元件是一种简易可靠的测压敏感元件。当测压范围不同时，所用的弹性元件也不一样，常用的几种弹性元件的结构如图 3-5 所示。

（1）弹簧管式弹性元件　弹簧管式弹性元件的测压范围较宽，可测量高达 1000MPa 的压力。单圈弹簧管是弯成圆弧形的金属管子，它的截面做成扁圆形或椭圆形，如图 3-5（a）

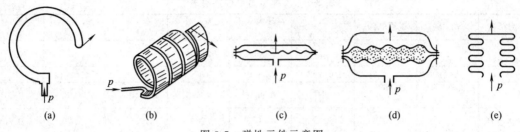

图 3-5　弹性元件示意图

所示。当通入压力 p 后，它的自由端就会产生位移。这种单圈弹簧管自由端位移较小，因此能测量较高的压力。为了增加自由端的位移，可以制成多圈弹簧管，如图 3-5(b) 所示。

（2）薄膜式弹性元件　薄膜式弹性元件根据其结构不同还可以分为膜片与膜盒等。它的测压范围较弹簧管式的为低。图 3-5(c) 为膜片式弹性元件，它是由金属或非金属材料做成的具有弹性的一张膜片（有平膜片与波纹膜片两种形式），在压力作用下能产生变形。有时也可以由两张金属膜片沿周口对焊起来，成一薄壁盒子，内充液体（例如硅油），称为膜盒，如图 3-5(d) 所示。

（3）波纹管式弹性元件　波纹管式弹性元件是一个周围为波纹状的薄壁金属筒体，如图 3-5(e) 所示。这种弹性元件易于变形，而且位移很大，常用于微压与低压的测量（一般不超过 1MPa）。

2. 弹簧管压力表

弹簧管压力表的测量范围极广，品种规格繁多。按其所使用的测压元件不同，可有单圈弹簧管压力表与多圈弹簧管压力表。按其用途不同，除普通弹簧管压力表外，还有耐腐蚀的氨用压力表、禁油的氧气压力表等。它们的外形与结构基本上是相同的，只是所用的材料有所不同。

弹簧管压力表的结构原理如图 3-6 所示。

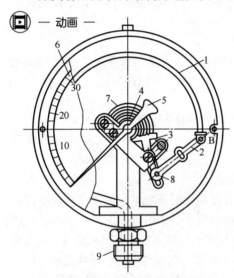

图 3-6　弹簧管压力表
1—弹簧管；2—拉杆；3—扇形齿轮；4—中心齿轮；5—指针；6—面板；7—游丝；8—调整螺钉；9—接头

弹簧管 1 是压力表的测量元件。图中所示为单圈弹簧管，它是一根弯成 270° 圆弧的椭圆截面的空心金属管子。管子的自由端 B 封闭，管子的另一端固定在接头 9 上。当通入被测的压力 p 后，由于椭圆形截面在压力 p 的作用下，将趋于圆形，而弯成圆弧形的弹簧管也随之产生向外挺直的扩张变形。由于变形，使弹簧管的自由端 B 产生位移。输入压力 p 越大，产生的变形也越大。由于输入压力与弹簧管自由端 B 的位移成正比，所以只要测得 B 点的位移量，就能反映压力 p 的大小，这就是弹簧管压力表的基本测量原理。

弹簧管自由端 B 的位移量一般很小，直接显示有困难，所以必须通过放大机构才能指示出来。具体的放大过程如下：弹簧管自由端 B 的位移通过拉杆 2（见图 3-6）使扇形齿轮 3 作逆时针偏转，于是指针 5 通过同轴的中心齿轮 4 的带动而作顺时针偏转，在面板 6 的刻度标尺上显示出被测压力 p 的数值。由于弹簧管自由端的位移与被测压力之间具有正比关系，因此弹簧管压力表的刻度标尺是线性的。

游丝 7 用来克服因扇形齿轮和中心齿轮间的传动间隙而产生的仪表变差。改变调整螺钉 8 的位置（即改变机械传动的放大系数），可以实现压力表量程的调整。

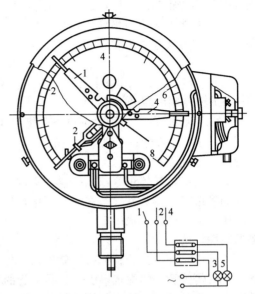

图 3-7　电接点信号压力表
1，4—静触点；2—动触点；3—绿灯；5—红灯

在化工生产过程中，常常需要把压力控制在某一范围内，即当压力低于或高于给定范围时，就会破坏正常工艺条件，甚至可能发生危险。这时就应采用带有报警或控制触点的压力表。将普通弹簧管压力表稍加变化，便可成为电接点信号压力表，它能在压力偏离给定范围时，及时发出信号，以提醒操作人员注意或通过中间继电器实现压力的自动控制。

图 3-7 是电接点信号压力表的结构和工作原理示意图。压力表指针上有动触点 2，表盘上另有两根可调节的指针，上面分别有静触点 1 和 4。当压力超过上限给定数值（此数值由静触点 4 的指针位置确定）时，动触点 2 和静触点 4 接触，红灯 5 的电路被接通，使红灯发亮。若压力低到下限给定数值时，动触点 2 与静触点 1 接触，接通了绿色信号灯 3 的电路。静触点 1、4 的位置可根据需要灵活调节。

三、电气式压力计

电气式压力计是一种能将压力转换成电信号进行传输及显示的仪表。这种仪表的测量范围较广，分别可测 $7 \times 10^{-5}\mathrm{Pa}$ 至 $5 \times 10^{2}\mathrm{MPa}$ 的压力，允许误差可至 0.2%。由于可以远距离传送信号，所以在工业生产过程中可以实现压力自动控制和报警，并可与工业控制机联用。

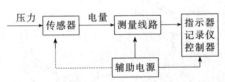

图 3-8　电气式压力计组成方框图

电气式压力计一般由压力传感器、测量电路和信号处理装置所组成。常用的信号处理装置有指示仪、记录仪以及控制器、微处理机等。图 3-8 是电气式压力计的组成方框图。

压力传感器的作用是把压力信号检测出来，并转换成电信号进行输出，当输出的电信号能够被进一步变换为标准信号时，压力传感器又称为压力变送器。

标准信号是指物理量的形式和数值范围都符合国际标准的信号。例如直流电流 4～20mA、空气压力 0.02～0.1MPa 都是当前通用的标准信号。我国还有一些变送器以直流电流 0～10mA 为输出信号。

下面简单介绍霍尔片式、应变片式、压阻式压力传感器、电容式压力变送器。

1. 霍尔片式压力传感器

霍尔片式压力传感器是根据霍尔效应制成的，即利用霍尔元件将由压力所引起的弹性元件的位移转换成霍尔电势，从而实现压力的测量。

霍尔片为一半导体（如锗）材料制成的薄片。如图 3-9 所示，在霍尔片的 Z 轴方向加一磁感应强度为 B 的恒定磁场，在 Y 轴方向加一外电场（接入直流稳压电源），便有恒定电流沿 Y 轴方向通过。电子在霍尔片中运动（电子逆 Y 轴方向运动）时，由于受电磁力的作用，而使电子的运动轨道发生偏移，造成霍尔片的一个端面上有电子积累，另一个端面上正电荷过剩，于是在霍尔片的 X 轴方向上出现电位差，这一电位差称为霍尔电势，这样一种物理现象就称为"霍尔效应"。

霍尔电势的大小与半导体材料、所通过的电流（一般称为控制电流）、磁感应强度以及霍尔片的几何尺寸等因素有关，可用式（3-12）表示

$$U_H = R_H B I \qquad (3-12)$$

式中，U_H 为霍尔电势；R_H 为霍尔常数，与霍尔片材料、几何形状有关；B 为磁感应强度；I 为控制电流的大小。

由式（3-12）可知，霍尔电势与磁感应强度和电流成正比。提高 B 和 I 值可增大霍尔电势 U_H，但两者都有一定限度，一般 I 为 3～20mA，B 约为几千高斯，所得的霍尔电势 U_H 约为几十毫伏数量级。

必须指出，导体也有霍尔效应，不过它们的霍尔电势远比半导体的霍尔电势小得多。

如果选定了霍尔元件，并使电流保持恒定，则在非均匀磁场中，霍尔元件所处的位置不同，所受到的磁感应强度也将不同，这样就可得到与位移成比例的霍尔电势，实现位移-电势的线性转换。

将霍尔元件与弹簧管配合，就组成了霍尔片式弹簧管压力传感器，如图 3-10 所示。被测压力由弹簧管 1 的固定端引入，弹簧管的自由端与霍尔片 3 相连接，在霍尔片的上、下方垂直安放两对磁极，使霍尔片处于两对磁极形成的非均匀磁场中。霍尔片的四个端面引出四根导线，其中与磁钢 2 相平行的两根导线和直流稳压电源相连接，另两根导线用来输出信号。

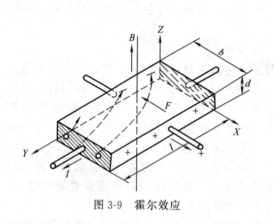

图 3-9　霍尔效应

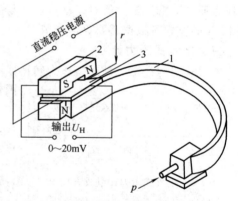

图 3-10　霍尔片式弹簧管压力传感器
1—弹簧管；2—磁钢；3—霍尔片

当被测压力引入后，在被测压力作用下，弹簧管自由端产生位移，因而改变了霍尔片在非均匀磁场中的位置，使所产生的霍尔电势与被测压力成比例。利用这一电势即可实现远距离显示和自动控制。

2. 应变片式压力传感器

应变片式压力传感器是利用电阻应变原理构成的。电阻应变片有金属应变片（金属丝或金属箔）和半导体应变片两类。被测压力使应变片产生应变。当应变片产生压缩应变时，其阻值减小；当应变片产生拉伸应变时，其阻值增加。应变片阻值的变化，再通过桥式电路获得相应的毫伏级电势输出，并用毫伏计或其他记录仪表显示出被测压力，从而组成应变片式压力计。

图 3-11 是一种应变片式压力传感器的原理图。应变筒 1 的上端与外壳 2 固定在一起，下端与不锈钢密封膜片 3 紧密接触，两片康铜丝应变片 r_1 和 r_2 用特殊胶合剂（缩醛胶等）贴紧在应变筒的外壁。r_1 沿应变筒轴向贴放，作为测量片；r_2 沿径向贴放，作为温度补偿

片。应变片与筒体之间不发生相对滑动，并且保持电气绝缘。当被测压力 p 作用于膜片而使应变筒作轴向受压变形时，沿轴向贴放的应变片 r_1 也将产生轴向压缩应变 ε_1，于是 r_1 的阻值变小；而沿径向贴放的应变片 r_2，由于本身受到横向压缩将引起纵向拉伸应变 ε_2，于是 r_2 阻值变大。但是由于 ε_2 比 ε_1 要小，故实际上 r_1 的减少量将比 r_2 的增大量为大。

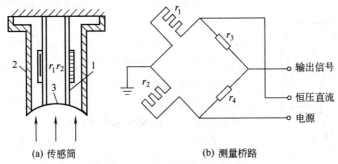

(a) 传感筒　　　　(b) 测量桥路

图 3-11　应变片式压力传感器示意图

1—应变筒；2—外壳；3—密封膜片

应变片 r_1 和 r_2 与两个固定电阻 r_3 和 r_4 组成桥式电路，如图 3-11（b）所示。由于 r_1 和 r_2 的阻值变化而使桥路失去平衡，从而获得不平衡电压 ΔU 作为传感器的输出信号，在桥路供给直流稳压电源最大为 10V 时，可得最大 ΔU 为 5mV 的输出。传感器的被测压力可达 25MPa。由于传感器的固有频率在 25000Hz 以上，故有较好的动态性能，适用于快速变化的压力测量。传感器的非线性及滞后误差小于额定压力的 1%。

3. 压阻式压力传感器

压阻式压力传感器是利用单晶硅的压阻效应而构成，其工作原理如图 3-12 所示。采用单晶硅片为弹性元件，在单晶硅膜片上利用集成电路的工艺，在单晶硅的特定方向扩散一组等值电阻，并将电阻接成桥路，单晶硅片置于传感器腔内。当压力发生变化时，单晶硅产生应变，使直接扩散在上面的应变电阻产生与被测压力成比例的变化，再由桥式电路获得相应的电压输出信号。

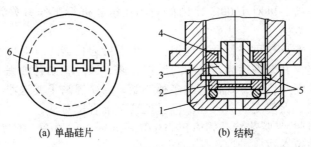

(a) 单晶硅片　　　　(b) 结构

图 3-12　压阻式压力传感器

1—基座；2—单晶硅片；3—导环；4—螺母；5—密封垫圈；6—等效电阻

压阻式压力传感器具有精度高、工作可靠、频率响应高、迟滞小、尺寸小、重量轻、结构简单等特点，可以适应恶劣的环境条件下工作，便于实现显示数字化。压阻式压力传感器不仅可以用来测量压力，稍加改变，就可以用来测量差压、高度、速度、加速度等参数。

4. 电容式压力变送器　　　　　　　　　　　　　　　　🎬 — 动画 —

20 世纪 70 年代初由美国最先投放市场的电容变送器，是一种开环检测仪表，具有结构简单、过载能力强、可靠性好、测量精度高、体积小、重量轻、使用方便等一系列优点，目前已成为最受欢迎的压力、差压变送器。其输出信号也是标准的 4～20mA（DC）电流信号。

电容式压力变送器是先将压力的变化转换为电容量的变化，然后进行测量的。

在工业生产过程中，差压变送器的应用数量多于压力变送器，因此，以下按差压变送器介绍，其实两者的原理和结构基本上相同。

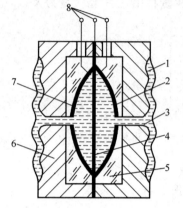

图3-13　电容式差压变送器原理图
1—隔离膜片；2，7—固定电极；
3—硅油；4—测量膜片；5—玻璃层；
6—底座；8—引线

图3-13是电容式差压变送器的原理图，将左右对称的不锈钢底座的外侧加工成环状波纹沟槽，并焊上波纹隔离膜片。基座内侧有玻璃层，基座和玻璃层中央有孔道相通。玻璃层内表面磨成凹球面，球面上镀有金属膜，此金属膜层有导线通往外部，构成电容的左右固定极板。在两个固定极板之间是弹性材料制成的测量膜片，作为电容的中央动极板。在测量膜片两侧的空腔中充满硅油。

当被测压力 p_1、p_2 分别加于左右两侧的隔离膜片时，通过硅油将差压传递到测量膜片上，使其向压力小的一侧弯曲变形，引起中央动极板与两边固定电极间的距离发生变化，因而两电极的电容量不再相等，而是一个增大、另一个减小，电容的变化量通过引线传至测量电路，通过测量电路的检测和放大，输出一个 4～20mA 的直流电信号。

电容式差压变送器的结构可以有效地保护测量膜片，当差压过大并超过允许测量范围时，测量膜片将平滑地贴靠在玻璃凹球面上，因此不易损坏，过载后的恢复特性很好，这样大大提高了过载承受能力。与力矩平衡式相比，电容式没有杠杆传动机构，因而尺寸紧凑，密封性与抗震性好，测量精度相应提高，可达 0.2 级。

四、智能型压力变送器

随着集成电路的广泛应用，其性能不断提高，成本大幅度降低，使得微处理器在各个领域中的应用十分普遍。智能型压力或差压变送器就是在普通压力或差压传感器的基础上增加微处理器电路而形成的智能检测仪表。例如，用带有温度补偿的电容传感器与微处理器相结合，构成精度为 0.1 级的压力或差压变送器，其量程范围为 100：1，时间常数在 0～36s 间可调，通过手持通信器，可对 1500m 之内的现场变送器进行工作参数的设定、量程调整以及向变送器加入信息数据。

智能型变送器的特点是可进行远程通信。利用手持通信器，可对现场变送器进行各种运行参数的选择和标定；其精确度高，使用与维护方便。通过编制各种程序，使变送器具有自修正、自补偿、自诊断及错误方式告警等多种功能，因而提高了变送器的精确度，简化了调整、校准与维护过程，促使变送器与计算机、控制系统直接对话。

下面以美国费希尔-罗斯蒙特公司（Fisher-Rosemount）的 3051C 型智能差压变送器为例对其工作原理作简单介绍。

3051C 型智能差压变送器包括变送器和 275 型手持通信器。

变送器由传感膜头和电子线路板组成，图 3-14 为其原理方框图。

被测介质压力通过电容传感器转换为与之成正比的差动电容信号。传感膜头还同时进行温度的测量，用于补偿温度变化的影响。上述电容和温度信号通过 A/D 转换器转换为数字信号，输入到电子线路板模块。

在工厂的特性化过程中，所有的传感器都经受了整个工作范围内的压力与温度循环测试。根据测试数据所得到的修正系数，都贮存在传感膜头的内存中，从而可保证变送器在运行过程中能精确地进行信号修正。

电子线路板模块接收来自传感膜头的数字输入信号和修正系数，然后对信号加以修正与

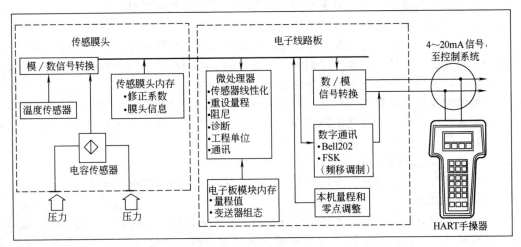

图 3-14 3051C 型智能差压变送器（4～20mA）方框图

线性化。电子线路板模块的输出部分将数字信号转换成 4～20mA DC 电流信号，并与手持通信器进行通信。

在电子线路板模块的永久性 EEPROM 存储器中存有变送器的组态数据，当遇到意外停电，其中数据仍然保存，所以恢复供电之后，变送器能立即工作。

数字通信格式符合 HART 协议，该协议使用了工业标准 Bell 202 频移调制（FSK）技术。通过在 4～20mA DC 输出信号上叠加高频信号来完成远程通信。罗斯蒙特公司采用这一技术，能在不影响回路完整性的情况下实现同时通信和输出。

3051C 型智能差压变送器所用的手持通信器为 275 型，其上带有键盘及液晶显示器。它可以接在现场变送器的信号端子上，就地设定或检测，也可以在远离现场的控制室中，接在某个变送器的信号线上进行远程设定及检测。为了便于通信，信号回路必须有不小于 250Ω 的负载电阻。其连接示意图如图 3-15 所示。

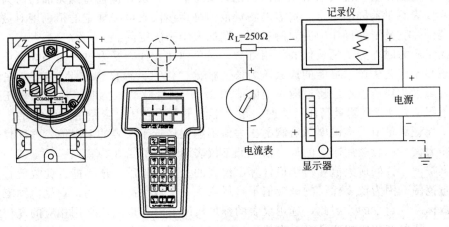

图 3-15 手持通信器的连接示意图

手持通信器能够实现下列功能。

（1）组态 组态可分为两部分。首先，设定变送器的工作参数，包括测量范围、线性或平方根输出、阻尼时间常数、工程单位选择；其次，可向变送器输入信息性数据，以便对变送器进行识别与物理描述，包括给变送器指定工位号、描述符等。

（2）测量范围的变更　当需要更改测量范围时，不需到现场调整。

（3）变送器的校准　包括零点和量程的校准。

（4）自诊断　3051C 型变送器可进行连续自诊断。当出现问题时，变送器将激活用户选定的模拟输出报警。手持通信器可以询问变送器，确定问题所在。变送器向手持通信器输出特定的信息，以识别问题，从而可以快速地进行维修。

由于智能型差压变送器有好的总体性能及长期稳定工作能力，所以每五年才需校验一次。智能型差压变送器与手持通信器结合使用，可远离生产现场，尤其是危险或不易到达的地方，给变送器的运行和维护带来了极大的方便。

五、压力计的选用及安装

正确地选用及安装是保证压力计在生产过程中发挥应有作用的重要环节。

1. 压力计的选用

压力计的选用应根据工艺生产过程对压力测量的要求，结合其他各方面的情况，加以全面的考虑和具体的分析。选用压力计和选用其他仪表一样，一般应该考虑以下几个方面的问题。

（1）仪表类型的选用　仪表类型的选用必须满足工艺生产的要求。例如是否需要远传、自动记录或报警；被测介质的物理化学性能（诸如腐蚀性、温度高低、黏度大小、脏污程度、易燃易爆性能等）是否对测量仪表提出特殊要求；现场环境条件（诸如高温、电磁场、振动及现场安装条件等）对仪表类型有否特殊要求等等。总之，根据工艺要求正确选用仪表类型是保证仪表正常工作及安全生产的重要前提。

例如普通压力计的弹簧管多采用铜合金，高压的也有采用碳钢的，而氨用压力计弹簧管的材料却都采用碳钢，不允许采用铜合金。因为氨气对铜的腐蚀极强，所以普通压力计用于氨气压力测量时很快就要损坏。

氧气压力计与普通压力计在结构和材质上完全相同，只是氧用压力计禁油。因为油进入氧气系统易引起爆炸。所用氧气压力计在校验时，不能像普通压力计那样采用变压器油作为工作介质，并且氧气压力计在存放中要严格避免接触油污。如果必须采用现有的带油污的压力计测量氧气压力时，使用前必须用四氯化碳反复清洗，认真检查直到无油污时为止。

（2）仪表测量范围的确定　仪表的测量范围是指该仪表可按规定的精确度对被测量进行测量的范围，它是根据操作中需要测量的参数的大小来确定的。

在测量压力时，为了延长仪表使用寿命，避免弹性元件因受力过大而损坏，压力计的上限值应该高于工艺生产中可能的最大压力值。根据"化工自控设计技术规定"，在测量稳定压力时，最大工作压力不应超过测量上限值的 2/3；测量脉动压力时，最大工作压力不应超过测量上限值的 1/2；测量高压压力时，最大工作压力不应超过测量上限值的 3/5。

为了保证测量值的准确度，所测的压力值不能太接近于仪表的下限值，亦即仪表的量程不能选得太大，一般被测压力的最小值不低于仪表满量程的 1/3 为宜。

根据被测参数的最大值和最小值计算出仪表的上、下限后，还不能以此数值直接作为仪表的测量范围。因为仪表标尺的极限值不是任意取一个数字都可以的，它是由国家主管部门用规程或标准规定了的。因此，选用仪表的标尺极限值时，也只能采用相应的规程或标准中的数值（一般可在相应的产品目录中找到）。

（3）仪表精度级的选取　仪表精度是根据工艺生产上所允许的最大测量误差来确定的。一般来说，所选用的仪表越精密，则测量结果越精确、可靠。但不能认为选用的仪表精度越高越好，因为越精密的仪表，一般价格越贵，操作和维护越费事。因此，在满足工艺要求的前提下，应尽可能选用精度较低、价廉耐用的仪表。

下面通过一个例子来说明压力表的选用。

例 3　某台往复式压缩机的出口压力范围为 25～28MPa，测量误差不得大于 1MPa。工艺上要求就地观察，并能高低限报警，试正确选用一台压力表，指出型号、精度与测量范围。

解　由于往复式压缩机的出口压力脉动较大，所以选择仪表的上限值为

$$p_1 = p_{\max} \times 2 = 28 \times 2 = 56\text{MPa}$$

根据就地观察及能进行高低限报警的要求，由本章附录一，可查得选用 YX-150 型电接点压力表，测量范围为 0～60MPa。

由于 $\dfrac{25}{60} > \dfrac{1}{3}$，故被测压力的最小值不低于满量程的 1/3，这是允许的。

另外，根据测量误差的要求，可算得允许误差为

$$\frac{1}{60} \times 100\% = 1.67\%$$

所以，精度等级为 1.5 级的仪表完全可以满足误差要求。

至此，可以确定，选择的压力表为 YX-150 型电接点压力表，测量范围为 0～60MPa，精度等级为 1.5 级。

2. 压力计的安装

压力计的安装正确与否，直接影响到测量结果的准确性和压力计的使用寿命。

（1）测压点的选择　所选择的测压点应能反映被测压力的真实大小。为此，必须注意以下几点。

① 要选在被测介质直线流动的管段部分，不要选在管路拐弯、分叉、死角或其他易形成漩涡的地方。

② 测量流动介质的压力时，应使取压点与流动方向垂直，取压管内端面与生产设备连接处的内壁应保持平齐，不应有凸出物或毛刺。

③ 测量液体压力时，取压点应在管道下部，使导压管内不积存气体；测量气体压力时，取压点应在管道上方，使导压管内不积存液体。

（2）导压管铺设

① 导压管粗细要合适，一般内径为 6～10mm，长度应尽可能短，最长不得超过 50m，以减少压力指示的迟缓。如超过 50m，应选用能远距离传送的压力计。

② 导压管水平安装时应保证有 1∶10～1∶20 的倾斜度，以利于积存于其中之液体（或气体）的排出。

③ 当被测介质易冷凝或冻结时，必须加设保温伴热管线。

④ 取压口到压力计之间应装有切断阀，以备检修压力计时使用。切断阀应装设在靠近取压口的地方。

（3）压力计的安装

① 压力计应安装在易观察和检修的地方。

② 安装地点应力求避免振动和高温影响。

③ 测量蒸汽压力时，应加装凝液管，以防止高温蒸汽直接与测压元件接触［见图 3-16(a)］；对于有腐蚀性介质的压力测量，应加装有中性介质的隔离罐，图 3-16(b) 表示了被测

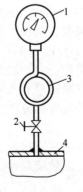
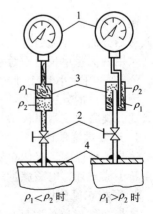

(a) 测量蒸汽时　　(b) 测量有腐蚀性介质时

图 3-16　压力计安装示意图

1—压力计；2—切断阀门；3—凝液管；4—取压容器

介质密度 ρ_2 大于和小于隔离液密度 ρ_1 的两种情况。

总之，针对被测介质的不同性质（高温、低温、腐蚀、脏污、结晶、沉淀、黏稠等），要采取相应的防热、防腐、防冻、防堵等措施。

④ 压力计的连接处，应根据被测压力的高低和介质性质，选择适当的材料，作为密封垫片，以防泄漏。

⑤ 当被测压力较小，而压力计与取压口又不在同一高度时，对由此高度而引起的测量误差应按 $\Delta p = \pm H \rho g$ 进行修正。式中 H 为高度差，ρ 为导压管中介质的密度，g 为重力加速度。

⑥ 为安全起见，测量高压的压力计除选用有通气孔的外，安装时表壳应向墙壁或无人通过之处，以防发生意外。

第三节　流量检测及仪表

一、概述

在化工和炼油生产过程中，为了有效地进行生产操作和控制，经常需要测量生产过程中各种介质（液体、气体和蒸汽等）的流量，以便为生产操作和控制提供依据。同时，为了进行经济核算，经常需要知道在一段时间（如一班、一天等）内流过的介质总量。所以，介质流量是控制生产过程达到优质高产和安全生产以及进行经济核算所必需的一个重要参数。

一般所讲的流量大小是指单位时间内流过管道某一截面的流体数量的大小，即瞬时流量。而在某一段时间内流过管道的流体流量的总和，即瞬时流量在某一段时间内的累计值，称为总量。

流量和总量，可以用质量表示，也可以用体积表示。单位时间内流过的流体以质量表示的称为质量流量，常用符号 M 表示。以体积表示的称为体积流量，常用符号 Q 表示。若流体的密度是 ρ，则体积流量与质量流量之间的关系是

$$M = Q\rho \quad 或 \quad Q = \frac{M}{\rho} \tag{3-13}$$

如以 t 表示时间，则流量和总量之间的关系是

$$Q_{总} = \int_0^t Q \mathrm{d}t, \qquad M_{总} = \int_0^t M \mathrm{d}t \tag{3-14}$$

测量流体流量的仪表一般叫流量计；测量流体总量的仪表常称为计量表。然而两者并不是截然划分的，在流量计上配以累积机构，也可以读出总量。

常用的流量单位有吨每小时(t/h)、千克每小时(kg/h)、千克每秒(kg/s)、立方米每小时(m^3/h)、升每小时(L/h)、升每分(L/min)等。

测量流量的方法很多，其测量原理和所应用的仪表结构形式各不相同。目前有许多流量测量的分类方法，本书仅举一种大致的分类法，简介如下。

1. 速度式流量计

这是一种以测量流体在管道内的流速作为测量依据来计算流量的仪表。例如差压式流量计、转子流量计、电磁流量计、涡轮流量计、堰式流量计等。

2. 容积式流量计

这是一种以单位时间内所排出的流体的固定容积的数目作为测量依据来计算流量的仪表。例如椭圆齿轮流量计、活塞式流量计等。

3. 质量流量计

这是一种以测量流体流过的质量 M 为依据的流量计。质量流量计分直接式和间接式两

种。直接式质量流量计直接测量质量流量。例如量热式、角动量式、陀螺式和科里奥利力式等质量流量计。间接式质量流量计是用密度与容积流量经过运算求得质量流量的。质量流量计具有测量精度不受流体的温度、压力、黏度等变化影响的优点，是一种发展中的流量测量仪表。

表 3-2 给出了部分流量测量仪表及性能。

表 3-2　部分流量测量仪表及性能

仪表名称	测量精度	主要应用场合	说　　明
差压式流量计	1.5	可测液体、蒸汽和气体的流量	应用范围广,适应性强,性能稳定可靠,安装要求较高,需一定直管道
椭圆齿轮流量计	0.2～1.5	可测量黏度液体的流量和总量	计量精度高,范围度宽结构复杂,一般不适于高低温场合
腰轮流量计	0.2～0.5	可测液体和气体的流量和总量	精度高,无需配套的管道
浮子式流量计	1.5～2.5	可测液体、气体的流量	适用于小管径、低流速、没有上游直管道的要求,压力损失较小,使用流体与工厂标定流体不同时,要作流量示值修正
涡轮流量计	0.2～1.5	可测基本洁净的液体、气体的流量和总量	线性工作范围宽,输出电脉冲信号,易实现数字化显示,抗干扰能力强,可靠性受磨损的制约,弯道型不适于测量高黏度液体
电磁流量计	0.5～2.5	可测各种导电液体和液固两相流体介质的流量	不产生压力损失,不受流体密度、黏度、温度、压力变化的影响,测量范围度大,可用于各种腐蚀性流体及含固体颗粒或纤维的液体,输出线性,不能测气体、蒸汽和含气泡的液体及电导率很低的液体流量,不能用于高温和低温的流体的测量
涡街流量计	0.5～2	可测各种液体、气体、蒸汽的流量	可靠性高,应用范围广,输出与流量成正比的脉冲信号,无零点漂移,安装费用较低,测量气体时,上限流速受介质可压缩性变化的限制,下限流速受雷诺数和传感器灵敏度限制
超声波流量计	0.5～1.5	用于测量导声流体的流量	可测非导电性介质,是对非接触式测量的电磁流量计的一种补充,可用于特大型圆管和矩形管道,价格较高
质量流量计	0.5～1	可测液体、气体、浆体的质量流量	热式质量流量计使用性能相对可靠,响应慢科氏质量流量计具有较高的测量精度

下面主要介绍差压式流量计和转子流量计，并简述几种其他类型的流量计。

二、差压式流量计

差压式（也称节流式）流量计是基于流体流动的节流原理，利用流体流经节流装置时产生的压力差而实现流量测量的。它是目前生产中测量流量最成熟，最常用的方法之一。通常是由能将被测流量转换成压差信号的节流装置和能将此压差转换成对应的流量值显示出来的差压计以及显示仪表所组成。在单元组合仪表中，由节流装置产生的压差信号，经常通过差压变送器转换成相应的标准信号（电的或气的），以供显示、记录或控制用。

1. 节流现象与流量基本方程式

（1）节流现象　流体在有节流装置的管道中流动时，在节流装置前后的管壁处，流体的静压力产生差异的现象称为节流现象。

节流装置包括节流件和取压装置，节流件是能使管道中的流体产生局部收缩的元件，应用最广泛的是孔板，其次是喷嘴、文丘里管等。下面以孔板为例说明节流现象。

具有一定能量的流体，才可能在管道中形成流动状态。流动流体的能量有两种形式，即静压能和动能。流体由于有压力而具有静压能，又由于流体有流动速度而具有动能。这两种形式的能量在一定的条件下可以互相转化。但是，根据能量守恒定律，流体所具有的静压能

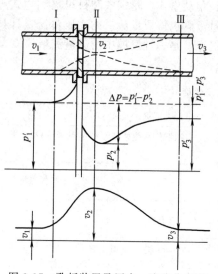

图 3-17　孔板装置及压力、流速分布图

和动能，再加上克服流动阻力的能量损失，在没有外加能量的情况下，其总和是不变的。图 3-17 表示在孔板前后流体的速度与压力的分布情况。流体在管道截面 I 前，以一定的流速 v_1 流动。此时静压力为 p'_1。在接近节流装置时，由于遇到节流装置的阻挡，使靠近管壁处的流体受到节流装置的阻挡作用最大，因而使一部分动能转换为静压能，出现了节流装置入口端面靠近管壁处的流体静压力升高，并且比管道中心处的压力要大，即在节流装置入口端面处产生一径向压差。这一径向压差使流体产生径向附加速度，从而使靠近管壁处的流体质点的流向就与管道中心轴线相倾斜，形成了流束的收缩运动。由于惯性作用，流束的最小截面并不在孔板的孔处，而是经过孔板后仍继续收缩，到截面 II 处达到最小，这时流速最大，达到 v_2，随后流束又逐渐扩大，至截面 III 后完全复原，流速便降低到原来的数值，即 $v_3 = v_1$。

由于节流装置造成流束的局部收缩，使流体的流速发生变化，即动能发生变化。与此同时，表征流体静压能的静压力也要变化。在 I 截面，流体具有静压力 p'_1。到达截面 II，流速增加到最大值，静压力就降低到最小值 p'_2，而后又随着流束的恢复而逐渐恢复。由于在孔板端面处，流通截面突然缩小与扩大，使流体形成局部涡流，要消耗一部分能量，同时流体流经孔板时，要克服摩擦力，所以流体的静压力不能恢复到原来的数值 p'_1，而产生了压力损失 $\delta_p = p'_1 - p'_3$。

节流装置前流体压力较高，称为正压，常以"＋"标志；节流装置后流体压力较低，称为负压（注意不要与真空混淆），常以"－"标志。节流装置前后压差的大小与流量有关。管道中流动的流体流量越大，在节流装置前后产生的压差也越大，我们只要测出孔板前后两侧压差的大小，即可表示流量的大小，这就是节流装置测量流量的基本原理。

值得注意的是：要准确地测量出截面 I 与截面 II 处的压力 p'_1、p'_2 是有困难的，这是因为产生最低静压力 p'_2 的截面 II 的位置随着流速的不同会改变的，事先根本无法确定。因此实际上是在孔板前后的管壁上选择两个固定的取压点，来测量流体在节流装置前后的压力变化的。因而所测得的压差与流量之间的关系，与测压点及测压方式的选择是紧密相关的。

（2）流量基本方程式　流量基本方程式是阐明流量与压差之间定量关系的基本流量公式。它是根据流体力学中的伯努利方程和流体连续性方程式推导而得的，即

$$Q = \alpha \varepsilon F_0 \sqrt{\frac{2}{\rho_1} \Delta p} \tag{3-15}$$

$$M = \alpha \varepsilon F_0 \sqrt{2 \rho_1 \Delta p} \tag{3-16}$$

式中　α——流量系数，它与节流装置的结构形式、取压方式、孔口截面积与管道截面积之比 m、雷诺数 Re、孔口边缘锐度、管壁粗糙度等因素有关；

ε——膨胀校正系数，它与孔板前后压力的相对变化量、介质的等熵指数、孔口截面积与管道截面积之比等因素有关。应用时可查阅有关手册而得。但对不可压缩的液体来说，常取 $\varepsilon = 1$；

F_0——节流装置的开孔截面积；

Δp——节流装置前后实际测得的压力差；

ρ_1——节流装置前的流体密度。

由流量基本方程式可以看出，要知道流量与压差的确切关系，关键在于 α 的取值。α 是一个受许多因素影响的综合性参数，对于标准节流装置，其值可从在有关手册中查出；对于非标准节流装置，其值要由实验方法确定。所以，在进行节流装置的设计计算时，是针对特定条件，选择一个 α 值来计算的。计算的结果只能应用在一定条件下。一旦条件改变（例如节流装置形式、尺寸、取压方式、工艺条件等等的改变），就不能随意套用，必须另行计算。例如，按小负荷情况下计算的孔板，用来测量大负荷时流体的流量，就会引起较大的误差，必须加以必要的修正。

由流量基本方程式还可以看出，流量与压力差 Δp 的平方根成正比。所以，用这种流量计测量流量时，如果不加开方器，流量标尺刻度是不均匀的。起始部分的刻度很密，后来逐渐变疏。因此，在用差压法测量流量时，被测流量值不应接近于仪表的下限值，否则误差将会很大。

2. 标准节流装置

差压式流量计，由于使用历史长久，已经积累了丰富的实践经验和完整的实验资料。因此，国内外已把最常用的节流装置、孔板、喷嘴、文丘里管等标准化，并称为"标准节流装置"，如图 3-18 所示。标准化的具体内容包括节流装置的结构、尺寸、加工要求、取压方法、使用条件等。

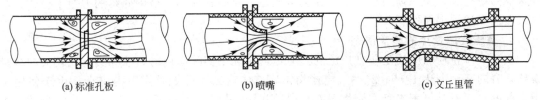

(a) 标准孔板　　　　　　　　(b) 喷嘴　　　　　　　　(c) 文丘里管

图 3-18　标准节流装置

由基本流量方程式可知，节流件前后的差压 $p_1 - p_2$ 是计算流量的关键数据，因此取压方法相当重要。我国国家规定的标准节流装置取压方法为两种，即角接取压法和法兰取压法。标准孔板采用角接取压法和法兰取压法，标准喷嘴为角接取压法。所谓角接取压法，就是在孔板（或喷嘴）前后两端面与管壁的夹角处取压。角接取压方法可以通过环室或单独钻孔结构来实现。环室取压结构如图 3-19(a) 所示，它是在管道法兰 1 的直线段处，利用左右对称的环室 2 将孔板 3 夹在中间，环室与孔板端面间留有狭窄的缝隙，再由导压管将环室内的压力 p_1 和 p_2 引出。单独钻孔结构则是在前后夹紧环 4 上直接钻孔将压力引出，如图 3-19(b) 所示。对于孔板，环室取压用在工作压力即管道中流体的压力为 6.4MPa 以下，管道直径 D 在 $50 \sim 520$mm 之间；而单独钻孔取压用在工作压力为 2.5MPa 以下，D 在 $50 \sim 1000$mm 之间。

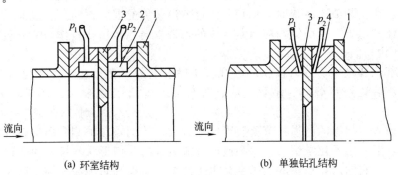

(a) 环室结构　　　　　　　　(b) 单独钻孔结构

图 3-19　环室取压结构
1—管道法兰；2—环室；3—孔板；4—夹紧环

环室取压法能得到较好的测量精度，但是加工制造和安装要求严格，如果由于加工和现场安装条件的限制，达不到预定的要求时，其测量精度仍难保证。所以，在现场使用时，为了加工和安装方便，有时不用环室而用单独钻孔取压，特别是对大口径管道。

标准孔板应用广泛，它具有结构简单、安装方便的特点，适用于大流量的测量。

孔板最大的缺点是流体经过孔板后压力损失大，当工艺管道上不允许有较大的压力损失时，便不宜采用。标准喷嘴和标准文丘里管的压力损失较孔板小，但结构比较复杂，不易加工。实际上，在一般场合下，仍多数采用孔板。

标准节流装置仅适用于测量管道直径大于 $50mm$，雷诺数在 $10^4 \sim 10^5$ 以上的流体，而且流体应当清洁，充满全部管道，不发生相变。此外，为保证流体在节流装置前后为稳定的流动状态，在节流装置的上、下游必须配置一定长度的直管段。

节流装置将管道中流体流量的大小转换为相应的差压大小，但这个差压信号还必须由导压管引出，并传递到相应的差压计，以便显示出流量的数值。差压计有很多种形式，例如 U 形管差压计、双波纹管差压计、膜盒式差压计等，但这些仪表均为就地指示型仪表。事实上工业生产过程中的流量测量及控制多半是采用差压变送器，将差压信号转换为统一的标准信号，以利于远传，并与单元组合仪表中的其他单元相连接，这样便于集中显示及控制。差压变送器的结构和工作原理与压力变送器基本上是一样的，在第二节中介绍的力矩平衡式、电容式差压变送器都能使用。

3. 差压式流量计的测量误差

差压式流量计的应用是非常广泛的。但是，在现场实际应用时，往往具有比较大的测量误差，有的甚至高达 $10\% \sim 20\%$（应当指出，造成这么大的误差实际上完全是由于使用不当引起的，而不是仪表本身的测量误差）。特别是在采用差压式流量计作为工艺生产过程中物料的计量，进行经济核算和测取物料衡算数据时，这一矛盾更显得突出。然而在只要求流量相对值的场合下，对流量指示值与真实值之间的偏差往往不被注意，但是事实上误差却是客观存在的。因此，必须引起注意的是：不仅需要合理的选型、准确的设计计算和加工制造，更要注意正确的安装、维护和符合使用条件等，才能保证差压式流量计有足够的实际测量精度。

下面列举一些造成测量误差的原因，以便在应用中注意，并予以适当解决。

（1）被测流体工作状态的变动　如果实际使用时被测流体的工作状态（温度、压力、湿度等）以及相应的流体重度、黏度、雷诺数等参数数值，与设计计算时有所变动，则会造成原来由差压计算得到的流量值与实际的流量值之间有较大的误差。为了消除这种误差，必须按新的工艺条件重新进行设计计算，或者将所测的数值加以必要的修正。

（2）节流装置安装不正确　节流装置安装不正确，也是引起差压式流量计测量误差的重要原因之一。在安装节流装置时，特别要注意节流装置的安装方向。一般地说，节流装置露出部分所标注的"＋"号一侧，应当是流体的入口方向。当用孔板作为节流装置时，应使流体从孔板 90°锐口的一侧流入。

另外，节流装置除了必须按相应的规程正确安装外，在使用中，要保持节流装置的清洁。如在节流装置处有沉淀、结焦、堵塞等现象，也会引起较大的测量误差，必须及时清洗。

（3）孔板入口边缘的磨损　节流装置使用日久，特别是在被测介质夹杂有固体颗粒等机械物情况下，或者由于化学腐蚀，都会造成节流装置的几何形状和尺寸的变化。对于使用广泛的孔板来说，它的入口边缘的尖锐度会由于冲击、磨损和腐蚀而变钝。这样，在相等数量的流体经过时所产生的压差 Δp 将变小，从而引起仪表指示值偏低。故应注意检查、维修，必要时应换用新的孔板。

（4）导压管安装不正确，或有堵塞、渗漏现象 导压管要正确地安装，防止堵塞与渗漏，否则会引起较大的测量误差。对于不同的被测介质，导压管的安装亦有不同的要求，下面结合几类具体情况来讨论。

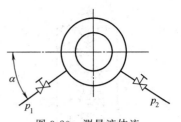

图 3-20 测量液体流量时的取压点位置

① 测量液体的流量时，应该使两根导压管内都充满同样的液体而无气泡，以使两根导压管内的液体密度相等。这样，由两根导压管内液柱所附加在差压计正、负压室的压力可以互相抵消。为了使导压管内没有气泡，必须做到以下几点。

a. 取压点应该位于节流装置的下半部，与水平线夹角 α 应为 $0°\sim45°$，如图 3-20 所示（如果从底部引出，液体中夹带的固体杂质会沉积在引压管内，引起堵塞，亦属不宜）。

b. 引压导管最好垂直向下，如条件不许可，导压管亦应下倾一定的坡度（至少 $1:20\sim1:10$），使气泡易于排出。

c. 在引压导管的管路中，应有排气的装置。如果差压计只能装在节流装置之上时，则需加装贮气罐，如图 3-21 中的贮气罐 6 与放空阀 3。这样，即使有少量气泡，对差压 Δp 的测量仍无影响。

② 测量气体流量时，上述的这些基本原则仍然适用。尽管在引压导管的连接方式上有些不同，其目的仍是要保持两根导管内流体的密度相等。为此，必须使管内不积聚气体中可能夹带的液体，具体措施如下。

a. 取压点应在节流装置的上半部。

b. 引压导管最好垂直向上，至少亦应向上倾斜一定的坡度，以使引压导管中不滞留液体。

c. 如果差压计必须装在节流装置之下，则需加装贮液罐和排放阀，如图 3-22 所示。

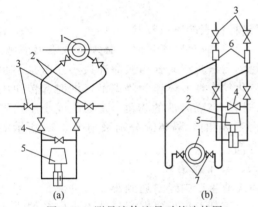

图 3-21 测量液体流量时的连接图

1—节流装置；2—引压导管；3—放空阀；4—平衡阀；
5—差压变送器；6—贮气罐；7—切断阀

③ 测量蒸汽的流量时，要实现上述的基本原则，必须解决蒸汽冷凝液的等液位问题，以消除冷凝液液位的高低对测量精度的影响。

最常用的接法见图 3-23 所示。取压点从节流装置的水平位置接出，并分别安装凝液罐 2。这样，两根导压管内都充满了冷凝液，而且液位一样高，从而实现了差压 Δp 的准确测量。

自凝液罐至差压计的接法与测量液体流量时相同。

（5）差压计安装或使用不正确 差压计或差压变送器安装或使用不正确也会引起测量误差。

由引压导管接至差压计或变送器前，必须安装切断阀 1、2 和平衡阀 3，构成三阀组，如图 3-24 所示。我们知道，差压计是用来测量差压 Δp 的，但如果两切断阀不能同时开闭时，就会造成差压计单向受很大的静压力，有时会使仪表产生附加误差，严重时会使仪表损坏。为了防止差压计单向受很大的静压力，必须正确使用平衡阀。在启用差压计时，应先开平衡阀 3，使正、负压室连通，受压相同，然后再打开切断阀 1、2，最后再关闭平衡阀 3，差压计即可投入运行。差压计需要停用时，应先打开平衡阀，然后再关闭切断阀 1、2。

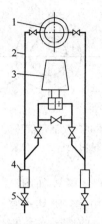

图 3-22　测量气体流量时的连接图
1—节流装置；2—引压导管；3—差
压变送器；4—贮液罐；5—排放阀

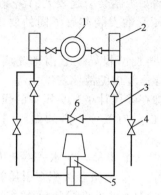

图 3-23　测量蒸汽流量的连接图
1—节流装置；2—凝液罐；3—引压导管；
4—排放阀；5—差压变送器；6—平衡阀

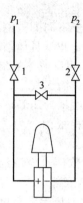

图 3-24　差压计阀组安装示意图
1，2—切断阀；3—平衡阀

当切断阀 1、2 关闭时，打开平衡阀 3，便可进行仪表的零点校验。

测量腐蚀性（或因易凝固不适宜直接进入差压计）的介质流量时，必须采取隔离措施。

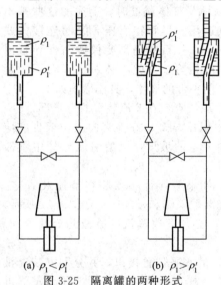

(a) $\rho_1 < \rho_1'$　　(b) $\rho_1 > \rho_1'$
图 3-25　隔离罐的两种形式

最常用的方法是用某种与被测介质不互溶且不起化学变化的中性液体作为隔离液，同时起传递压力的作用。当隔离液的密度 ρ_1' 大于或小于被测介质密度 ρ_1 时，隔离罐分别采用图 3-25 所示的两种形式。

三、转子流量计

在工业生产中经常遇到小流量的测量，因其流体的流速低，这就要求测量仪表有较高的灵敏度，才能保证一定的精度。节流装置对管径小于 50mm、低雷诺数的流体的测量精度是不高的。而转子流量计则特别适宜于测量管径 50mm 以下管道的流量，测量的流量可小到每小时几升。

1. 工作原理

转子流量计与前面所讲的差压式流量计在工作原理上是不相同的。差压式流量计，是在节流面积（如孔板流通面积）不变的条件下，以差压变化来反映流量的大小。而转子流量计，却是以压降不变，利用节流面积的变化来测量流量的大小，即转子流量计采用的是恒压降、变节流面积的流量测量方法。

图 3-26 是指示式转子流量计的原理图，它基本上由两个部分组成，一个是由下往上逐渐扩大的锥形管（通常用玻璃制成，锥度为 $40' \sim 3°$）；另一个是放在锥形管内可自由运动的转子。工作时，被测流体（气体或液体）由锥形管下端进入，沿着锥形管向上运动，流过转子与锥形管之间的环隙，再从锥形管上端流出。当流体流过锥形管时，位于锥形管中的转子受到向上的一个力，使转子浮起。当这个力正好等于浸没在流体里的转子重力（即等于转子重量减去流体对转子的浮力）时，则作用在转子上的上下两个力达到平衡，此时转子就停浮在一定的高度上。假如被测流体的流量突然由小变大时，作用在转子上的向上的力就加大。因为转子在流体中受的重力是不变的，即作用在转子上的向下力是不变的，所以转子就上

升。由于转子在锥形管中位置的升高，造成转子与锥形管间的环隙增大，即流通面积增大。随着环隙的增大，流过此环隙的流体流速变慢，因而，流体作用在转子上的向上力也就变小。当流体作用在转子上的力再次等于转子在流体中的重力时，转子又稳定在一个新的高度上。这样，转子在锥形管中的平衡位置的高低与被测介质的流量大小相对应。如果在锥形管外沿其高度刻上对应的流量值，那么根据转子平衡位置的高低就可以直接读出流量的大小。这就是转子流量计测量流量的基本原理。

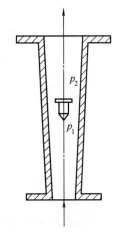

图 3-26 转子流量
计的工作原理图

转子流量计中转子的平衡条件是

$$V(\rho_t - \rho_f)g = (p_1 - p_2)A \tag{3-17}$$

式中，V 为转子的体积；ρ_t 为转子材料的密度；ρ_f 为被测流体的密度；p_1、p_2 分别为转子前后流体的压力；A 为转子的最大横截面积；g 为重力加速度。

由于在测量过程中，V、ρ_t、ρ_f、A、g 均为常数，所以由式(3-17)可知，$(p_1 - p_2)$ 也应为常数。这就是说，在转子流量计中，流体的压降是固定不变的。所以，转子流量计是以定压降变节流面积法测量流量的。这正好与差压法测量流量的情况相反，差压法测量流量时，压差是变化的，而节流面积却是不变的。

由式(3-17) 可得

$$\Delta p = p_1 - p_2 = \frac{V(\rho_t - \rho_f)g}{A} \tag{3-18}$$

在 Δp 一定的情况下，流过转子流量计的流量和转子与锥形管间环隙面积 F_0 有关。由于锥形管由下往上逐渐扩大，所以 F_0 是与转子浮起的高度有关的。这样，根据转子浮起的高度就可以判断被测介质的流量大小，可用下式表示

$$M = \phi h \sqrt{2\rho_f \Delta p} \tag{3-19}$$

或

$$Q = \phi h \sqrt{\frac{2}{\rho_f} \times \Delta p} \tag{3-20}$$

式中，ϕ 为仪表常数；h 为转子浮起的高度。

将式(3-18) 代入以上两式，分别得到

$$M = \phi h \sqrt{\frac{2gV(\rho_t - \rho_f)\rho_f}{A}} \tag{3-21}$$

$$Q = \phi h \sqrt{\frac{2gV(\rho_t - \rho_f)}{\rho_f A}} \tag{3-22}$$

其他符号的意义同前所述。

2. 电远传式转子流量计

以上所讲的指示式转子流量计，只适用于就地指示。电远传式转子流量计可以将反映流量大小的转子高度 h 转换为电信号，适合于远传，进行显示或记录。

LZD 系列电远传式转子流量计主要由流量变送及电动显示两部分组成。

(1) 流量变送部分　LZD 系列电远传式转子流量计是用差动变压器进行流量变送的。

差动变压器的结构与原理如图 3-27 所示。它由铁芯、线圈以及骨架组成。线圈骨架分成长度相等的两段，初级线圈均匀地密绕在骨架的内层，并使两个线圈同相串联相接；次级线圈分别均匀地密绕在两段骨架的外层，并将两个线圈反相串联相接。

当铁芯处在差动变压器两段线圈的中间位置时，初级激磁线圈激励的磁力线穿过上、下两

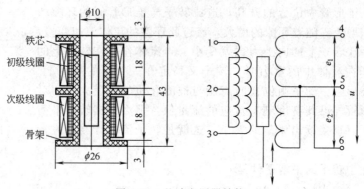

图 3-27　差动变压器结构

个次级线圈的数目相同，因而两个匝数相等的次级线圈中产生的感应电势 e_1、e_2 相等。由于两个次级线圈系反相串联，所以 e_1、e_2 相互抵消，从而输出端 4、6 之间总电势为零。即

$$u = e_1 - e_2 = 0$$

当铁芯向上移动时，由于铁芯改变了两段线圈中初、次级的耦合情况，使磁力线通过上段线圈的数目增加，通过下段线圈的磁力线数目减少，因而上段次级线圈产生的感应电势比下段次级线圈产生的感应电势大，即 $e_1 > e_2$，于是 4、6 两端输出的总电势 $u = e_1 - e_2 > 0$。当铁芯向下移动时，情况与上移正好相反，即输出的总电势 $u = e_1 - e_2 < 0$。无论哪种情况，都把这个输出的总电势称为不平衡电势，它的大小和相位由铁芯相对于线圈中心移动的距离和方向来决定。

若将转子流量计的转子与差动变压器的铁芯连接起来，使转子随流量变化的运动带动铁芯一起运动，那么，就可以将流量的大小转换成输出感应电势的大小，这就是电远传转子流量计的转换原理。

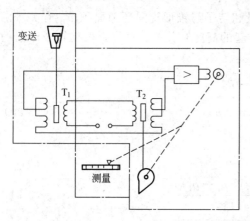

图 3-28　LZD 系列电远传转子流量计

（2）电动显示部分　图 3-28 是 LZD 系列电远传转子流量计的原理图。当被测介质流量变化时，引起转子停浮的高度发生变化；转子通过连杆带动发送的差动变压器 T_1 中的铁芯上下移动。当流量增加时，铁芯向上移动，变压器 T_1 的次级绕组输出一不平衡电势，进入电子放大器。放大后的信号一方面通过可逆电机带动显示机构动作；另一方面通过凸轮带动接收的差动变压器 T_2 中的铁芯向上移动。使 T_2 的次级绕组也产生一个不平衡电势。由于 T_1、T_2 的次级绕组是反向串联的，因此由 T_2 产生的不平衡电势去抵消 T_1 产生的不平衡电势，一直到进入放大器的电压为零后，T_2 中的铁芯便停留在相应的位置上，这时显示机构的指示值便可以表示被测流量的大小了。

3. 转子流量计的指示值修正

转子流量计是一种非标准化仪表，在大多数情况下，可按照实际被测介质进行刻度。但仪表厂为了便于成批生产，是在工业基准状态（20℃，0.10133MPa）下用水或空气进行刻度的，即转子流量计的流量标尺上的刻度值，对用于测量液体来讲是代表 20℃ 时水的流量值，对用于测量气体来讲则是代表 20℃，0.10133MPa 压力下空气的流量值。所以，在实际使用时，如果被测介质的密度和工作状态不同，必须对流量指示值按照实际被测介质的密度、温度、压力等参数的具体情况进行修正。

（1）液体流量测量时的修正　测量液体的转子流量计，由于制造厂是在常温（20℃）下用水标定的，根据式(3-22)可写为

$$Q_0 = \phi h \sqrt{\frac{2gV(\rho_t - \rho_w)}{\rho_w A}} \qquad (3\text{-}23)$$

式中，Q_0 为用水标定时的刻度流量；ρ_w 为水的密度。其他符号同式(3-22)。

如果使用时被测介质不是水，则由于密度的不同必须对流量刻度进行修正或重新标定。对一般液体介质来说，当温度和压力改变时，对密度影响不大。如果被测介质的黏度与水的黏度相差不大（不超过 0.03Pa·s），可近似认为 ϕ 是常数，则有

$$Q_f = \phi h \sqrt{\frac{2gV(\rho_t - \rho_f)}{\rho_f A}} \qquad (3\text{-}24)$$

式中，Q_f 为密度为 ρ_f 的被测介质实际流量。

式(3-23) 与式(3-24) 相除，整理后得

$$Q_0 = \sqrt{\frac{(\rho_t - \rho_w)\rho_f}{(\rho_t - \rho_f)\rho_w}} \times Q_f = K_Q Q_f \qquad (3\text{-}25)$$

$$K_Q = \sqrt{\frac{(\rho_t - \rho_w)\rho_f}{(\rho_t - \rho_f)\rho_w}} \qquad (3\text{-}26)$$

式中，K_Q 为体积流量密度修正系数。

同理可导得质量流量的修正公式为

$$Q_0 = \sqrt{\frac{\rho_f - \rho_w}{(\rho_t - \rho_f)\rho_f \rho_w}} \times M_f = K_M M_f \qquad (3\text{-}27)$$

$$K_M = \sqrt{\frac{\rho_t - \rho_w}{(\rho_t - \rho_f)\rho_f \rho_w}} \qquad (3\text{-}28)$$

式中，K_M 为质量流量密度修正系数；M_f 为流过仪表的被测介质的实际质量流量。

当采用耐酸不锈钢作为转子材料时，$\rho_t = 7.9 \mathrm{g/cm^3}$，水的密度 $\rho_w = 1\mathrm{g/cm^3}$，代入式(3-26) 与式(3-28) 得

$$K_Q = \sqrt{\frac{6.9\rho_f}{7.9 - \rho_f}} \qquad (3\text{-}29)$$

$$K_M = \sqrt{\frac{6.9}{(7.9 - \rho_f)\rho_f}} \qquad (3\text{-}30)$$

当介质密度 ρ_f 变化时，密度修正系数 K_Q、K_M 的数值见表 3-3。

现举例说明上述修正公式的应用。

例 4　现用一只以水标定的转子流量计来测量苯的流量，已知转子材料为不锈钢，$\rho_t = 7.9\mathrm{g/cm^3}$，苯的密度为 $\rho_f = 0.83\mathrm{g/cm^3}$。试问流量计读数为 3.6L/s 时，苯的实际流量是多少？

解　由式(3-29) 计算或由表 3-3 可查得

$$K_Q = 0.9$$

将此值代入式(3-25)，得

$$Q_f = \frac{1}{K_Q} \times Q_0 = \frac{1}{0.9} \times 3.6 = 4\mathrm{L/s}$$

即苯的实际流量为 4L/s。

表 3-3 密度修正系数表

ρ_f	K_Q	K_M	ρ_f	K_Q	K_M	ρ_f	K_Q	K_M
0.40	0.670	1.516	0.95	0.971	1.022	1.50	1.272	0.847
0.45	0.646	1.435	1.00	1.000	1.000	1.55	1.297	0.837
0.50	0.683	1.365	1.05	1.028	0.979	1.60	1.323	0.827
0.55	0.719	1.307	1.10	1.056	0.960	1.65	1.351	0.818
0.60	0.754	1.256	1.15	1.084	0.943	1.70	1.376	0.809
0.65	0.787	1.211	1.20	1.111	0.927	1.75	1.401	0.800
0.70	0.819	1.170	1.25	1.139	0.911	1.80	1.427	0.792
0.75	0.851	1.134	1.30	1.165	0.897	1.85	1.453	0.785
0.80	0.882	1.102	1.35	1.193	0.884	1.90	1.477	0.778
0.85	0.912	1.073	1.40	1.220	0.872	1.95	1.504	0.771
0.90	0.944	1.046	1.45	1.245	0.859	2.00	1.529	0.764

（2）气体流量测定时的修正　对于气体介质流量值的修正，除了被测介质的密度不同以外，被测介质的工作压力和温度的影响也较显著，因此对密度、工作压力和温度均需进行修正。

转子流量计用来测量气体时，制造厂是在工业基准状态（293K，0.10133MPa 绝对压力）下用空气进行标定的。对于非空气介质在不同于上述基准状态下测量时，要进行校正。

当已知仪表显示刻度 Q_0，要计算实际的工作介质流量时，可按下式修正。

$$Q_1 = \sqrt{\frac{\rho_0}{\rho_1}} \times \sqrt{\frac{p_1}{p_0}} \times \sqrt{\frac{T_0}{T_1}} \times Q_0 = \frac{1}{K_\rho} \times \frac{1}{K_p} \times \frac{1}{K_T} \times Q_0 \qquad (3\text{-}31)$$

式中　Q_1——被测介质的流量，m^3/h；

ρ_1——被测介质在标准状态下的密度，kg/m^3；

ρ_0——校验用介质空气在标准状态下的密度（$1.293kg/m^3$）；

p_1——被测介质的绝对压力，MPa；

p_0——工业基准状态时的绝对压力（0.10133MPa）；

T_0——工业基准状态时的热力学温度（293K）；

T_1——被测介质的热力学温度，K；

Q_0——按标准状态刻度的显示流量值，m^3/h；

K_ρ——密度修正系数；

K_p——压力修正系数；

K_T——温度修正系数。

值得注意的是，由式(3-31)计算得到的 Q_1 是被测介质在单位时间（小时）内流过转子流量计的标准状态下的容积数（标准立方米），而不是被测介质在实际工作状态下的容积流量。这是因为气体计量时，一般用标准立方米计，而不用实际工作状态下的容积数来计。

下面也用具体例子来说明式(3-31)的应用。

例 5　某厂用转子流量计来测量温度为 27℃，表压为 0.16MPa 的空气流量，问转子流量计读数为 38m^3/h 时，空气的实际流量是多少？

解　已知 $Q_0 = 38Nm^3/h$，$p_1 = 0.16 + 0.10133 = 0.26133MPa$，$T_1 = 27 + 273 = 300K$，$T_0 = 293K$，$p_0 = 0.10133MPa$，$\rho_1 = \rho_0 = 1.293kg/m^3$。

将上列数据代入式(3-31)，便可得

$$Q_1 = \sqrt{\frac{1.293}{1.293}} \times \sqrt{\frac{0.26133}{0.10133}} \times \sqrt{\frac{293}{300}} \times 38 \approx 60.3 \text{ m}^3/\text{h}$$

即这时空气的流量为 $60.3\text{Nm}^3/\text{h}$。

（3）蒸汽流量测量时的换算　转子流量计用来测量水蒸气流量时，若将蒸汽流量换算为水流量，可按式（3-27）计算。若转子材料为不锈钢，$\rho_t = 7.9\text{g/cm}^3$，则有

$$Q_0 = \sqrt{\frac{\rho_t - \rho_w}{(\rho_t - \rho_f)\rho_f \times \rho_w}} \times M_f = \sqrt{\frac{7.9 - 1}{7.9 - \rho_f}} \times \sqrt{\frac{1000}{\rho_f}} M_f \tag{3-32}$$

当 $\rho_f \ll \rho_t$ 时，可算得

$$Q_0 = 29.56 \sqrt{\frac{1}{\rho_f}} \times M_f \tag{3-33}$$

式中，Q_0 为水流量，L/h；ρ_f 为蒸汽密度，kg/m^3；M_f 为蒸汽流量，kg/h。

由上式可以看出，若已知某饱和蒸汽（温度不超过 200℃）流量值时，可从上式换算成相应的水流量值，然后按转子流量计规格选择合适口径的仪表。

四、椭圆齿轮流量计

椭圆齿轮流量计是属于容积式流量计的一种。它对被测流体的黏度变化不敏感，特别适合于测量高黏度的流体（例如重油、聚乙烯醇、树脂等），甚至糊状物的流量。

1. 工作原理

椭圆齿轮流量计的测量部分是由两个相互啮合的椭圆形齿轮 A 和 B、轴及壳体组成。椭圆齿轮与壳体之间形成测量室，如图 3-29 所示。

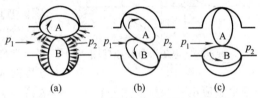

图 3-29　椭圆齿轮流量计结构原理

当流体流过椭圆齿轮流量计时，由于要克服阻力将会引起阻力损失，从而使进口侧压力 p_1 大于出口侧压力 p_2，在此压力差的作用下，产生作用力矩使椭圆齿轮连续转动。在图 3-29(a) 所示的位置时，由于 $p_1 > p_2$，在 p_1 和 p_2 的作用下所产生的合力矩使 A 轮顺时针方向转动。这时 A 为主动轮，B 为从动轮。在图 3-29(b) 上所示为中间位置，根据力的分析可知，此时 A 轮与 B 轮均为主动轮。当继续转至图 3-29(c) 所示位置时，p_1 和 p_2 作用在 A 轮上的合力矩为零，作用在 B 轮上的合力矩使 B 轮作逆时针方向转动，并把已吸入的半月形容积内的介质排出出口，这时 B 轮为主动轮，A 轮为从动轮，与图 3-29(a) 所示情况刚好相反。如此往复循环，A 轮和 B 轮互相交替地由一个带动另一个转动，并把被测介质以半月形容积为单位一次一次地由进口排至出口。显然，图 3-29(a)～(c) 所示，仅仅表示椭圆齿轮转动了 1/4 周的情况，而其所排出的被测介质为一个半月形容积。所以，椭圆齿轮每转一周所排出的被测介质量为半月形容积的 4 倍。故通过椭圆齿轮流量计的体积流量 Q 为

$$Q = 4nV_0 \tag{3-34}$$

式中，n 为椭圆齿轮的旋转速度；V_0 为半月形测量室容积。

由式（3-34）可知，在椭圆齿轮流量计的半月形容积 V_0 已定的条件下，只要测出椭圆齿轮的转速 n，便可知道被测介质的流量。

椭圆齿轮流量计的流量信号（即转速 n）的显示，有就地显示和远传显示两种。配以一定的传动机构及积算机构，就可记录或指示被测介质的总量。

2. 使用特点

由于椭圆齿轮流量计是基于容积式测量原理的，与流体的黏度等性质无关。因此，特别适用于高黏度介质的流量测量。测量精度较高，压力损失较小，安装使用也较方便。但是，

在使用时要特别注意被测介质中不能含有固体颗粒，更不能夹杂机械物，否则会引起齿轮磨损以至损坏。为此，椭圆齿轮流量计的入口端必须加装过滤器。另外，椭圆齿轮流量计的使用温度有一定范围，温度过高，就有使齿轮发生卡死的可能。

椭圆齿轮流量计的结构复杂，加工制造较为困难，因而成本较高。如果因使用不当或使用时间过久，发生泄漏现象，就会引起较大的测量误差。

五、电磁流量计

— 视频 —

在流量测量中，当被测介质是具有导电性的液体介质时，可以应用电磁感应的方法来测量流量。电磁流量计的特点是能够测量酸、碱、盐溶液以及含有固体颗粒（例如泥浆）或纤维液体的流量。

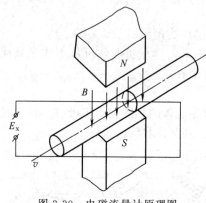

图 3-30　电磁流量计原理图

电磁流量计通常由变送器和转换器两部分组成。被测介质的流量经变送器变换成感应电势后，再经转换器把电势信号转换成统一的 $0\sim10\text{mA}$ 直流信号作为输出，以便进行指示、记录或与电动单元组合仪表配套使用。

电磁流量计变送部分的原理图如图 3-30 所示。在一段用非导磁材料制成的管道外面，安装有一对磁极 N 和 S，用以产生磁场。当导电液体流过管道时，因流体切割磁力线而产生了感应电势（根据发电机原理）。此感应电势由与磁极成垂直方向的两个电极引出。当磁感应强度不变，管道直径一定时，这个感应电势的大小仅与流体的流速有关，而与其他因素无关。

将这个感应电势经过放大、转换、传送给显示仪表，就能在显示仪表上读出流量来。

感应电势的方向由右手定则判断，其大小由式（3-35）决定

$$E_x = K'BDv \tag{3-35}$$

式中，E_x 为感应电势；K' 为比例系数；B 为磁感应强度；D 为管道直径，即垂直切割磁力线的导体长度；v 为垂直于磁力线方向的液体速度。

体积流量 Q 与流速 v 的关系为

$$Q = \frac{1}{4}\pi D^2 v \tag{3-36}$$

将式（3-36）代入式（3-35），便得

$$E_x = \frac{4K'BQ}{\pi D} = KQ \tag{3-37}$$

式中

$$K = \frac{4K'B}{\pi D} \tag{3-38}$$

K 称为仪表常数，在磁感应强度 B、管道直径 D 确定不变后，K 就是一个常数，这时感应电势的大小与体积流量之间具有线性关系，因而仪表具有均匀刻度。

为了避免磁力线被测量导管的管壁短路，并使测量导管在磁场中尽可能地降低涡流损耗，测量导管应由非导磁的高阻材料制成。

电磁流量计的测量导管内无可动部件或突出于管内的部件，因而压力损失很小。在采取防腐衬里的条件下，可以用于测量各种腐蚀性液体的流量，也可以用来测量含有颗粒、悬浮物等液体的流量。此外，其输出信号与流量之间的关系不受液体的物理性质（例如温度、压力、黏度等）变化和流动状态的影响。对流量变化反应速度快，故可用来测

量脉动流量。

电磁流量计只能用来测量导电液体的流量，其导电率要求不小于水的导电率。不能测量气体、蒸汽及石油制品等的流量。由于液体中所感应出的电势数值很小，所以要引入高放大倍数的放大器，由此而造成测量系统很复杂、成本高，并且很容易受外界电磁场干扰的影响，在使用不恰当时会大大地影响仪表的精度。在使用中要注意维护，防止电极与管道间绝缘的破坏。安装时要远离一切磁源（例如大功率电机、变压器等）。不能有振动。

电磁流量计——领路人王竹溪　　🌐 — 思政 —

六、漩涡流量计

漩涡流量计又称涡街流量计。它可以用来测量各种管道中的液体、气体和蒸汽的流量，是目前工业控制、能源计量及节能管理中常用的新型流量仪表。

漩涡流量计的特点是精确度高、测量范围宽、没有运动部件、无机械磨损、维护方便、压力损失小、节能效果明显。

漩涡流量计是利用有规则的漩涡剥离现象来测量流体流量的仪表。在流体中垂直插入一个非流线型的柱状物（圆柱或三角柱）作为漩涡发生体，如图 3-31 所示。当雷诺数达到一定的数值时，会在柱状物的下游处产生如图所示的两列平行状，并且上下交替出现的漩涡，因为这些漩涡有如街道旁的路灯，故有"涡街"之称，又因此现象首先被卡曼（Karman）发现，也称作"卡曼涡街"。当两列漩涡之间的距离 h 和同列的两漩涡之间的距离 L 之比能满足 $h/L=0.281$ 时，则所产生的涡街是稳定的。

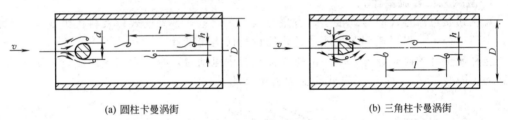

(a) 圆柱卡曼涡街　　　　　　　　　(b) 三角柱卡曼涡街

图 3-31　卡曼涡街

由圆柱体形成的卡曼漩涡，其单侧漩涡产生的频率为

$$f = St \times \frac{v}{d} \tag{3-39}$$

式中，f 为单侧漩涡产生的频率，Hz；v 为流体平均流速，m/s；d 为圆柱体直径，m；St 为斯特劳哈尔（Strouhal）系数（当雷诺数 $Re=5\times10^2\sim15\times10^4$ 时，$St=0.2$）。

由上式可知，当 St 近似为常数时，漩涡产生的频率 f 与流体的平均流速 v 成正比，测得 f 即可求得体积流量 Q。

漩涡频率的检测方法有许多种，例如热敏检测法、电容检测法、应力检测法、超声检测法等，这些方法无非是利用漩涡的局部压力、密度、流速等的变化作用于敏感元件，产生周期性电信号，再经放大整形，得到方波脉冲。图 3-32 所示的是一种热敏检测法。它采用铂电阻丝作为漩涡频率的转换元件。在圆柱形发生体上有一段空腔（检测器），被隔墙分成两

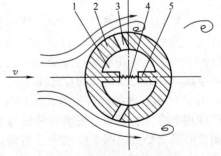

图 3-32　圆柱检出器原理图

1—空腔；2—圆柱棒；3—导压孔；
4—铂电阻丝；5—隔墙

部分。在隔墙中央有一小孔，小孔上装有一根被加热了的细铂丝。在产生漩涡的一侧，流速

降低，静压升高，于是在有漩涡的一侧和无漩涡的一侧之间产生静压差。流体从空腔上的导压孔进入，向未产生漩涡的一侧流出。流体在空腔内流动时将铂丝上的热量带走，铂丝温度下降，导致其电阻值减小。由于漩涡是交替地出现在柱状物的两侧，所以铂热电阻丝阻值的变化也是交替的，且阻值变化的频率与漩涡产生的频率相对应，故可通过测量铂丝阻值变化的频率来推算流量。

铂丝阻值的变化频率，采用一个不平衡电桥进行转换、放大和整形，再变换成 $0 \sim 10mA$ 或 $4 \sim 20mA$ 直流电流信号输出，供显示，累积流量或进行自动控制。

七、质量流量计

前面介绍的各种流量计均为测量体积流量的仪表，一般来说可以满足流量测量的要求。但是，有时人们更关心的是测量流过流体的质量是多少。这是因为物料平衡、热平衡以及贮存、经济核算等都需要知道介质的质量。所以，在测量工作中，常常要将已测出的体积流量乘以介质的密度，换算成质量流量。由于介质密度受温度、压力、黏度等许多因素的影响，气体尤为突出，这些因素往往会给测量结果带来较大的误差。质量流量计能够直接得到质量流量，这就能从根本上提高测量精度，省去了烦琐的换算和修正。

质量流量计大致可分为两大类：一类是直接式质量流量计，即直接检测流体的质量流量；另一类是间接式或推导式质量流量计，这类流量计是通过体积流量计和密度计的组合来测量质量流量。

1. 直接式质量流量计

直接式质量流量计的形式很多，有量热式、角动量式、差压式以及科氏力式等。下面介绍其中的一种——科里奥利质量流量计，简称科氏力流量计。

这种流量计的测量原理是基于流体在振动管中流动时，将产生与质量流量成正比的科里奥利力。图 3-33 是一种 U 形管式科氏力流量计的示意图。

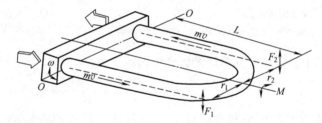

图 3-33 科氏力流量计测量原理

U 形管的两个开口端固定，流体从一端流入，由另一端流出。在 U 形管顶端装有电磁装置，激发 U 形管以 $O—O$ 为轴，按固有的频率振动，振动方向垂直于 U 形管所在平面。U 形管内的流体在沿管道流动的同时又随管道做垂直运动，此时流体就会产生一科里奥利加速度，并以科里奥利力反作用于 U 形管。由于流体在 U 形管两侧的流动方向相反，因此作用于 U 形管两侧的科氏力大小相等方向相反，于是形成一个作用力矩。U 形管在该力矩的作用下将发生扭曲，扭曲的角度与通过 U 形管的流体质量流量成正比。如果在 U 形管两侧中心平面处安装两个电磁传感器测出 U 形管扭转角的大小，就可以得到所测的质量流量 M，其关系式为

$$M = \frac{K_s \theta}{4\omega r} \tag{3-40}$$

式中，θ 为扭转角；K_s 为扭转弹性系数；ω 为振动角速度；r 为 U 形管跨度半径。

科氏力质量流量计的特点是能够直接测量质量流量，不受流体物性（密度、黏度等）的影响，测量精度高；测量值不受管道内流场影响，没有上、下游直管段长度的要求；可测各种非牛顿流体以及黏滞和含微粒的浆液。但是它的阻力损失较大，零点不稳定以及管路振动会影响测量精度。

2. 间接式质量流量计

这类仪表是由测量体积流量的仪表与测量密度的仪表配合，再用运算器将两表的测量结果加以适当的运算，间接得出质量流量。

（1）测量体积流量 Q 的仪表与密度计配合　这种测量方法如图 3-34 所示。测量体积流量的仪表可采用涡轮流量计、电磁流量计、容积式流量计和漩涡流量计等。如图 3-34 所示，涡轮流量计的输出信号 $y \propto Q$，密度计的输出信号 $x \propto \rho$，通过运算器进行乘法运算，即得质量流量

$$xy = K\rho Q \tag{3-41}$$

式中，K 为系数。

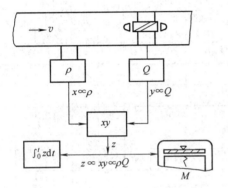

图 3-34　涡轮流量计与密度计配合

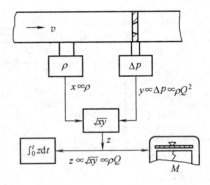

图 3-35　差压流量计与密度计配合

（2）测量 ρQ^2 的仪表与密度计配合　能够测量 ρQ^2 的仪表有差压式流量计、靶式流量计和动压测量管等。如图 3-35 所示，由孔板两端取出的压差 Δp 与 ρQ^2 成正比。差压变送器的输出信号 $y \propto \rho Q^2$，密度计的输出信号 $x \propto \rho$，两信号通过运算器相乘再开方，即得质量流量

$$\sqrt{xy} = K\rho Q \tag{3-42}$$

式中，K 为系数。

（3）测量 ρQ^2 的仪表与测量 Q 的仪表配合　这种测量方法如图 3-36 所示。测量 ρQ^2 的仪表输出的信号 x，除以测量 Q 的仪表输出信号 y，即得质量流量

$$\frac{x}{y} = K\frac{\rho Q^2}{Q} = K\rho Q \tag{3-43}$$

式中，K 为系数。

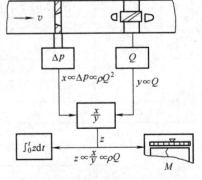

图 3-36　差压流量计与涡轮流量计配合

流量计的种类很多，除了以上介绍的几种流量计外，还有许多类型的流量计，例如靶式流量计、堰式流量计等。随着工业生产自动化水平的提高，许多新的流量测量方法也日益被人们重视和采用，例如超声波、激光、X-射线及核磁共振等逐渐应用到工业生产中，成为目前较新的流量测量技术。

八、流量测量仪表的选型

不同类型的流量仪表性能和特点各异，选型时必须从仪表性能、流体特性、安装条件、环境条件和经济因素等方面进行综合考虑。

仪表性能：精确度，重复性，线性度，范围度，压力损失，上、下限流量，信号输出特性，响应时间等。

流体特性：流体温度，压力，密度，黏度，化学性质，腐蚀，结垢，脏污，磨损，气体压缩系数，等熵指数，比热容，电导率，热导率，多相流，脉动流等。

安装条件：管道布置方向，流动方向，上下游管道长度，管道口径，维护空间，管道振动，防爆，接地，电、气源，辅助设施（过滤，消气）等。

环境条件：环境温度，湿度，安全性，电磁干扰，维护空间等。

经济因素：购置费，安装费，维修费，校验费，使用寿命，运行费（能耗），备品备件等。

常用流量测量仪表选型参考表如表 3-4 所示。

表 3-4　流量测量仪表选型参考表

流量计类型			精确度/(±)%	洁净液体	蒸汽或气体	脏污液体	黏性液体	带微粒、导电 腐蚀性液体	带微粒、导电 磨损悬浮体	微流量	低速流体	大管道	自由落下固体粉粒	整车	明渠	不满管
差压	非标准	标准孔板	1.50	0	0	*	*		0	*	*	*	*	*	*	*	*
		文丘里	1.50	0	0	*	*	0	*	*	*	0	*	*	*	*
		双重孔板	1.50	0	0	*	*	0	*	*	0	*	*	*	*	*
		1/4 圆喷嘴	1.50	0	0	*	*	0	*	*	*	*	*	*	*	*
		圆缺孔板	1.50	0	0	*	*	0	*	*	*	*	*	*	*	*
	笛形均速管		1.00～4.00	0	0	*	*	0	*	*	*	0	*	*	*	*
	特殊	一体化节流式流量计	1.00、1.50、2.00、2.50	0	0	*	*	0	*	*	*	*	*	*	*	*
		楔形	1.00～5.00	0	0	0	0	0	0	*	*	*	+	+	*	*
		内藏孔板	2.00	0	0	*	*	0	*	*	0	*	*	*	*	*
面积	金属	玻璃转子	1.00～5.00	0	*/0	*	*	0	*	*	0	*	*	*	*	*
		普通	1.60、2.50	0	*/0	*	*	0	*	*	0	*	*	*	*	*
	特殊	蒸汽夹套	1.60、2.50	*	*/0	*	*	*	*	*	*	*	*	*	*	*
		防腐型	1.60、2.50	*	*/0	*	*	*	*	*	*	*	*	*	*	*
	靶式		1.00～4.00	0	*/0	0	0	0	0	*	*	*	*	*	*	*
速度	涡轮	普通	0.10、0.50	0	0	*	*	0	*	*	*	*	*	*	*	*
		插入式	0.10、0.50	0	0	*	*	0	*	*	*	0	*	*	*	*
	水表		2.00	0	0	*	*	0	*	*	*	*	*	*	*	*
	旋涡	普通	0.50、1.00、1.50	0	0	*	*	0	*	*	*	*	*	*	*	*
		插入式	1.00～2.50	0	0	*	*	0	*	*	*	0	*	*	*	*
		旋进式	0.50、1.00、1.50	0	0	*	*	0	*	*	*	*	*	*	*	*
	电磁		0.20、0.25、0.50、1.00、1.50、2.00、2.50	0	*	0	0	0	*	*	0	*	*	*	*	*
容积	椭圆齿轮		0.10～1.00	0	*	*	0	0	*	*	*	*	*	*	*	*
	刮板式		0.10、0.50、0.20、1.00、1.50	0	*	*	0	0	*	*	*	*	*	*	*	*
	腰轮	液体	0.10、0.50	0	*	*	*	0	*	*	*	*	*	*	*	*

续表

流量计类型	工艺介质 精确度 /(±)%	洁净液体	蒸汽或气体	脏污液体	黏性液体	带微粒、导电腐蚀性液体	磨损悬浮体	微流量	低速流体	大管道	自由落下固体粉粒	整车	明渠	不满管
固体 冲量式	1.00、1.50	*	*	*	*	*	*	*	*	*	0	*	*	*
电子皮带秤	0.25、0.50	*	*	*	*	*	*	*	*	*	0	*	*	*
轨道衡	0.50	*	*	*	*	*	*	*	*	*	*	0	*	*
其他 超声波流量计	0.50~3.00	0	*	0	0	0	0	0	0	0	*	*	*	*
科氏力质量流量计	0.20~1.00	0	0	0	0	0	0	0	0	*	*	*	*	*
热导式质量流量计	1.00	0	0	0	0	0	0	0	0	*	*	*	*	*
流量开关	15.00	0	*	0	0	0	0	*	*	*	—	*	*	*
明渠	3.00~8.00	— *	—	* —	* —	— *	* —	— *	— *	— *	— *	— *	0	* —
不满管电磁	3.00~5.00	0—	*	— *	0—	0—	—0	—0	* —	—0	— *	— *	0	—

注：0 为宜选用，* 为不宜选用。

第四节　物位检测及仪表

一、概述

在容器中液体介质的高低称为液位，容器中固体或颗粒状物质的堆积高度称为料位。测量液位的仪表称为液位计，测量料位的仪表称为料位计，而测量两种密度不同液体介质的分界面的仪表称为界面计。上述三种仪表统称为物位仪表。

物位测量在现代工业生产自动化中具有重要的地位。随着现代化工业设备规模的扩大和集中管理，特别是计算机投入运行以后，物位的测量和远传更显得重要了。

通过物位的测量，可以正确获知容器设备中所储物质的体积或质量；监视或控制容器内的介质物位，使它保持在一定的工艺要求的高度，或对它的上、下限位置进行报警，以及根据物位来连续监视或调节容器中流入与流出物料的平衡。所以，一般测量物位有两种目的，一种是对物位测量的绝对值要求非常准确，借以确定容器或贮存库中的原料、辅料、半成品或成品的数量；另一种是对物位测量的相对值要求非常准确，要能迅速正确反映某一特定水准面上的物料相对变化，用以连续控制生产工艺过程，即利用物位仪表进行监视和控制。

物位测量对安全生产关系十分密切。例如合成氨生产中铜洗塔塔底的液位控制塔底液位过高，精炼气就会带液，导致合成塔触媒中毒；反之，如果液位过低时，会失去液封作用，发生高压气冲入再生系统，造成严重事故。

工业生产中对物位仪表的要求多种多样，主要的有精度、量程、经济和安全可靠等方面。其中首要的是安全可靠。测量物位仪表的种类很多。按其工作原理主要有下列几种类型。

（1）直读式物位仪表　这类仪表中主要有玻璃管液位计、玻璃板液位计等。

（2）静压式物位仪表　它又可分为压力式物位仪表和差压式物位仪表，利用液柱或物料堆积对某定点产生压力的原理而工作。

（3）浮力式物位仪表　利用浮子（或称沉筒）高度随液位变化而改变或液体对浸沉于液体中的浮子的浮力随液位高度而变化的原理工作。它又分为浮子带钢丝绳或钢带的、浮球带杠杆的和沉筒式的几种。

（4）电磁式物位仪表　使物位的变化转换为一些电量的变化，通过测出这些电量的变化来测知物位。它可以分为电阻式（即电极式）、电容式和电感式物位仪表等。还有利用压磁效应工作的物位仪表。

（5）辐射式物位仪表 利用辐射透过物料时，其强度随物质层的厚度而变化的原理而工作的，目前应用较多的是 γ 射线。

（6）声波式物位仪表 由于物位的变化引起声阻抗的变化、声波的遮断和声波反射距离的不同，测出这些变化就可测知物位。所以声波式物位仪表可以根据它的工作原理分为声波遮断式、反射式和阻尼式。

（7）光学式物位仪表 利用物位对光波的遮断和反射原理工作，它利用的光源可以有普通白炽灯光或激光等。

此外还有微波式、机械接触式等以适应各种不同的检测要求，表 3-5 给出了常见液位计及特性。

表 3-5 常见液位测量仪表的特性

	仪 表 名 称	测量范围/m	主要应用场合	说　明
直读式	玻璃管液位计	<2	主要用于直接指示密闭及开口容器中的液位	就地指示
	玻璃板液位计	<6.5		
浮力式	浮球式液位计	<10	用于开口或承压容器液位的连续测量	可直接指示液位,也可输出4～20mA DC信号
	浮筒式液位计 ⊛ 一视频一	<6	用于液位和相界面的连续测量,在高温高压条件下的工业生产过程的液位,界位测量和限位越位报警联锁	
	磁翻板液位计	0.2～15	适用于各种贮罐的液位指示报警,特别适用于危险介质的液位测量	有显示醒目的现场指示;远传装置输出 DC4～20mA 标准信号及报警器多功能为一体可与 DDZ-Ⅲ型组合仪表及计算机配套使用
	浮磁子液位计	115～60	用于常压、承压容器内液位、界位的测量特别适用于大型贮槽球罐腐蚀性介质的测量	
静压式	压力式液位计	0～0.4～200	可测较黏稠,有气雾、露等液体	压力式液位计主要用于开口容器液位的测量;差压式液位计主要用于密闭容器的液位测量
	差压式液位计	20	应用于各种液体的液位测量	
电磁式	电导式物位计	<20	适用于一切导电液体(如水,污水,果酱,啤酒等)液位测量	
	电容式液位计	10	用于各种贮槽,容器液位,粉状料位的连续测量及控制报警	不适合测高黏度液体
其他形式	运动阻尼式物位计	1～2～3.5～5～7	用于敞开式料仓内的固体颗粒(如矿砂,水泥等)料位的信号报警及控制	以位式控制为主
	声波物位计	液体10～34 固体5～60 盲区0.3～1	被测介质可以是腐蚀性液体或粉状的固体物料非接触测量	测量结果受温度影响
	辐射式物位计	0～2	适用于各种料仓内,容器内高温,高压,强腐蚀、剧毒的固态、液态介质的料位,液位的非接触式连续测量	放射线对人体有害
	微波式物位计	0～35	适于罐体和反应器内具有高温、高压、湍动、惰性,气体覆盖层及尘雾或蒸汽的液体,浆状、糊状或块状固体的物体测量,适于各种恶劣工矿和易爆、危险的场合	安装于容器外壁
	雷达液位计	2～20	应用于工业生产过程中各种敞口或承压容器的液位控制和测量	测量结果不受温度,压力影响
	激光式物位计		不透明的液体粉末的非接触测量	测量不受高温,真空压力,蒸汽等影响
	机电式物位计	可达几十米	恶劣环境下大料仓内固体及容器内液体的测量	

下面重点介绍差压式液位计，并简单介绍几种其他类型的物位测量仪表。

二、差压式液位变送器

利用差压或压力变送器可以很方便地测量液位，且能输出标准的电流或气压信号，有关变送器的原理及结构已在第二节里介绍，此处只着重讨论其应用。

1. 工作原理

差压式液位变送器，是利用容器内的液位改变时，由液柱产生的静压也相应变化的原理而工作的，如图 3-37 所示。

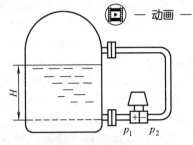

图 3-37　差压式液位变送器原理图

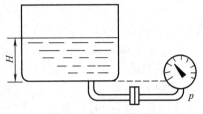

图 3-38　压力表式液位计

将差压变送器的一端接液相，另一端接气相。设容器上部空间为干燥气体，其压力为 p，则

$$p_1 = p + H\rho g \tag{3-44}$$
$$p_2 = p \tag{3-45}$$

因此可得

$$\Delta p = p_1 - p_2 = H\rho g$$

式中，H 为液位高度；ρ 为介质密度；g 为重力加速度；p_1，p_2 分别为差压变送器正、负压室的压力。

通常，被测介质的密度是已知的。差压变送器测得的差压与液位高度成正比。这样就把测量液位高度转换为测量差压的问题了。

当被测容器是敞口的，气相压力为大气压时，只需将差压变送器的负压室通大气即可。若不需要远传信号，也可以在容器底部安装压力表，如图 3-38 所示，根据压力 p 与液位 H 成正比的关系，可直接在压力表上按液位进行刻度。

2. 零点迁移问题

在使用差压变送器测量液位时，一般来说，其压差 Δp 与液位高度 H 之间有如下关系

$$\Delta p = H\rho g \tag{3-46}$$

这就属于一般的"无迁移"情况。当 $H=0$ 时，作用在正、负压室的压力是相等的。

但是在实际应用中，往往 H 与 Δp 之间的对应关系不那么简单。例如图 3-39 所示，为防止容器内液体和气体进入变送器而造成管线堵塞或腐蚀，并保持负压室的液柱高度恒定，在变送器正、负压室与取压点之间分别装有隔离罐，并充以隔离液。若被测介质密度为 ρ_1，隔离液密度为 ρ_2（通常 $\rho_2 > \rho_1$），这时正、负压室的压力分别为

$$p_1 = h_1\rho_2 g + H\rho_1 g + p_0 \tag{3-47}$$
$$p_2 = h_2\rho_2 g + p_0 \tag{3-48}$$

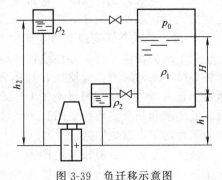

图 3-39　负迁移示意图

正、负压室间的压差为

$$p_1 - p_2 = H\rho_1 g + h_1\rho_2 g - h_2\rho_2 g$$

即

$$\Delta p = H\rho_1 g - (h_2 - h_1)\rho_2 g \tag{3-49}$$

式中，Δp 为变送器正、负压室的压差；H 为被测液位的高度；h_1 为正压室隔离罐液位到变送器的高度；h_2 为负压室隔离罐液位到变送器的高度。

将式（3-49）与式（3-46）相比较，就知道这时压差减少了 $(h_2 - h_1)\rho_2 g$ 一项，也就是说，当 $H = 0$ 时，$\Delta p = -(h_2 - h_1)\rho_2 g$，对比无迁移情况，相当于在负压室多了一项压力，其固定数值为 $(h_2 - h_1)\rho_2 g$。假定采用的是 DDZ-Ⅲ型差压变送器，其输出范围为 $4\sim20\text{mA}$ 的电流信号。在无迁移时，$H = 0$，$\Delta p = 0$，这时变送器的输出 $I_o = 4\text{mA}$；$H = H_{max}$，$\Delta p = \Delta p_{max}$，这时变送器的输出 $I_o = 20\text{mA}$。但是有迁移时，根据式（3-49）可知，由于有固定差压的存在，当 $H = 0$ 时，变送器的输入小于 0，其输出必定小于 4mA；当 $H = H_{max}$ 时，变送器的输入小于 Δp_{max}，其输出必定小于 20mA。为了使仪表的输出能正确反映出液位的数值，也就是使液位的零值与满量程能与变送器输出的上、下限值相对应，必须设法抵消固定压差 $(h_2 - h_1)\rho_2 g$ 的作用，使得当 $H = 0$ 时，变送器的输出仍然回到 4mA，而当 $H = H_{max}$ 时，变送器的输出能为 20mA。采用零点迁移的办法就能够达到此目的，即调节仪表上的迁移弹簧，以抵消固定压差 $(h_2 - h_1)\rho_2 g$ 的作用。

这里迁移弹簧的作用，其实质是改变变送器的零点。迁移和调零都是使变送器输出的起始值与被测量起始点相对应，只不过零点调整量通常较小，而零点迁移量则比较大。

迁移同时改变了测量范围的上、下限，相当于测量范围的平移，它不改变量程的大小。例如，某差压变送器的测量范围为 $0\sim5000\text{Pa}$，当压差由 0 变化到 5000Pa 时，变送器的输出将由 4mA 变化到 20mA，这是无迁移的情况，如图 3-40 中曲线 a 所示。当有迁移时，假定固定压差为 $(h_2 - h_1)\rho_2 g = 2000\text{Pa}$，那么 $H = 0$ 时，根据式（3-49）有 $\Delta p = -(h_2 - h_1)\rho_2 g = -2000\text{Pa}$，这时变送器的输出应为 4mA；$H$ 为最大时，$\Delta p = H\rho_1 g - (h_2 - h_1)\rho_2 g = 5000 - 2000 = 3000\text{Pa}$，这时变送器输出应为 20mA，如图 3-40 中曲线 b 所示。也就是说，Δp 从 -2000Pa 到 3000Pa 变化时，变送器的输出应从 4mA 变化到 20mA。它维持原来的量程（5000Pa）大小不变，只是向负方向迁移了一个固定压差值 $[(h_2 - h_1)\rho_2 g = 2000\text{Pa}]$。这种情况称之为负迁移。

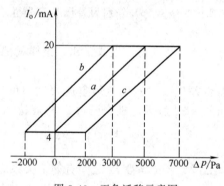

图 3-40 正负迁移示意图

由于工作条件的不同，有时会出现正迁移的情况，如图 3-41 所示，如果 $p_0 = 0$，经过分析可以知道，当 $H = 0$ 时，正压室多了一项附加压力 $h\rho g$，或者说 $H = 0$ 时，$\Delta p = h\rho g$，这时变送器输出应为 4mA，画出此时变送器输出和输入压差之间的关系，就如同图 3-40 中曲线 c 所示。

3. 用法兰式差压变送器测量液位

为了解决测量具有腐蚀性或含有结晶颗粒以及黏度大、易凝固等液体液位时引压管线被腐蚀、被堵塞的问题，应使用在导压管入口处加隔离膜盒的法兰式差压变送器，如图 3-42 所示。作为敏感元件的测量头 1（金属膜盒），经毛细管 2 与变送器 3 的测量室相通。在膜盒、毛细管和测量室所组成的封闭系统内充有硅油，作为传压介质，并使被测介质不进入毛细管与变送器，以免堵塞。

法兰式差压变送器按其结构形式又分为单法兰式及双法兰式两种。容器与变送器间只需一个法兰将管路接通的称为单法兰差压变送器，而对于上端和大气隔绝的闭口容器，因上部空间与大气压力多半不等，必须采用两个法兰分别将液相和气相压力导至差压变送器，如图 3-42 所示，这就是双法兰差压变送器。

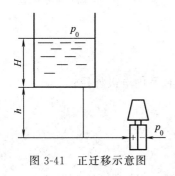

图 3-41 正迁移示意图

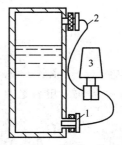

图 3-42 法兰式差压变送器测量液位示意图
1—法兰式测量头；2—毛细管；3—变送器

三、电容式物位传感器

1. 测量原理

在电容器的极板之间，充以不同介质时，电容量的大小也有所不同。因此，可通过测量电容量的变化来检测液位、料位和两种不同液体的分界面。

图 3-43 是由两个同轴圆柱极板 1、2 组成的电容器，在两圆筒间充以介电系数为 ε 的介质时，则两圆筒间的电容量表达式为

$$C = \frac{2\pi\varepsilon L}{\ln\dfrac{D}{d}} \tag{3-50}$$

式中，L 为两极板相互遮盖部分的长度；d、D 为圆筒形内电极的外径和外电极的内径；ε 为中间介质的介电常数。

所以，当 D 和 d 一定时，电容量 C 的大小与极板的长度 L 和介质的介电常数 ε 的乘积成比例。这样，将电容传感器（探头）插入被测物料中，电极浸入物料中的深度随物位高低变化，必然引起其电容量的变化，从而可检测出物位。

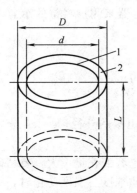

图 3-43 电容器的组成
1—内电极；2—外电极

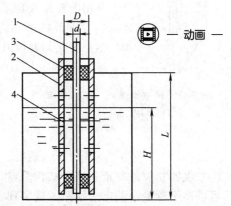

图 3-44 非导电介质的液位测量
1—内电极；2—外电极；3—绝缘套；4—流通小孔

2. 液位的检测

对非导电介质液位测量的电容式液位传感器原理如图 3-44 所示。它由内电极 1 和一个与它相绝缘的同轴金属套筒做的外电极 2 所组成，外电极 2 上开很多小孔 4，使介质能流进

电极之间，内外电极用绝缘套 3 绝缘。当液位为零时，仪表调整零点（或在某一起始液位调零也可以），其零点的电容为

$$C_0 = \frac{2\pi\varepsilon_0 L}{\ln\dfrac{D}{d}} \tag{3-51}$$

式中，ε_0 为空气介电系数；D、d 分别为外电极内径及内电极外径。

当液位上升为 H 时，电容量变为

$$C = \frac{2\pi\varepsilon H}{\ln\dfrac{D}{d}} + \frac{2\pi\varepsilon_0(L-H)}{\ln\dfrac{D}{d}} \tag{3-52}$$

电容量的变化为

$$C_x = C - C_0 = \frac{2\pi(\varepsilon-\varepsilon_0)H}{\ln\dfrac{D}{d}} = K_i H \tag{3-53}$$

因此，电容量的变化与液位高度 H 成正比。式(3-53) 中的 K_i 为比例系数。K_i 中包含 $(\varepsilon-\varepsilon_0)$，也就是说，这个方法是利用被测介质的介电系数 ε 与空气介电系数 ε_0 不等的原理工作的。$(\varepsilon-\varepsilon_0)$ 值越大，仪表越灵敏。$\dfrac{D}{d}$ 实际上与电容器两极间的距离有关，D 与 d 越接近，即两极间距离越小，仪表灵敏度越高。

上述电容式液位计在结构上稍加改变以后，也可以用来测量导电介质的液位。

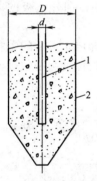

图 3-45　料位检测
1—金属电极棒；
2—容器壁

3. 料位的检测

用电容法可以测量固体块状　颗粒体及粉料的料位。

由于固体间磨损较大，容易"滞留"，所以一般不用双电极式电极。可用电极棒及容器壁组成电容器的两极来测量非导电固体料位。

图 3-45 所示为用金属电极棒插入容器来测量料位的示意图。它的电容量变化与料位升降的关系为

$$C_x = \frac{2\pi(\varepsilon-\varepsilon_0)H}{\ln\dfrac{D}{d}} \tag{3-54}$$

式中，D、d 分别为容器的内径和电极的外径；ε、ε_0 分别为物料和空气的介电系数。

电容物位计的传感部分结构简单、使用方便。但由于电容变化量不大，要精确测量，就需借助于较复杂的电子线路才能实现。此外，还应注意介质浓度、温度变化时，其介电系数也要发生变化这一情况，以便及时调整仪表，达到预想的测量目的。

四、核辐射物位计

放射性同位素的辐射线射入一定厚度的介质时，部分粒子因克服阻力与碰撞动能消耗被吸收，另一部分粒子则透过介质。射线的透射强度随着通过介质层厚度的增加而减弱。入射强度为 I_0 的放射源，随介质厚度增加其强度呈指数规律衰减，其关系为

$$I = I_0 e^{-\mu H} \tag{3-55}$$

式中，μ 为介质对放射线的吸收系数；H 为介质层的厚度；I 为穿过介质后的射线强度。

不同介质吸收射线的能力是不一样的。一般来说，固体吸收能力最强，液体次之，气体则最弱。当放射源已经选定，被测的介质不变时，则 I_0 与 μ 都是常数，根据式(3-55)，只要测定通过介质后的射线强度 I，介质的厚度 H 就知道了。介质层的厚度，在这里指的是液位或料位的高度，这就是放射线检测物位法。

图 3-46 是核辐射物位计的原理示意图。辐射源 1 射出强度为 I_0 的射线，接收器 2 用来检测透过介质后的射线强度 I，再配以显示仪表就可以指示物位的高低了。

这种物位仪表由于核辐射线的突出特点，能够透过钢板等各种物质，因而可以完全不接触被测物质，适用于高温、高压容器、强腐蚀、剧毒、有爆炸性、黏滞性、易结晶或沸腾状态的介质的物位测量，还可以测量高温融熔金属的液位。由于核辐射线特性不受温度、湿度、压力、电磁场等影响，所以可在高温、烟雾、尘埃、强光及强电磁场等环境下工作。但由于放射线对人体有害，它的剂量要加以严格控制，所以使用范围受到一些限制。

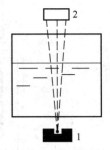

图 3-46　核辐射物
位计示意图
1—辐射源；2—接收器

五、光纤式液位计

随着光纤传感技术的不断发展，其应用范围日益广泛。在液位测量中，光纤传感技术的有效应用，一方面缘于其高灵敏度，另一方面是由于它具有优异的电磁绝缘性能和防爆性能，从而为易燃易爆介质的液位测量提供了安全的检测手段。

1. 全反射型光纤液位计

全反射型光纤液位计由液位敏感元件、传输光信号的光纤、光源和光检测元件等组成。图 3-47 所示为光纤液位传感器部分的结构原理图。棱镜作为液位的敏感元件，它被烧结或粘接在两根大芯径石英光纤的端部。这两根光纤中的一根光纤与光源耦合，称为发射光纤；另一根光纤与光电元件耦合，称为接收光纤。棱镜的角度设计必须满足以下条件：当棱镜位于气体（如空气）中时，由光源经发射光纤传到棱镜与气体介面上的光线满足全反射条件，即入射光线被全部反射到接收光纤上，并经接收光纤传送到光电检测单元中；而当棱镜位于液体中时，由于液体折射率比空气大，入射光线在棱镜中全反射条件被破坏，其中一部分光线将透过界面而泄漏到液体中去，致使光电检测单元收到的光强减弱。

设光纤折射率为 n_1，空气折射率为 n_2，液体折射率为 n_3，光入射角为 Φ_1，入射光功率为 P_i，则单根光纤对端面分别裸露在空气中时和淹没在液体中时的输出光功率 P_{o1} 和 P_{o2} 分别为

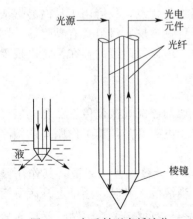

图 3-47　全反射型光纤液位
传感器结构原理

$$P_{o1} = P_i \frac{(n_1\cos\Phi_1 - \sqrt{n_2^2 - n_1^2\sin^2\Phi_1})^2}{(n_1\cos\Phi_1 + \sqrt{n_2^2 - n_1^2\sin^2\Phi_1})^2} = P_i E_{o1}$$

$$P_{o2} = P_i \frac{(n_1\cos\Phi_1 - \sqrt{n_3^2 - n_1^2\sin^2\Phi_1})^2}{(n_1\cos\Phi_1 + \sqrt{n_3^2 - n_1^2\sin^2\Phi_1})^2} = P_i E_{o2}$$

二者差值为

$$\Delta P_{\text{o}} = P_{\text{o1}} - P_{\text{o2}} = P_{\text{i}}(E_{\text{o1}} - E_{\text{o2}}) \tag{3-56}$$

由式（3-56）可知，只要检测出有差值 ΔP_{o}，便可确定光纤是否接触液面。

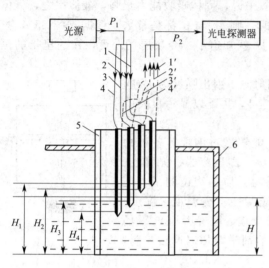

图 3-48　光纤对多头传感器结构

P_1—入射光线；P_2—出射光线；
1～4—入射光纤；$1'$～$4'$—出射光纤；
5—管状支撑部件；6—大贮水槽

由上述工作原理可以看出，这是一种定点式的光纤液位传感器，适用于液位的测量与报警，也可用于不同折射率介质（如水和油）的分界面的测定。另外，根据溶液折射率随浓度变化的性质，还可以用来测量溶液的浓度和液体中小气泡含量等。若采用多头光纤液面传感器结构，便可实现液位的多点测量，如图 3-48 所示。

由图 3-48 可见，在大贮水槽 6 中，贮水深度为 H，5 为垂直放置的管状支撑部件，其直径很细，侧面穿很多孔，图中所示是采用了多头结构 1-$1'$，2-$2'$，3-$3'$ 和 4-$4'$。如图 3-48 所示的同样光纤对，分别固定在支撑件 5 内，距底部高度分别为 H_1，H_2，H_3，H_4 各位置。入射光纤 1，2，3 和 4 均接到发射光源上，虚线 $1'$，$2'$，$3'$ 和 $4'$ 表示出射光纤，分别接到各自光电探测器上，将光信号转变成电信号，显示其液位高度。

光源发出的光分别向入射光纤 1，2，3 和 4 送光，因为结合部 3 和 4 位于水中，而结合部 1 和 2 位于空气中，所以光电探测器的检测装置从出射光纤 $1'$ 和 $2'$ 所检测到的光强大，而对出射光纤 $3'$ 和 $4'$ 所检测的光强就小。由此可以测得水位 H 位于 H_2 和 H_3 之间。

为了提高测量精度，可以多安装一些光纤对，由于光纤很细，故其结构体积可做得很小。安装也容易，并可以远距离观测。

由于这种传感器还具有绝缘性能好，抗电磁干扰和耐腐蚀等优点，故可用于易燃易爆或具有腐蚀性介质的测量。但应注意，如果被测液体对敏感元件（玻璃）材料具有黏附性，则不宜采用这类光纤传感器，否则当敏感元件露出液面后，由于液体黏附层的存在，将出现虚假液位，造成明显的测量误差。

2. 浮沉式光纤液位计

浮沉式光纤液位计是一种复合型液位测量仪表，它由普通的浮沉式液位传感器和光信号检测系统组成，主要包括机械转换部分、光纤光路部分和电子电路部分，其工作原理及检测系统如图 3-49 所示。

（1）机械转换部分　这一部分由浮子 4、重锤 3、钢索 2 及计数齿盘 1 组成，其作用是将浮子随液位上下变动的位移转换成计数齿盘的转动齿数。当液位上升时，浮子上升而重锤下降，经钢索带动计数齿盘顺时针方向转动相应的齿数；反之，若液位下降，则计数齿盘逆时针方向转动相应的齿数。通常，总是将这种对应关系设计成液位变化一个单位高度（如 1cm 和 1mm）时，齿盘转过一个齿。

（2）光纤光路部分　这一部分由光源 5（激光器或发光二极管）、等强度分束器 7、两组光纤光路和两个相应的光电元件 10（光电二极管）等组成。两组光纤分别安装在齿盘上下两边，每当齿盘转过一个齿，上下光纤光路就被切断一次，各自产生一个相应的光脉冲信号。由于对两组光纤的相对位置做了特别的安排,从而使得两组光纤光路产生的光脉冲信号在时间上有一很小的相位差。通常,先导通的脉冲信号用做可逆计数器的加、减指令信号,而另一光纤光路的脉冲信号用做计数信号。

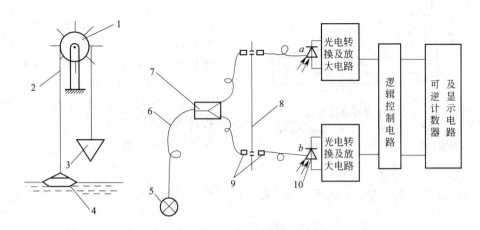

图 3-49　浮沉式光纤液位计工作原理
1,8—计数齿盘;2—钢索;3—重锤;4—浮子;5—光源;6—光纤;
7—分束器;9—透镜;10—光电元件

如图 3-49 所示,当液位上升时,齿盘顺时针转动,假设是上面一组光纤光路先导通,即该光路上的光电元件先接收到一个光脉冲信号,那么该信号经放大和逻辑电路判断后,就提供给可逆计数器作为加法指令(高电位)。紧接着导通的下一组光纤光路也输出一个脉冲信号,该信号同样经放大和逻辑电路判断后提供给可逆计数器作为计数运算,使计数器加1。相反,当液位下降时,齿盘逆时针转动,这时先导通的是下面一组光纤光路,该光路输出的脉冲信号经放大和逻辑电路判断后提供给可逆计数器作减法指令(低电位),而另一光路的脉冲信号作为计数信号,使计数器减1。这样。每当计数齿盘顺时针转动一个齿,计数器就加1;计数齿盘逆时针转动一个齿,计数器就减1,从而实现了计数齿盘转动齿数与光电脉冲信号之间的转换。

(3)电子电路部分　该部分由光电转换及放大电路、逻辑控制电路、可逆计数器及显示电路等组成。光电转换及放大电路主要是将光脉冲信号转换为电脉冲信号,再对信号加以放大。逻辑控制电路的功能是对两路脉冲信号进行判别,将先输入的一路脉冲信号转换成相应的"高电位"或"低电位",并输出送至可逆计数器的加减法控制端,同时将另一路脉冲信号转换成计数器的计数脉冲。每当可逆计数器加1(或减1),显示电路则显示液位升高(或降低)1个单位(1cm 或 1m)高度。

浮沉式光纤液位计可用于液位的连续测量,而且能做到液体储存现场无电源、无电信号传送,因而特别适用于易燃易爆介质的液位测量,属本质安全型测量仪表。

六、称重式液罐计量仪

在石油、化工部门,有许多大型贮罐,由于高度与直径都很大,即使液位变化 1~2mm,就会有几百公斤到几吨的差别,所以液位的测量要求很精确。同时,液体(例如油品)的密度会随温度发生较大的变化,而大型容器由于体积很大,各处温度很不均匀,因此即使液位(即体积)测得很准,也反映不了罐中真实的质量储量有多少。利用称重式液罐计量仪,就能基本上解决上述问题。

称重仪是根据天平原理设计的。它的原理图示于图 3-50。罐顶压力 p_1 与罐底压力 p_2

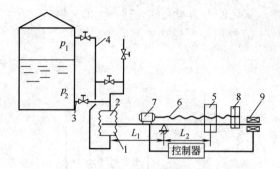

图 3-50　称重式液罐计量仪

1—下波纹管；2—上波纹管；3—液相引压管；
4—气相引压管；5—砝码；6—丝杠；7—可
逆电机；8—编码盘；9—发讯器

分别引至下波纹管 1 和上波纹管 2。两波纹管的有效面积 A_1 相等，差压引入两波纹管，产生总的作用力，作用于杠杆系统，使杠杆失去平衡，于是通过发讯器、控制器、接通电机线路，使可逆电机旋转，并通过丝杠 6 带动砝码 5 移动，直至由砝码作用于杠杆的力矩与测量力（由压差引起）作用于杠杆的力矩平衡时，电机才停止转动。下面推导在杠杆系统平衡时砝码离支点的距离 L_2 与液罐中总的质量储量之间的关系。

杠杆平衡时，有

$$(p_2 - p_1)A_1 L_1 = MgL_2 \tag{3-57}$$

式中，M 为砝码质量；g 为重力加速度；L_1、L_2 为杠杆臂长；A_1 为纹波管有效面积。由于

$$p_2 - p_1 = H\rho g$$

代入式（3-57），就有

$$L_2 = \frac{A_1 L_1}{M}\rho H = K\rho H \tag{3-58}$$

式中，ρ 为被测介质密度；K 为仪表常数。

如果液罐是均匀截面，其截面积为 A，于是液罐内总的液体储量 M_0 为

$$M_0 = \rho H A \tag{3-59}$$

即

$$\rho H = \frac{M_0}{A} \tag{3-60}$$

将式（3-60）代入式（3-58），得

$$L_2 = \frac{K}{A}M_0 \tag{3-61}$$

因此，砝码离支点的距离 L_2 与液罐单位面积储量成正比。如果液罐的横截面积 A 为常数，则可得

$$L_2 = K_i M_0 \tag{3-62}$$

式中

$$K_i = \frac{K}{A} = \frac{A_1 L_1}{AM} \tag{3-63}$$

由此可见，L_2 与液罐内介质的总质量储量 M_0 成比例，而与介质密度无关。

如果储罐横截面积随高度而变化，一般是预先制好表格，根据砝码位移量 L_2 就可以查得储存液体的质量。

由于砝码移动距离与丝杠转动圈数成比例，丝杠转动时，经减速带动编码盘 8 转动，因此编码盘的位置与砝码位置是对应的，编码盘发出编码信号到显示仪表，经译码和逻辑运算

后用数字显示出来。

由于称重仪是按天平平衡原理工作的，因此具有很高的精度和灵敏度。当罐内液体受组分、温度等影响，密度变化时，并不影响仪表的测量精度。该仪表可以用数字直接显示，显示醒目，并便于与计算机联用，进行数据处理或进行控制。

七、物位测量仪表的选型

物位测量仪表的选型原则如下。

（1）液面和界面测量应选用差压式仪表、浮筒式仪表和浮子式仪表。当不满足要求时，可选用电容式、射频导纳式、电阻式（电接触式）、声波式、磁致伸缩式等仪表。

料面测量应根据物料的粒度、物料的安息角、物料的导电性能、料仓的结构形式及测量要求进行选择。

（2）仪表的结构形式及材质，应根据被测介质的特性来选择。主要的考虑因素为压力、温度、腐蚀性、导电性；是否存在聚合、黏稠、沉淀、结晶、结膜、汽化、起泡等现象；密度和密度变化；液体中含悬浮物的多少；液面扰动的程度以及固体物料的粒度。

（3）仪表的显示方式和功能，应根据工艺操作及系统组成的要求确定。当要求信号传输时，可选择具有模拟信号输出功能或数字信号输出功能的仪表。

（4）仪表量程应根据工艺对象实际需要显示的范围或实际变化范围确定。除供容积计量用的物位仪表外，一般应使正常物位处于仪表量程的50%左右。

（5）仪表精确度应根据工艺要求选择。但供容积计量用的物位仪表的精确度应不劣于 $\pm 1mm$。

（6）用于可燃性气体、蒸汽及可燃性粉尘等爆炸危险场所的电子式物位仪表，应根据所确定的危险场所类别以及被测介质的危险程度，选择合适的防爆结构形式或采取其他的防爆措施。

液面、界面、料面测量仪表选型推荐表如表 3-6 所示。

表 3-6　液面、界面、料面测量仪表选型推荐表

测量对象／仪表名称	液体		液/液界面		泡沫液体		脏污液体		粉状固体		粒状固体		块状物体		黏湿性固体	
	位式	连续	位式	连续	位式	连续	位式	连续	位式	连续	位式	连续	位式	连续	位式	连续
差压式	可	好	可	可	—	—	可	可	—	—	—	—	—	—	—	—
浮筒式	好	好	可	可	—	—	差	可	—	—	—	—	—	—	—	—
浮子式开关	好	—	可	—	—	—	差	—	—	—	—	—	—	—	—	—
带式浮子式	差	好	—	—	—	—	—	差	—	—	—	—	—	—	—	—
伺服式	—	好	—	—	—	—	—	差	—	—	—	—	—	—	—	—
光导式	—	好	—	—	—	—	—	差	—	—	—	—	—	—	—	—
磁性浮子式	好	好	—	—	差	差	差	差	—	—	—	—	—	—	—	—
磁致伸缩式	—	好	—	—	好	好	—	差	—	—	—	—	—	—	—	—
电容式	好	好	好	好	好	可	好	差	可	可	好	可	可	好	可	可
射频导纳式	好	好	好	好	好	好	好	好	好	好	好	好	可	可	好	好

续表

仪表名称	液体		液/液界面		泡沫液体		脏污液体		粉状固体		粒状固体		块状物体		黏湿性固体	
测量对象	位式	连续	位式	连续	位式	连续	位式	连续	位式	连续	位式	连续	位式	连续	位式	连续
电阻式（电接触式）	好	—	差	—	好	—	好	—	差	—	差	—	差	—	好	—
静压式	—	好	—	—	—	—	—	可	—	可	—	—	—	—	—	—
声波式	好	好	差	差	—	—	好	好	—	差	好	好	好	好	可	—
微波式	—	好	—	—	—	—	—	—	—	好	—	好	—	—	—	好
辐射式	好	好	—	—	好	好	—	好	好	好	好	好	好	好	—	—
吹气式	好	好	—	—	—	—	差	可	—	—	—	—	—	—	—	—
阻旋式	—	—	—	—	—	—	差	—	可	—	好	—	差	—	好	—
隔膜式	好	好	好	—	—	—	可	可	差	—	差	—	差	—	可	—
重锤式	—	—	—	—	—	—	好	—	好	—	好	—	好	—	—	好

注：表中"—"表示不能选用。

第五节　温度检测及仪表

温度是表征物体冷热程度的物理量。是各种工业生产和科学实验中最普遍而重要的操作参数。除此之外，在现代化的农业和医学中也是不可缺少的。

在化工生产中，温度的测量与控制有着重要的作用。众所周知，任何一种化工生产过程都伴随着物质的物理和化学性质的改变，都必然有能量的交换和转化，其中最普遍的交换形式是热交换形式。因此，化工生产的各种工艺过程都是在一定的温度下进行的。例如精馏塔的精馏过程中，对精馏塔的进料温度、塔顶温度和塔釜温度都必须按照工艺要求分别控制在一定数值上。又如 N_2 和 H_2 合成 NH_3 的反应，在触媒存在的条件下，反应的温度是 500℃。否则产品不合格，严重时还会发生事故。因此说，温度的测量与控制是保证化学反应过程正常进行与安全运行的重要环节。

一、温度检测方法

温度不能直接测量，只能借助于冷热不同物体之间的热交换，以及物体的某些物理性质随冷热程度不同而变化的特性来加以间接测量。

任意两个冷热程度不同的物体相接触，必然要发生热交换现象，热量将由受热程度高的物体传到受热程度低的物体，直到两物体的冷热程度完全一致，即达到热平衡状态为止。利用这一原理，就可以选择某一物体同被测物体相接触，并进行热交换，当两者达到热平衡状态时，选择物体与被测物体温度相等。于是，可以通过测量选择物体的某一物理量（如液体的体积、导体的电量等），便可以定量地给出被测物体的温度数值。以上就是接触测温法。也可以利用热辐射原理，来进行非接触测温。

温度测量范围甚广，有的处于接近绝对零度的低温，有的要在几千度的高温下进行，这样宽的测量范围，需用各种不同的测温方法和测温仪表。若按使用的测量范围分，常把测量 600℃ 以上的测温仪表称为高温计，把测量 600℃ 以下的测温仪表称为温度计。若按用途分，可分为标准仪表、实用仪表。若按工作原理分，则分为膨胀式温度计、压力式温度计、热电偶温度计、热电阻温度计和辐射高温计五类。若按测量方式分，则可分为接触式与非接触式两大类。前者测温元件直接与被测介质接触，这样可以使被测介质与测温元件进行充分的热交换，而达到测温目的；后者测温元件与被测介质不相接触，通过辐射或对流实现热交换来达到测温的目的。现按测量方式分类见表 3-7。

表 3-7　常见温度仪表及性能

测温方式	测温原理		温度计名称	温度范围/℃	特点及应用场合
接触式测温仪表	膨胀式	固体热膨胀	双金属温度计	−50～+600	结构简单、使用方便，与玻璃液体温度计相比，坚固、耐震、耐冲击、体积小，但精度低，广泛应用于有振动且精度要求不高的机械设备上，并可直接测量气体、液体、蒸汽的温度
		液体热膨胀	玻璃液体温度计	−30～+600　水银 −100～+150　有机液体	结构简单、使用方便、价格便宜、测量准确，但结构脆弱易损坏，不能自动记录和远传，适用于生产过程和实验室中各种介质温度就地测量
		气体热膨胀	压力式温度计	0～+500　液体型 0～+200　蒸汽型	机械强度高，不怕震动，输出信号可以自动记录和控制，但热惯性大，维修困难，适于测量对铜及铜合金不起腐蚀作用的各种介质的温度
	热电阻	金属热电阻	铜电阻、铂电阻	−200～+650　铂电阻 −50～+150　铜电阻 −60～+180　镍电阻	测温范围宽，物理化学性能稳定，测量精度高，输出信号易于远传和自动记录，适于生产过程中测量各种液体、气体，蒸汽介质温度
		半导体热电阻	锗、碳、金属氧化物热敏电阻	−90～+200	变化灵敏、响应时间短、力学性能强，但复现性和互换性差，非线性严重，常用于温度补偿元件
	热电偶	金属热电偶	铂铑 30-铂铑 6、铂铑-铂、镍铬-镍硅、铜-康铜等电偶	−200～+1600	测量精度较高，输出信号易于远传和自动记录，结构简单，使用方便，测量范围宽，但输出信号和温度示值呈非线性关系，下限灵敏度较低，需冷端温度补偿，被广泛地应用于化工、冶金、机械等部门的液体、气体、蒸汽等介质的温度测量
		难熔金属热电偶	钨铼，钨-钼，镍铬-金铁热电偶	0～2200 −270～0	钨铼系及钨-钼系热电偶可用于超高温的测量，镍铬-金铁热电偶可用于超高低温的测量，但未进行标准化，因而使用时需特别标定
非接触式测温仪表	辐射测量	辐射法	辐射式高温计	+20～+2000	全辐射式温度计，结构简单、结实价廉、反应速度快，但测量误差较大；部分辐射温度计结构复杂，测量精度及稳定性也较高，输出信号均可自动记录及远传，适宜测量静止或运动中不宜安装热电偶的物体表面温度
		亮度法	光学高温计	+800～+2000	测量精度高，使用方便，测量结果容易引起人为主观误差，无法实现自动记录，广泛应用于金属熔炼、浇铸、热处理等不能直接测量的高温场合
		比色法	比色高温计	+50～+2000	仪表示值准确

先简单介绍几种温度计。

1. 膨胀式温度计

膨胀式温度计是基于物体受热时体积膨胀的性质而制成的。玻璃管温度计属于液体膨胀式温度计，双金属温度计属于固体膨胀式温度计。

双金属温度计中的感温元件是用两片线膨胀系数不同的金属片叠焊在一起而制成的。双金属片受热后，由于两金属片的膨胀长度不同而产生弯曲，如图 3-51 所示。温度越高产生的线膨胀长度差就越大，因而引起弯曲的角度就越大，双金属温度计就是基于这一原理而制成的，它是用双金属片制成螺旋形感温元件，外加金属保护套管，当温度变化时，螺旋的自由端便围绕着中心轴旋转，同时带动指针在刻度盘上指示出相应的温度数值。

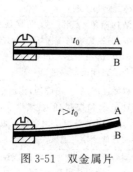

图 3-51　双金属片

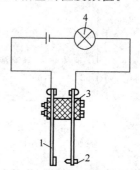

图 3-52　双金属温度信号器
1—双金属片；2—调节螺钉；3—绝缘子；4—信号灯

图 3-52 是一种双金属温度信号器的示意图。当温度变化时，双金属片 1 产生弯曲，且与调节螺钉相接触，使电路接通，信号灯 4 便发亮。如以继电器代替信号灯便可以用来控制热源（如电热丝）而成为两位式温度控制器。温度的控制范围可通过改变调节螺钉 2 与双金属片 1 之间的距离来调整。若以电铃代替信号灯便可以作为另一种双金属温度信号报警器。

2. 压力式温度计

应用压力随温度的变化来测温的仪表叫压力式温度计。它是根据在封闭系统中的液体、气体或低沸点液体的饱和蒸汽受热后体积膨胀或压力变化这一原理而制成的，并用压力表来测量这种变化，从而测得温度。

压力式温度计的构造如图 3-53 所示。它主要由以下三部分组成。

（1）温包　它是直接与被测介质相接触来感受温度变化的元件，因此要求它具有高的强度，小的膨胀系数，高的热导率以及抗腐蚀等性能。根据所充工作物质和被测介质的不同，温包可用铜合金、钢或不锈钢来制造。

（2）毛细管　它是用铜或钢等材料冷拉成的无缝圆管，用来传递压力的变化。其外径为 $1.2 \sim 5mm$，内径为 $0.15 \sim 0.5mm$。如果它的直径越细，长度越长，则传递压力的滞后现象就越严重。也就是说，温度计对被测温度的反应越迟钝。然而，在同样的长度下毛细管越细，仪表的精度就越高。毛细管容易被破坏，折断，因此，必须加以保护。对不经常弯曲的毛细管可用金属软管做保护套管。

（3）弹簧管（或盘簧管）　它是一般压力表用的弹性元件。

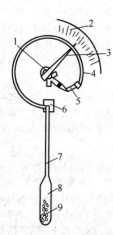

图 3-53　压力式温度计结构图

1—传动机构；2—刻度盘；
3—指针；4—弹簧管；
5—连杆；6—接头；
7—毛细管；8—温包；
9—工作物质

3. 辐射式高温计

辐射式高温计是基于物体热辐射作用来测量温度的仪表。目前，它已被广泛地用来测量高于 800℃ 的温度。

在化工生产中，使用最多的是利用热电偶和热电阻这两种感温元件来测量温度。

下面就主要介绍热电偶温度计、热电阻温度计和光纤温度传感器。

二、热电偶温度计

热电偶温度计是以热电效应为基础的测温仪表。它的测量范围很广、结构简单、使用方便、测温准确可靠，便于信号的远传、自动记录和集中控制，因而在化工生产中应用极为普遍。

热电偶温度计是由三部分组成：热电偶（感温元件）；测量仪表（毫伏计或电位差计）；连接热电偶和测量仪表的导线（补偿导线及铜导线）。图 3-54 是热电偶温度计最简单测温系统的示意图。

1. 热电偶

热电偶是工业上最常用的一种测温元件（感温元件）。它是由两种不同材料的导体 A 和 B 焊接而成，如图 3-55 所示。焊接的一端插入被测介质中，感受到被测温度，称为热电偶的工作端或热端，另一端与导线连接，称为冷端或自由端。导体 A、B 称为热电极。

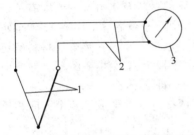

图 3-54　热电偶温度计测温系统示意图
1—热电偶；2—导线；3—测量仪表

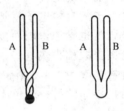

图 3-55　热电偶示意图

（1）热电现象及测温原理　先用一个简单的实验，来建立对热电偶热电现象的感性认识。取两根不同材料的金属导线 A 和 B，将其两端焊在一起，这样就组成了一个闭合回路。如将其一端加热，就是使其接点 1 处的温度 t 高于接点 2 处的温度 t_0，那么在此闭合回路中就有热电势产生，如图 3-56（a）所示。如果在此回路中串接一只直流毫伏计（将金属 B 断开接入毫伏计，或者在两金属线的 t_0 接头处断开接入毫伏计均可），如图 3-56（b）、（c）所示，就可见到毫伏计中有电势指示，这种现象就称为热电现象。

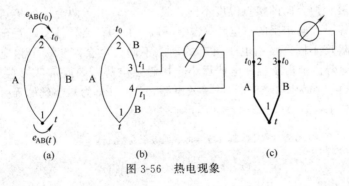

图 3-56　热电现象

下面就分析一下为什么会产生热电势呢？从物理学中知道，两种不同的金属，它们的自由电子密度是不同的。也就是说，两金属中每单位体积内的自由电子数是不同的。假设金属 A 中的自由电子密度大于金属 B 中的自由电子密度，按古典电子理论，金属 A 的电子密度大，其压强也大。正因为这样，当两种金属相接触时，在两种金属的交界处，电子从 A 扩散到 B 多于从 B 扩散到 A。而原来自由电子处于金属 A 这个统一体时，统一体是呈中性不带电的，当自由电子越过接触面迁移后，金属 A 就因失去电子而带正电，金属 B 则因得到电子而带负电。但这种扩散迁移是不会无限制地进行的。因为迁移的结果就在两金属的接触面两侧形成了一个偶电层，这一偶电层的电场方向由 A 指向 B，它的作用是阻止自由电子进一步扩散的。这就是说，由于电子密度的不平衡而引起扩散运动，扩散的结果产生了静电场，这静电场的存在又成为扩散运动的阻力，这两者是互相对立的。开始的时候，扩散运动

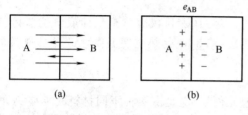

图 3-57 接触电势形成的过程

占优势，随着扩散的进行，静电场的作用就加强，反而使电子沿反方向运动。结果当扩散进行到一定程度时，压强差的作用与静电场的作用相互抵消，扩散与反扩散建立了暂时的平衡。图 3-57(a) 表示两金属接触面上将发生方向相反，大小不等的电子流，使金属 B 中逐渐地积聚过剩电子，并引起逐渐增大的由 A 指向 B 的静电场及电势差 e_{AB}，图 3-57(b) 表示电子流达到动平衡时的情况。这时的接触电势差，仅和两金属的材料及接触点的温度有关，温度越高，金属中的自由电子就越活跃，由 A 迁移到 B 的自由电子就越多，致使接触面处所产生的电场强度也增加，因而接触电动势也增高。由于这个电势大小，在热电偶材料确定后只和温度有关，故称为热电势，记作 $e_{AB}(t)$，注脚 A 表示正极金属，注脚 B 表示负极金属，如果下标次序改为 BA，则 e 前面的符号亦应相应的改变，即 $e_{AB}(t) = -e_{BA}(t)$。

若把导体的另一端也闭合，形成闭合回路，则在两接点处就形成了两个方向相反的热电势，如图 3-58 所示。

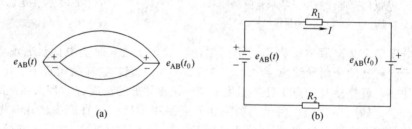

图 3-58 热电偶原理及电路图

图 3-58(a) 表示两金属的接点温度不同，设 $t > t_0$，由于两金属的接点温度不同，就产生了两个大小不等、方向相反的热电势 $e_{AB}(t)$ 和 $e_{AB}(t_0)$。必须注意，对于同一金属 A（或 B），由于其两端温度不同，自由电子具有的动能不同，也会产生一个相应的电动势，这个电动势称为温差电势。但由于温差电势远小于接触热电势，因此常常把它忽略不计。这样，就可以用图 3-58(b) 作为图 3-58(a) 的等效电路，R_1、R_2 为热偶丝的等效电阻，在此闭合回路中总的热电势 $E(t, t_0)$ 应为

$$E(t, t_0) = e_{AB}(t) - e_{AB}(t_0)$$

或
$$E(t, t_0) = e_{AB}(t) + e_{BA}(t_0) \tag{3-64}$$

也就是说，热电势 $E(t, t_0)$ 等于热电偶两接点热电势的代数和。当 A、B 材料固定后，热电势是接点温度 t 和 t_0 的函数之差。如果一端温度 t_0 保持不变，即 $e_{AB}(t_0)$ 为常数，则热电势 $e_{AB}(t, t_0)$ 就成为温度 t 的单值函数了，而和热电偶的长短及直径无关。这样，只要测出热电势的大小，就能判断测温点温度的高低，这就是利用热电现象来测温的原理。

必须注意，如果组成热电偶回路的两种导体材料相同，则无论两接点温度如何，闭合回路的总热电势为零；如果热电偶两接点温度相同，尽管两导体材料不同，闭合回路的总热电势也为零；热电偶产生的热电势除了与两接点处的温度有关外，还与热电极的材料有关。也就是说不同热电极材料制成的热电偶在相同温度下产生的热电势是不同的。可以从附录二至附录四中查到。

（2）插入第三种导线的问题　利用热电偶测量温度时，必须要用某些仪表来测量热电势的数值，如图 3-59 所示。而测量仪表往往要远离测温点，这就要接入连接导线 C，这样就在 AB 所组成的热电偶回路中加入了第三种导线，而第三种导线的接入又构成了新的接点，如图 3-59（a）中点 3 和点 4，图 3-59（b）中的点 2 和点 3，这样引入第三种导线会不会影响热电偶的热电势呢？

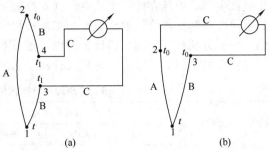

图 3-59　热电偶测温系统连接图

先来分析图 3-59（a）所示的电路，3、4 接点温度相同（等于 t_1），故总的热电势为

$$E_t = e_{AB}(t) + e_{BC}(t_1) + e_{CB}(t_1) + e_{BA}(t_0) \tag{3-65}$$

因为

$$e_{BC}(t_1) = -e_{CB}(t_1) \tag{3-66}$$

$$e_{BA}(t_0) = -e_{AB}(t_0) \tag{3-67}$$

将式（3-66）、式（3-67）代入式（3-64）得

$$E_t = e_{AB}(t) - e_{AB}(t_0) \tag{3-68}$$

这和式（3-64）相同，可见总的热电势与没有接入第三种导线一样。

再来分析图 3-59（b）电路，在这电路中的 2、3 接点温度相同且等于 t_0，那么电路的总热电势为

$$E_t = e_{AB}(t) + e_{BC}(t_0) + e_{CA}(t_0) \tag{3-69}$$

根据能量守恒原理可知，多种金属组成的闭合回路内，尽管它们材料不同，只要各接点温度相等，则此闭合回路内的总电势等于零。若将 A、B、C 三种金属丝组成一个闭合回路，各接点温度相同（都等于 t_0），则回路内的总热电势等于零。即

$$e_{AB}(t_0) + e_{BC}(t_0) + e_{CA}(t_0) = 0$$

则

$$-e_{AB}(t_0) = e_{BC}(t_0) + e_{CA}(t_0) \tag{3-70}$$

将式（3-70）代入式（3-69）得

$$E_t = e_{AB}(t) - e_{AB}(t_0) \tag{3-71}$$

结果也和式（3-64）相同，可见也与没有接入第三种导线的热电势一样。

这就说明在热电偶回路中接入第三种金属导线对原热电偶所产生的热电势数值并无影响。不过必须保证引入线两端的温度相同。同理，如果回路中串入更多种导线，只要引入线两端温度相同，也不影响热电偶所产生的热电势数值。

（3）常用热电偶的种类　理论上任意两种金属材料都可以组成热电偶。但实际情况并非如此，对它们还必须进行严格的选择。工业上对热电极材料应满足以下要求：温度每增加

1℃时所能产生的热电势要大，而且热电势与温度应尽可能呈线性关系；物理稳定性要高，即在测温范围内其热电性质不随时间而变化，以保证与其配套使用的温度计测量的准确性；化学稳定性要高，即在高温下不被氧化和腐蚀；材料组织要均匀，要有韧性，便于加工成丝；复现性好（用同种成分材料制成的热电偶，其热电特性均相同的性质称复现性），这样便于成批生产，而且在应用上也可保证良好的互换性。但是，要全面满足以上要求是有困难的。目前在国际上被公认的比较好的热电极材料只有几种，这些材料是经过精选而且标准化了的，它们分别被应用在各温度范围内，测量效果良好。

工业上最常用的（已标准化）几种热电偶测量范围及使用特点如表 3-8 所示。

表 3-8　工业常用热电偶的测温范围和使用特点

热电偶名称	分度号	测量温度范围/℃		特点
		长期	短期	
铂铑$_{30}$-铂铑$_6$	B	0～1600	1800	• 热电势小,测量温度高,精度高 • 适用于氧化性和中性介质 • 价格高
铂铑$_{10}$-铂	S	0～1300	1600	• 热电势小,线性差,精度高 • 适用于氧化性和中性介质 • 价格高
镍铬-镍硅	K	0～1000	1200	• 热电势大,线性好 • 适用于氧化性和中性介质,也可用于还原性介质 • 价格便宜,是工业上最常用的一种
镍铬-康铜	E	0～550	750	• 热电势大,线性差 • 适用于氧化性和弱还原性介质 • 价格低

各种热电偶热电势与温度的一一对应关系都可以从标准数据表中查到，这种表称为热电偶的分度表。附录二～附录四就是几种常用热电偶的分度表，而与某分度表所对应的该热电偶，用它的分度号表示。

此外，用于各种特殊用途的热电偶还很多。如红外线接收热电偶；用于 2000℃ 高温测量的钨铼热电偶；用于超低温测量的镍铬-金铁热电偶；非金属热电偶等。

（4）热电偶的结构　热电偶广泛地应用在各种条件下的温度测量。根据它的用途和安装位置不同，各种热电偶的外形是极不相同的。按结构形式分有普通型、铠装型、表面型和快速型四种。

① 普通型热电偶　主要由热电极、绝缘子、保护套管和接线盒等主要部分组成。如图 3-60 所示。

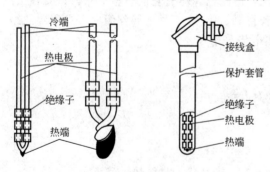

图 3-60　热电偶的结构

热电极是组成热电偶的两根热偶丝。热电极的直径由材料的价格、机械强度、电导率以及热电偶的用途和测量范围等决定。贵金属的热电极大多采用直径为 0.3～0.65mm 的细丝，普通金属电极丝的直径一般为 0.5～3.2mm。其长度由安装条件及插入深度而定，一般为 350～2000mm。

绝缘管（又称绝缘子）用于防止两根热电极短路。材料的选用由使用温度范围而定，常用绝缘材料如表 3-9 所示。它的结构形式通常有单孔管、双孔管及四孔管等。

保护套管是套在热电极、绝缘子的外边，其作用是保护热电极不受化学腐蚀和机械损伤。保护套管材料的选择一般根据测温范围、插入深度以及测温的时间常数等因素来决定。对保护套管材料的要求是：耐高温、耐腐蚀、能承受温度的剧变、有良好的气密性和具有高的热导系数。其结构一般有螺纹式和法兰式两种。常用保护套管的材料如表 3-10 所示。

<table>
<tr><td colspan="2">表 3-9 常用绝缘材料</td></tr>
<tr><td>材　　料</td><td>工作温度/℃</td></tr>
<tr><td>橡皮、绝缘漆</td><td>80</td></tr>
<tr><td>珐琅</td><td>150</td></tr>
<tr><td>玻璃管</td><td>500</td></tr>
<tr><td>石英管</td><td>1200</td></tr>
<tr><td>瓷　管</td><td>1400</td></tr>
<tr><td>纯氧化铝管</td><td>1700</td></tr>
</table>

<table>
<tr><td colspan="2">表 3-10 常用保护套管</td></tr>
<tr><td>材　　料</td><td>工作温度/℃</td></tr>
<tr><td>无缝钢管</td><td>600</td></tr>
<tr><td>不锈钢管</td><td>1000</td></tr>
<tr><td>石英管</td><td>1200</td></tr>
<tr><td>瓷　管</td><td>1400</td></tr>
<tr><td>Al_2O_3 陶瓷管</td><td>1900 以上</td></tr>
</table>

接线盒是供热电极和补偿导线连接之用的。它通常用铝合金制成，一般分为普通式和密封式两种。为了防止灰尘和有害气体进入热电偶保护套管内，接线盒的出线孔和盖子均用垫片和垫圈加以密封。接线盒内用于连接热电极和补偿导线的螺钉必须固紧。以免产生较大的接触电阻而影响测量的准确度。

② 铠装热电偶　由金属套管、绝缘材料（氧化镁粉）、热电偶丝一起经过复合拉伸成型，然后将端部偶丝焊接成光滑球状结构。工作端有露头型、接壳型、绝缘型三种。其外径为 1～8mm，还可小到 0.2mm，长度可为 50m。

铠装热电偶具有反应速度快、使用方便、可弯曲、气密性好、不怕振、耐高压等优点，是目前使用较多并正在推广的一种结构。

③ 表面型热电偶　常用的结构形式是利用真空镀膜法将两电极材料蒸镀在绝缘基底上的薄膜热电偶，专门用来测量物体表面温度的一种特殊热电偶，其特点：反应速度极快、热惯性极小。

④ 快速型热电偶　它是测量高温熔融物体一种专用热电偶，整个热偶元件的尺寸很小，称为消耗式热电偶。

热电偶的结构形式可根据它的用途和安装位置来确定。在热电偶选型时，要注意三个方面：热电极的材料；保护套管的结构，材料及耐压强度；保护套管的插入深度。

2. 补偿导线的选用

由热电偶测温原理知道，只有当热电偶冷端温度保持不变时，热电势才是被测温度的单值函数。在实际应用时，由于热电偶的工作端（热端）与冷端离得很近，而且冷端又暴露在空间，容易受到周围环境温度波动的影响，因而冷端温度难以保持恒定。为了使热电偶的冷端温度保持恒定，当然可以把热电偶做得很长，使冷端远离工作端，但是，这样做要多消耗许多贵重的金属材料，是不经济的。解决这个问题的方法是采用一种专用导线，将热电偶的冷端延伸出来，如图 3-61 所示。这种专用导线

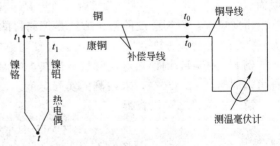

图 3-61　补偿导线接线图

称为"补偿导线"。它也是由两种不同性质的金属材料制成，在一定温度范围内（0～100℃）与所连接的热电偶具有相同的热电特性，其材料又是廉价金属。不同热电偶所用的补偿导线

也不同，对于镍铬-考铜等一类用廉价金属制成的热电偶，则可用其本身材料作补偿导线。

在使用热电偶补偿导线时，要注意型号相配，各种型号热电偶所配用的补偿导线的材料列于表 3-11；极性不能接错，热电偶的正、负极分别与补偿导线的正、负极相接；热电偶与补偿导线连接端所处的温度不应超过 $100℃$。

表 3-11   常用热电偶的补偿导线

热电偶名称	补 偿 导 线				工作端为100℃,冷端为0℃时的标准热电势/mV
	正　极		负　极		
	材料	颜色	材料	颜色	
铂铑$_{10}$-铂	铜	红	铜镍	绿	0.645 ± 0.037
镍铬-镍硅(镍铝)	铜	红	铜镍	蓝	4.095 ± 0.105
镍铬-铜镍	镍铬	红	铜镍	棕	6.317 ± 0.170
铜-铜镍	铜	红	铜镍	白	4.277 ± 0.047

3. 冷端温度的补偿

采用补偿导线后，把热电偶的冷端从温度较高和不稳定的地方，延伸到温度较低和比较稳定的操作室内，但冷端温度还不是 $0℃$。而工业上常用的各种热电偶的温度-热电势关系曲线是在冷端温度保持为 $0℃$ 的情况下得到的，与它配套使用的仪表也是根据这一关系曲线进行刻度的。由于操作室的温度往往高于 $0℃$，而且是不恒定的，这时，热电偶所产生的热电势必然偏小。且测量值也随着冷端温度变化而变化，这样测量结果就会产生误差。因此，在应用热电偶测温时，只有将冷端温度保持为 $0℃$，或者是进行一定的修正才能得出准确的测量结果。这样做，就称为热电偶的冷端温度补偿。一般采用下述几种方法。

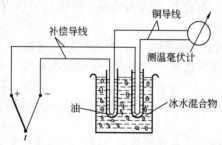

图 3-62   热电偶冷端温度保持 $0℃$ 的方法

（1）冷端温度保持为 $0℃$ 的方法   保持冷端温度为 $0℃$ 的方法，如图 3-62 所示。把热电偶的两个冷端分别插入盛有绝缘油的试管中，然后放入装有冰水混合物的容器中，这种方法多数用在实验室中。

（2）冷端温度修正方法   在实际生产中，冷端温度往往不是 $0℃$，而是某一温度 t_1，这就引起测量误差。因此，必须对冷端温度进行修正。

例如，某一设备的实际温度为 t，其冷端温度为 t_1，这时测得的热电势为 $E(t,t_1)$。为求得实际 t 的温度，可利用下式进行修正，即

$$E(t,0)=E(t,t_1)+E(t_1,0)$$

因为

$$E(t,t_1)=E(t,0)-E(t_1,0)$$

由此可知，冷端温度的修正方法是把测得的热电势 $E(t,t_1)$，加上热端为室温 t_1，冷端为 $0℃$ 时的热电偶的热电势 $E(t_1,0)$，才能得到实际温度下的热电势 $E(t,0)$。

例 6   用镍铬-铜镍热电偶测量某加热炉的温度。测得的热电势 $E(t,t_1)=66982\mu V$，而自由端的温度 $t_1=30℃$，求被测的实际温度。

解   由附录三可以查得

$$E(30,0)=1801\mu V$$

则

$$E(t,0)=E(t,30)+E(30,0)=66982+1801=68783\mu V$$

再查附录三可以查得 $68783\mu V$ 对应的温度为 $900℃$。

由于热电偶所产生的热电势与温度之间的关系都是非线性的（当然各种热电偶的非线性程度不同），因此在自由端的温度不为零时，将所测得热电势对应的温度值加上自由端的温度，并不等于实际的被测温度。譬如在上例中，测得的热电势为 $66982\mu V$，由附录三可查

得对应温度为876.6℃，如果再加上自由端温度30℃，则为906.6℃，这与实际被测温度有一定误差。其实际热电势与温度之间的非线性程度越严重，则误差就越大。

应当指出，用计算的方法来修正冷端温度，是指冷端温度内恒定值时对测温的影响。该方法只适用于实验室或临时测温，在连续测量中显然是不实用的。

（3）校正仪表零点法　一般仪表未工作时指针应指在零位上（机械零点）。若采用测温元件为热电偶时，要使测温时指示值不偏低，可预先将仪表指针调整到相当于室温的数值上（这是因为将补偿导线一直引入到显示仪表的输入端，这时仪表的输入接线端子所处的室温就是该热电偶的冷端温度）。此法比较简单，故在工业上也经常应用。但必须明确指出，这种方法由于室温也在经常变化，所以只能在测温要求不太高的场合下应用。

（4）补偿电桥法　补偿电桥法是利用不平衡电桥产生的电势，来补偿热电偶因冷端温度变化而引起的热电势变化值，如图3-63所示。不平衡电桥（又称补偿电桥或冷端温度补偿器）由R_1、R_2、R_3（锰铜丝绕制）和R_t（铜丝绕制）四个桥臂和稳压电源所组成，串联在热电偶测量回路中。为了使热电偶的冷端与电阻R_t感受相同的温度，所以必须把R_t与热电偶的冷端放在一起。电桥通常在20℃时处于平衡，即

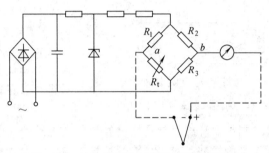

图3-63　具有补偿电桥的热电偶测温线路

$R_1=R_2=R_3=R_t{}^{20}$，此时，对角线a、b两点电位相等，即$U_{ab}=0$，电桥对仪表的读数无影响。当周围环境高于20℃时，热电偶因冷端温度升高而使热电势减弱。而与此同时，电桥中R_1、R_2、R_3的电阻值不随温度而变化，铜电阻R_t却随温度增加而增加，于是电桥不再平衡，这时，使a点电位高于b点电位，在对角线a、b间输出一个不平衡电压U_{ab}，并与热电偶的热电势相叠加，一起送入测量仪表。如适当选择桥臂电阻和电流的数值，可以使电桥产生的不平衡电压U_{ab}正好补偿由于冷端温度变化而引起的热电势变化值，仪表即可指示出正确的温度。

应当指出，由于电桥是在20℃时平衡的，所以采用这种补偿电桥时须把仪表的机械零位预先调到20℃处。如果补偿电桥是在0℃时平衡设计的（DDZ-Ⅱ型温度变送器中的补偿电桥），则仪表零位应调在0℃处。

（5）补偿热电偶法　在实际生产中，为了节省补偿导线和投资费用，常用多支热电偶而配用一台测温仪表，其接线如图3-64所示。转换开关（切换开关）用来实现多点间歇测量；CD是补偿热电偶，它的热电极材料可以与测量热电偶相同，也可以是测量热电偶的补偿导线，设置补偿热电偶是为了使多支热电偶的冷端温度保持恒定。为达到此目的，将一支补偿热电偶的工作端插入2～3m的地下或放在其他恒温器中，使其温度恒定为t_0。而它的冷端

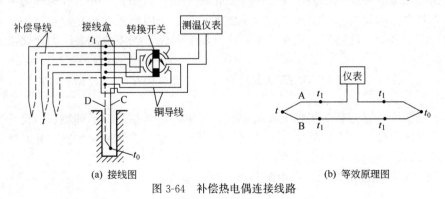

(a) 接线图　　　　　　　　　　(b) 等效原理图

图3-64　补偿热电偶连接线路

与多支热电偶的冷端都接在温度为 t_1 的同一个接线盒中。这时测温仪表的指示值则为 $E(t, t_0)$ 所对应的温度，而不受接线盒处温度 t_1 变化的影响。

三、热电阻温度计　　　　　　　　　　　　　　　　　　　　 — 视频 —

上面介绍的热电偶温度计，其感受温度的一次元件是热电偶，这类仪表一般适用于测量 500℃以上的较高温度。对于在 500℃以下的中、低温，利用热电偶进行测量就不一定恰当。首先，在中、低温区热电偶输出的热电势很小，这样小的热电势，对电位差计的放大器和抗干扰措施要求都很高，否则就测量不准，仪表维修也困难；其次，在较低的温度区域，冷端温度的变化和环境温度的变化所引起的相对误差就显得很突出，而不易得到全补偿。所以在中、低温区，一般是使用热电阻温度计来进行温度的测量较为适宜。

图 3-65　热电阻温度计

热电阻温度计是由热电阻（感温元件），显示仪表（不平衡电桥或平衡电桥）以及连接导线所组成。如图 3-65 所示。值得注意的是连接导线采用三线制接法。

热电阻是热电阻温度计的测温（感温）元件。是这种温度计的最主要部分，是金属体。

1. 测温原理

热电阻温度计是利用金属导体的电阻值随温度变化而变化的特性（电阻温度效应）来进行温度测量的。对于呈线性特性的电阻来说，其电阻值与温度关系如下式

$$R_t = R_{t_0}[1 + \alpha(t - t_0)] \tag{3-72}$$

$$\Delta R_t = R_t - R_{t_0} = \alpha R_{t_0} \times \Delta t \tag{3-73}$$

式中，R_t 是温度为 $t℃$ 时的电阻值；R_{t_0} 是温度为 t_0（通常为 0℃）时的电阻值；α 是电阻温度系数；Δt 是温度的变化值；ΔR_t 是电阻值的变化量。

可见，由于温度的变化，导致了金属导体电阻的变化。这样只要设法测出电阻值的变化，就可达到温度测量的目的。

由此可知，热电阻温度计与热电偶温度计的测量原理是不相同的。热电阻温度计是把温度的变化通过测温元件——热电阻转换为电阻值的变化来测量温度的；而热电偶温度计则把温度的变化通过测温元件——热电偶转化为热电势的变化来测量温度的。

热电阻温度计适用于测量 -200～+500℃范围内液体、气体、蒸汽及固体表面的温度。它与热电偶温度计一样，也是有远传、自动记录和实现多点测量等优点。另外热电阻的输出信号大，测量准确。

2. 工业常用热电阻

虽然大多数金属导体的电阻值随温度的变化而变化，但是它们并不都能作为测温用的热电阻。作为热电阻的材料一般要求是：电阻温度系数、电阻率要大；热容量要小；在整个测温范围内，应具有稳定的物理、化学性质和良好的复制性；电阻值随温度的变化关系，最好呈线性。

但是，要完全符合上述要求的热电阻材料实际上是有困难的。根据具体情况，目前应用最广泛的热电阻材料是铂和铜。

（1）铂电阻　金属铂易于提纯，在氧化性介质中，甚至在高温下其物理、化学性质都非常稳定。但在还原性介质中，特别是在高温下很容易被玷污，使铂丝变脆，并改变了其电阻与温度间的关系。因此，要特别注意保护。

在 0～650℃的温度范围内，铂电阻与温度的关系为

$$R_t = R_0(1 + At + Bt^2 + Ct^3) \tag{3-74}$$

式中，R_t 是温度为 $t℃$ 时的电阻值；R_0 是温度为 $0℃$ 时的电阻值。

A、B、C 是常数，由实验求得

$A = 3.950 \times 10^{-3}/℃$，　$B = -5.850 \times 10^{-7}/(℃)^2$，　$C = -4.22 \times 10^{-22}/(℃)^3$

要确定 R_t-t 的关系时，首先要确定 R_0 的大小，不同的 R_{t_0}，则 R_t-t 的关系也不同。这种 R_t-t 的关系称为分度表，用分度号来表示。

工业上常用的铂电阻有两种，一种是 $R_0 = 10Ω$，对应的分度号为 Pt10。另一种是 $R_0 = 100Ω$，对应的分度号为 Pt100（见附录五）。

（2）铜电阻　金属铜易加工提纯，价格便宜；它的电阻温度系数很大，且电阻与温度呈线性关系；在测温范围为 $-50 \sim +150℃$ 内，具有很好的稳定性。其缺点是温度超过 $150℃$ 后易被氧化，氧化后失去良好的线性特性；另外，由于铜的电阻率小（一般为 $0.017Ω \cdot mm^2/m$），为了要绕得一定的电阻值，铜电阻丝必须较细，长度也要较长，这样铜电阻体就较大，机械强度也降低。

在 $-50 \sim +150℃$ 的范围内，铜电阻与温度的关系是线性的。即

$$R_t = R_0[1 + \alpha(t - t_0)] \tag{3-75}$$

式中，α 为铜的电阻温度系数（$4.25 \times 10^{-3}/℃$）。

其他符号同式(3-72)所示。

工业上用的铜电阻有两种，一种是 $R_0 = 50Ω$，对应的分度号为 Cu50（见附录六）。另一种是 $R_0 = 100Ω$，对应的分度号为 Cu100（见附录七）。

3. 热电阻的结构

热电阻的结构形式有普通型热电阻、铠装热电阻和薄膜热电阻三种。

（1）普通型热电阻　主要由电阻体、保护套管和接线盒等主要部件所组成。其中保护套管和接线盒与热电偶的基本相同。下面就介绍一下电阻体的结构。

将电阻丝绕制（采用双线无感绕法）在具有一定形状的支架上，这个整体便称为电阻体。电阻体要求做得体积小，而且受热膨胀时，电阻丝应该不产生附加应力。目前，用来绕制电阻丝的支架一般

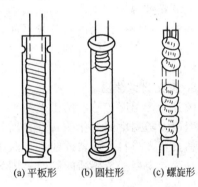

(a) 平板形　　(b) 圆柱形　　(c) 螺旋形

图 3-66　热电阻的支架形状（已绕电阻丝）

有三种构造形式：平板形、圆柱形和螺旋形，如图 3-66 所示。一般地说，平板支架作为铂电阻体的支架，圆柱形支架作为铜电阻体的支架，而螺旋形支架是作为标准或实验室用的铂电阻体的支架。

（2）铠装热电阻　将电阻体预先拉制成型并与绝缘材料和保护套管连成一体。这种热电阻体积小、抗震性强、可弯曲、热惯性小、使用寿命长。

（3）薄膜热电阻　它是将热电阻材料通过真空镀膜法，直接蒸镀到绝缘基底上。这种热电阻的体积很小、热惯性也小、灵敏度高。

四、光纤温度传感器

光纤温度传感器是采用光纤作为敏感元件或能量传输介质而构成的，它有接触式和非接触式等多种形式。光纤传感器的特点是灵敏度高；电绝缘性能好，可适用于强烈电磁干扰、强辐射的恶劣环境；体积小、重量轻、可弯曲；可实现不带电的全光型探头等。近几年来光纤温度传感器在许多领域得到应用。

光纤传感器由光发送器、光源、光纤（含敏感元件）、光接收器、信号处理系统和各种

连接件等部分构成，如图 3-67 所示。由光发送器发出的光经过光纤引导到敏感元件。在这里，光的某一性质受到被测量的调制，已调光经由接收光纤耦合到光接收器，使光信号转变为电信号，最后经信号处理系统得到所期待的被测量。

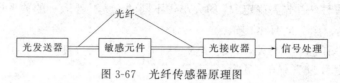

图 3-67　光纤传感器原理图

从本质上分析，光就是一种电磁波，其波长范围从极远红外的 1mm 到极远紫外的 10mm。电磁波的物理作用和生物化学作用主要是因为其中的电场而引起。因此，必须考虑光的电矢量振动问题。只要使光的强度、偏振态、频率和相位等参量之一随被测量状态的变化而变化，或者说受到被测量的调制，则有可能通过对光强的调制、偏振调制、频率调制或相位调制等进行解调，从而获得所需要的被测量的信息。

光纤传感器可分为功能型和非功能型两种类型，功能型传感器是利用光纤的各种特性，由光纤本身感受被测量的变化，光纤既是传输介质，又是敏感元件；非功能型传感器又称传光型，是由其他敏感元件感受被测量的变化，光纤仅作为光信号的传输介质。

非功能型光纤温度传感器在实际测温中得到较多的应用，并有多种类型，已实用化的温度计有液晶光纤温度传感器、荧光光纤温度传感器、半导体光纤温度传感器和光纤辐射温度计等。

1. 液晶光纤测温

液晶光纤温度传感器是利用液晶的"热色"效应而工作的，例如在光纤端面上安装液晶片，在液晶片中按比例混入三种液晶，温度在 10～45℃ 范围变化，液晶颜色由绿变成深红，光的反射率也随之变化，测量光强变化可知相应的温度，其精度约为 0.1℃。不同类型的液晶光纤温度传感器的测温范围可在 −50～250℃ 之间。

2. 荧光光纤测温

荧光光纤温度传感器的工作原理是利用荧光材料的荧光强度随温度而变化，或荧光强度的衰变速度随温度而变化的特性，前者称荧光强度型，后者称荧光余辉型。其结构是在光纤头部粘接荧光材料，用紫外线进行激励，荧光材料将会发出荧光，检测荧光强度就可以检测温度。荧光强度型传感器的测温范围为 −50～200℃；荧光余辉型温度传感器的测温范围为 −50～250℃。

3. 半导体光纤测温

半导体光纤温度传感器是利用半导体的光吸收响应随温度而变化的特性，根据透过半导体的光强变化检测温度。温度变化时，半导体的透光率曲线也随之变化，当温度升高时，特性曲线将向长波方向移动，在光源的光谱处于 λ_g 附近的特定入射波长的波段内，其透过光强将减弱，测出光强变化就可知对应的温度变化。半导体光纤温度传感器构成的温度计的测温范围为 −30～300℃。

4. 光纤辐射测温

光纤辐射温度计的工作原理和分类与普通的辐射测温仪表类似，它可以接近或接触目标进行测温。目前，因受光纤传输能力的限制，其工作波长一般为短波，采用亮度法或比色法测量。

光纤辐射温度计的光纤可以直接延伸为敏感探头，也可以经过耦合器，用刚性光导棒延伸。光纤敏感探头有多种类型，如直型、楔型、带透镜型和黑体型等。

典型光纤辐射温度计的测温范围为 200～4000℃，分辨力可达 0.01℃，在高温时精确度可优于 ±0.2% 读数值，其探头耐温一般可达 300℃，加冷却后可达 500℃。

五、电动温度变送器

DBW 型温度（温差）变送器是 DDZ-Ⅲ 系列电动单元组合式检测调节仪表中的一个主要单元。它与各种类型的热电偶、热电阻配套使用，将温度或两点间的温差转换成 4～20mA 和 1～5V 的统一标准信号；又可与具有毫伏输出的各种变送器配合，使其转换成 4～20mA 和 1～5V 的统一输出信号。然后，它和显示单元、控制单元配合，实现对温度或温差及其他各种参数进行显示、控制。

DDZ-Ⅲ 型的温度变送器与 DDZ-Ⅱ 型的温度变送器进行比较，它具有以下几个主要特点。

（1）线路上采用了安全火花型防爆措施，因而可以实现对危险场合中的温度或毫伏信号测量。

（2）在热电偶和热电阻的温度变送器中采用了线性化机构，从而使变送器的输出信号和被测温度间呈线性关系。

（3）在线路中，由于使用了集成电路，这样使该变送器具有良好的可靠性、稳定性等各种技术性能。

温度变送器是安装在控制室内的一种架装式仪表，它有三种类型，即热电偶温度变送器、热电阻温度变送器和直流毫伏变送器。在化工生产中，使用最多的是热电偶温度变送器和热电阻温度变送器。

1. 热电偶温度变送器

热电偶温度变送器与热电偶配套使用，将温度转换成 4～20mA 和 1～5V 的统一标准信号。然后与显示仪表或控制仪表配合，实现对温度的显示或控制。

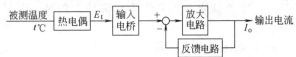

图 3-68　热电偶温度变送器的结构方框图

热电偶温度变送器的结构大体上可分为三大部分：输入桥路、放大电路及反馈电路。如图 3-68 所示。

（1）输入电桥　图 3-69 是热电偶温度变送器的输入回路，在形式上很像电桥，故常称为输入电桥，它的作用是：冷端温度补偿、调整零点。

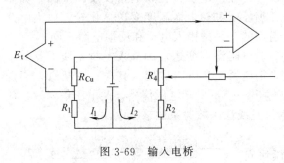

图 3-69　输入电桥

电桥中的 R_{Cu} 电阻是用铜线绕制的，它与热电偶的冷端安装在一起。当冷端温度变化时，R_{Cu} 的电阻随温度的变化也变化，使电桥的两端产生一个附加电压。此电压与热电势 E_t 串联相加，只要 R_{Cu} 值选择适当，便可补偿冷端温度变化引起热电势 E_t 减少的值。应当注意的是，由于热电偶的温度特性是非线性的，而铜电阻的特性却接近线性，这样就不可能取得完全补偿。但在实际应用中，由于冷端温度变化不大，这样的补偿也是可以的。

电桥的电源是稳压电源，R_1 和 R_2 都是高值电阻，这样就可以使电桥的电流 I_1 和 I_2 为恒定值。电阻 R_4 是可调电阻，电流 I_2 流过可调电阻 R_4 产生电压，它与热电势 E_t 及 R_{Cu} 产生的电势串联，这样不仅可以抵消 R_{Cu} 电阻上的起始电压，还可自由地改变电桥输出的零点。在 DDZ-Ⅲ 型温度变送器中，输出标准信号范围是 4～20mA。因此，在热电势为 0 时，应由输入桥路提供满幅输入电压的 20%，建立输出的起点。

综上所述，输入电桥主要起两个作用：热电偶冷端温度补偿、零点调整。

（2）反馈电路　在 DDZ-Ⅲ 型的温度变送器中，为了使变送器的输出信号直接与被测温度呈线性关系，以便显示及控制，特别是便于和计算机配合，所以在温度变送器中的反馈回路加入线性化电路，对热电偶的非线性给予修正。因为热电偶产生的热电势太小，这样就不宜于在输入电路中修正，而采取非线性反馈电路进行修正。如图 3-70 所示。当温度较高时，热电偶灵敏度偏高的区域，使负反馈作用强一些，这样以反馈电路的非线性补偿热电偶的非线性，故可获得输出电流 I_o 与温度 t 呈线性关系。值得注意的是，这种具有线性化机构的温度变送器在进行量程变换时，其反馈的非线性特性必须作相应的调整。

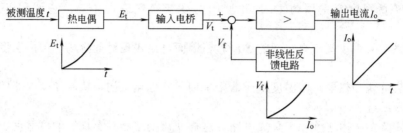

图 3-70　热电偶温度变送器的线性化方法方框图

（3）放大电路　由于热电偶产生的热电势数值很小，一般只有几十或十几毫伏，因此将它经过多级放大后才能变换为高电平输出。近年来由于集成运算放大器的出现，温度变送器采用了特殊的低漂移、高增益集成运算放大器。又因为测量元件和传输线上经常会受到各种干扰，故温度变送器中的放大器还必须具有较强的抗干扰措施。集成运算放大器输出是电压信号，而放大电路中功率放大器的作用是把运算放大器输出的电压信号，转换成具有一定负载能力的电流输出信号。同时，通过电流互感器实现输入回路和输出回路的隔离。

2. 热电阻温度变送器

热电阻温度变送器它与热电阻配套使用，将温度转换成 $4\sim20\text{mA}$ 和 $1\sim5\text{V}$ 的统一标准信号。然后与显示仪表或控制仪表配合，实现对温度的显示或控制。

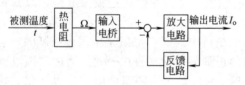

图 3-71　热电阻温度变送器的结构方框图

热电阻温度变送器的结构大体上也可分为三大部分：输入电桥、放大电路及反馈电路。如图 3-71 所示。和热电偶温度变送器比较，放大电路是通用的，只是输入电桥和反馈电路不同。

热电阻温度变送器的输入电桥实质上是一个不平衡电桥。热电阻被接入其中一个桥臂，当受温度变化引起热电阻阻值发生改变后，电桥就输出一个不平衡电压信号，此电压信号通过放大电路和反馈电路，便可以得到一个与输入信号呈线性函数关系的输出电流 I_o。

六、一体化温度变送器

所谓一体化温度变送器，是指将变送器模块安装在测温元件接线盒或专用接线盒内的一种温度变送器。其变送器模块和测温元件形成一个整体，可

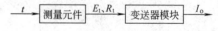

图 3-72　一体化温度变送器结构框图

以直接安装在被测工艺设备上，输出为统一标准信号。这种变送器具有体积小、重量轻、现场安装方便等优点，因而在工业生产中得到广泛应用。

一体化温度变送器，由测温元件和变送器模块两部分构成，其结构框图如图 3-72 所示。变送器模块把测温元件的输出信号 E_t 或 R_t 转换成为统一标准信号，主要是 $4\sim20\text{mA}$ 的直流电流信号。

由于一体化温度变送器直接安装在现场，在一般情况下变送器模块内部集成电路的正常

工作温度为$-20\sim+80℃$，超过这一范围，电子器件的性能会发生变化，变送器将不能正常工作，因此在使用中应特别注意变送器模块所处的环境温度。

一体化温度变送器品种较多，其变送器模块大多数以一片专用变送器芯片为主，外接少量元器件构成，常用的变送器芯片有 AD693、XTR101、XTR103、IXR100 等。下面以 AD693 构成的一体化热电偶温度变送器为例进行介绍。

AD693 构成的热电偶温度变送器的电路原理如图 3-73 所示，它由热电偶、输入电路和 AD693 等组成。

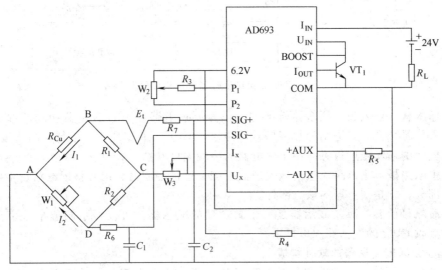

图 3-73　一体化热电偶温度变送器电路原理

图 3-73 中输入电路是一个冷端温度补偿电桥，B、D 是电桥的输出端，与 AD693 的输入端相连。R_{Cu} 为铜补偿电阻，通过改变电位器 W_1 的阻值则可以调整变送器的零点。W_2 和 R_3 起调整放大器转换系数的作用，即起到了量程调整的作用。

AD693 的输入信号 U_i 为热电偶所产生的热电势 E_t 与电桥的输出信号 U_{BD} 的代数和，如果设 AD693 的转换系数为 K，可得变送器输出与输入之间的关系为

$$I_o=KU_i=KE_t+KI_1(R_{Cu}-R_{W1}) \tag{3-76}$$

从式(3-76) 可以看出：①变送器的输出电流 I_o 与热电偶的热电势 E_t 成正比关系；②R_{Cu} 阻值随温度而变，合理选择 R_{Cu} 的数值可使 R_{Cu} 随温度变化而引起的 I_1R_{Cu} 变化量近似等于热电偶因冷端温度变化所引起的热电势 E_t 的变化值，两者互相抵消。

七、智能式温度变送器

智能式温度变送器有采用 HART 协议通信方式，也有采用现场总线通信方式，前者技术比较成熟，产品的种类也比较多；后者的产品近几年才问世，国内尚处于研究开发阶段。下面以 SMART 公司的 TT302 温度变送器为例加以介绍。

TT302 温度变送器是一种符合 FF 通信协议的现场总线智能仪表，它可以与各种热电偶或热电阻配合使用测量温度，具有量程范围宽、精度高、环境温度和振动影响小、抗干扰能力强、质量轻以及安装维护方便等优点。

TT302 温度变送器主要由硬件部分和软件部分两部分构成。

1. TT302 温度变送器的硬件构成

TT302 温度变送器的硬件构成原理框图如图 3-74 所示，在结构上它由输入板、主电路板和液晶显示器组成。

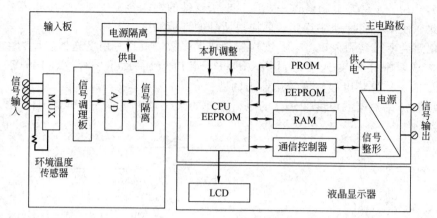

图 3-74　TT302 温度变送器硬件构成原理框图

（1）输入板　输入板包括多路转换器、信号调理电路、A/D 转换器和隔离部分，其作用是将输入信号转换为二进制的数字信号，传送给 CPU，并实现输入板与主电路板的隔离。

输入板上的环境温度传感器用于热电偶的冷端温度补偿。

（2）主电路板　主电路板包括微处理器系统、通信控制器、信号整形电路、本机调整部分和电源部分，它是变送器的核心部件。

（3）液晶显示器　液晶显示器是一个微功耗的显示器，可以显示四位半数字和五位字母，用于接收 CPU 的数据并加以显示。

2. TT302 温度变送器的软件构成

TT302 温度变送器的软件分为系统程序和功能模块两大部分。系统程序使变送器各硬件电路能正常工作并实现所规定的功能，同时完成各组成部分之间的管理。功能模块提供了各种功能，用户可以选择所需要的功能模块以实现用户所要求的功能。

TT302 等一类智能式温度变送器还有很多其他功能，用户可以通过上位管理计算机或挂接在现场总线通信电缆上的手持式组态器，对变送器进行远程组态，调用或删除功能模块；对于带有液晶显示的变送器，也可以使用磁性编程工具对变送器进行本地调整。

TT302 温度变送器还具有控制功能，其软件中提供了多种与控制功能有关的功能模块，用户通过组态，可以实现所要求的控制策略。

八、测温仪表的选用及安装

1. 温度测量仪表的选用

（1）就地温度仪表的选用

① 精确度等级。

a. 一般工业用温度计：选用 1.5 级或 1 级。

b. 精密测量用温度计：选用 0.5 级或 0.25 级。

② 测量范围。

a. 最高测量值不大于仪表测量范围上限值 90%，正常测量值在仪表测量范围上限值的 1/2 左右。

b. 压力式温度计测量值应在仪表测量范围上限值的 1/2～3/4 之间。

③ 双金属温度计。在满足测量范围、工作压力和精确度的要求时，应被优先选用于就地显示。

④ 压力式温度计。适用于 -80℃ 以下低温、无法近距离观察、有振动及精确度要求不高的就地或就地盘显示。

⑤ 玻璃温度计。仅用于测量精确度较高、振动较小、无机械损伤、观察方便的特殊场合。不得使用玻璃水银温度计。

（2）温度检测元件的选用

① 根据温度测量范围，参照表3-12选用相应分度号的热电偶、热电阻或热敏热电阻。

② 铠装式热电偶适用于一般场合；铠装式热电阻适用于无振动场合；热敏热电阻适用于测量反应速度快的场合。

（3）特殊场合适用的热电偶、热电阻

① 温度高于870℃、氢含量大于5%的还原性气体、惰性气体及真空场合，选用钨铼热电偶或吹气热电偶。

② 设备、管道外壁和转体表面温度，选用端（表面）式、压簧固定式或铠装热电偶、热电阻。

③ 含坚硬固体颗粒介质，选用耐磨热电偶。

④ 在同一检出（测）元件保护管中，要求多点测量时，选用多点（支）热电偶。

⑤ 为了节省特殊保护管材料（如钽），提高响应速度或要求检出（测）元件弯曲安装时可选用铠装热电偶、热电阻。

⑥ 高炉、热风炉温度测量，可选用高炉、热风炉专用热电偶。

表 3-12　温度检出（测）元件

检出(测)元件名称	分度号	测量范围 /℃	备 注	检出(测)元件名称	分度号	测量范围 /℃	备 注
铜热电阻 $R_0=50\Omega$	Cu50	$-50\sim$ $+150$	$R_{100}/R_0=1.248$	铁-康铜热电偶	J	$-200\sim$ $+800$	
$R_0=100\Omega$	Cu100						
铂热电阻 $R_0=10\Omega$	Pt10	$-200\sim$ $+650$	$R_{100}/R_0=1.385$	铜-康铜热电偶	T	$-200\sim$ $+400$	
$R_0=50\Omega$	Pt50						
$R_0=100\Omega$	Pt100			铂铑$_{10}$-铂热电偶	S	$0\sim$ $+1600$	
△ 镍热电阻 $R_0=100\Omega$	Ni100	$-60\sim$ $+180$	$R_{100}/R_0=1.617$	铂铑$_{13}$-铂热电偶	R	$0\sim$ $+1600$	
$R_0=500\Omega$	Ni500						
$R_0=1000\Omega$	Ni1000						
△ 热敏电阻		$-40\sim$ $+150$		铂铑$_{30}$-铂铑$_6$ 热电偶	B	$0\sim$ $+1800$	
△ 铁电阻		$-272\sim$ -250		钨铼$_5$-钨铼$_{26}$ 热电偶	WRe$_5$ $-$WRe$_{26}$	$0\sim$ $+2300$	
镍铬-镍硅热电偶	K	$-200\sim$ $+1300$		钨铼$_3$-钨铼$_{25}$ 热电偶	WRe$_3$ $-$WRe$_{25}$	$0\sim$ $+2300$	
镍铬硅-镍硅热电偶	N	$-200\sim$ $+900$		△ 镍铬-金铁热电偶		$-270\sim$ 0	厂标分度号： NiCr-AuFe
镍铬-康铜热电偶	E	$-200\sim$ $+900$					

注：△ 为待发展。

2. 测温元件的安装

接触式测温仪表所测得的温度都是由测温（感温）元件来决定的。在正确选择测温元件和二次仪表之后，如不注意测温元件的正确安装，那么，测量精度仍得不到保证。工业上，一般是按下列要求进行安装的。

（1）测温元件的安装要求

① 在测量管道温度时，应保证测温元件与流体充分接触，以减少测量误差。因此，要求安装时测温元件应迎着被测介质流向插入，至少须与被测介质正交（成90°），切勿与被测介质形成顺流。如图3-75所示。

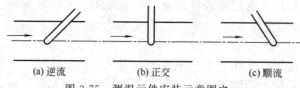

(a) 逆流　　　　　(b) 正交　　　　　(c) 顺流

图 3-75　测温元件安装示意图之一

② 测温元件的感温点应处于管道中流速最大处。一般来说，热电偶、铂电阻、铜电阻保护套管的末端应分别越过流束中心线 5～10mm、50～70mm、25～30mm。

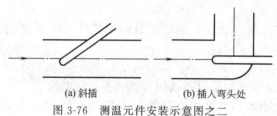

(a) 斜插　　　　　(b) 插入弯头处

图 3-76　测温元件安装示意图之二

③ 测温元件应有足够的插入深度，以减小测量误差。为此，测温元件应斜插安装或在弯头处安装，如图 3-76 所示。

④ 若工艺管道过小（直径小于 80mm），安装测温元件处应接装扩大管，如图 3-77 所示。

⑤ 热电偶、热电阻的接线盒面盖应向上，以避免雨水或其他液体、脏物进入接线盒中影响测量，如图 3-78 所示。

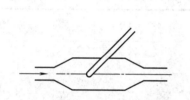

图 3-77　小工艺管道上测温元件安装示意图

图 3-78　热电偶或热电阻安装示意图

⑥ 为了防止热量散失，测温元件应插在有保温层的管道或设备处。

⑦ 测温元件安装在负压管道中时，必须保证其密封性，以防外界冷空气进入，使读数降低。

（2）布线要求

① 按照规定的型号配用热电偶的补偿导线，注意热电偶的正、负极与补偿导线的正、负极相连接，不要接错。

② 热电阻的线路电阻一定要符合所配二次仪表的要求。

③ 为了保护连接导线与补偿导线不受外来的机械损伤，应把连接导线或补偿导线穿入钢管内或走槽板。

④ 导线应尽量避免有接头。应有良好的绝缘。禁止与交流输电线合用一根穿线管，以免引起感应。

⑤ 导线应尽量避开交流动力电线。

⑥ 补偿导线不应有中间接头，否则应加装接线盒。另外，最好与其他导线分开敷设。

第六节　现代检测技术与传感器的发展　🎧 — 微课 —

一、软测量技术的发展

随着现代工业过程对控制、计量、节能增效和运行可靠性等要求的不断提高，现代过程检测的内涵和外延较之以往均有很大的深化和拓展。单纯依据流量、温度、压力和液位等常规过程参数的测量信息往往不能完全满足工艺操作和控制的要求，很多控制系统需要获取诸如成分、物性乃至反映过程的多维时空分布信息（例如化学反应器内的介质浓度及其分布等），才能实现更有效的过程控制、优化控制、故障诊断、状态监测等功能。虽然过程检测技术发展至今已有长足的进步，但在实际工业过程中仍存在许多无法或难以用传感器或过程检测仪表进行直接测量的重要过程参数。

一般解决工业过程的测量要求有两条途径：一是沿袭传统的检测技术发展思路，通过研制新型的过程测量仪表，以硬件形式实现过程参数的直接在线测量；另一就是采用间接测量的思路，利用易于获取的其他测量信息，通过计算来实现被检测量的估计。"软测量技术"（Soft-Sensing Technique）正是第二种思想的集中体现。

软测量技术也称为软仪表技术（Soft Sensor Technique）。概括地讲，就是利用易测过程变量（常称为辅助变量或二次变量，例如工业过程中容易获取的压力、温度等过程参数），依据这些易测过程变量与难以直接测量的待测过程变量（常称为主导变量，例如精馏塔中的各种组分浓度等）之间的数学关系（软测量模型），通过各种数学计算和估计方法，实现对待测过程变量的测量。

软测量技术作为一个概括性的科学术语被提出并得到了快速发展，始于 20 世纪 80 年代中后期。经过多年的发展，目前已建立了不少构造软仪表的理论和方法，软测量技术也已经在许多实际工业装置上得到了成功的应用。

通常，软测量技术可分为机理建模、回归分析、状态估计、模式识别、人工神经网络、模糊数学、过程层析成像、相关分析和现代非线性信息处理技术等九种。相对而言，前六种软测量技术的研究较为深入，在过程控制和检测中有更多成功的应用。

二、现代传感器技术的发展

现代传感器技术发展的显著特征是：研究新材料，开发利用新功能，使传感器多功能化、微型化、集成化、数字化、智能化。

1. 新材料、新功能的开发，新加工技术的使用

传感器材料是传感技术的重要基础。因此，开发新型功能材料是发展传感技术的关键。半导体材料和半导体技术使传感器技术跃上了一个新台阶。半导体材料与工艺不仅使经典传感器焕然一新，而且发展了许多基于半导体材料的热电、光电特性及种类众多的化学传感器等新型传感器。如各种红外、光电器件（探测器）、热电器件（如热电偶）、热释电器件、气体传感器、离子传感器、生物传感器等。半导体光、热探测器具有高灵敏度、高精度、非接触的特点，由此发展了红外传感器、激光传感器、光纤传感器等现代传感器。以硅为基体的许多半导体材料易于微型化、集成化、多功能化和智能化，工艺技术成熟，因此应用最广，也最具开拓性，是今后一个相当长的时间内研究和开发的重要材料之一。

被称为"最有希望的敏感材料"的是陶瓷材料和有机材料。近年来功能陶瓷材料发展很快，在气敏、热敏、光敏传感器中得到广泛的应用。目前已经能够按照人为设计的配方，制造出所要求性能的功能材料。陶瓷敏感材料种类繁多，应用广泛，极有发展潜力，常用的有半导体陶瓷、压电陶瓷、热释电陶瓷、离子导电陶瓷、超导陶瓷和铁氧体等。半导体陶瓷是传感器应用的主要材料，其中尤以热敏、湿敏和气敏最为突出。高分子有机敏感材料是近几年人们极为关注的具有应用潜力的新型敏感材料，可制成热敏、光敏、气敏、湿敏、力敏、离子敏和生物敏等元件。高分子有机敏感材料及其复合材料将以其独特的性能在各类敏感材料中占有重要的地位。生物活性物质（如酶、抗体、激素）和生物敏感材料（如微生物、组织切片）对生物体内化学成分具有敏感功能，且噪声低、选择性好、灵敏度高。

检测元件的性能除由其材料决定外，还与其加工技术有关，采用新的加工技术，如集成技术、薄膜技术、硅微机械加工技术、离子注入技术、静电封接技术等，能制作出质地均匀、性能稳定、可靠性高、体积小、重量轻、成本低、易集成化的检测元件。

2. 多维、多功能化的传感器

目前的传感器主要是用来测量一个点的参数，但应用时往往需要测量一条线上或一个面上的参数，因此需要相应地研究二维乃至三维的传感器。将检测元件和放大电路、运算电路等利用 IC 技术制作在同一芯片或制成混合式的传感器。实现从点到一维、二维、三维空间图像的检出。在某些场合，希望能在某一点同时测得两个参数，甚至更多的参数，因此要求能有测量多参数的传感器。气体传感器在多功能方面的进步最具有代表性。例如，一种能够同时测量四种气体的多功能传感器，共有六个不同材料制成的敏感部分，它们对被测的四种气体虽均有响应，但其响应的灵敏度却有很大差别，根据其从不同敏感部分的输出差异即可测出被测气体的浓度。

3. 微型化、集成化、数值化和智能化

微电子技术的迅速发展使得传感器的微型化和集成化成为可能，而与微处理器的结合，形成新一代的智能传感器，是传感器发展的一种新的趋势。智能传感器是一种带有微处理器兼有检测信息和信息处理功能的传感器。智能传感器通常具有自校零、自标定、自校正、自补偿功能；能够自动采集数据，并对数据进行预处理；能够自动进行检验、自选量程、自寻故障；具有数据存储、记忆与信息处理功能；具有双向通信、标准化数字输出或者符号输出功能；具有判断、决策处理功能。其主要特点是：高精度，高可靠性和高稳定性，高信噪比与高分辨力，强自适应性以及低的价格性能比。可见，智能化是现代化新型传感器的一个必然发展趋势。

4. 新型网络传感器的发展

作为现代信息技术三大核心技术之一的传感器技术，从诞生到现在，已经经历了从"聋哑传感器"（Dumb Sensor）、"智能传感器"（Smart Sensor）到"网络化传感器"（Networked Sensor）的发展历程。传统的传感器是模拟仪器仪表或模拟计算机时代的产物。它的设计指导思想是把外部信息变换成模拟电压或电流信号，它输出幅值小，灵敏度低，而且功能单一，因而被人们称为"聋哑传感器"。随着时代的进步，传统的传感器已经不能满足现代工农业生产甚至战争的需求，尤其 20 世纪 70 年代以来，计算机技术、微电子技术、光电子技术获得迅猛发展，加工工艺逐步成熟，新型的敏感材料不断被开发，特别是单片机的广泛使用使得传感器的性能越来越好、功能越来越强，智能化程度也越来越高，实现了数字化的通信，具有数字存储和处理、自检、自校准以及一定的通信功能，工业控制系统中的控制单元中的某些功能已逐渐被集成入传感器中，形成了所谓"智能型传感器"。

近几年来，工业控制系统继模拟仪表控制系统、集中式数字控制系统、分布式控制系统之后，基于各种现场总线标准的分布式测量和控制系统 DMCS（Distributed Measurement and Control System）得到了广泛的应用。目前在 DMCS 中所采用的控制总线网络多种多样，千差万别，内部结构、通信接口、通信协议各不相同。比较有影响的现场总线有 Foundation Fieldbus（FF）、LonWorks、Profibus、HART、CAN、Dupline 等。目前许多新型传感器已经不再需要数据采集和变送系统的转换，而直接具有符合上述总线标准的接口，可以直接连接在工业控制系统的总线上使用，这样就极大地提高了整个系统的性能、简化了系统的复杂程度并降低了成本。可以说这类传感器已经具有相当强的网络通信功能，可以将其称为"具有网络功能的智能传感器"，但由于每种总线标准都有自己规定的协议格式，只适

合各自的领域应用，相互之间互不兼容，从而给系统的扩展及维护等带来不利影响。对于传感器生产商而言，由于市场上存在大量的控制网络和通信协议，要开发出所有控制网络都支持的传感器是不现实的。

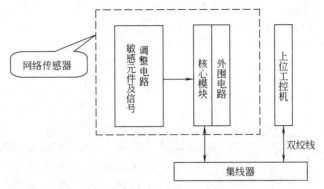

图 3-79　网络传感器连接图

图 3-79 是一种网络传感器的连接图。它是采用 RCM2200 模块，配合 Dynamic C 集成开发环境，利用其内嵌的 TCP/IP 协议栈开发出的一种简单实用的网络传感器。

测量所用的敏感元件通过信号调整电路将所测数据输送到 RCM2200 的 I/O 口，模块在读取数据并经过一定的判断和处理后一方面可以通过外围电路直接输出报警和控制信号，另一方面也可以通过以太网口将数据发布到网络中去。该传感器可以直接与集线器相连，并通过集线器与上位工控机连接构成一个完整的测控以太网络。

第七节　显示仪表 — 微课 —

凡能将生产过程中各种参数进行指示、记录或累积的仪表统称为显示仪表（或称为二次仪表）。

显示仪表一般都装在控制室的仪表盘上。它和各种测量元件或变送单元配套使用，连续地显示或记录生产过程中各参数的变化情况。它又能与控制单元配套使用，对生产过程中的各参数进行自动控制和显示。

随着生产的发展，我国已生产的显示仪表种类很多。按照显示的方式可分为模拟式、数字式和屏幕显示三种。

所谓模拟式显示仪表，是以仪表的指针（或记录笔）的线性位移或角位移来模拟显示被测参数连续变化的仪表。这类仪表免不了要使用磁电偏转机构或机电式伺服机构，因此，测量速度较慢，精度较低，读数容易造成多值性。目前模拟式显示仪表用得越来越少。

所谓数字式显示仪表，是直接以数字形式显示被测参数值大小的仪表。这类仪表由于避免了使用磁电偏转机构或机电式伺服机构，因而测量速度快、精度高、读数直观，对所测参数便于进行数值控制和数字打印记录，尤其是它能将模拟信号转换为数字量，便于和数字计算机或其他数字装置联用。因此，这类仪表得到迅速的发展。

所谓屏幕显示，就是将图形、曲线、字符和数字等直接在屏幕上进行显示，这种屏幕显示装置可以是计算机控制系统的一个组成部分。它利用计算机的快速存取能力和巨大的存储容量，几乎可以是同一瞬间在屏幕上显示出一连串的数据信息及其构成的曲线或图像。由于功能强大、显示集中且清晰，使得原有控制室的面貌发生根本的变化，过去庞大的仪表盘将大为缩小，甚至可以取消。目前屏幕显示装置在计算机集散控制系统（DCS）中广泛应用。

如上所述，显示仪表种类繁多，而且发展迅速。本章主要介绍数字式显示仪表以及一些新型的显示仪表，有关屏幕显示装置的内容将在计算机控制系统中加以介绍。

一、数字式显示仪表

数字式显示仪表简称为数显仪表。数显仪表直接用数字量来显示测量值或偏差值，清晰直观、读数方便、不会产生视差。数显仪表普遍采用中、大规模集成电路，线路简单、可靠性好、耐振性好。由于仪表采用模块化设计方法，即不同品种的数显仪表都是由为数不多的、功能分离的模块化电路组合而成，因此有利于制造、调试和维修，降低生产成本。

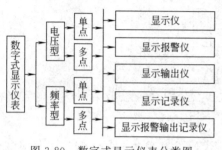

图 3-80　数字式显示仪表分类图

数字式显示仪表的分类方法较多，按输入信号的形式来分，有电压型和频率型两类：电压型的输入信号是电压或电流；频率型的输入信号是频率、脉冲及开关信号。如按被测信号的点数来分，它又可分成单点和多点两种。在单点和多点中，根据仪表所具有的功能，又可分为数字显示仪、数字显示报警仪、数字显示输出仪、数字显示记录仪以及具有复合功能的数字显示报警输出记录仪等。其分类如图 3-80 所示。

尽管数显仪表品种繁多，结构各不相同，但基本组成相似。数显仪表通常包括信号变换、前置放大、非线性校正或开方运算、模/数（A/D）转换、标度变换、数字显示、电压/电流（V/I）转换及各种控制电路等部分，其构成原理如图 3-81 所示。

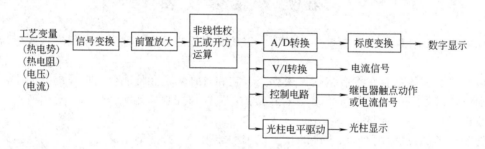

图 3-81　数显仪表组成结构

1. 信号变换电路

将生产过程中的工艺变量经过检测变送后的信号，转换成相应的电压或电流值。由于输入信号不同，可能是热电偶的热电势信号，也可能是热电阻信号，等等，因此数显仪表有多种信号变换电路模块供选择，以便与不同类型的输入信号配接。在配接热电偶时还有参比端温度自动补偿功能。

2. 前置放大电路

输入信号往往很小（如热电势信号是毫伏信号），必须经前置放大电路放大至伏级电压幅度，才能供线性化电路或 A/D 转换电路工作。有时输入信号夹带测量噪声（干扰信号），因此也可以在前置放大电路中加上一些滤波电路，抑制干扰影响。

3. 非线性校正或开方运算电路

许多检测元件（如热电偶、热电阻）具有非线性特性，需将信号经过非线性校正电路的处理后成线性特性，以提高仪表测量精度。

例如在与热电偶配套测温时热电势与温度是非线性关系，通过非线性校正，使得温度与显示值变化呈线性关系。

开方运算电路的作用是将来自差压变送器的差压信号转换成流量值。

4. 模数转换电路（A/D 转换）

数显仪表的输入信号多数为连续变化的模拟量，需经 A/D 转换电路将模拟量转换成断续变化的数字量，再加以驱动，点燃数码管进行数字显示。因此 A/D 转换是数显仪表的核心。

A/D 转换是把在时间上和数值上均连续变化的模拟量变换成为一种断续变化的脉冲数字量。A/D 转换电路品种较多，常见的有双积分型、脉冲宽度调制型、电压/频率转换型和逐次比较型。前三种属于间接型，即首先将模拟量转换成某一个中间量（时间间隔 T 或频率 F），再将中间量转换成数字量，抗干扰能力较强。而逐次比较型属于直接型，即直接将模拟量转换成数字量。数显仪表大多使用间接型。

5. 标度变换电路

模拟信号经过模-数转换器，转换成与之对应的数字量输出，但是数字显示怎样和被测原始参数统一起来呢？例如，当被测温度为 65℃时，模-数转换计数器输出 1000 个脉冲，如果直接显示 1000，操作人员还需要经过换算才能得到确切的值，这是不符合测量要求的。为了解决这个问题，所以还必须设置一个标度变换环节，将数显仪表的显示值和被测原始参数值统一起来，使仪表能以工程量值形式显示被测参数的大小。

6. 数字显示电路及光柱电平驱动电路

数字显示方法很多，常用的有发光二极管显示器（LED）和液晶显示器（LCD）等。光柱电平驱动电路是将测量信号与一组基准值比较，驱动一列半导体发光管，使被测值以光柱高度或长度形式进行显示。

7. V/I 转换电路和控制电路

数显仪表除了可以进行数字显示外，还可以直接将被测电压信号通过 V/I 转换电路转换成 0～10mA 或 4～20mA 直流电流标准信号，以便使数显仪表可与电动单元组合仪表、可编程序控制器或计算机连用。数显仪表还可以具有控制功能，它的控制电路可以根据偏差信号按 PID 控制规律或其他控制规律进行运算，输出控制信号，直接对生产过程加以控制。

图 3-81 所示为一般数显仪表的结构组成。对于具体仪表，其组成部分可以是上述电路模块的全部或部分组合，且有些位置可以互换。正因为如此，才组成了功能、型号各不相同、种类繁多的数显仪表。有些数显仪表，除了一般的数字显示和控制功能外，还可以具有笔式和打点式模拟记录、数字量打印记录、多路显示、越限报警等功能。

二、无笔、无纸记录仪

1. 概述

以 CPU 为核心采用液晶显示的记录仪，完全摒弃传统记录仪的机械传动、纸张和笔。直接把记录信号转化成数字信号后，送到随机存储器加以保存，并在大屏液晶显示屏上加以显示。由于记录信号是由工业专用微型处理器 CPU 来进行转化保存显示的，因此记录信号可以随意放大、缩小地显示在显示屏上，为观察记录信号状态带来极大的方便。必要时可把记录曲线或数据送往打印机进行打印或送往个人计算机加以保存和进一步处理。

该仪表输入信号多样化，可与热电偶、热电阻、辐射感温器或其他产生直流电压、直流电流的变送器配合使用。对温度、压力、流量、液位等工艺参数进行数字显示、数字记录；对输入信号可以组态或编程，直观地显示当前测量值。并有报警功能。

2. 无笔、无纸记录仪的原理和组成

该记录仪采用工业专用微处理器，可实现全数字采样、存储和显示等。其原理方框图如图 3-82 所示。

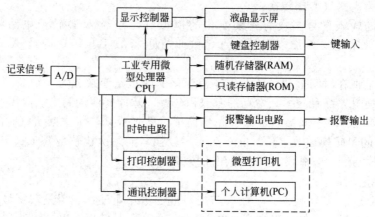

图 3-82　无笔、无纸记录仪的原理方框图

图中的 CPU 为工业专用微处理器，用来进行对各种数据采集处理，并对其进行放大与缩小，还可送至液晶显示屏上显示，也可送至随机存储器（RAM）存储，并可与设定的上、下限信号比较，如越限即发出报警信号。总之，CPU 为该记录仪的核心，一切有关数据计算与逻辑处理的功能均由它来承担。

A/D 转换器　将来自被记录信号的模拟量转换为数字量以便 CPU 进行运算处理。该记录仪可接 1～8 个模拟量。

只读存储器（ROM）　用来固化程序。该程序是用来指挥 CPU 完成各种功能操作的软件，只要该记录仪供上电源，ROM 的程序就让 CPU 开始工作。

随机存储器（RAM）　用来存储 CPU 处理后的历史数据。根据采样时间的不同，可保存 3～170 天时间的数据。记录仪掉电时由备用电池供电，保证所有记录数据和组态信号不会因掉电而丢失。

显示控制器　用来将 CPU 内的数据显示在点阵液晶显示屏上。

液晶显示屏　可显示 160×128 点阵。

键盘控制器　操作人员操作按键的信号，通过键盘控制器输入至 CPU，使 CPU 按照按键的要求工作。

报警输出电路　当被记录的数据越限（越过上限或低于下限）时，CPU 就及时发出信号给报警电路，产生报警输出。

时钟电路　该记录仪的记录时间间隔、时标或日期均由时钟电路产生，送给 CPU。

该记录仪内另配有打印控制器和通信控制器，CPU 内的数据可通过它们，与外接的微型打印机、个人计算机（PC）连接，实现数据的打印和通信。

记录仪有组态界面，通过 6 种组态方式，组态各个功能，包括日期、时钟、采样周期、记录点数；页面设置、记录间隔；各个输入通道量程上下限、报警上下限、开方运算设置，流量、温度、压力补偿，如果想带 PID 控制模块，可以实现 4 个 PID 控制回路；通信方式设置；显示画面选择；报警信息设置。

三、虚拟显示仪表

利用计算机强大的功能来完成显示仪表所有的工作。虚拟显示仪表硬件结构简单，仅由原有意义上的采样、模数转换电路通过输入通道插卡插入计算机即可。虚拟显示仪表显著特

点是在计算机屏幕上完全模仿实际使用中的各种仪表，如仪表面盘、操作盘、接线端子等。用户通过计算机键盘、鼠标或触摸屏进行各种操作。

由于显示仪表完全被计算机所取代，除受输入通道插卡性能的限制外，其他各种性能如计算速度、计算的复杂性、精确度、稳定性、可靠性等都大大增强。此外，一台计算机中可以同时实现多台虚拟仪表，可以集中运行和显示。

第八节 安全仪表系统

安全仪表系统（Safety Instrumented System，SIS）也称为安全连锁系统（Safety Interlocks）、紧急停车系统（Emergency Shutdown System，ESS）等，它是能实现一个或多个安全仪表功能的系统。它是由国际电工委员会（IEC）标准 IEC 61508 及 IEC 61511 定义的专门用于工业过程的安全控制系统，用于对设备可能出现的故障进行动作，使生产装置按照规定的条件或者程序退出运行，从而使危险降低到最低程度，以保证人员、设备的安全或避免工厂周边环境的污染。

一、安全仪表系统的基本概念

— 微课 —

1. 安全度等级（SIL）

安全度等级是指在一定的时间和条件安全系统能成功执行其安全功能的概率，它是对风险降低能力和期望故障率的度量，是对系统可靠程度的一种衡量。国际电工委员会 C61508 将过程安全度等级定义为 4 级（SIL1～SILJ4，其中 SILJ4 用于核工业）。

SIL1 级：装置可能很少发生事故。如发生事故对装置和产品有轻微的影响，不会立即造成环境污染和人员伤亡，经济损失不大。

SIL2 级：装置可能偶尔发生事故。如发生事故对装置和产品有较大的影响，并有可能造成环境污染和人员伤亡，经济损失较大。

SIL3 级：装置可能经常发生事故。如发生事故对装置和产品将造成严重的影响，并造成严重的环境污染和人员伤亡，经济损失严重。

石油和化工生产装置的安全度等级一般都低于 SIL3 级，采用 SIL2 级安全仪表系统基本上都能满足多数生产装置的安全需求。

2. 安全仪表系统

安全仪表系统是用仪表构成的实现安全功能的系统，主要由传感器、逻辑运算器、最终执行元件及相应软件组成。当生产过程出现变量越限、机械设备故障、SIS 系统本身故障或能源中断时，安全仪表系统必须能自动（必要时可手动）完成预先设定的动作，保证操作人员、生产装置转入安全状态。安全仪表系统的 SIL 等级是由传感器、逻辑运算器、最终执行元件等各组成部件的 SIL 等级共同决定的。其中根据 SIL 等级不同，逻辑运算器可采用以下不同的结构，如 1oo2D（1 out of 2 with Diagnostic）——二取一带故障自诊断，当一个 CPU 被检测出故障时，该 CPU 被切除，另一个 CPU 继续工作，若第二个 CPU 再被检测出故障，则系统停车。2oo3（2 out of 3）——三取二表决方式，即三个 CPU 中若一个与其他两个不同，该 CPU 故障，其余两个继续工作，若再有一个 CPU 故障，则剩下的那个继续工作，直到三个都故障，则系统停车。2oo4D（2 out of 4 with Diagnostic）——双重化二取一带自诊断方式，系统中二个控制模块共有二个 CPU，当一个控制模块中 CPU 被检测出故障时，该 CPU 被切除，另一个控制模块开始以 1oo2D 方式工作，若这一模块中再有一个 CPU 被检测出故障，则系统停车。其中第二和第三种方式在实际中应用较多。

在工程设计中，逻辑运算器的 SIL 等级一般选得都比较高，可达到 SIL3 级，但传感器和最终执行元件的 SIL 等级通常都在 SIL2 级以下，因此，整个系统的 SIL 等级一般都不会高于 SIL2 级。

3. 安全仪表系统评价指标

安全仪表系统是为生产过程的安全而设置的，在工艺参数偏离允许范围时系统必须正确无误地执行安全程序。其可靠性（可用度）和安全性（故障安全）是评价安全仪表系统好坏的两个重要指标。但是可用度并不代表系统故障安全。它们的区别在于：可用度是基于导致系统停车的故障进行计算的，可是对引起系统进入安全状态的故障和引起系统进入危险状态的故障是不区别的，它是系统故障频度的度量；故障安全是指系统在故障时按预知的方式进入安全状态。高可用度的重要性在于系统很少出现进入安全状态或危险状态的故障；故障安全的重要性在于即使系统出现故障，也不会出现灾难性事故。一个好的安全仪表系统，既应该有较高的可靠性，又具有很高的安全性。

二、安全仪表系统的结构   — 微课 —

目前安全仪表系统主要有继电器系统结构、PLC 系统结构、三重化（TMR）系统结构等。不同的结构用于不同的场合。

1. 继电器系统结构

继电器系统结构的安全仪表系统在工程控制中已经使用数十年，证明"失效安全"型的继电器系统具有良好的安全性能。由继电器线路构成的安全仪表系统虽然价格便宜，但存在系统庞大、维护困难、可靠性不高、不能与 DCS 系统通信、无自诊断功能等缺点，正被逐渐淘汰。

2. PLC 系统结构

PLC 系统结构的安全仪表系统灵活性好、体积小、可以编程和扩展修改方便、可靠性高，能实现与 DCS 通信以及具备自诊断功能。但只有取得安全证书的 PLC 才能作为石油化工生产装置的安全仪表系统逻辑部件。PLC 系统结构的安全仪表系统，安全等级在 SIL2～SIL3 之间，可以覆盖大多数的石油化工装置，价格比较适中。

3. TMR 系统结构

目前，出现了一些专业的安全仪表系统制造商，如 TRICONEX。这些系统大都采用 TMR（三重化模块冗余）系统：主处理器、I/O 模块、电源采用三重化冗余配置，任何一个模块发生故障都不会影响其他两个模块的正常工作，并可以实现在线更换。同时采用容错技术进行三取二表决，将安全系统的显性故障率和隐性故障率大为降低，可适合于所有的工业过程，是目前最为先进的安全仪表系统，其不足之处是价格比较昂贵。

三、安全仪表系统集成设计   — 微课 —

1. 独立设置原则

安全仪表系统应独立于过程控制系统，以降低控制功能和安全功能同时失效的概率，使其不依附于过程控制系统就能独立完成自动保护联锁的安全功能。同时，按照需要配置相应的通信接口，使过程控制系统能够监视安全仪表系统的运行状况。原则上，要求独立设置的部分有检测元件、执行元件、逻辑运算器、通信设备。复杂的安全仪表系统应该合理地分解为若干个子系统，各子系统应该相对独立，分组设置后备手动功能。

通常安全仪表系统的安全等级要高于过程控制系统的安全等级，独立设置有利于采用高级系统而不至于大幅度的增加企业投资。对不可能将安全仪表系统与过程控制系统分开的特殊情况（如气体透平控制系统包括了控制和安全功能），可以将二者合二为一，但该系统的安全等级应按安全仪表系统的安全等级来考虑。为了控制投资，安全仪表系统所包含的过程控制系统应尽可能地缩小。

2. 安全仪表系统结构分类及选用原则

安全仪表系统可采用电气、电子或者可编程技术，也可以采用由它们组合的混合技术。安全仪表系统采用电气、电子技术方案时，主要是用继电器线路来完成其逻辑联锁功能，难以完成复杂系统的安全方面的要求，有其局限性。尤其在安全生产日益受到重视的今天，PES（可编程控制器、分散控制系统控制器或专用的独立微处理器）技术发展成熟的今天，采用 PES 技术实现安全仪表系统安全联锁功能已是各专业安全仪表系统供应厂商的首选。

下列情况不可采用继电器：高负荷周期性频繁改变状态；定时器或锁定功能；复杂的逻辑应用。固态继电器适用于高负荷的应用，但选用时应恰当处理好非故障安全模式。不推荐固态逻辑用于安全仪表系统。当固态逻辑用于安全仪表系统时，通常要用 PES 作为其诊断测试工具。

下列情况必须采用 PES 技术：有大量的输入/输出，或许多模拟信号；逻辑要求复杂或者包括计算功能；要求外部数据与过程控制系统进行通信；对不同的操作有不同的设定点。

3. 安全仪表系统冗余原则

对于安全仪表系统，不管是硬件还是软件，一般都采用冗余结构，但冗余结构元件必须是可靠的，以防降低系统的可靠性。系统常采用的冗余方法有：①在知道参数间有一定的关系的情况下，可以使用不同的测量方法；②对同一变量采用不同的测量技术；③对冗余结构的每一个通道，采用不同类型的可编程；④采用不同的地址。

选用安全仪表系统结构时，有以下方面的内容是必须确认：选择励磁停车或非励磁停车设计方式；选择同类还是不同类的冗余检测元件，逻辑运算器和最终控制元件；选择什么样的冗余能源和系统电源；选择好操作员接口部件以及它们连接到系统的方法；选择好安全仪表系统与其他子系统（如 DCS）的通信接口和通信方式；考虑系统元件的故障率；考虑诊断覆盖率；考虑好测试间隔。

4. 安全故障型原则

安全仪表系统应该是安全故障型的。安全仪表系统的检测元件以及最终执行元件在系统正常时应该是励磁的，在系统不正常时应该是非励磁的，即非励磁停车设计。一理想的安全仪表系统应该具有 100％可用性。但由于系统内部的故障概率不能等于零，因此不可能得到可用性为 100％的安全仪表系统。安全仪表系统的设计目标应该为：当出现故障时，系统能自动转入安全状态，即故障安全系统，从而可以避免由于安全仪表系统自身故障或因停电、停气而使生产装置处于危险状态。

5. 中间环节最少原则

安全仪表系统的中间环节应该是最少的。中间环节多，发生故障的概率就会增加，系统可用性也就会降低。安全仪表系统设计切忌华而不实，应当用最为简捷的方式实现其功能。

四、安全仪表系统中传感器设计原则　　　　　　　　　— 微课 —

安全仪表系统的设计包括传感器的设计、执行机构设计和逻辑运算器设计。这里主要介绍一下安全仪表系统中传感器的设计。

（1）传感器的独立设置原则　不同安全级别的安全仪表系统，选择不同的传感器的个数和不同的连接方式。一般来说，一级安全仪表系统可采用单一的传感器，并可以和过程控制系统共用。二级及以上的安全仪表系统应采用冗余的传感器，且应与过程控制系统分开连接。

（2）传感器的冗余设置原则　1 级安全仪表系统，可采用单一的传感器。2 级及以上的安全仪表系统，宜采用冗余的传感器。

（3）传感器的冗余方式选用　设计时在重点考虑系统的安全性时，传感器输出信号应采用"或"逻辑结构。在重点考虑系统的可用性时，传感器输出应采用"与"逻辑结构。在系统的安全性和可用性均需保障时，传感器输出宜采用三取二逻辑结构。

（4）从安全角度考虑，安全仪表系统的传感器宜采用隔爆型。

具体来说，传感器的设计主要有以下几条：

（1）传感器采用隔爆型（减少故障点），宜与过程控制系统分开，独立设置；

（2）传感器输出采用开关量或 4~20mA DC 模拟信号，不采用现场总线、HART 或其他串行通信信号；

（3）为了提高系统的安全性和可用性，采用单个传感器时，传感器输出不能直接作为启动安全仪表系统的自动联锁条件；

（4）当传感器输出作为启动安全仪表系统的自动联锁条件时，应采用两个或两个以上传感器。重点考虑系统的安全性时，传感器配置采用二取一"或"逻辑结构；重点考虑系统的可用性时，传感器配置采用二取二"与"逻辑结构；系统的安全性和可用性均需保障时，传感器配置采用三取二逻辑结构。

习题与思考题

1. 什么叫测量过程？
2. 何谓测量误差？测量误差的表示方法主要有哪两种？各是什么意义？
3. 何谓仪表的相对百分误差和允许的相对百分误差？
4. 何谓仪表的精度等级？
5. 某一标尺为 0~1000℃ 的温度计出厂前经校验，其刻度标尺上的各点测量结果分别为：

被校表读数/℃	0	200	400	600	700	800	900	1000
标准表读数/℃	0	201	402	604	706	805	903	1001

（1）求出该温度计的最大绝对误差值；

（2）确定该温度计的精度等级。

6. 如果有一台压力表，其测量范围为 0~10MPa，经校验得出下列数据：

被校表读数/MPa	0	2	4	6	8	10
标准表正行程读数/MPa	0	1.98	3.96	5.94	7.97	9.99
标准表反行程读数/MPa	0	2.02	4.03	6.06	8.03	10.01

（1）求出该压力表的变差；

（2）问该压力表是否符合 1.0 级精度？

7. 什么叫压力？表压力、绝对压力、负压力（真空度）之间有何关系？

8. 为什么一般工业上的压力计做成测表压或真空度，而不做成测绝对压力的形式？

9. 测压仪表有哪几类？各基于什么原理？

10. 作为感受压力的弹性元件有哪几种？各有何特点？

11. 弹簧管压力计的测压原理是什么？试述弹簧管压力计的主要组成及测压过程。

12. 现有一压缩机气柜压力需要用电接点信号压力表控制在一定范围内，试画出控制的原理线路图。

13. 霍尔片式压力传感器是如何利用霍尔效应实现压力测量的？

14. 应变片式与压阻式压力计各采用什么测压元件？

15. 电容式压力传感器的工作原理是什么？有何特点？

16. 试简述智能型变送器的组成及特点。

17. 手持通信器在智能型变送器中起什么作用？

18. 应变片式与压阻式压力计各采用什么测压元件？

19. 电容式压力传感器的工作原理是什么？有何特点？

20. 某压力表的测量范围为 $0 \sim 1 \text{MPa}$，精度等级为 1 级，试问此压力表允许的最大绝对误差是多少？若用标准压力计来校验该压力表，在校验点为 0.5MPa 时，标准压力计上读数为 0.508MPa，试问被校压力表在这一点是否符合 1 级精度，为什么？

21. 为什么测量仪表的测量范围要根据测量大小来选取？选一台量程很大的仪表来测量很小的参数值有何问题？

22. 如果某反应器最大压力为 0.8MPa，允许最大绝对误差为 0.01MPa。现用一台测量范围为 $0 \sim 1.6 \text{MPa}$，精度为 1 级的压力表来进行测量，问能否符合工艺上的误差要求？若采用一台测量范围为 $0 \sim 1.0 \text{MPa}$，精度为 1 级的压力表，问能符合误差要求吗？试说明其理由。

23. 某台空压机的缓冲器，其工作压力范围为 $1.1 \sim 1.6 \text{MPa}$，工艺要求就地观察罐内压力，并要求测量结果的误差不得大于罐内压力的 $\pm 5\%$，试选择一台合适的压力计（类型、测量范围、精度等级），并说明其理由。

24. 某合成氨厂合成塔压力控制指标为 14MPa，要求误差不超过 0.4MPa，试选用一台就地指示的压力表（给出型号、测量范围、精度级）。

25. 现有一台测量范围为 $0 \sim 1.6 \text{MPa}$，精度为 1.5 级的普通弹簧管压力表，校验后，其结果为：

项　　目	上　行　程					下　行　程				
被校表读数/MPa	0.0	0.4	0.8	1.2	1.6	1.6	1.2	0.8	0.4	0.0
标准表读数/MPa	0.000	0.385	0.790	1.210	1.595	1.595	1.215	0.810	0.405	0.000

试问这台表合格否？它能否用于某空气贮罐的压力测量（该贮罐工作压力为 $0.8 \sim 1.0 \text{MPa}$，测量的绝对误差不允许大于 0.05MPa）？

26. 压力计安装要注意什么问题？

27. 图 3-16(b) 所示为什么能用来测量具有腐蚀性介质的压力？你能否设计另一种能隔离被测介质，防止腐蚀的测压方案？

28. 试述化工生产中测量流量的意义。

29. 什么叫节流现象？流体经节流装置时为什么会产生静压差？

30. 试述差压式流量计测量流量的原理。并说明哪些因素对差压式流量计的流量测量有影响？

31. 原来测量水的差压式流量计，现在用来测量相同测量范围的油的流量，读数是否正确？为什么？

32. 什么叫标准节流装置？

33. 为什么说转子流量计是定压降式流量计？而差压式流量计是变压降式流量计？

34. 试述差动变压器传送位移量的基本原理。

35. 试述电远传转子流量计的工作过程。它是依靠什么来平衡的？

36. 当被测介质的密度、压力或温度变化时，转子流量计的指示值应如何修正？

37. 用转子流量计来测气压为 0.65MPa、温度为 $40 ℃$ 的 CO_2 气体的流量时，若已知流量计读数为 50L/s，求 CO_2 的真实流量（已知 CO_2 在标准状态时的密度为 1.977kg/m^3）。

38. 用水刻度的流量计，测量范围为 $0 \sim 10 \text{L/min}$，转子用密度为 7920kg/m^3 的不锈钢制成，若用来测量密度为 0.831kg/L 苯的流量，问测量范围为多少？若这时转子材料改为由密度为 2750kg/m^3 的铝制成，问这时用来测量水的流量及苯的流量，其测量范围各为多少？

39. 椭圆齿轮流量计的工作原理是什么？为什么齿轮旋转一周能排出 4 个半月形容积的液体体积？

40. 椭圆齿轮流量计的特点是什么？在使用中要注意什么问题？

41. 电磁流量计的工作原理是什么？它对被测介质有什么要求？

42. 试简述漩涡流量计的工作原理及其特点。

43. 试简述漩涡频率的热敏检测法。

44. 质量流量计有哪两大类？

45. 试述物位测量的意义。

46. 按工作原理不同，物位测量仪表有哪些主要类型？它们的工作原理各是什么？

47. 差压式液位计的工作原理是什么？当测量有压容器的液位时，差压计的负压室为什么一定要与容器的气相连接？

48. 生产中欲连续测量液体的密度，根据已学的测量压力及液位的原理，试考虑一种利用差压原理来连续测量液体密度的方案。

49. 有两种密度分别为 ρ_1、ρ_2 的液体，在容器中，它们的界面经常变化，试考虑能否利用差压变送器来连续测量其界面？测量界面时要注意什么问题？

50. 什么是液位测量时的零点迁移问题？怎样进行迁移？其实质是什么？

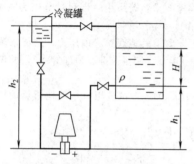

图 3-83　高温液体的液位测量

51. 正迁移和负迁移有什么不同？如何判断？

52. 测量高温液体（指它的蒸汽在常温下要冷凝的情况）时，经常在负压管上装有冷凝罐（见图 3-83），问这时用差压变送器来测量液位时，要不要迁移？如要迁移，迁移量应如何考虑？

53. 为什么要用法兰式差压变送器？

54. 试述电容式物位计的工作原理。

55. 试述核辐射物位计的特点及应用场合。

56. 试述称重式液罐计量仪的工作原理及特点。

57. 试述温度测量仪表的种类有哪些？各使用在什么场合？

58. 热电偶的热电特性与哪些因素有关？

59. 常用的热电偶有哪几种？所配用的补偿导线是什么？为什么要使用补偿导线？并说明使用补偿导线时要注意哪几点？

60. 用热电偶测温时，为什么要进行冷端温度补偿？其冷端温度补偿的方法有哪几种？

61. 试述热电偶温度计、热电阻温度计各包括哪些元件和仪表？输入、输出信号各是什么？

62. 用 K 热电偶测某设备的温度，测得的热电势为 20mV，冷端（室温）为 25℃，求设备的温度？如果改用 E 热电偶来测温，在相同的条件下，E 热电偶测得的热电势为多少？

63. 现用一支镍铬-铜镍热电偶测某换热器内的温度，其冷端温度为 30℃，显示仪表的机械零位在 0℃时，这时指示值为 400℃，则认为换热器内的温度为 430℃对不对？为什么？正确值为多少度？

64. 测温系统如图 3-84 所示。请说出这是工业上用的哪种温度计？已知热电偶为 K，但错用与 E 配套的显示仪表，当仪表指示为 160℃时，请计算实际温度 t_x 为多少度？（室温为 25℃）

65. 试述热电阻测温原理？常用热电阻的种类？R_0 各为多少？

66. 热电偶的结构与热电阻的结构有什么异同之处？

67. 用分度号 Pt100 铂电阻测温，在计算时错用了 Cu100 的分度表，查得的温度为 140℃，问实际温度为多少？

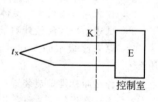

图 3-84　测温系统图

68. 试述 DDZ-Ⅲ 型温度变送器的用途。

69. 说明热电偶温度变送器、热电阻温度变送器的组成及主要异同点。

70. 什么是一体化温度变送器？它有什么优点？

71. 试简述 AD693 构成的热电偶温度变送器的基本组成。

72. 试简述 TT302 智能式温度变送器的主要特点及其基本组成。

73. 试述测温元件的安装和布线的要求。

74. 什么是软测量技术？

75. 现代传感器技术发展的显著特征是什么？

76. 数字式显示仪表主要由哪几部分组成？各部分有何作用？

77. 在无笔、无纸记录仪原理框中，试述每个方框的作用。

78. 简述虚拟显示仪表的特点。

79. 安全仪表系统中安全仪表分为几个等级？各适用于哪些场合？

80. 安全仪表系统由哪些环节构成？如何确定系统的安全度等级？

81. 安全仪表系统中检测元件的设计原则是什么？

附录一 常用压力表规格及型号

名称	型号	结构	测量范围/MPa	精度等级
弹簧管压力表	Y-60	径向	$-0.1\sim0,0\sim0.1,0\sim0.16,0\sim0.25$, $0\sim0.4,0\sim0.6,0\sim1,0\sim1.6$, $0\sim0.25,0\sim4,0\sim6$	2.5
	Y-60T	径向带后边		
	Y-60Z	轴向无边		
	Y-60ZQ	轴向带前边		
	Y-100	径向	$-0.1\sim0,-0.1\sim0.06,-0.1\sim0.15,-0.1\sim0.3$, $-0.1\sim0.5,-0.1\sim0.9,-0.1\sim1.5,-0.1\sim2.4$, $0\sim0.1,0\sim0.16,0\sim0.25,0\sim0.4,0\sim0.6$, $0\sim1,0\sim1.6,0\sim2.5,0\sim4,0\sim6$	1.5
	Y-100T	径向带后边		
	Y-100TQ	径向带前边		
	Y-150	径向		
	Y-150T	径向带后边	同上	1.5
	Y-150TQ	径向带前边		
	Y-100	径向	$0\sim10,0\sim16,0\sim25,0\sim40,0\sim60$	
	Y-100T	径向带后边		
	Y-100TQ	径向带前边		
	Y-150	径向		
	Y-150T	径向带后边		
	Y-150TQ	径向带前边		
电接点压力表	YX-150	径向	$-0.1\sim0.1,-0.1\sim0.15,-0.1\sim0.3,-0.1\sim0.5$, $-0.1\sim0.9,-0.1\sim1.5,-0.1\sim2.4,0\sim0.1$, $0\sim0.16,0\sim0.25,0\sim0.4,0\sim0.6$, $0\sim1,0\sim1.6,0\sim2.5,0\sim4,0\sim6$	1.5
	YX-150TQ	径向带前边		
	YX-150A	径向	$0\sim10,0\sim16,0\sim25,0\sim40,0\sim60$	
	YX-150TQ	径向带前边		
	YX-150	径向	$-0.1\sim0$	
活塞式压力计	YS-2.5	台式	$-0.1\sim0.25$	0.02 0.05
	YS-6	台式	$0.04\sim0.6$	
	YS-60	台式	$0.1\sim6$	
	YS-600	台式	$1\sim60$	

附录二 铂铑$_{10}$-铂热电偶分度表

分度号 S μV

温度/℃	0	1	2	3	4	5	6	7	8	9
0	0	5	11	16	22	27	33	38	44	50
10	55	61	67	72	78	84	90	95	101	107
20	113	119	125	131	137	142	148	154	161	167
30	173	179	185	191	197	203	210	216	222	228
40	235	241	247	254	260	266	273	279	286	292

续表

温度/℃	0	1	2	3	4	5	6	7	8	9
50	299	305	312	318	325	331	338	345	351	358
60	365	371	378	385	391	398	405	412	419	425
70	432	439	446	453	460	467	474	481	488	495
80	502	509	516	523	530	537	544	551	558	566
90	573	580	587	594	602	609	616	623	631	638
100	645	653	660	667	675	682	690	697	704	712
110	719	727	734	742	749	757	764	772	780	787
120	795	802	810	818	825	833	841	848	856	864
130	872	879	887	895	903	910	918	926	934	942
140	950	957	965	973	981	989	997	1005	1013	1021
150	1029	1037	1045	1053	1061	1069	1077	1085	1093	1101
160	1109	1117	1125	1133	1141	1149	1158	1166	1174	1182
170	1190	1198	1207	1215	1223	1231	1240	1248	1256	1264
180	1273	1281	1289	1297	1306	1314	1322	1331	1339	1347
190	1356	1364	1373	1381	1389	1398	1406	1415	1423	1432
200	1440	1448	1457	1465	1474	1482	1491	1499	1508	1516
210	1525	1534	1542	1551	1559	1568	1576	1585	1594	1602
220	1611	1620	1628	1637	1645	1654	1663	1671	1680	1689
230	1698	1706	1715	1724	1732	1741	1750	1759	1767	1776
240	1785	1794	1802	1811	1820	1829	1838	1846	1855	1864
250	1873	1882	1891	1899	1908	1917	1926	1935	1944	1953
260	1962	1971	1979	1988	1997	2006	2015	2024	2033	2042
270	2051	2060	2069	2078	2087	2096	2105	2114	2123	2132
280	2141	2150	2159	2168	2177	2186	2195	2204	2213	2222
290	2232	2241	2250	2259	2268	2277	2286	2295	2304	2314
300	2323	2332	2341	2350	2359	2368	2378	2387	2396	2405
310	2414	2424	2433	2442	2451	2460	2470	2479	2488	2497
320	2506	2516	2525	2534	2543	2553	2562	2571	2581	2590
330	2599	2608	2618	2627	2636	2646	2655	2664	2674	2683
340	2692	2702	2711	2720	2730	2739	2748	2758	2767	2776
350	2786	2795	2805	2814	2823	2833	2842	2852	2861	2870
360	2880	2889	2899	2908	2917	2927	2936	2946	2955	2965
370	2974	2984	2993	3003	3012	3022	3031	3041	3050	3059
380	3069	3078	3088	3097	3107	3117	3126	3136	3145	3155
390	3164	3174	3183	3193	3202	3212	3221	3231	3241	3250

续表

温度/℃	0	1	2	3	4	5	6	7	8	9
400	3260	3269	3279	3288	3298	3308	3317	3327	3336	3346
410	3356	3365	3375	3384	3394	3404	3413	3423	3433	3442
420	3452	3462	3471	3481	3491	3500	3510	3520	3529	3539
430	3549	3558	3568	3578	3587	3597	3607	3616	3626	3636
440	3645	3655	3665	3675	3684	3694	3704	3714	3723	3733
450	3743	3752	3762	3772	3782	3791	3801	3811	3821	3831
460	3840	3850	3860	3870	3879	3889	3899	3909	3919	3928
470	3938	3948	3958	3968	3977	3987	3997	4007	4017	4027
480	4036	4046	4056	4066	4076	4086	4095	4105	4115	4125
490	4135	4145	4155	4164	4174	4184	4194	4204	4214	4224
500	4234	4243	4253	4263	4273	4283	4293	4303	4313	4323
510	4333	4343	4352	4362	4372	4382	4392	4402	4412	4422
520	4432	4442	4452	4462	4472	4482	4492	4502	4512	4522
530	4532	4542	4552	4562	4572	4582	4592	4602	4612	4622
540	4632	4642	4652	4662	4672	4682	4692	4702	4712	4722
550	4732	4742	4752	4762	4772	4782	4792	4802	4812	4822
560	4832	4842	4852	4862	4873	4883	4893	4903	4913	4923
570	4933	4943	4953	4963	4973	4984	4994	5004	5014	5024
580	5034	5044	5054	5065	5075	5085	5095	5105	5115	5125
590	5136	5146	5156	5166	5176	5186	5197	5207	5217	5227
600	5237	5247	5258	5268	5278	5288	5298	5309	5319	5329
610	5339	5350	5360	5370	5380	5391	5401	5411	5421	5431
620	5442	5452	5462	5473	5483	5493	5503	5514	5524	5534
630	5544	5555	5565	5575	5586	5596	5606	5617	5627	5637
640	5648	5658	5668	5679	5689	5700	5710	5720	5731	5741
650	5751	5762	5772	5782	5793	5803	5814	5824	5834	5845
660	5855	5866	5876	5887	5897	5907	5918	5928	5939	5949
670	5960	5970	5980	5991	6001	6012	6022	6038	6043	6054
680	6064	6075	6085	6096	6106	6117	6127	6138	6148	6195
690	6169	6180	6190	6201	6211	6222	6232	6243	6253	6264
700	6274	6285	6295	6306	6316	6327	6338	6348	6359	6369
710	6380	6390	6401	6412	6422	6433	6443	6454	6465	6475
720	6486	6496	6507	6518	6528	6539	6549	6560	6571	6581
730	6592	6603	6613	6624	6635	6645	6656	6667	6677	6688
740	6699	6709	6720	6731	6741	6752	6763	6773	6784	6795

温度/℃	0	1	2	3	4	5	6	7	8	9
750	6805	6816	6827	6838	6848	6859	6870	6880	6891	6902
760	6913	6923	6934	6945	6956	6966	6977	6988	6999	7009
770	7020	7031	7042	7053	7063	7074	7085	7096	7107	7117
780	7128	7139	7150	7161	7171	7182	7193	7204	7215	7225
790	7236	7247	7258	7269	7280	7291	7301	7312	7323	7334
800	7345	7356	7367	7377	7388	7399	7410	7421	7432	7443
810	7454	7465	7476	7486	7497	7508	7519	7530	7541	7552
820	7563	7574	7585	7596	7607	7618	7629	7640	7651	7661
830	7672	7683	7694	7705	7716	7727	7738	7749	7760	7771
840	7782	7793	7804	7815	7826	7837	7848	7859	7870	7881
850	7892	7904	7935	7926	7937	7948	7959	7970	7981	7992
860	8003	8014	8025	8036	8047	8058	8069	8081	8092	8103
870	8114	8125	8136	8147	8158	8169	8180	8192	8203	8214
880	8225	8236	8247	8258	8270	8281	8292	8303	8314	8325
890	8336	8348	8359	8370	8381	8392	8404	8415	8426	8437
900	8448	8460	8471	8482	8493	8504	8516	8527	8538	8549
910	8560	8572	8583	8594	8605	8617	8628	8639	8650	8662
920	8673	8684	8695	8707	8718	8729	8741	8752	8763	8774
930	8786	8797	8808	8820	8831	8842	8854	8865	8876	8888
940	8899	8910	8922	8933	8944	8956	8967	8978	8990	9001
950	9012	9024	9035	9047	9058	9069	9081	9092	9103	9115
960	9126	9138	9149	9160	9172	9183	9195	9206	9217	9229
970	9240	9252	9263	9275	9286	9298	9309	9320	9332	9343
980	9355	9366	9378	9389	9401	9412	9424	9435	9447	9458
990	9470	9481	9493	9504	9516	9527	9539	9550	9562	9573

附录三　镍铬-铜镍热电偶分度表

分度号　E　　　　　　　　　　　　　　　　　　　　　　　　　　　　　　μV

温度/℃	0	10	20	30	40	50	60	70	80	90
0	0	591	1192	1801	2419	3047	3683	4329	4983	5646
100	6317	6996	7683	8377	9078	9787	10501	11222	11949	12681
200	13419	14161	14909	15661	16417	17178	17942	18710	19481	20256
300	21033	21814	22597	23383	24171	24961	25754	26549	27345	28143
400	28943	29744	30546	31350	32155	32960	33767	34574	35382	36190
500	36999	37808	38617	39426	40236	41045	41853	42662	43470	44278
600	45085	45891	46697	47502	48306	49109	49911	50713	51513	52312
700	53110	53907	54703	55498	56291	57083	57873	58663	59451	60237
800	61022	61806	62588	63368	64147	64924	65700	66473	67245	68015
900	68783	69549	70313	71075	71835	72593	73350	74104	74857	75608
1000	76358									

附录四 镍铬-镍硅热电偶分度表

分度号 K   μV

温度/℃	0	1	2	3	4	5	6	7	8	9
0	0	39	79	119	158	198	238	277	317	357
10	397	437	477	517	557	597	637	677	718	758
20	798	838	879	919	960	1000	1041	1081	1122	1162
30	1203	1244	1285	1325	1366	1407	1448	1489	1529	1570
40	1611	1652	1693	1734	1776	1817	1858	1899	1940	1981
50	2022	2064	2105	2146	2188	2229	2270	2312	2353	2394
60	2436	2477	2519	2560	2601	2643	2684	2726	2767	2809
70	2850	2892	2933	2975	3016	3058	3100	3141	3183	3224
80	3266	3307	3349	3390	3432	3473	3515	3556	3598	3639
90	3681	3722	3764	3805	3847	3888	3930	3971	4012	4054
100	4095	4137	4178	4219	4261	4302	4343	4384	4426	4467
110	4508	4549	4590	4632	4673	4714	4755	4796	4837	4878
120	4919	4960	5001	5042	5083	5124	5164	5205	5246	5287
130	5327	5368	5409	5450	5490	5531	5571	5612	5652	5693
140	5733	5774	5814	5855	5895	5936	5976	6016	6057	6097
150	6137	6177	6218	6258	6298	6338	6378	6419	6459	6499
160	6539	6579	6619	6659	6699	6739	6779	6819	6859	6899
170	6939	6979	7019	7059	7099	7139	7179	7219	7259	7299
180	7338	7378	7418	7458	7498	7538	7578	7618	7658	7697
190	7737	7777	7817	7857	7897	7937	7977	8017	8057	8097
200	8137	8177	8216	8256	8296	8336	8376	8416	8456	8497
210	8537	8577	8617	8657	8697	8737	8777	8817	8857	8898
220	8938	8978	9018	9058	9099	9139	9179	9220	9260	9300
230	9341	9381	9421	9462	9502	9543	9583	9624	9664	9705
240	9745	9786	9826	9867	9907	9948	9989	10029	10070	10111
250	10151	10192	10233	10274	10315	10355	10396	10437	10478	10519
260	10560	10600	10641	10682	10723	10764	10805	10846	10887	10928
270	10969	11010	11051	11093	11134	11175	11216	11257	11298	11339
280	11381	11422	11463	11504	11546	11587	11628	11669	11711	11752
290	11793	11835	11876	11918	11959	12000	12042	12083	12125	12166
300	12207	12249	12290	12332	12373	12415	12456	12498	12539	12581
310	12623	12664	12706	12747	12789	12831	12872	12914	12955	12997
320	13039	13080	13122	13164	13205	13247	13289	13331	13372	13414
330	13456	13497	13539	13581	13623	13665	13706	13748	13790	13832
340	13874	13915	13957	13999	14041	14083	14125	14167	14208	14250
350	14292	14334	14376	14418	14460	14502	14544	14586	14628	14670
360	14712	14754	14796	14838	14880	14922	14964	15006	15048	15090
370	15132	15174	15216	15258	15300	15342	15384	15426	15468	15510
380	15552	15594	15636	15679	15721	15763	15805	15847	15889	15931
390	15974	16016	16058	16100	16142	16184	16227	16269	16311	16353
400	16395	16438	16480	16522	16564	16607	16649	16691	16733	16776
410	16818	16860	16902	16945	16987	17029	17072	17114	17156	17199
420	17241	17283	17326	17368	17410	17453	17495	17537	17580	17622
430	17664	17707	17749	17792	17834	17876	17919	17961	18004	18046
440	18088	18131	18173	18216	18258	18301	18343	18385	18428	18470

续表

温度/℃	0	1	2	3	4	5	6	7	8	9
450	18513	18555	18598	18640	18683	18725	18768	18810	18853	18895
460	18938	18980	19023	19065	19108	19150	19193	19235	19278	19320
470	19363	19405	19448	19490	19533	19576	19618	19661	19703	19746
480	19788	19831	19873	19916	19959	20001	20044	20086	20129	20172
490	20214	20257	20299	20342	20385	20427	20470	20512	20555	20598
500	20640	20683	20725	20768	20811	20853	20896	20938	20981	21024
510	21066	21109	21152	21194	21237	21280	21322	21365	21407	21450
520	21493	21535	21578	21621	21663	21706	21749	21791	21834	21876
530	21919	21962	22004	22047	22090	22132	22175	22218	22260	22303
540	22346	22388	22431	22473	22516	22559	22601	22644	22687	22729
550	22772	22815	22857	22900	22942	22985	23028	23070	23113	23156
560	23198	23241	23284	23326	23369	23411	23454	23497	23539	23582
570	23624	23667	23710	23752	23795	23837	23880	23923	23965	24008
580	24050	24093	24136	24178	24221	24263	24306	24348	24391	24434
590	24476	24519	24561	24604	24646	24689	24731	24774	24817	24859
600	24902	24944	24987	25029	25072	25114	25157	25199	25242	25284
610	25327	25369	25412	25454	25497	25539	25582	25624	25666	25709
620	25751	25794	25836	25879	25921	25964	26006	26048	26091	26133
630	26176	26218	26260	26303	26345	26387	26430	26472	26515	26557
640	26599	26642	26684	26726	26769	26811	26853	26896	26938	26980
650	27022	27065	27107	27149	27192	27234	27276	27318	27361	27403
660	27445	27487	27529	27572	27614	27656	27698	27740	27783	27825
670	27867	27909	27951	27993	28035	28078	28120	28162	28204	28246
680	28288	*28330	28372	28414	28456	28498	28540	28583	28625	28667
690	28709	28751	28793	28835	28877	28919	28961	29002	29044	29086
700	29128	29170	29212	29254	29296	29338	29380	29422	29464	29505
710	29547	29589	29631	29673	29715	29756	29798	29840	29882	29924
720	29965	30007	30049	30091	30132	30174	30216	30257	30299	30341
730	30383	30424	30466	30508	30549	30591	30632	30674	30716	30757
740	30799	30840	30882	30924	30965	31007	31048	31090	31131	31173
750	31214	31256	31297	31339	31380	31422	31463	31504	31546	31587
760	31629	31670	31712	31753	31794	31836	31877	31918	31960	32001
770	32042	32084	32125	32166	32207	32249	32290	32331	32372	32414
780	32455	32496	32537	32578	32619	32661	32702	32743	32784	32825
790	32866	32907	32948	32990	33031	33072	33113	33154	33195	33236
800	33277	33318	33359	33400	33441	33482	33523	33564	33604	33645
810	33686	33727	33768	33809	33850	33891	33931	33972	34013	34054
820	34095	34136	34176	34217	34258	34299	34339	34380	34421	34461
830	34502	34543	34583	34624	34665	34705	34746	34787	34827	34868
840	34909	34949	34990	35030	35071	35111	35152	35192	35233	35273
850	35314	35354	35395	35436	35476	35516	35557	35597	35637	35678
860	35718	35758	35799	35839	35880	35920	35960	36000	36041	36081
870	36121	36162	36202	36242	36282	36323	36363	36403	36443	36483
880	36524	36564	35604	36644	36684	36724	36764	36804	36844	36885
890	36925	36965	37005	37045	37085	37125	37165	37205	37245	37285

续表

温度/℃	0	1	2	3	4	5	6	7	8	9
900	37325	37365	37405	37445	37484	37524	37564	37604	37644	37684
910	37724	37764	37803	37843	37883	37923	37963	38002	38042	38082
920	38122	38162	38201	38241	38281	38320	38360	38400	38439	38479
930	38519	38558	38598	38638	38677	38717	38756	38796	38836	38875
940	38915	38954	38994	39033	39073	39112	39152	39191	39231	39270
950	39310	39349	39388	39428	39487	39507	39546	39585	39625	39664
960	39703	39743	39782	39821	39881	39900	39939	39979	40018	40057
970	40096	40136	40175	40214	40253	40292	40332	40371	40410	40449
980	40488	40527	40566	40605	40645	40684	40723	40762	40801	40840
990	40879	40918	40957	40996	41035	41074	41113	41152	41191	41230

附录五 铂电阻分度表

分度号 Pt100 $R_0 = 100.00\Omega$ Ω

温度/℃	0	1	2	3	4	5	6	7	8	9
0	100.00	100.39	100.78	101.17	101.56	101.95	102.34	102.73	103.13	103.51
10	103.90	104.29	104.68	105.07	105.46	105.85	106.24	106.63	107.02	107.40
20	107.79	108.18	108.57	108.96	109.35	109.73	110.12	110.51	110.90	111.28
30	111.67	112.06	112.45	112.83	113.22	113.61	113.99	114.38	114.77	115.15
40	115.54	115.93	116.31	116.70	117.08	117.47	117.85	118.24	118.62	119.01
50	119.40	119.78	120.16	120.55	120.93	121.32	121.70	122.09	122.47	122.86
60	123.24	123.62	124.01	124.39	124.77	125.16	125.54	125.92	126.31	126.69
70	127.07	127.45	127.84	128.22	128.60	128.98	129.37	129.75	130.13	130.51
80	130.89	131.27	131.66	132.04	132.42	132.80	133.18	133.56	133.94	134.32
90	134.70	135.08	135.46	135.84	136.22	136.60	136.98	137.36	137.74	138.12
100	138.50	138.88	139.26	139.64	140.02	140.39	140.77	141.15	141.53	141.91
110	142.29	142.66	143.04	143.42	143.80	144.17	144.55	144.93	145.31	145.68
120	146.06	146.44	146.81	147.19	147.57	147.94	148.32	148.70	149.07	149.45
130	149.82	150.20	150.57	150.95	151.33	151.70	152.08	152.45	152.83	153.20
140	153.58	153.95	154.32	154.70	155.07	155.45	155.82	156.19	156.57	156.94
150	157.31	157.69	158.06	158.43	158.81	159.18	159.55	159.93	160.30	160.67
160	161.04	161.42	161.79	162.16	162.53	162.90	163.27	163.65	164.02	164.39
170	164.76	165.13	165.50	165.87	166.24	166.61	166.98	167.35	167.72	168.09
180	168.46	168.83	169.20	169.57	169.94	170.31	170.68	171.05	171.42	171.79
190	172.16	172.53	172.90	173.26	173.63	174.00	174.37	174.74	175.10	175.47
200	175.84	176.21	176.57	176.94	177.31	177.68	178.04	178.41	178.78	179.14
210	179.51	179.88	180.24	180.61	180.97	181.34	181.71	182.07	182.44	182.80
220	183.17	183.53	183.90	184.26	184.63	184.99	185.36	185.72	186.09	186.45
230	186.82	187.18	187.54	187.91	188.27	188.63	189.00	189.36	189.72	190.09
240	190.45	190.81	191.18	191.54	191.90	192.26	192.63	192.99	193.35	193.71
250	194.07	194.44	194.80	195.16	195.52	195.88	196.24	196.60	196.96	197.33
260	197.69	198.05	198.41	198.77	199.13	199.49	199.85	200.21	200.57	200.93
270	201.29	201.65	202.01	202.36	202.72	203.08	203.44	203.80	204.16	204.52
280	204.88	205.23	205.59	205.95	206.31	206.67	207.02	207.38	207.74	208.10
290	208.45	208.81	209.17	209.52	209.88	210.24	210.59	210.95	211.31	211.66
300	212.02	212.37	212.73	213.09	213.44	213.80	214.15	214.51	214.86	215.22
310	215.57	215.93	216.28	216.64	216.99	217.35	217.70	218.05	218.41	218.76

续表

温度/℃	0	1	2	3	4	5	6	7	8	9
320	219.12	219.47	219.82	220.18	220.53	220.88	221.24	221.59	221.94	222.29
330	222.65	223.00	223.35	223.70	224.06	224.41	224.76	225.11	225.46	225.81
340	226.17	226.52	226.87	227.22	227.57	227.92	228.27	228.62	228.97	229.32
350	229.67	230.02	230.37	230.72	231.07	231.42	231.77	232.12	232.47	232.82
360	233.17	233.52	233.87	234.22	234.56	234.91	235.26	235.61	235.96	236.31
370	236.65	237.00	237.35	237.70	238.04	238.39	238.74	239.09	239.43	239.78
380	240.13	240.47	240.82	241.17	241.51	241.86	242.20	242.55	242.90	243.24
390	243.59	243.93	244.28	244.62	244.97	245.31	245.66	246.00	246.35	246.69
400	247.04	247.38	247.73	248.07	248.41	248.76	249.10	249.45	249.79	250.13
410	250.48	250.82	251.16	251.50	251.85	252.19	252.53	252.88	253.22	253.56
420	253.90	254.24	254.59	254.93	255.27	255.61	255.95	256.29	256.64	256.98
430	257.32	257.66	258.00	258.34	258.68	259.02	259.36	259.70	260.04	260.38
440	260.72	261.06	261.40	261.74	262.08	262.42	262.76	263.10	263.43	263.77
450	264.11	264.45	264.79	265.13	265.47	265.80	266.14	266.48	266.82	267.15
460	267.49	267.83	268.17	268.50	268.84	269.18	269.51	269.85	270.19	270.52
470	270.86	271.20	271.53	271.87	272.20	272.54	272.88	273.21	273.55	273.88
480	274.22	274.55	274.89	275.22	275.56	275.89	276.23	276.56	276.89	277.23
490	277.56	277.90	278.23	278.56	278.90	279.23	279.56	279.90	280.23	280.56
500	280.90	281.23	281.56	281.89	282.23	282.56	282.89	283.22	283.55	283.89
510	284.22	284.55	284.88	285.21	285.54	285.87	286.21	286.54	286.87	287.20
520	287.53	287.86	288.19	288.52	288.85	289.18	289.51	289.84	290.17	290.50
530	290.83	291.16	291.49	291.81	292.14	292.47	292.80	293.13	293.46	293.79
540	294.11	294.44	294.77	295.10	295.43	295.75	296.08	296.41	296.74	297.06
550	297.39	297.72	298.04	298.37	298.70	299.02	299.35	299.68	300.00	300.33
560	300.65	300.98	301.31	301.63	301.96	302.28	302.61	302.93	303.26	303.58
570	303.91	304.23	304.56	304.88	305.20	305.53	305.85	306.18	306.50	306.82
580	307.15	307.47	307.79	308.12	308.44	308.76	309.09	309.41	309.73	310.05
590	310.38	310.70	311.02	311.34	311.67	311.99	312.31	312.63	312.95	313.27
600	313.59	313.92	314.24	314.56	314.88	315.20	315.52	315.84	316.16	316.48
610	316.80	317.12	317.44	317.76	318.08	318.40	318.72	319.04	319.36	319.68
620	319.99	320.31	320.63	320.95	321.27	321.59	321.91	322.22	322.54	322.86
630	323.18	323.49	323.81	324.13	324.45	324.76	325.08	325.40	325.72	326.03
640	326.35	326.66	326.98	327.30	327.61	327.93	328.25	328.56	328.88	329.19
650	329.51	329.82	330.14	330.45	330.77	331.08	331.40	331.71	332.03	332.34

附录六　铜电阻(Cu50)分度表

分度号　Cu50　　　　　　　　　　　　　　　　　$R_0 = 50\Omega$　　　　$\alpha = 0.004280$

温度/℃	0	1	2	3	4	5	6	7	8	9
	电　阻　值　/Ω									
−50	39.29	—	—	—	—	—	—	—	—	—
−40	41.40	41.18	40.97	40.75	40.54	40.32	40.10	39.89	39.67	39.46
−30	43.55	43.34	43.12	42.91	42.69	42.48	42.27	42.05	41.83	41.61
−20	45.70	45.49	45.27	45.06	44.34	44.63	44.41	44.20	43.98	43.77
−10	47.85	47.64	47.42	47.21	46.99	46.78	46.56	46.35	46.13	45.92
−0	50.00	49.78	49.57	49.35	49.14	48.92	48.71	48.50	48.28	48.07
0	50.00	50.21	50.43	50.64	50.86	51.07	51.28	51.50	51.71	51.93
10	52.14	52.36	52.57	52.78	53.00	53.21	53.43	53.64	53.86	54.07
20	54.28	54.50	54.71	54.92	55.14	55.35	55.57	55.78	56.00	56.21
30	56.42	46.64	56.85	57.07	57.28	57.49	57.71	57.92	58.14	58.35
40	58.56	58.78	58.99	59.20	59.42	59.63	59.85	60.06	60.27	60.49
50	60.70	60.92	61.13	61.34	61.56	61.77	61.98	62.20	62.41	62.63

续表

温度/℃	0	1	2	3	4	5	6	7	8	9
	电 阻 值 /Ω									
60	62.84	63.05	63.27	63.48	63.70	63.91	64.12	64.34	64.55	64.76
70	64.98	65.19	65.41	65.62	65.83	66.05	66.26	66.48	66.69	66.90
80	67.12	67.33	67.54	67.76	67.97	68.19	68.40	68.62	68.83	69.04
90	69.26	69.47	69.68	69.90	70.11	70.33	70.54	70.76	70.97	17.18
100	71.40	71.61	71.83	72.04	72.25	72.47	72.68	72.90	73.11	73.33
110	73.54	73.75	73.97	74.18	74.40	74.61	74.83	75.04	75.26	75.47
120	75.68	75.90	76.11	76.33	76.54	76.76	76.97	77.19	77.40	77.62
130	77.83	78.05	78.26	78.48	78.69	78.91	79.12	79.34	79.55	79.77
140	79.98	80.20	80.41	80.63	80.84	81.06	81.27	81.49	81.70	81.92
150	82.13	—	—	—	—	—	—	—	—	—

附录七 铜电阻(Cu100)分度表

分度号　Cu100　　　　　　　　　　　　　$R_0 = 100\Omega$　　　$\alpha = 0.004280$

温度/℃	0	1	2	3	4	5	6	7	8	9
	电 阻 值 /Ω									
−50	78.49	—	—	—	—	—	—	—	—	—
−40	82.80	82.36	81.94	81.50	81.08	80.64	80.20	79.78	79.34	78.92
−30	87.10	88.68	86.24	85.82	85.38	84.95	84.54	84.10	83.66	83.22
−20	91.40	90.98	90.54	90.12	89.68	86.26	88.82	88.40	87.96	87.54
−10	95.70	95.28	94.84	94.42	93.98	93.56	93.12	92.70	92.26	91.84
−0	100.00	99.56	99.14	98.70	98.28	97.84	97.42	97.00	96.56	96.14
0	100.00	100.42	100.86	101.28	101.72	102.14	102.56	103.00	103.43	103.86
10	104.28	104.72	105.14	105.56	106.00	106.42	106.86	107.28	107.72	108.14
20	108.56	109.00	109.42	109.84	110.28	110.70	111.14	111.56	112.00	114.42
30	112.84	113.28	113.70	114.14	114.56	114.98	115.42	115.84	116.28	116.70
40	117.12	117.56	117.98	118.40	118.84	119.26	119.70	120.12	120.54	120.98
50	121.40	121.84	122.26	122.68	123.12	123.54	123.96	124.40	124.82	125.26
60	125.68	126.10	126.54	126.96	127.40	127.82	128.24	128.68	129.10	129.52
70	129.96	130.38	130.82	131.24	131.66	132.10	132.52	132.96	133.38	133.80
80	134.24	134.66	135.08	135.52	135.94	136.33	136.80	137.24	137.66	138.08
90	138.52	138.94	139.36	139.80	140.22	140.66	141.08	141.52	141.94	142.36
100	142.80	143.22	143.66	144.08	144.50	144.94	145.36	145.80	146.22	146.66
110	147.08	147.50	147.94	148.36	148.80	149.22	149.66	150.08	150.52	150.94
120	151.36	151.80	152.22	152.66	135.08	153.52	153.94	154.38	154.80	155.24
130	155.66	156.10	156.52	156.96	157.38	157.82	158.24	158.68	159.10	159.54
140	159.96	160.40	160.82	161.28	161.68	162.12	162.54	162.98	163.40	163.84
150	164.27	—	—	—	—	—	—	—	—	—

第四章　自动控制仪表

第一节　概　述

— 微课 —

在化工、炼油等工业生产过程中，对于生产装置中的压力、流量、液位、温度等参数常要求维持在一定的数值上或按一定的规律变化，以满足生产要求。在第三章中已经介绍了检测这些工艺参数的方法。如果是人工控制，操作者根据参数测量值和规定的参数值（给定值）相比较的结果，决定开大或关小某个阀门，以维持参数在规定的数值上。如果是自动控制，可以在检测的基础上，再应用控制仪表（常称为控制器）和执行器来代替人工操作。所以，自动控制仪表在自动控制系统中的作用是将被控变量的测量值与给定值相比较，产生一定的偏差，控制仪表根据该偏差进行一定的数学运算，并将运算结果以一定的信号形式送往执行器，以实现对于被控变量的自动控制。

从控制仪表的发展来看，大体上经历了三个阶段。

1. 基地式控制仪表

这类控制仪表一般是与检测装置、显示装置一起组装在一个整体之内，同时具有检测、控制与显示的功能，所以它的结构简单、价格低廉、使用方便。但由于它的通用性差，信号不易传递，故一般只应用于一些简单控制系统。在一些中、小工厂中的特定生产岗位，这种控制装置仍被采用并具有一定的优越性。例如沉筒式的气动液位控制器（UTQ-101型）可以用来控制某些贮罐或设备内的液位。

2. 单元组合式仪表中的控制单元

单元组合式仪表是将仪表按其功能的不同分成若干单元（例如变送单元、定值单元、控制单元、显示单元等），每个单元只完成其中的一种功能。各个单元之间以统一的标准信号相互联系。单元组合式仪表中的控制单元能够接收测量值与给定值信号，然后根据它们的偏差发出与之有一定关系的控制作用信号。目前国产的电动控制仪表例如 DDZ-Ⅱ型，采用的是 0～10mA 信号；DDZ-Ⅲ型，采用的是 4～20mA 信号。

3. 以微处理器为基元的控制装置

微处理器自从 20 世纪 70 年代初出现以来，由于它灵敏、可靠、价廉、性能好，很快在自动控制领域得到广泛的应用。以微处理器为基元的控制装置其控制功能丰富、操作方便，很容易构成各种复杂控制系统。目前，在自动控制系统中应用的以微处理器为基元的控制装置主要有总体分散控制装置、单回路数字控制器、可编程数字控制器（PLC）和微计算机系统等。

第二节　基本控制规律及其对系统过渡过程的影响

在具体讨论控制器的结构与工作原理之前，需要先对控制器的控制规律及其对系统过渡过程的影响进行研究。控制器的形式虽然很多，有不用外加能源的（自力式的），有需用外加能源的（电动或气动），但是从控制规律来看，基本控制规律只有有限的几种，它们都是长期生产实践经验的总结。

　　研究控制器的控制规律时是把控制器和系统断开的，即只在开环时单独研究控制器本身的特性。所谓控制规律是指控制器的输出信号与输入信号之间的关系。

　　控制器的输入信号是经比较机构后的偏差信号 e，它是给定值信号 x 与变送器送来的测量值信号 z 之差。在分析自动化系统时，偏差采用 $e=x-z$，但在单独分析控制仪表时，习惯上采用测量值减去给定值作为偏差。控制器的输出信号就是控制器送往执行器（常用气动执行器）的信号 p。

　　因此，所谓控制器的控制规律就是指 p 与 e 之间的函数关系，即

$$p=f(e)=f(z-x) \tag{4-1}$$

　　在研究控制器的控制规律时，经常是假定控制器的输入信号 e 是一个阶跃信号，然后来研究控制器的输出信号 p 随时间的变化规律。

　　控制器的基本控制规律有位式控制（其中以双位控制比较常用）、比例控制（P）、积分控制（I）、微分控制（D）及它们的组合形式，如比例积分控制（PI）、比例微分控制（PD）和比例积分微分控制（PID）。

　　不同的控制规律适应不同的生产要求，必须根据生产要求来选用适当的控制规律。如选用不当，不但不能起到好的作用，反而会使控制过程恶化，甚至造成事故。要选用合适的控制器，首先必须了解常用的几种控制规律的特点与适用条件，然后，根据过渡过程品质指标要求，结合具体对象特性，才能做出正确的选择。

一、双位控制　　　　　　　　　　　　　　　　　　　　　　　📱 — 微课 —

　　双位控制的动作规律是当测量值大于给定值时，控制器的输出为最大（或最小），而当测量值小于给定值时，则输出为最小（或最大），即控制器只有两个输出值，相应的控制机构只有开和关两个极限位置，因此又称开关控制。

　　理想的双位控制器其输出 p 与输入偏差 e 之间的关系为

$$p=\begin{cases} p_{\max}, & e>0 \text{（或 } e<0\text{）} \\ p_{\min}, & e<0 \text{（或 } e>0\text{）} \end{cases} \tag{4-2}$$

　　理想的双位控制特性如图 4-1 所示。

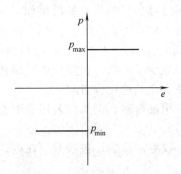

图 4-1　理想双位控制特性

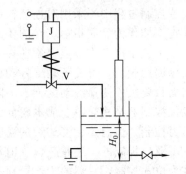

图 4-2　双位控制示例

　　图 4-2 是一个采用双位控制的液位控制系统，它利用电极式液位计来控制贮槽的液位，槽内装有一根电极作为测量液位的装置，电极的一端与继电器 J 的线圈相接，另一端调整在液位给定值的位置，导电的流体由装有电磁阀 V 的管线进入贮槽，经下部出料管流出。贮槽外壳接地，当液位低于给定值 H_0 时，流体未接触电极，继电器断路，此时电磁阀 V 全开，流体流入贮槽使液位上升，当液位上升至稍大于给定值时，流体与电极接触，于是继电器接通，从而使电磁阀全关，流体不再进入贮槽。但槽内流体仍在继续往外排出，故液位将要下降。当液位下降至稍小于给定值时，流体与电极脱离，于是电磁阀 V 又开启，如此反

复循环，而液位被维持在给定值上下很小一个范围内波动。可见控制机构的动作非常频繁，这样会使系统中的运动部件（例如继电器、电磁阀等）因动作频繁而损坏，因此实际应用的双位控制器具有一个中间区。

偏差在中间区内时，控制机构不动作。当被控变量的测量值上升到高于给定值某一数值（即偏差大于某一数值）后，控制器的输出变为最大 p_{max}，控制机构处于开（或关）的位置；当被控变量的测量值下降到低于给定值某一数值（即偏差小于某一数值）后，控制器的输出变为最小 p_{min}，控制机构才处于关（或开）的位置。所以实际的双位控制器的控制规律如图 4-3 所示。将上例中的测量装置及继电器线路稍加改变，便可成为一个具有中间区的双位控制器。由于设置了中间区，当偏差在中间区内变化时，控制机构不会动作，因此可以使控制机构开关的频繁程度大为降低，延长了控制器中运动部件的使用寿命。

具有中间区的双位控制过程如图 4-4 所示。当液位 y 低于下限值 y_L 时，电磁阀是开的，流体流入贮槽，由于流入量大于流出量，故液位上升。当升至上限值 y_H 时，阀关闭，流体停止流入，由于此时流体只出不入，故液位下降。直到液位值下降至下限值 y_L 时，电磁阀重新开启，液位又开始上升。图中上面的曲线表示控制机构阀位与时间的关系，下面的曲线是被控变量（液位）在中间区内随时间变化的曲线，是一个等幅振荡过程。

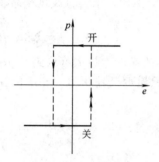

图 4-3　实际的双位控制特性

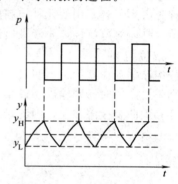

图 4-4　具有中间区的双位控制过程

双位控制过程中不采用对连续控制作用下的衰减振荡过程所提的那些品质指标，一般采用振幅与周期作为品质指标，在图 4-4 中振幅为 $y_H - y_L$，周期为 T。

如果工艺生产允许被控变量在一个较宽的范围内波动，控制器的中间区就可以宽一些，这样振荡周期较长，可使可动部件动作的次数减少，于是减少了磨损，也就减少了维修工作量，因而只要被控变量波动的上、下限在允许范围内，使周期长些比较有利。

双位控制器结构简单、成本较低、易于实现，因而应用很普遍，例如仪表用压缩空气贮罐的压力控制，恒温炉、管式炉的温度控制等。

除了双位控制外，还有三位（即具有一个中间位置）或更多位的，包括双位在内，这一类统称为位式控制，它们的工作原理基本上一样。

二、比例控制　　　　　　　　　　　　　　　　　　　🎛 — 微课 —

在双位控制系统中，被控变量不可避免地会产生持续的等幅振荡过程，这是由于双位控制器只有两个特定的输出值，相应的控制阀也只有两个极限位置，势必在一个极限位置时，流入对象的物料量（能量）大于由对象流出的物料量（能量），因此被控变量上升；而在另一个极限位置时，情况正好相反，被控变量下降，如此反复，被控变量势必产生等幅振荡。为了避免这种情况，应该使控制阀的开度（即控制器的输出值）与被控变量的偏差成比例，根据偏差的大小，控制阀可以处于不同的位置，这样就有可能获得与对象负荷相适应的操纵变量，从而使被控变量趋于稳定，达到平衡状态。如图 4-5 所示的液位控制系统，当液位高于给定值时，控制阀就关小，液位越高，阀关得越小；若液位低于给定值，控制阀就开大，液位越低，阀开得越大。它相当于把位式控制的位数增加到无穷多位，于是变成了连续控制系统。图中浮球是测量元件，杠杆就是一个最简单的控制器。

　　图 4-5 中，若杠杆在液位改变前的位置用实线表示，改变后的位置用虚线表示，根据相似三角形原理，有

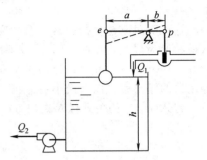

$$\frac{a}{b} = \frac{p}{e}$$

即

$$p = \frac{a}{b} \times e \qquad (4\text{-}3)$$

式中　e——杠杆左端的位移，即液位的变化量；

　　　　p——杠杆右端的位移，即阀杆的位移量；

　　　　a，b——分别为杠杆支点与两端的距离。

图 4-5　简单的比例控制系统示意图

　　由此可见，在该控制系统中，阀门开度的改变量与被控变量（液位）的偏差值成比例，这就是比例控制规律。

　　对于具有比例控制规律的控制器（称为比例控制器），其输出信号（指变化量）p 与输入信号（指偏差，当给定值不变时，偏差就是被控变量测量值的变化量）e 之间成比例关系，即

$$p = K_P e \qquad (4\text{-}4)$$

　　式中，K_P 是一个可调的放大倍数（比例增益）。对照式(4-3)，可知图 4-5 所示的比例控制器，其 $K_P = \frac{a}{b}$，改变杠杆支点的位置，便可改变 K_P 的数值。

　　由式(4-4)可以看出，比例控制的放大倍数 K_P 是一个重要的系数，它决定了比例控制作用的强弱。K_P 越大，比例控制作用越强。在实际的比例控制器中，习惯上使用比例度 δ 而不用放大倍数 K_P 来表示比例控制作用的强弱。

　　所谓比例度就是指控制器输入的变化相对值与相应的输出变化相对值之比的百分数，用式子表示为

$$\delta = \left(\frac{e}{x_{max} - x_{min}} \Big/ \frac{p}{p_{max} - p_{min}} \right) \times 100\% \qquad (4\text{-}5)$$

式中　　　e——输入变化量；

　　　　　p——相应的输出变化量；

　　$x_{max} - x_{min}$——输入的最大变化量，即仪表的量程；

　　$p_{max} - p_{min}$——输出的最大变化量，即控制器输出的工作范围。

　　由式(4-5)，可以从控制器表盘上的指示值变化看出比例度 δ 的具体意义。比例度就是使控制器的输出变化满刻度时（也就是控制阀从全关到全开或相反），相应的仪表测量值变化占仪表测量范围的百分数。或者说，使控制器输出变化满刻度时，输入偏差变化对应于指示刻度的百分数。

　　例如 DDZ-Ⅱ 型比例作用控制，温度刻度

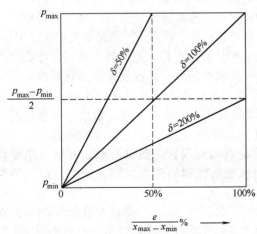

图 4-6　比例度示意图

范围为 $400\sim800\,^\circ\!C$，控制器输出工作范围是 $0\sim10\text{mA}$。当指示指针从 $600\,^\circ\!C$ 移到 $700\,^\circ\!C$，此时控制器相应的输出从 4mA 变为 9mA，其比例度的值为

$$\delta=\left(\frac{700-600}{800-400}\Big/\frac{9-4}{10-0}\right)\times100\%=50\%$$

这说明对于这台控制器，温度变化全量程的 50%（相当于 $200\,^\circ\!C$），控制器的输出就能从最小变为最大，在此区间内，e 和 p 是成比例的。图 4-6 是比例度的示意图。当比例度为 50%、100%、200% 时，分别说明只要偏差 e 变化占仪表全量程的 50%、100%、200% 时，控制器的输出就可以由最小 $p_{\min}$ 变为最大 $p_{\max}$。

将式（4-4）的关系代入式（4-5），经整理后可得

$$\delta=\frac{1}{K_{P}}\times\frac{p_{\max}-p_{\min}}{x_{\max}-x_{\min}}\times100\% \tag{4-6}$$

对于一个具体的比例作用控制器，指示值的刻度范围 $x_{\max}-x_{\min}$ 及输出的工作范围 $p_{\max}-p_{\min}$ 应是一定的，所以由式（4-6）可以看出，比例度 δ 与放大倍数 K_{P} 成反比。这就是说，控制器的比例度 δ 越小，它的放大倍数 K_{P} 就越大，它将偏差（控制器输入）放大的能力越强，反之亦然。因此比例度 δ 和放大倍数 K_{P} 都能表示比例控制器控制作用的强弱。只不过 K_{P} 越大，表示控制作用越强，而 δ 越大，表示控制作用越弱。

图 4-7 表示图 4-5 所示的液位比例控制系统的过渡过程。如果系统原来处于平衡状态，液位恒定在某值上，在 $t=t_{0}$ 时，系统外加一个干扰作用，即出水量 Q_{2} 有一阶跃增加 [见图 4-7(a)]，液位开始下降 [见图 4-7(b)]，浮球也跟着下降，通过杠杆使进水阀的阀杆上升，这就是作用在控制阀上的信号 p [见图 4-7(c)]，于是进水量 Q_{1} 增加 [见图 4-7(d)]。由于 Q_{1} 增加，促使液位下降速度逐渐缓慢下来，经过一段时间后，待进水量的增加量与出水量的增加量相等时，系统又建立起新的平衡，液位稳定在一个新值上。但是控制过程结束时，液位的新稳态值将低于给定值，它们之间的差就叫余差，如果定义偏差 e 为测量值减去给定值，则 e 的变化曲线见图 4-7(e)。

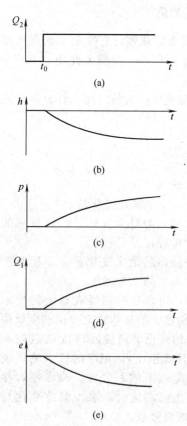

图 4-7　比例控制系统过渡过程

为什么会有余差呢？它是比例控制规律的必然结果。从图 4-5 可见，原来系统处于平衡，进水量与出水量相等，此时控制阀有一固定的开度，比如说对应于杠杆为水平的位置。当 $t=t_{0}$ 时，出水量有一阶跃增大量，于是液位下降，引起进水量增加，只有当进水量增加到与出水量相等时才能重新建立平衡，而液位也才不再变化。但是要使进水量增加，控制阀必须开大，阀杆必须上移，而阀杆上移时浮球必然下移。因为杠杆是一种刚性的结构，这就是说达到新的平衡时浮球位置必定下移，也就是液位稳定在一个比原来稳态值（即给定值）要低的位置上，其差值就是余差。存在余差是比例控制的缺点。

比例控制的优点是反应快，控制及时。有偏差信号输入时，输出立刻与它成比例地变化，偏差越大，输出的控制作用越强。

为了减小余差，就要增大 K_{P}（即减小比例度 δ），但这会使系统稳定性变差。比例度对控制过程的影响如图 4-8 所示。由图可见，比例度越大（即 K_{P} 越小），过滤过程曲线

越平稳，但余差也越大。比例度越小，则过渡过程曲线越振荡。比例度过小时就可能出现发散振荡。当比例度大时即放大倍数 K_P 小，在干扰产生后，控制器的输出变化较小，控制阀开度改变较小，被控变量的变化就很缓慢（曲线6）。当比例度减小时，K_P 增大，在同样的偏差下，控制器输出较大，控制阀开度改变较大，被控变量变化也比较灵敏，开始有些振荡，余差不大（曲线5、4）。比例度再减小，控制阀开度改变更大，大到有点过分时，被控变量也就跟着过分地变化，再拉回来时又拉过头，结果会出现激烈的振荡（曲线3）。当比例度继续减小到某一数值时系统出现等幅振荡，这时的比例度称为临界比例度 δ_k（曲线2）。一般除反应很快的流量及管道压力等系统外，这种情况大多出现在 $\delta < 20\%$ 时，当比例度小于 δ_k 时，在干扰产生后将出现发散振荡（曲线1），这是很危险的。工艺生产通常要求比较平稳而余差又不太大的控制过程，例如曲线4，一般地说，若对象的滞后较小、时间常数较大以及放大倍数较小时，控制器的比例度可以选得小些，以提高系统的灵敏度，使反应快些，从而过渡过程曲线的形状较好。反之，比例度就要选大些以保证稳定。

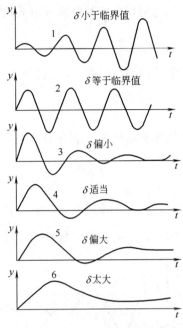

图 4-8　比例度对过渡过程的影响

三、积分控制

　　当对控制质量有更高要求时，就需要在比例控制的基础上，再加上能消除余差的积分控制作用。积分控制作用的输出变化量 p 与输入偏差 e 的积分成正比，即

$$p = K_I \int e \, \mathrm{d}t \qquad\qquad (4\text{-}7)$$

　　式中，K_I 代表积分速度。当输入偏差是常数 A 时，式（4-7）成为

$$p = K_I \int A \, \mathrm{d}t = K_I A t$$

即输出是一直线（图4-9）。由图可见，当有偏差存在时，输出信号将随时间增长（或减小）。当偏差为零时，输出才停止变化而稳定在某一值上，因而用积分控制器组成控制系统可以达到无余差。

　　输出信号的变化速度与偏差 e 及 K_I 成正比，而其控制作用是随着时间积累才逐渐增强的，所以控制动作缓慢，会出现控制不及时，当对象惯性较大时，被控变量将出现大的超调量，过渡时间也将延长，因此常常把比例与积分组合起来，这样控制既及时，又能消除余

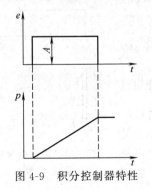

图 4-9　积分控制器特性

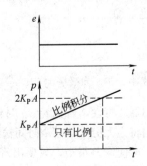

图 4-10　比例积分控制器特性

差，比例积分控制规律可用下式表示

$$p = K_P \left(e + K_I \int e\, dt \right) \qquad (4\text{-}8)$$

经常采用积分时间 T_I 来代替 K_I，$T_I = \dfrac{1}{K_I}$，所以式（4-8）常写为

$$p = K_P \left(e + \frac{1}{T_I} \int e\, dt \right) \qquad (4\text{-}9)$$

若偏差是幅值为 A 的阶跃干扰，代入可得

$$p = K_P A + \frac{K_P}{T_I} A t$$

这一关系示于图 4-10 中，输出中垂直上升部分 $K_P A$ 是比例作用造成的，慢慢上升部分 $\dfrac{K_P}{T_I} A t$ 是积分作用造成的。当 $t = T_I$ 时，输出为 $2K_P A$。应用这个关系，可以实测 K_P 及 T_I，对控制器输入一个幅值为 A 的阶跃变化，立即记下输出的跃变值并开动秒表计时，当输出达到跃变值的两倍时，此时间就是 T_I，跃变值 $K_P A$ 除以阶跃输入幅值 A 就是 K_P。

积分时间 T_I 越短，积分速度 K_I 越大，积分作用越强。反之，积分时间越长，积分作用越弱。若积分时间为无穷大，就没有积分作用，成为纯比例控制器了。

图 4-11 表示在同样比例度下积分时间 T_I 对过渡过程的影响。T_I 过大，积分作用不明显，余差消除很慢（曲线 3）；T_I 小，易于消除余差，但系统振荡加剧，曲线 2 适宜，曲线 1 就振荡太剧烈了。

比例积分控制器对于多数系统都可采用，比例度和积分时间两个参数均可调整。当对象滞后很大时，可能控制时间较长、最大偏差也较大；负荷变化过于剧烈时，由于积分动作缓慢，使控制作用不及时，此时可增加微分作用。

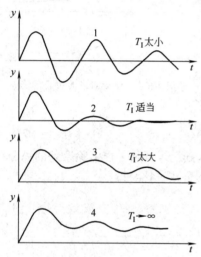

图 4-11　积分时间对过渡过程的影响

四、微分控制

🔲 — 微课 —

对于惯性较大的对象，常常希望能根据被控变量变化的快慢来控制。在人工控制时，虽然偏差可能还小，但看到参数变化很快，估计到很快就会有更大偏差，此时会过分地改变阀门开度以克服干扰影响，这就是按偏差变化速度进行控制。在自动控制时，这就要求控制器具有微分控制规律，就是控制器的输出信号与偏差信号的变化速度成正比，即

$$p = T_D \frac{de}{dt} \qquad (4\text{-}10)$$

式中，T_D 为微分时间，$\dfrac{de}{dt}$ 为偏差信号变化速度。此式表示理想微分控制器的特性，若在 $t = t_0$ 时输入一个阶跃信号，则在 $t = t_0$ 时控制器输出将为无穷大，其余时间输出为零（图 4-12）。这种控制器用在系统中，即使偏差很小，只要出现变化趋势，马上就进行控制，故有超前控制之称，这是它的优点。但它的输出不能反映偏差的大小，假如

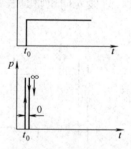

图 4-12　理想微分控制器特性

偏差固定，即使数值很大，微分作用也没有输出，因而控制结果不能消除偏差，所以不能单独使用这种控制器，它常与比例或比例积分组合构成比例微分或三作用控制器。

比例微分控制规律（图 4-13）为

$$p = K_P \left(e + T_D \frac{de}{dt} \right) \tag{4-11}$$

微分作用按偏差的变化速度进行控制，其作用比比例作用快，因而对惯性大的对象用比例微分可以改善控制质量，减小最大偏差，节省控制时间。微分作用力图阻止被控变量的变化，有抑制振荡的效果，但如果加得过大，由于控制作用过强，反而会引起被控变量大幅度的振荡（图 4-14）。微分作用的强弱用微分时间来衡量。

比例积分微分控制规律为

$$p = K_P \left(e + \frac{1}{T_I} \int e \, dt + T_D \frac{de}{dt} \right) \tag{4-12}$$

当有阶跃信号输入时，输出为比例、积分和微分三部分输出之和，如图 4-15 所示。这种控制器既能快速进行控制，又能消除余差，具有较好的控制性能。

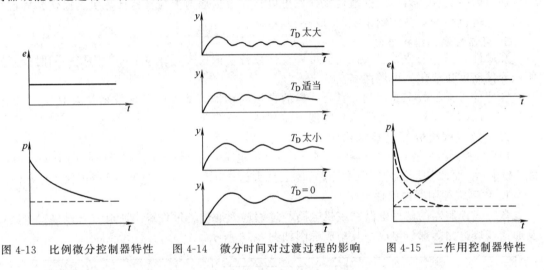

图 4-13　比例微分控制器特性　　图 4-14　微分时间对过渡过程的影响　　图 4-15　三作用控制器特性

第三节　数字式控制器　　　🔲 — 微课 —

控制器的作用是将被控变量与给定值进行比较，然后对比较后得到的偏差进行比例、积分、微分等运算，并将运算结果以一定的信号形式送给执行器，以实现对被控变量的自动控制。根据信号形式控制器可分为模拟式控制器和数字式控制器。模拟式控制器所传送的信号形式为连续的模型信号，运算放大器等模拟电子器件为基本构成部件；而数字式控制器传送的是离散的数字信号，它采用数字技术，以微处理机为核心部件。目前控制系统中多用数字式控制器。

虽然数字式控制器和模拟式控制器有根本的差别，但从仪表总的功能和输入输出关系来看，由于数字式控制器具有模-数（A/D）和数模（D/A）器件，两者并无外在的明显差别。数字式控制器在外观、体积、信号制上都与 DDZ-Ⅲ 型模拟式控制器相似或一致，也可以装在仪表盘上使用，且数字式控制器经常只用来控制一个回路（包括复杂控制回路），所以数字式控制器常被称为单回路数字控制器。

一、数字式控制器的主要特点

由于数字式控制器在构成与工作方式上都不同于模拟式控制器，因此使它具有以下特点。

1. 实现了模拟仪表与计算机一体化

将微处理机引入控制器，充分发挥了计算机的优越性，使控制器电路简化，功能增强，提高了性能价格比。同时考虑到人们长期以来习惯使用模拟式控制器的情况，数字式控制器的外形结构、面板布置保留了模拟式控制器的特征，使用操作方式也与模拟式控制器相似。

2. 具有丰富的运算控制功能

数字式控制器有许多运算模块和控制模块。用户根据需要选用部分模块进行组态，可以实现各种运算处理和复杂控制。除了具有模拟式控制器 PID 运算等一切控制功能外，还可以实现串级控制、比值控制、前馈控制、选择性控制、自适应控制、非线性控制等。因此数字式控制器的运算控制功能大大高于常规的模拟控制器。

3. 使用灵活方便，通用性强

数字式控制器模拟量输入输出均采用国际统一标准信号（4～20mA 直流电流，1～5V 直流电压），可以方便地与 DDZ-Ⅲ 型仪表相连。同时数字式控制器还有数字量输入输出，可以进行开关量控制。用户程序采用"面向过程语言（POL）"编写，易学易用。

4. 具有通信功能，便于系统扩展

通过数字式控制器标准的通信接口，可以挂在数据通道上与其他计算机、操作站等进行通信，也可以作为集散控制系统的过程控制单元。

5. 可靠性高，维护方便

在硬件方面，一台数字式控制器可以替代数台模拟仪表，减少了硬件连接；同时控制器所用元件高度集成化，可靠性高。

在软件方面，数字式控制器具有一定的自诊断功能，能及时发现故障，采取保护措施；另外复杂回路采用模块软件组态来实现，使硬件电路简化。

二、数字式控制器的基本构成

模拟式控制器只是由模拟元器件构成，它的功能也完全由硬件构成形式所决定，因此其控制功能比较单一；而数字式控制器由硬件电路和软件两大部分组成，其控制功能主要是由软件所决定。

1. 数字式控制器的硬件电路

数字式控制器的硬件电路由主机电路、过程输入通道、过程输出通道、人机接口电路以及通信接口电路等部分组成，其构成框图如图 4-16 所示。

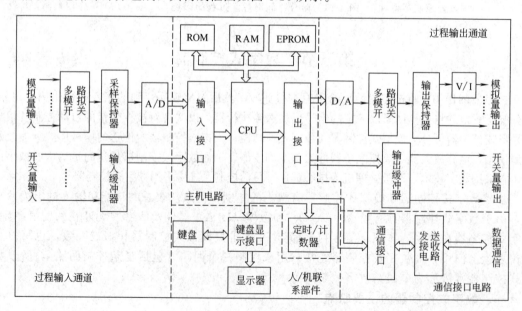

图 4-16　数字式控制器的硬件电路

（1）主机电路 主机电路是数字式控制器的核心，用于实现仪表数据运算处理及各组成部分之间的管理。主机电路由微处理器（CPU）、只读存储器（ROM、EPROM）、随机存储器（RAM）、定时/计数器（CTC）以及输入/输出接口（I/O 接口）等组成。

（2）过程输入通道 过程输入通道包括模拟量输入通道和开关量输入通道，模拟量输入通道用于连接模拟量输入信号，开关量输入通道用于连接开关量输入信号。通常，数字式控制器都可以接收几个模拟量输入信号和几个开关量输入信号。

① 模拟量输入通道。模拟量输入通道将多个模拟量输入信号分别转换为 CPU 所接受的数字量。它包括多路模拟开关、采样/保持器和 A/D 转换器。多路模拟开关将多个模拟量输入信号逐个连接到采样/保持器，采样/保持器暂时存储模拟输入信号，并把该值保持一段时间，以供 A/D 转换器转换。A/D 转换器的作用是将模拟信号转换为相应的数字量。常用的 A/D 转换器有逐位比较型、双积分型和 V/F 转换型等几种。逐位比较型 A/D 转换器的转换速度最快，一般在 10^4 次/s 以上，缺点是抗干扰能力差；其余两种 A/D 转换器的转换速度较慢，通常在 100 次/s 以下，但它们的抗干扰能力较强。

② 开关量输入通道。开关量指的是在控制系统中电接点的通与断，或者逻辑电平为"1"与"0"这类两种状态的信号。例如各种按钮开关、接近开关、液（料）位开关、继电器触点的接通与断开，以及逻辑部件输出的高电平与低电平等。开关量输入通道将多个开关输入信号转换成能被计算机识别的数字信号。为了抑制来自现场的干扰，开关量输入通道常采用光电耦合器件为输入电路进行隔离传输。

（3）过程输出通道 过程输出通道包括模拟量输出通道和开关量输出通道，模拟量输出通道用于输出模拟量信号，开关量输出通道用于输出开关量信号。通常，数字式控制器都可以具有几个模拟量输出信号和几个开关量输出信号。

① 模拟量输出通道。模拟量输出通道依次将多个运算处理后的数字信号进行数/模转换，并经多路模拟开关送入输出保持电路暂存，以便分别输出模拟电压（1～5V）或电流（4～20mA）信号。该通道包括 D/A 转换器、多路模拟开关、输出保持电路和 V/I 转换器。D/A 转换器起数/模转换作用，D/A 转换芯片有 8 位、10 位、12 位等品种可供选用。V/I 转换器将 1～5V 的模拟电压信号转换成 4～20mA 的电流信号，其作用与 DDZ-Ⅲ型调节器或运算器的输出电路类似。多路模拟开关与模拟量输入通道中的相同。

② 开关量输出通道。开关量输出通道通过锁存器输出开关量（包括数字、脉冲量）信号，以便控制继电器触点和无触点开关的接通与释放，也可控制步进电机的运转。同开关量输入通道一样，开关量输出通道也常采用光电耦合器件作为输出电路进行隔离传输。

（4）人/机联系部件 人/机联系部件一般置于控制器的正面和侧面。正面板的布置类似于模拟式调节器，有测量值和给定值显示器，输出电流显示器，运行状态（自动/串级/手动）切换按钮，给定值增/减按钮和手动操作按钮等，还有一些状态显示灯。侧面板有设置和指示各种参数的键盘、显示器。在有些控制器中附带后备手操器。当控制器发生故障时，可用手操器来改变输出电流，进行遥控操作。

（5）通信接口电路 控制器的通信部件包括通信接口芯片和发送、接收电路等。通信接口将欲发送的数据转换成标准通信格式的数字信号，经发送电路送至通信线路（数据通道）上；同时通过接收电路接收来自通信线路的数字信号，将其转换成能被计算机接收的数据。数字式控制器大多采用串行传送方式。

2. 数字式控制器的软件

数字式控制器的软件包括系统程序和用户程序两大部分。

（1）系统程序　系统程序是控制器软件的主体部分，通常由监控程序和功能模块两部分组成。

监控程序使控制器各硬件电路能正常工作并实现所规定的功能，同时完成各组成部分之间的管理。

功能模块提供了各种功能，用户可以选择所需要的功能模块以构成用户程序，使控制器实现用户所规定的功能。

（2）用户程序　用户程序是用户根据控制系统的要求，在系统程序中选择所需要的功能模块，并将它们按一定的规则连接起来的结果，其作用是使控制器完成预定的控制与运算功能。使用者编制程序实际上是完成功能模块的连接，也即组态工作。

用户程序的编程通常采用面向过程 POL 语言，这是一种为了定义和解决某些问题而设计的专用程序语言，程序设计简单，操作方便，容易掌握和调试。通常有组态式和空栏式语言两种，组态式又有表格式和助记符式之分。控制器的编程工作是通过专用的编程器进行的，有"在线"和"离线"两种编程方法。

由于这类控制器的控制规律可根据需要由用户自己编程，而且可以擦去改写，所以实际上是一台可编程序的数字控制器，为了不至于跟下一节要叙述的另一种可编程序控制器（PLC）混淆，在这里习惯上称这种控制器为可编程序调节器，下面介绍一种采用表格式语言和离线编程方法的 KMM 型可编程序调节器。

三、KMM 型可编程序调节器

KMM 型可编程序调节器是一种单回路的数字控制器。它是 DK 系列中的一个重要品种，而 DK 系列仪表又是集散控制系统 TDC-3000 的一部分，是为了把集散系统中的控制回路彻底分散到每一个回路而研制的。KMM 型可编程序调节器可以接收五个模拟输入信号（1～5V），四个数字输入信号，输出三个模拟信号（1～5V），其中一个可为 4～20mA，输出三个数字信号。这种调节器的功能强大，它是在比例积分微分运算的功能上再加上好几个辅助运算的功能，并将它们都装到一台仪表中去的小型面版式控制仪表。它能用于单回路的简单控制系统与复杂的串级控制系统，除完成传统的模拟控制器的比例、积分、微分控制功能外，还能进行加、减、乘、除、开方等运算，并可进行高、低值选择和逻辑运算等。这种调节器除了功能丰富的优点外，还具有控制精度高、使用方便灵活等优点，调节器本身具有自我诊断的功能，维修方便。当与电子计算机联用时，该调节器能直接接收上位计算机来的设定值信号，可作为分散型数字控制系统中装置级的控制器使用。

可编程序调节器的面板布置如图 4-17 所示。

指示灯 1 分左右两个，分别作为测量值上、下限报警用。

当调节器依靠内部诊断功能检出异常情况后，指示灯 2 就发亮（红色），表示调节器处于"后备手操"运行方式。在此状态时，各指针的指示值均为无效。以后的操作可由装在仪表内部的"后备操作单元"进行。只要异常原因不解除，调节器就不会自行切换到其他运行

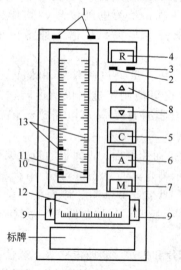

图 4-17　KMM 型调节器正面布置图
1～7—指示灯；8，9—按钮；
10～13—指针

方式。

可编程序调节器通过附加通信接口，就可和上位计算机通信。在通信进行过程中，通信指示灯 3 亮。

当输入外部的联锁信号后，指示灯 4 闪亮，此时调节器功能与手动方式相同。但每次切换到此方式后，联锁信号中断，如不按复位按钮 R，就不能切换到其他运行方式。一按复位按钮 R，就返回到"手动"方式。

仪表上的测量值（PV）指针 10 和给定值（SP）指针 11 分别指示输入到 PID 运算单元的测量值与给定值信号。

仪表上还设有备忘指针 13，用来给正常运行时的测量值、给定值、输出值做记号用。

按钮 M、A、C 及指示灯 7、6、5 分别代表手动、自动与串级运行方式。

当按下按钮 M 时，指示灯亮（红色）。这时调节器为"手动"运行方式，通过输出操作按钮 9 可进行输出的手动操作。按下右边的按钮时，输出增加；按下左边的按钮时，输出减小。输出值由输出指针 12 进行显示。

当按下按钮 A 时，指示灯亮（绿色）。这时调节器为"自动"运行方式，通过给定值（SP）设定按钮 8 可以进行内给定值的增减。上面的按钮为增加给定值，下面的按钮为减小给定值。当进行 PID 定值调节时，PID 参数可以借助表内侧面的数据设定器加以改变。数据设定器除可以进行 PID 参数设定外，还可以对给定值、测量值进行数字式显示。

当按下按钮 C 时，指示灯亮（橙色）。这时调节器为"串级"运行方式，调节器的给定值可以来自另一个运算单元或从调节器外部来的信号。

调节器的启动步骤如下。

① 调节器在启动前，要预先将"后备手操单元"的"后备/正常"运行方式切换开关扳到"正常"位置。另外，还要拆下电池表面的两个止动螺钉，除去绝缘片后重新旋紧螺钉。

② 使调节器通电，调节器即处于"联锁手动"运行方式，联锁指示灯亮。

③ 用"数据设定器"来显示、核对运行所必需的控制数据，必要时可改变 PID 参数。

④ 按下"R"键（复位按钮），解除"联锁"。这时就可进行手动、自动或串级操作。

本调节器由于具有自动平衡功能，所以手动、自动、串级运行方式之间的切换都是无扰动的，不需要任何手动调整操作。

第四节　可编程序控制器　　⊙ — 视频 —

一、概述

自 1969 年美国研制出了第一台可编程序控制器以来，随着微电子技术和计算机技术的迅猛发展，可编程序控制器有了突飞猛进的发展，有人称其为现代工业控制的三大支柱之一。

可编程序控制器初期主要用于顺序控制，虽然也采用了计算机的设计思想，但实际上只能进行逻辑运算，故称为可编程逻辑控制器，简称 PLC（Programmable Logic Controller）。随着它的发展和功能的扩大，现在已把中间的逻辑两字删除了，但基于习惯，也为了避免与个人计算机 PC 混淆，所以仍称为 PLC。

可编程序控制器的出现是基于微计算机技术，用来解决工艺生产中大量的开关控制问题。与过去的继电器系统相比，它的最大特点是在于可编程序，可通过改变软件来改变控制方式和逻辑规律，同时，功能丰富、可靠性强，可组成集中分散系统或纳入局部网络。与通常的微计算机相比，它的优点是语言简单、编程简便、面向用户、面向现场、使用方便。

PLC 在国内已广泛应用于石油、化工、电力、钢铁、机械等各行各业。它除了可用于开关量逻辑控制、机械加工的数字控制、机器人的控制外，目前已广泛应用于连续生产过程的闭环控制，现代大型的 PLC 都配有 PID 子程序或 PID 模块，可实现单回路控制与各种复杂控制，也可组成多级控制系统，实现工厂自动化网络。

PLC 的生产厂家很多，品种也很多，目前已发展成为一个巨大的产业，据不完全统计，现在全世界约有 400 多个 PLC 产品，PLC 产销量已位居所有工业控制装置的首位。PLC 的产品有不同的分类方法，下面介绍两种分类方法。

1. 按容量分

大致可分为小型 PLC、中型 PLC、大型 PLC 三种类型。

（1）小型 PLC　I/O 点总数一般为 256 点以下。这类 PLC 的主要功能有逻辑运算、定时计数、移位处理等，采用专用简易编程器。它通常用来代替继电器控制，用于机床控制、机械加工和小规模生产过程联锁控制。小型 PLC 价格低廉，体积小巧，是 PLC 中生产和应用量较大的产品。如 OMRON 的 C * * P/H、CPM1A 系列、CPM2A 系列、CQM 系列，SIEMENS 的 S7-200 系列。

（2）中型 PLC　其 I/O 点总数通常为 256～2048 点，内存在 8K 以下，适合开关量逻辑控制和过程变量检测及连续控制。主要功能除了具有小型 PLC 的功能外，还具有算术运算、数据处理及 A/D、D/A 转换、联网通信、远程 I/O 等功能，可用于比较复杂过程的控制。如 OMRON 的 C200P/H，SIEMENS 的 S7-300 系列。

（3）大型 PLC　其 I/O 点总数在 2048 点以上。大型 PLC 除了具有中小型 PLC 的功能外，还具有 PID 运算及高速计数等功能，用于机床控制时，具有增加刀具精确定位、机床速度和阀门控制等功能，HMI 及常规的计算机键盘，与工业控制计算机相似。编程可采用梯形图、功能表图及高级语言等多种方式。如 OMRON 的 C500P/H、C1000P/H，SIE-MENS 的 S7-400 系列。

2. 按硬件结构分

按结构分将 PLC 分为整体式 PLC、模块式 PLC、叠装式 PLC 三类。

（1）整体式 PLC　它是将 PLC 各组成部分集装在一个机壳内，输入、输出接线端子及电源进线分别在机箱的上、下两侧，并有相应的发光二极管显示输入/输出状态。面板上留有编程器的接口、EPROM 存储器接口、扩展单元的接口等。编程器和主机是分离的，程序编写完毕下装到 PLC 后即可拔下编程器。

具有这种结构的可编程序控制器结构紧凑、体积小、价格低。小型 PLC 一般采用整体式结构，如图 4-18 所示的 SIEMENS SIMATIC S7-1200 系列 PLC 即采用这类结构。图中表示了不同 CPU 类型 PLC 的外形图。

　　(a) CPU1211C　　　　　　　　(b) CPU1212C　　　　　　　(c) CPU1214C

图 4-18　SIEMENS SIMATIC S7-1200 的外形图

（2）模块式 PLC　输入/输出点数较多的大型和中型 PLC 采用模块式结构，如图 4-19 所示。

模块式 PLC 采用积木搭接的方式组成系统，便于扩展，其 CPU、输入、输出、电源等都是独立的模块，有的 PLC 的电源包含在 CPU 模块之中。PLC 由框架和各模块组成，各模块插在相应插槽上，通过总线连接。PLC 厂家备有不同槽数的框架供用户选用。用户可以选用不同档次的 CPU 模块、品种繁多的 I/O 模块和其他特殊模块，硬件配置灵活，维修时更换模块也很方便。采用这种结构形式的有 SIEMENS 的 S5 系列、S7-300 系列、S7-400 系列、S7-1500 系列，OMRON 的 C500、C1000H、C2000H 等，以及小型 CQM 系列。图 4-19 为 SIEMENS SIMATIC S7-1500 系列 PLC 的外形图。

图 4-19　SIEMENS SIMATIC S7-1500 的外形图

（3）叠装式 PLC　上述两种结构各有特色，整体式 PLC 结构紧凑、安装方便、体积小，易于与被控设备组成一体，但有时系统所配置的输入、输出点不能被充分利用，且不同 PLC 的尺寸大小不一致，不易安装整齐；模块式 PLC 点数配置灵活，但是尺寸较大，很难与小型设备连成一体。为此开发了叠装式 PLC，它吸收了整体式和模块式 PLC 的优点，其基本单元、扩展单元等高等宽，它们不用基板，仅用扁平电缆连接，紧密拼装后组成一个整齐的体积小巧的长方体，而且输入、输出点数的配置也相当灵活。如三菱公司的 FX2 系列等。

二、可编程序控制器的基本组成

可编程序控制器的主体由三部分组成，主要包括中央处理器 CPU、存储系统和输入、输出接口。PLC 的基本组成如图 4-20 所示。系统电源在 CPU 模块内，也可单独视为一个单元，编程器一般看作 PLC 的外设。PLC 内部采用总线结构，进行数据和指令的传输。

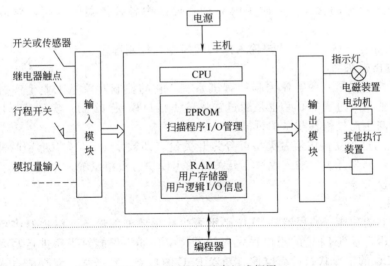

图 4-20　PLC 的基本组成框图

外部的开关信号、模拟信号以及各种传感器检测信号作为 PLC 的输入变量，它们经 PLC 的输入端子进入 PLC 的输入存储器，收集和暂存被控对象实际运行的状态信息和数据；经 PLC 内部运算与处理后，按被控对象实际动作要求产生输出结果；输出结果送到输出端子作为输出变量，驱动执行机构。PLC 的各部分协调一致地实现对现场设备的控制。

1. 中央处理器

中央处理器（CPU）的主要作用是解释并执行用户及系统程序，通过运行用户及系统程序完成所有控制、处理、通信以及所赋予的其他功能，控制整个系统协调一致地工作。常用的 CPU 主要有通用微处理器、单片机和双极型位片机。

2. 存储器

（1）存储器类型　目前 PLC 常用的存储器有 RAM、ROM、EPROM 和 E^2PROM，外存常用盒式磁带或磁盘等。

RAM 随机存取存储器用于存储 PLC 内部的输入、输出信息，并存储内部继电器（软继电器）、移位寄存器、数据寄存器、定时器/计数器以及累加器等的工作状态，还可存储用户正在调试和修改的程序以及各种暂存的数据、中间变量等。

ROM 用于存储系统程序。EPROM 主要用来存放 PLC 的操作系统和监控程序，如果用户程序已完全调试好，也将程序固化在 EPROM 中。

（2）存储区分配　PLC 的存储器使用时可分为两类，即 PLC 系统存储区存储器和用户存储区存储器。

系统存储区包括系统程序存储区和内部工作状态存储区，用户存储区包括数据存储区和用户程序存储区，如图 4-21 所示。

系统存储区	系统程序存储区
	内部工作状态存储区
用户存储区	数据存储区
	用户程序存储区

图 4-21　简化的存储映像

① 系统程序存储区：存放 PLC 永久存储的程序和指令，如继电器指令、块转移指令、算术指令等。

② 内部工作状态存储区：该区为 CPU 提供的临时存储区，用于存放相对少量的供内部计算用的数据。一般将快速访问的数据放在这一区域，以节省访问时间。

③ 数据存储区：存放与控制程序相关的数据，如定时器/计数器预置数、其他控制程序和 CPU 使用的常量与变量；读入的系统输入状态和输出状态。该区的应用非常灵活，用户可将它们的每个字节甚至每一位定义一个特定的含义。同时了解数据存储区中各存储器的分配，对编程是十分必要的。

④ 用户程序存储区：存放用户输入的编程指令、控制程序。

3. 输入输出模块

可编程序控制器是一种工业控制计算机系统，它的控制对象是工业生产过程，与 DCS 相似，它与工业生产过程的联系也是通过输入输出接口模块（I/O）实现的。I/O 模块是可编程序控制器与生产过程相联系的桥梁。

PLC 连接的过程变量按信号类型可分为开关量（即数字量）、模拟量和脉冲量等，相应输入输出模块可分为开关量输入模块、开关量输出模块、模拟量输入模块、模拟量输出模块和脉冲量输入模块等。

4. 编程器

（1）编程器的功能　编程器是 PLC 必不可少的重要外部设备。编程器将用户所希望的功能通过编程语言送到 PLC 的用户程序存储器。编程器不仅能对程序进行写入、读出、修改，还能对 PLC 的工作状态进行监控。随着 PLC 的功能不断增强，编程语言多样化，编程已经可以在计算机上完成。

（2）编程器的工作方式　编程器有两种编程方式，即在线编程方式和离线编程方式。在线（联机）编程方式是指编程器与 PLC 上的专用插座相连，或通过专用接口相连，程序可直接写入 PLC 的用户程序存储器中，也可先在编程器的存储器内存放，然后再下装到 PLC 中。在线编程方式可对程序进行调试和修改，并可监视 PLC 内部器件（如定时器、计数器）的工作状态，还可强迫某个器件置位或复位，强迫输出。离线（脱机）编程方式是指编程器先不与 PLC 相连，编制的程序先存放在编程器的存储器中，程序编写完毕，再与 PLC 连接，将程序送到 PLC 存储器中。离线编程不影响 PLC 的工作，但不能实现对 PLC

的监视。

（3）编程器的分类 现在使用的编程器主要有便携式编程器和通用计算机。便携式编程器又称为简易编程器，这种编程器通常直接与 PLC 上的专用插座相连，由 PLC 给编程器提供电源。这种编程器一般只能用助记符指令形式编程，通过按键将指令输入，并由显示窗口显示。便携式编程器只能联机编程，对 PLC 的监控功能少，便于携带，因此适合小型 PLC的编程要求。在通用计算机中加上适当的硬件接口和软件包，使用这些计算机能进行编程。通常用这种方式可直接进行梯形图编程，监控的功能也较强。

三、可编程序控制器的编程语言

可编程序控制器目前常用的编程语言有以下几种：梯形图语言、助记符语言、功能表图和某些高级语言。原来使用的手持编程器多采用助记符语言，现在多采用梯形图语言，也有采用功能表图语言。

1. 梯形图语言

梯形图是使用的最多的一种编程语言，在形式上类似于继电器的控制电路，二者的基本构思是一致的，只是使用符号和表达方式有所区别，因此是非常形象、易学的一种编程语言。

梯形图从上至下按行编写，每一行则按从左至右的顺序编写。CPU 将按自左到右、从上而下的顺序执行程序。梯形图的左侧竖直线称为母线（源母线）。梯形图的左侧安排输入触点（如果有若干个触点相并联的支路应安排在最左端）和中间继电器触点（运算中间结果），最右边必须是输出元素。

例如某一过程控制系统，工艺要求开关 1 闭合 40s 后，指示灯亮，按下开关 2 后灯熄灭。图 4-22(a) 为实现这一功能的一种梯形图程序（OMRON PLC），它是由若干个梯级组成的，每一个输出元素构成一个梯级，而每个梯级可由多条支路组成。

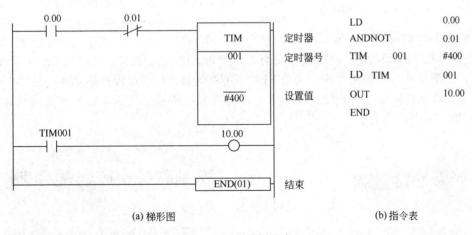

(a) 梯形图　　　　　　　　　　　　　　　　(b) 指令表

图 4-22 梯形图程序

梯形图中的输入触点只有两种：常开触点（—| |—）和常闭触点（—|/|—），这些触点可以是 PLC 的外接开关的内部影像触点，也可以是 PLC 内部继电器触点，或内部定时、计数器的状态。每一个触点都有自己特殊的编号，以示区别。同一编号的触点可以有常开和常闭两种状态，使用次数不限。因为梯形图中使用的"继电器"对应 PLC 内的存储区某字节或某位，所用的触点对应于该位的状态，可以反复读取，故人们称 PLC 有无限对触点。梯形图中的触点可以任意地串联、并联。

梯形图中的输出线圈对应 PLC 内存的相应位，输出线圈不仅包括中间继电器线圈、辅助继电器线圈以及计数器、定时器，还包括输出继电器线圈，其逻辑动作只有线圈接通后，对应的触点才可能发生动作。用户程序运算结果可以立即为后续程序所利用。

2. 助记符语言

助记符语言又称命令语句表达式语言，它常用一些助记符来表示 PLC 的某种操作。助记符语言类似微机中的汇编语言，但比汇编语言更直观易懂。用户可以很容易地将梯形图语言转换成助记符语言。

图 4-22(b) 为梯形图对应的用助记符表示的指令表。

这里要说明的是不同厂家生产的 PLC 所使用的助记符各不相同，因此同一梯形图写成的助记符语句不相同。用户在梯形图转换为助记符时，必须先弄清 PLC 的型号及内部各器件编号、使用范围和每一条助记符的使用方法。

由于 PLC 的编程语言与 PLC 的型号有关，下面以日本 OMRON（欧姆龙）公司生产的 PLC 为例来进一步说明 PLC 的应用。

四、OMRON C 系列 PLC

1. 简介

日本 OMRON（欧姆龙）公司的 PLC 在中国有较大的市场占有率，OMRON C 系列 PLC 有微型、小型、中型和大型四大类十几种型号。微型 PLC 以 C20P 和 C40H 为代表，

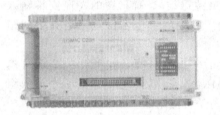

图 4-23　SYSMAC C28H 外形示意图

是整体结构，I/O 容量为几十点，最多可扩至 120 点。图 4-23 为 SYSMAC C28H 外形示意图。小型 PLC 分为 C120 和 C200H 两种，C120 最多可扩展 256 点 I/O，是紧凑型整体结构。此型号为 OMRON 公司较早期产品，为了得到更好的性价比，可选用 P 型机升级产品 COM1A 或 CPM2A 替代，图 4-24 为 CPM1A 系列外观图。而 C200H PLC 虽然也属于小型 PLC，但它是紧凑型模块式结构，可扩展到控制 384 点 I/O，同时还可以配置智能 I/O 模块，是一种小型高性能 PLC，图 4-25 为 C200H 外形示意图。中型 PLC 有 C500 和 C1000H 两种，I/O 容量分别为 512 点和 1024 点。此外 C1000HPLC 采用多处理器结构，功能整齐，处理速度快。大型 PLC 有 C2000H，I/O 点数可达 2048 点，同时多处理器和双冗余结构使得 C2000H 不仅功能全、容量大，而且速度快，由于也是模块化结构，外形与 C200H 相近。

图 4-24　CPM1A 系列外观图

图 4-25　C200H 外形示意图

2. OMRON PLC 指令

OMRON PLC 有多个系列，指令系统也有区别，但基本指令基本相同。OMRON PLC 指令大多数也是按照位（bit）寻址，个别指令按照通道寻址。按位寻址的地址编号为：通道号。位号，如 0.00 表示 0 通道的第 0 位，位的表示采用十进制数，范围为 0~15。在 OMRON PLC 中，对于输入、输出等继电器的编号不用加字母。小型整体 PLC 的输入、输出编号是固定不变的，使用者可以按照 PLC 主机标注编号编程；对于模块式 PLC 则根据输

入或输出模块安装位置决定其编号。

OMRON PLC 指令有很多条，如 C200H PLC 具有 145 条指令。指令按功能可分为两大类，一类是基本指令，是指直接对输入、输出点进行简单操作的指令，是梯形图控制的最基本指令，包括输入、输出和逻辑"与"、"或"、"非"等；另一类是特殊功能指令，是指进行数据处理、运算和顺序控制等操作的指令，包括定时器与计数器指令、数据移位指令、数据传送指令、数据比较指令、算术运算指令、数制转换指令、逻辑运算指令、程序分支与转移指令、子程序与中断控制指令、步进指令以及一些系统操作指令等。

指令是由助记符和操作数组成的，助记符表示指令要完成的功能，操作数指出了要操作的对象。若操作数是一个立即数则用 ♯nnnn 表示，不加♯号的操作数被认作通道号。输入基本指令时，只要按下编程器上相应的指令键即可。C200H PLC 系统为每条特殊功能指令在助记符后附一个特定的功能（Function）代码，用两位数字表示。书写时，助记符后面要书写该指令的功能代码，并用一对圆括号将代码括起来。用编程器输入时，只要按下"FUN"键和功能代码即可。

（1）OMRON PLC 的基本指令

① LD 和 LD NOT 指令　LD 和 LD NOT 指令是梯形图每一个程序段或一条逻辑行的起始。LD 和 LD NOT 可分别表示连接的起始触点为常开触点和常闭触点。

② OUT 和 OUT NOT 指令　OUT 指令表示将逻辑操作的结果输出给指定的输出继电器、内部辅助继电器、保持继电器或移位寄存器等。OUT NOT 指令表示将逻辑操作的结果取反后，再输出给上述继电器或移位寄存器。OUT 和 OUT NOT 指令用于一个继电器线圈，是每一条逻辑行的结束元件。

③ AND 和 AND NOT 指令　AND 指令表示与常开触点串联；AND NOT 指令表示与常闭触点串联。

④ OR 和 OR NOT 指令　OR 指令表示与常开触点并联；OR NOT 指令表示与常闭触点并联。

⑤ AND LD 指令　用于两个程序段的串联。

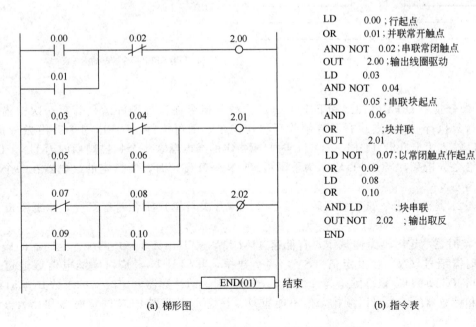

```
LD       0.00 ;行起点
OR       0.01 ;并联常开触点
AND NOT  0.02 ;串联常闭触点
OUT      2.00 ;输出线圈驱动
LD       0.03
AND NOT  0.04
LD       0.05 ;串联块起点
AND      0.06
OR            ;块并联
OUT      2.01
LD NOT   0.07 ;以常闭触点作起点
OR       0.09
LD       0.08
OR       0.10
AND LD        ;块串联
OUT NOT  2.02 ;输出取反
END
```

(a) 梯形图　　　　　　　　　　　　　(b) 指令表

图 4-26　OMRON PLC 的基本指令应用示例

⑥ OR LD 指令　用于两个程序段的并联。

⑦ END 指令　表示程序结束。每个程序的结束都必须有一条结束指令，没有结束指令的程序不执行。

图 4-26 是 OMRON 基本指令的一个实例。

（2）几个功能指令　功能指令很多，这里仅介绍其中几个。指令后括号里的数字代表指令的编号。

① 保持指令 KEEP（11）　KEEP 是保持指令，它执行继电器保持操作，可保持为 ON 或 OFF 状态，直到它的两个输入端之一使它复位或置位。KEEP 指令的梯形图符号如图 4-27 所示。当置位输入 S（上行）为 ON 时，继电器为 ON 状态；当复位输入 R（下行）为 ON 时，继电器为 OFF 状态。当置位输入与复位输入同时为 ON 时，复位输入优先。

图 4-27 是电机启动控制的程序图。要求按下启动按钮 0.00 后电机启动，按下停止按钮 0.01 后电机停转，10.00 是控制交流接触器的线圈。图 4-27(a) 是利用基本指令自锁电路来实现上述控制要求的梯形图。图 4-27(b)、(d) 是利用 KEEP 指令实现上述控制要求的梯形图和指令表。

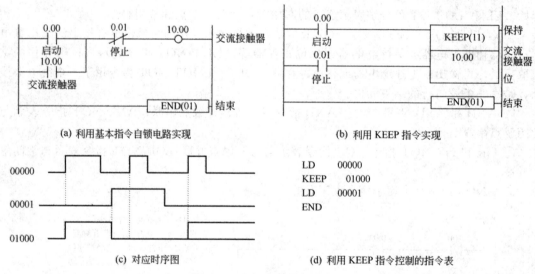

(a) 利用基本指令自锁电路实现

(b) 利用 KEEP 指令实现

(c) 对应时序图

```
LD      00000
KEEP    01000
LD      00001
END
```

(d) 利用 KEEP 指令控制的指令表

图 4-27　电机启动控制程序图

② 微分指令 DIFU（13）和 DIFD（14）　微分指令在执行条件满足后第一次扫描时才执行，且只执行一次；若执行条件解除后再次满足，则再执行。DIFU 是上升沿微分指令，当 DIFU 输入为上升沿（OFF→ON）时，所指定的继电器在一个扫描周期内为 ON。DIFD 是下降沿微分指令，当 DIFD 输入为下降沿（ON→OFF）时，所指定的继电器在一个扫描周期内为 ON。

图 4-28 是微分指令的一个实例。按键开关（开关自锁）闭合时红灯亮，由通变断开时绿灯亮。

③ 定时器　定时器为递减型，有低速 TIM 和高速 TIMH（15）两种。定时器的操作数包括定时器编号（N）和设定值（SV）两个数据，其编号 N 对应 TC 继电器区通道地址 000～511（C200H），该范围是与计数器共同的范围，即计数器和定时器的个数共为 512 个，定时器和计数器的编号可以顺排，但不能重复。注意不同系列 PLC 的定时器和计数器的编号范围也不同。

低速定时指令执行减 1 延时闭合操作。延时设定值为 0000～9999，度量单位为 0.1s，

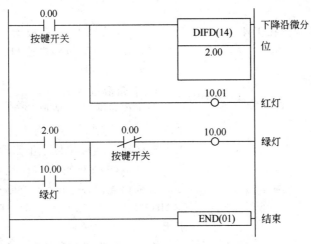

图 4-28　微分指令应用示例

相应的设定时间为 0～999.9s。低速定时操作功能为：当定时器的输入为 ON 时开始定时，定时到，则定时器输出 ON，否则为 OFF。无论何时只要定时器的输入为 OFF，则定时器的输出为 OFF。

高速定时指令执行减 1 高速延时闭合操作。延时设定值为 0000～9999，度量单位为 0.01s，相应的设定时间是 0～99.99s。

定时器的应用表示方法参见图 4-22。

④ 计数器　计数器包括单向递减型 CNT 和双向可逆型 CNTR（12）两种，其操作数包括计数器编号和设定值两个数据。

计数指令 CNT 执行单向减 1 操作的计数。计数器设定值范围为 0000～9999。当计数输入信号从 OFF→ON（上升沿）时，计数器的当前计数值（PV）减 1。如计数器的当前值为 0000 时，"计数到"输出为 ON，并保持到复位信号为 ON 时。当复位信号从 OFF→ON（上升沿）时，当前值（PV）重新为设定值（SV）。计数器在复位信号为 ON 时，不接受计数输入。

图 4-29 为利用 PLC 进行自动包装设备的控制梯形图。每 20 个产品为一包装盒，利用计数器指令进行计数。注意 OMRON 的 PLC 计数器和定时器一般为递减型，而 SIMENS 的 PLC 为递增型。

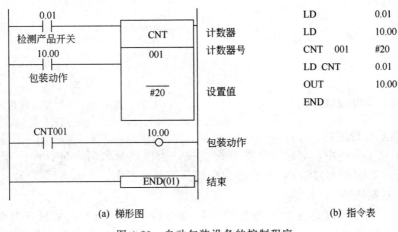

(a) 梯形图　　　　　　　　　　　(b) 指令表

图 4-29　自动包装设备的控制程序

五、应用示例

PLC 可编程序控制器在工业生产中广泛应用，本节以 PLC 完成液位控制、过程变量越限报警控制和自动包装机控制为例，简单说明 PLC 在企业的应用情况。

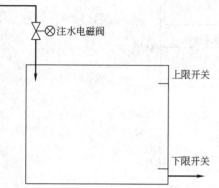

图 4-30　水箱液位控制示意图

1. 水箱液位控制

为了保证水箱液位保持在一定范围，分别在控制的上限和下限设置检测传感器，用 PLC 控制注入水电磁阀。当液位低于下限时，下限检测开关断开，打开电磁阀开始注水；当注水达到上限位置时，上限检测开关闭合，切断电磁阀。PLC 采用 OMRON 的 CPM2A-60CDR。工艺要求如图 4-30 所示。

输入、输出点分配如下：上限检测开关　0.00
下限检测开关　0.01
电磁阀　　　　10.00

控制接线如图 4-31 所示，图 4-32 为液位控制梯形图。当低于液位下限时，下限开关与上限开关均断开，0.00 与 0.01 常闭触点闭合，使输出继电器 10.00 导通，注水电磁阀打开；一旦超过下限液位，虽然 0.01 触点断开，但由于 10.00 触点的自锁作用，仍保证注水阀打开，直至上限检测开关闭合，0.00 的常闭触点断开，输出继电器 10.00 断开，注水阀关闭。

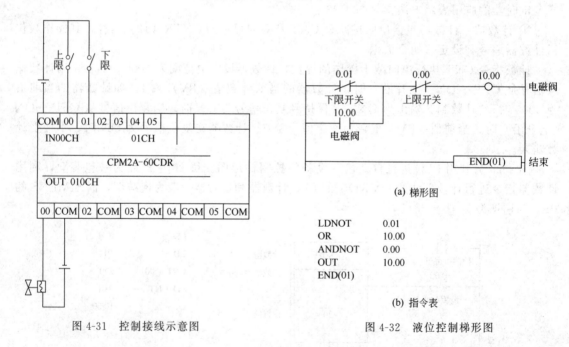

图 4-31　控制接线示意图

(a) 梯形图

LDNOT	0.01
OR	10.00
ANDNOT	0.00
OUT	10.00
END(01)	

(b) 指令表

图 4-32　液位控制梯形图

2. 变量越限报警控制

PLC 用于化工生产中，对过程变量进行监视，当出现越限时，进行声光报警。下面根据不同报警要求，利用 OMRON PLC 依次介绍其控制梯形图。

（1）基本控制环节

① 工艺要求过程变量越限后立即用指示灯和电笛报警，当工艺变量恢复到正常之后，报警自动解除。按此要求，设计梯形图如图 4-33 所示。如工艺变量通过带电接点的压力仪

表接到 PLC 的 0.00 点，10.00 接电笛，10.01 接指示灯。

当压力表越限后，电接点闭合，PLC 将该状态扫描储存在 0.00 中，执行该段梯形图。由于 0.00 存"1"（ON 状态），对应的常开触点闭合，10.00 和 10.01"通"，并将该结果刷新输出到 PLC 输出接点，灯和电笛接通。

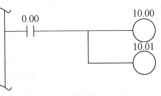

图 4-33 报警梯形图之一

当压力表恢复到正常值后，其电接点断开，0.00 内为"0"（OFF 状态）。0.00 对应的常开点断开，灯和电笛断开。

② 在实际中往往要求一旦变量超限，即使恢复到正常值，仍然进行声光报警，直到操作人员按下确定按钮后，报警才解除。

要想保持报警，必须把报警情况记忆住。图 4-34 采用自锁方法，一旦 0.00 接通，中间辅助点 2.00 接通，并通过它自己的常开触点锁住。只有当按下解除按钮（点动，接到 0.01 点上）且变量已经恢复到正常值后，由于 0.01 的常闭点断开而自锁解除，报警灯和电笛才断开。

记忆报警信息也可以采用 KEEP 指令来实现。

③ 在②的要求基础上，要求一旦报警，指示灯是闪亮的。图 4-35 为符合该要求的梯形图。

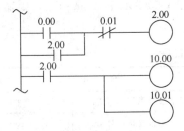

图 4-34 报警梯形图之二

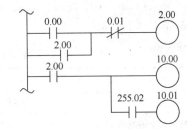

图 4-35 报警梯形图之三

闪亮即要求在通、断两个状态循环。一种方法是用两个定时器来实现通断控制；另一种方法是利用 PLC 内部的特殊继电器来实现。OMRON PLC 有不少脉冲继电器，其中 255.02 是一种脉冲特殊继电器（0.5s 通、0.5s 断）。

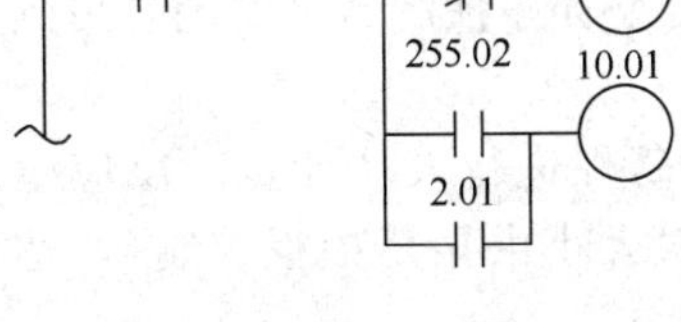

④ 在③的要求基础上，如果允许按下消音按钮（点动），则电笛断开，灯变成平光。图 4-36 为符合要求的梯形图。

消音按钮（接 0.02）是点动的，因此，要保证松开后，仍有效，需要在报警状态下记忆该动作。可以自锁，也可用 KEEP 指令。在这里用 KEEP 指令实现，按下 0.02 使 2.01 保持接通。2.01 的常闭点断开使电笛断开，其常开点闭合使 255.02 被短路，灯变平光。当按下解除按钮后，记忆擦除。

（2）闪光报警系统 如图 4-37 所示的加热炉的安全联锁保护系统中，共有三个联锁报警点，分别为：燃料流量下限、原料流量下限和火焰检测（熄火时检测装置触点导

图 4-36 报警梯形图之四

通）。要求用三个指示灯指示三个报警点。无论哪一变量工艺超限，立即联锁，切断压缩空气，且指示灯闪光、蜂鸣器响，以示报警。当按下消音按钮后，灯光变为平光，蜂鸣器不响；只有在事故解除后，人工复位，才能解除联锁，灯光熄灭。按下实验按钮，灯变为平

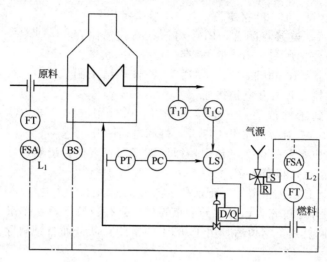

图 4-37　加热炉的安全联锁保护系统

光，蜂鸣器响。

在整个系统中有三个工艺检测输入、一个复位按钮、一个实验按钮和一个消音按钮，输出有三个指示灯和一个电磁阀。若采用 OMRON CPM2A-60CDR PLC 来控制，则输入、输出点分配如表 4-1 所示。

表 4-1　输入、输出点分配表

输　入		输　出	
燃料流量下限检测 FL1	00001	燃料流量下限报警指示灯 L1	01001
原料流量下限检测 FL2	00002	原料流量下限报警指示灯 L2	01002
火焰检测 BS	00003	火焰熄灭报警指示灯 L3	01003
消音按钮 AN1	00000	电磁阀 V	01000
复位按钮 AN2	00004	蜂鸣器 D	01004
实验按钮 AN3	00005		

按照前面的控制要求和输入、输出点分配情况，设计系统接线示意图如图 4-38 所示，控制梯形图较复杂，在此省略。

3. 自动包装机控制

在化工生产中，生产的产品，如尿素、碳铵、聚氯乙烯、氯乙烯等为粉状或颗粒状，大多时候要用包装机自动成袋包装。包装过程如果采用一般气动元件和继电器来控制，存在许多问题：准确度低、易损坏、体积大和维修困难等。而采用可编程序控制器来实现，可延长设备的寿命，提高包装的精度。

包装机的工作流程如图 4-39 所示。该包装机采用双计量磅秤进行成品计量。反应生成的成品由传送带送来，通过 A、B 秤振荡器向秤斗给料（给料大小由振荡挡板控制），达到预定质量后，停止给料，经过渡料斗装袋，然后由传送皮带运走。

该包装机用 PLC 控制，有 8 个开关输入量，8 个开关输出量。PLC 的输入、输出点分配见表 4-2。

控制流程如图 4-40 所示。启动主机后，如果秤斗内物料没有达到规定值（如 50kg），光电检测开关 1 闭合，经延时 1s 后，振荡器起振，挡板打开，向秤斗给料。当料接近规定

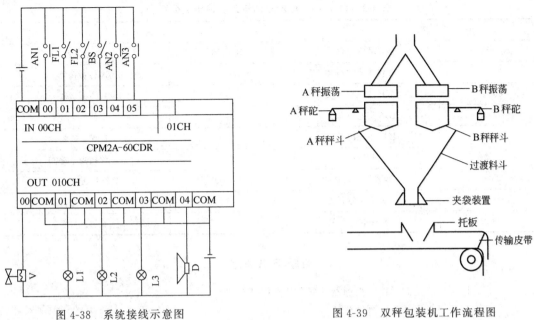

图 4-38　系统接线示意图　　　　　　　　图 4-39　双秤包装机工作流程图

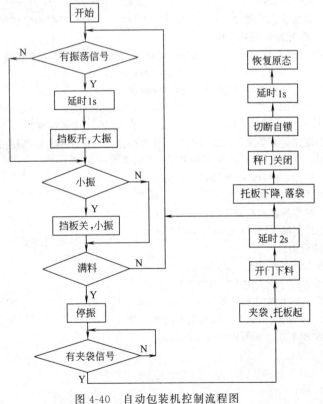

图 4-40　自动包装机控制流程图

值时（如达到 48kg），光电开关 2 闭合，挡板关闭，进行小振给料。当满料后，振荡器给料结束，振荡停止。此时，如果该秤满足以下条件：满料、有夹袋信号、另一个秤斗未在下料，该秤可以开始下料。下料 2s 后，料斗内物料少于规定值，光电开关 1 闭合，满足下一次振荡要求，但为了能使称量系统准备好，延时 1s 后再振荡，开始下一个循环。

表 4-2　自动包装机 PLC 的输入、输出点分配表

输　入		输　出	
输入端子	对应元件	输出端子	对应元件
00000	A 料斗光电开关 1	01000	A 秤振荡器
00001	A 料斗光电开关 2	01001	B 秤振荡器
00002	B 料斗光电开关 1	01002	A 秤电磁阀
00003	B 料斗光电开关 2	01003	B 秤电磁阀
00004	夹袋按钮	01004	A 秤挡板电磁阀
00005	计数器复位按钮	01005	B 秤挡板电磁阀
00006	A 秤故障开关	01006	夹袋电磁阀
00007	B 秤故障开关	01007	外部计数器

习题与思考题

1. 什么是控制器的控制规律？控制器有哪些基本控制规律？

2. 双位控制规律是怎样的？有何优缺点？

3. 比例控制规律是怎样的？什么是比例控制的余差？为什么比例控制会产生余差？

4. 何谓比例控制器的比例度？

5. 一台 DDZ-Ⅲ型温度比例控制器，测量的全量程为 0～1000℃，当指示值变化 100℃，控制器比例度为 80%，求相应的控制器输出将变化多少？

6. 比例控制器的比例度对控制过程有什么影响？选择比例度时要注意什么问题？

7. 试写出积分控制规律的数学表达式。为什么积分控制能消除余差？

8. 什么是积分时间 T_1？试述积分时间对控制过程的影响。

9. 某台 DDZ-Ⅲ型比例积分控制器，比例度为 100%，积分时间为 2min。稳态时，输出为 5mA。某瞬间，输入突然增加了 0.2mA，试问经过 5min 后，输出将由 5mA 变化到多少？

10. 理想微分控制规律的数学表达式是什么？为什么微分控制规律不能单独使用？

11. 试写出比例积分微分（PID）三作用控制规律的数学表达式。

12. 试分析比例、积分、微分控制规律各自的特点。

13. 数字式控制器的主要特点是什么？

14. 简述数字式控制器的基本构成以及各部分的主要功能。

15. 试述可编程序控制器（PLC）的功能与特点。

16. 试简述 PLC 的分类。

17. PLC 主要由哪几部分组成？

18. PLC 目前常用的编程语言主要有哪些？

19. 开关 A 闭合后，输出阀门 B 立即导通；开关 A 断开后，阀门 B 延时 4s 断开。按照上述控制要求，试用 OMRON CPM 2A 系列 PLC 指令系统编制控制梯形图。

20. 使用 OMRON PLC 指令编写两组抢答梯形图。

第五章 执 行 器

执行器是自动控制系统中的一个重要组成部分。它的作用是接收控制器送来的控制信号，改变被控介质的流量，从而将被控变量维持在所要求的数值上或一定的范围内。

执行器按其能源形式可分为气动、电动、液动三大类。气动执行器用压缩空气作为能源，其特点是结构简单、动作可靠、平稳、输出推力较大、维修方便、防火防爆，而且价格较低，因此广泛地应用于化工、炼油等生产过程中。它可以方便地与气动仪表配套使用。即使是采用电动仪表或计算机控制时，只要经过电-气转换器或电-气阀门定位器将电信号转换为 0.02~0.1MPa 的标准气压信号，仍然可用气动执行器。电动执行器的能源取用方便，信号传递迅速，但由于它结构复杂、防爆性能差，故较少应用。液动执行器在化工、炼油等生产过程中基本上不使用。

第一节 气动执行器

气动执行器由执行机构和控制机构（阀）两部分组成。执行机构是执行器的推动装置，它按控制信号压力的大小产生相应的推力，推动控制机构动作，所以它是将信号压力的大小转换为阀杆位移的装置。控制机构是执行器的控制部分，它直接与被控介质接触，控制流体的流量。所以它是将阀杆的位移转换为流过阀的流量的装置。

图 5-1 是一种常用气动执行器的示意图。气压信号由上部引入，作用在薄膜上，推动阀杆产生位移，改变了阀芯与阀座之间的流通面积，从而达到了控制流量的目的。图中上半部为执行机构，下半部为控制机构。

气动执行器有时还配备一定的辅助装置。常用的有阀门定位器和手轮机构。阀门定位器的作用是利用反馈原理来改善执行器的性能，使执行器能按控制器的控制信号，实现准确的定位。手轮机构的作用是当控制系统因停电、停气、控制器无输出或执行机构失灵时，利用它可以直接操纵控制阀，以维持生产的正常进行。

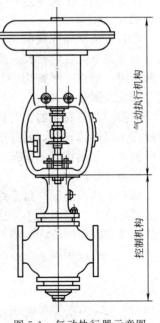

图 5-1 气动执行器示意图

— 动画 —

一、气动执行器的结构与分类   — 微课 —

前面已经提到，气动执行器主要由执行机构与控制机构两大部分组成。根据不同的使用要求，它们又可分为许多不同的形式，下面分别加以叙述。

1. 执行机构

气动执行机构主要分为薄膜式和活塞式两种。其中薄膜式执行机构最为常用，它可以用作一般控制阀的推动装置，组成气动薄膜式执行器，习惯上称为气动薄膜调节阀。它的结构简单、价格便宜、维修方便，应用广泛。

气动活塞式执行机构的推力较大，主要适用于大口径、高压降控制阀或蝶阀的推动装置。

除薄膜式和活塞式之外，还有长行程执行机构。它的行程长、转矩大，适于输出转角（0°～90°）和力矩，如用于蝶阀或风门的推动装置。

气动薄膜式执行机构有正作用和反作用两种形式。当来自控制器或阀门定位器的信号压力增大时，阀杆向下动作的叫正作用执行机构（ZMA 型）；当信号压力增大时，阀杆向上动作的叫反作用执行机构（ZMB 型）。正作用执行机构的信号压力是通入波纹膜片上方的薄膜气室；反作用执行机构的信号压力是通入波纹膜片下方的薄膜气室。通过更换个别零件，两者便能互相改装。

根据有无弹簧执行机构可分为有弹簧的及无弹簧的，有弹簧的薄膜式执行机构最为常用，无弹簧的薄膜式执行机构常用于双位式控制。

有弹簧的薄膜式执行机构的输出位移与输入气压信号成比例关系。当信号压力（通常为 0.02～0.1MPa）通入薄膜气室时，在薄膜上产生一个推力，使阀杆移动并压缩弹簧，直至弹簧的反作用力与推力相平衡，推杆稳定在一个新的位置。信号压力越大，阀杆的位移量也越大。阀杆的位移即为执行机构的直线输出位移，也称行程。行程规格有 10mm、16mm、25mm、40mm、60mm、100mm 等。

2. 控制机构

控制机构即控制阀，实际上是一个局部阻力可以改变的节流元件。通过阀杆上部与执行机构相连，下部与阀芯相连。由于阀芯在阀体内移动，改变了阀芯与阀座之间的流通面积，即改变了阀的阻力系数，被控介质的流量也就相应地改变，从而达到控制工艺参数的目的。

根据不同的使用要求，控制阀的结构形式很多，主要有以下几种。

（1）直通单座控制阀 这种阀的阀体内只有一个阀芯与阀座，如图 5-2 所示。其特点是结构简单、泄漏量小，易于保证关闭，甚至完全切断。但是在压差大的时候，流体对阀芯上下作用的推力不平衡，这种不平衡力会影响阀芯的移动。因此这种阀一般应用在小口径、低压差的场合。

（2）直通双座控制阀 阀体内有两个阀芯和阀座，如图 5-3 所示。这是最常用的一种类型。由于流体流过的时候，作用在上、下两个阀芯上的推力方向相反而大小近于相等，可以互相抵消，所以不平衡力小。但是，由于加工的限制，上下两个阀芯阀座不易保证同时密闭，因此泄漏量较大。

根据阀芯与阀座的相对位置，这种阀可分为正作用式与反作用式（或称正装与反装）两种形式。当阀体直立，阀杆下移时，阀芯与阀座间的流通面积减小的称为正作用式，图 5-3 所示的为正作用式时的情况。如果将阀芯倒装，则当阀杆下移时，阀芯与阀座间流通面积增大，称为反作用式。

（3）角形控制阀 角形阀的两个接管呈直角形，一般为底进侧出，如图 5-4 所示。这种阀的流路简单、阻力较小，适用于现场管道要求直角连接，介质为高黏度、高压差和含有少量悬浮物和固体颗粒状的场合。

（4）三通控制阀 三通阀共有三个出入口与工艺管道连接。其流通方式有合流（两种介

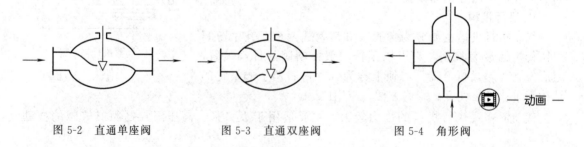

图 5-2　直通单座阀　　　　图 5-3　直通双座阀　　　　图 5-4　角形阀

质混合成一路）型和分流（一种介质分成两路）型两种，分别如图 5-5（a）、（b）所示。这种阀可以用来代替两个直通阀，适用于配比控制与旁路控制。与直通阀相比，组成同样的系统时，可省掉一个二通阀和一个三通接管。

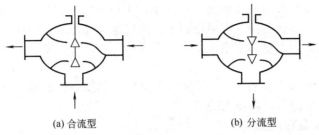

(a) 合流型　　　　　　　　　　(b) 分流型

图 5-5　三通阀

（5）隔膜控制阀　它采用耐腐蚀衬里的阀体和隔膜，如图 5-6 所示。隔膜阀结构简单、流阻小、流通能力比同口径的其他种类的阀要大。由于介质用隔膜与外界隔离，故无填料，介质也不会泄漏。这种阀耐腐蚀性强，适用于强酸、强碱、强腐蚀性介质的控制，也能用于高黏度及悬浮颗粒状介质的控制。

图 5-6　隔膜阀

选用隔膜阀时，应注意执行机构须有足够的推力。一般隔膜阀直径大于 D_g100mm 时，均采用活塞式执行机构。由于受衬里材料性质的限制，这种阀的使用温度宜在 150℃ 以下，压力在 1MPa 以下。

（6）蝶阀　又名翻板阀，如图 5-7 所示。蝶阀具有结构简单、重量轻、价格便宜、流阻极小的优点，但泄漏量大，适用于大口径、大流量、低压差的场合，也可以用于含少量纤维或悬浮颗粒状介质的控制。

（7）球阀　球阀的阀芯与阀体都呈球形体，转动阀芯使之与阀体处于不同的相对位置时，就具有不同的流通面积，以达到流量控制的目的，如图 5-8 所示。

球阀阀芯有"V"形和"O"形两种开口形式，分别如图 5-9（a）、（b）所示。O 形球阀的节流元件是带圆孔的球形体，转动球体可起控制和切断的作用，常用于双位式控制。V 形球阀的节流元件是 V 形缺口球形体，转动球心使 V 形缺口起节流和剪切的作用，适用于高黏度和污秽介质的控制。

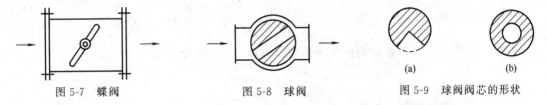

图 5-7　蝶阀　　　　　　图 5-8　球阀　　　　　(a)　　(b)

图 5-9　球阀阀芯的形状

（8）凸轮挠曲阀　又名偏心旋转阀。它的阀芯呈扇形球面状，与挠曲臂及轴套一起铸成，固定在转动轴上，如图 5-10 所示。凸轮挠曲阀的挠曲臂在压力作用下能产生挠曲变形，使阀芯球面与阀座密封圈紧密接触，密封性好。同时，它的重量轻、体积小、安装方便，适用于高黏度或带有悬浮物的介质流量控制。

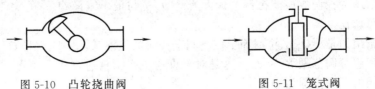

图 5-10　凸轮挠曲阀　　　　　　图 5-11　笼式阀

（9）笼式阀　又名套筒型控制阀，它的阀体与一般的直通单座阀相似，如图 5-11 所示。笼式阀内有一个圆柱形套筒（笼子）。套筒壁上有一个或几个不同形状的孔（窗口），利用套筒导向，阀芯在套筒内上下移动，由于这种移动改变了笼子的节流孔面积，就形成了各种特性并实现流量控制。笼式阀的可调比大、振动小、不平衡力小、结构简单、套筒互换性好，更换不同的套筒（窗口形状不同）即可得到不同的流量特性，阀内部件所受的汽蚀小、噪声小，是一种性能优良的阀，特别适用于要求低噪声及压差较大的场合，但不适用高温、高黏度及含有固体颗粒的流体。

除以上所介绍的阀以外，还有一些特殊的控制阀。例如小流量阀适用于小流量的精密控制，超高压阀适用于高静压、高压差的场合。

二、控制阀的流量特性

控制阀的流量特性是指被控介质流过阀门的相对流量与阀门的相对开度（相对位移）间的关系，即

$$\frac{Q}{Q_{\max}} = f\left(\frac{l}{L}\right) \tag{5-1}$$

式中，相对流量 $Q/Q_{\max}$ 是控制阀某一开度时流量 Q 与全开时流量 $Q_{\max}$ 之比。相对开度 l/L 是控制阀某一开度行程 l 与全开行程 L 之比。

一般来说，改变控制阀阀芯与阀座间的流通截面积，便可控制流量。但实际上还有多种因素影响，例如在节流面积改变的同时还发生阀前后压差的变化，而这又将引起流量变化。

为了便于分析，先假定阀前后压差固定，然后再引申到真实情况，于是有理想流量特性与工作流量特性之分。

1. 控制阀的理想流量特性　　　　　　　　　　　　🎧 — 微课 —

在不考虑控制阀前后压差变化时得到的流量特性称为理想流量特性。它取决于阀芯的形状（图 5-12），主要有直线、等百分比（对数）、抛物线及快开等几种。

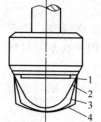

图 5-12　不同流量
特性的阀芯形状
1—快开；2—直线；
3—抛物线；4—等
百分比

（1）直线流量特性　直线流量特性是指控制阀的相对流量与相对开度成直线关系，即单位位移变化所引起的流量变化是常数。用数学式表示为

$$\frac{\mathrm{d}\left(\dfrac{Q}{Q_{\max}}\right)}{\mathrm{d}\left(\dfrac{l}{L}\right)} = K \tag{5-2}$$

式中，K 为常数，即控制阀的放大系数。将式(5-2)积分可得

$$\frac{Q}{Q_{\max}} = K\frac{l}{L} + C \tag{5-3}$$

式中，C 为积分常数。边界条件为：$l=0$ 时 $Q=Q_{\min}$（$Q_{\min}$ 为控制阀能控制的最小流量）；$l=L$ 时 $Q=Q_{\max}$。把边界条件代入式(5-3)，可分别得

$$C = \frac{Q_{\min}}{Q_{\max}} = \frac{1}{R}, \quad K = 1 - C = 1 - \frac{1}{R} \tag{5-4}$$

式中，R 为控制阀所能控制的最大流量 $Q_{\max}$ 与最小流量 $Q_{\min}$ 的比值，称为控制阀的可调范围或可调比。

值得指出的是，$Q_{\min}$ 并不等于控制阀全关时的泄漏量，一般它是 $Q_{\max}$ 的 2%～4%。国产控制阀理想可调范围 R 为 30（这是对于直通单座、直通双座、角形阀和阀体分离阀而言的。隔膜阀的可调范围为 10）。

将式(5-4) 代入式(5-3)，可得

$$\frac{Q}{Q_{max}}=\frac{1}{R}\left[1+(R-1)\frac{l}{L}\right] \tag{5-5}$$

式(5-5) 表明 $\frac{Q}{Q_{max}}$ 与 $\frac{l}{L}$ 之间呈线性关系，在直角坐标上是
一条直线（如图 5-13 中直线 2 所示）。要注意的是当可调比 R
不同时，特性曲线在纵坐标上的起点是不同的。当 $R=30$，
$\frac{l}{L}=0$ 时，$\frac{Q}{Q_{max}}=0.33$。为便于分析和计算，假设 $R=\infty$，即
特性曲线以坐标原点为起点，这时当位移变化 10% 所引起的
流量变化总是 10%。但流量变化的相对值是不同的，以行程
的 10%、50% 及 80% 三点为例，若位移变化量都为 10%，则

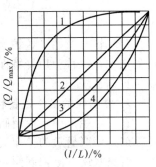

图 5-13　理想流量特性
1—快开；2—直线；
3—抛物线；4—等百分比曲线

在 10% 时，流量变化的相对值为 $\frac{20-10}{10}\times100\%=100\%$

在 50% 时，流量变化的相对值为 $\frac{60-50}{50}\times100\%=20\%$

在 80% 时，流量变化的相对值为 $\frac{90-80}{80}\times100\%=12.5\%$

可见，在流量小时，流量变化的相对值大；在流量大时，流量变化的相对值小。也就是
说，当阀门在小开度时控制作用太强；而在大开度时控制作用太弱，这是不利于控制系统的
正常运行的。从控制系统来讲，当系统处于小负荷时（原始流量较小），要克服外界干扰的
影响，希望控制阀动作所引起的流量变化量不要太大，以免控制作用太强产生超调，甚至发
生振荡；当系统处于大负荷时，要克服外界干扰的影响，希望控制阀动作所引起的流量变化
量要大一些，以免控制作用微弱而使控制不够灵敏。直线流量特性不能满足以上要求。

（2）等百分比（对数）流量特性　　等百分比流量特性是指单位相对行程变化所引起的相
对流量变化与此点的相对流量成正比关系，即控制阀的放大系数随相对流量的增加而增大。
用数学式表示为

$$\frac{d\left(\dfrac{Q}{Q_{max}}\right)}{d\left(\dfrac{l}{L}\right)}=K\,\frac{Q}{Q_{max}} \tag{5-6}$$

将式(5-6) 积分得

$$\ln\frac{Q}{Q_{max}}=K\,\frac{l}{L}+C$$

将前述边界条件代入，可得 $C=\ln\dfrac{Q_{min}}{Q_{max}}=\ln\dfrac{1}{R}=-\ln R$，$K=\ln R$，最后得

$$\frac{Q}{Q_{max}}=R^{\frac{l}{L}-1} \tag{5-7}$$

相对开度与相对流量成对数关系。曲线斜率（图 5-13 中曲线 4 所示）即放大系数随行程的
增大而增大。在同样的行程变化值下，流量小时，流量变化小，控制平稳缓和；流量大时，
流量变化大，控制灵敏有效。

（3）抛物线流量特性　　$\dfrac{Q}{Q_{max}}$ 与 $\dfrac{l}{L}$ 之间成抛物线关系，在直角坐标上为一条抛物线，它
介于直线及对数曲线之间。数学表达式为

$$\frac{Q}{Q_{\max}} = \frac{1}{R}\left[1 + (\sqrt{R} - 1)\frac{l}{L}\right]^2$$

（4）快开特性　这种流量特性在开度较小时就有较大流量，随开度的增大，流量很快就达到最大，故称为快开特性。快开特性的阀芯形式是平板形的，适用于迅速启闭的切断阀或双位控制系统。

2. 控制阀的工作流量特性

— 微课 —

在实际生产中，控制阀前后压差总是变化的，这时的流量特性称为工作流量特性。

（1）串联管道的工作流量特性　以图 5-14 所示串联系统为例来讨论，系统总压差 Δp 等于管路系统（除控制阀外的全部设备和管道的各局部阻力之和）的压差 Δp_2 与控制阀的压差 Δp_1 之和（图 5-15）。以 s 表示控制阀全开时阀上压差与系统总压差（即系统中最大流量时动力损失总和）之比。以 $Q_{\max}$ 表示管道阻力等于零时控制阀的全开流量，此时阀上压差为系统总压差。于是可得串联管道以 $Q_{\max}$ 作参比值的工作流量特性，如图 5-16 所示。

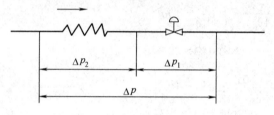

图 5-14　串联管道的情形

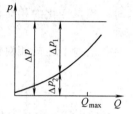

图 5-15　管道串联时控制阀压差变化情况

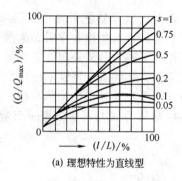

(a) 理想特性为直线型

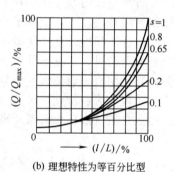

(b) 理想特性为等百分比型

图 5-16　串联管道时控制阀的工作特性

图中 $s=1$ 时，管道阻力损失为零，系统总压差全降在阀上，工作特性与理想特性一致。随着 s 值的减小，直线特性渐渐趋近于快开特性，等百分比特性渐渐接近于直线特性。所以，在实际使用中，一般希望 s 值不低于 $0.3\sim0.5$。

在现场使用中，如控制阀选得过大或生产在低负荷状态，控制阀将工作在小开度。有时，为了使控制阀有一定的开度而把工艺阀门关小些以增加管道阻力，使流过控制阀的流量降低，这样，s 值下降，使流量特性畸变，控制质量恶化。

（2）并联管道的工作流量特性　控制阀一般都装有旁路，以便手动操作和维护。当生产量提高或控制阀选小了时，只好将旁路阀打开一些，此时控制阀的理想流量特性就改变成为工作特性。

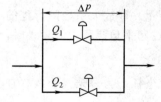

图 5-17　并联管道的情况

图 5-17 表示并联管道时的情况。显然这时管路的总流量 Q 是控制阀流量 Q_1 与旁路流量 Q_2 之和，即 $Q = Q_1 + Q_2$。

若以 x 代表并联管道时控制阀全开时的流量 $Q_{1\max}$ 与总管最大流量 $Q_{\max}$ 之比，可以得到在压差 Δp 为一定时，而 x 为不同

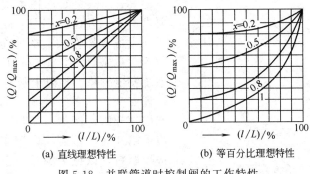

(a) 直线理想特性 　　　　(b) 等百分比理想特性

图 5-18　并联管道时控制阀的工作特性

数值时的工作流量特性，如图 5-18 所示。图中纵坐标流量以总管最大流量 Q_{max} 为参比值。

由图可见，当 $x=1$，即旁路阀关闭、$Q_2=0$ 时，控制阀的工作流量特性与它的理想流量特性相同。随着 x 值的减小，即旁路阀逐渐打开，虽然阀本身的流量特性变化不大，但可调范围大大降低了。控制阀关死，即 $\dfrac{l}{L}=0$ 时，流量 Q_{min} 比控制阀本身的 Q_{1min} 大得多。同时，在实际使用中总存在着串联管道阻力的影响，控制阀上的压差还会随流量的增加而降低，使可调范围下降得更多些，控制阀在工作过程中所能控制的流量变化范围更小，甚至几乎不起控制作用。所以，采用打开旁路阀的控制方案是不好的，一般认为旁路流量最多只能是总流量的百分之十几，即 x 值最小不低于 0.8。

综合上述串、并联管道的情况，可得如下结论。

① 串、并联管道都会使阀的理想流量特性发生畸变，串联管道的影响尤为严重。

② 串、并联管道都会使控制阀的可调范围降低，并联管道尤为严重。

③ 串联管道使系统总流量减少，并联管道使系统总流量增加。

④ 串、并联管道会使控制阀的放大系数减小，即输入信号变化引起的流量变化值减少。串联管道时控制阀若处于大开度，则 s 值降低对放大系数影响更为严重；并联管道时控制阀若处于小开度，则 x 值降低对放大系数影响更为严重。

三、控制阀的选择

气动薄膜控制阀选用得正确与否是很重要的。选用控制阀时，一般要根据被控介质的特点（温度、压力、腐蚀性、黏度等）、控制要求、安装地点等因素，参考各种类型控制阀的特点合理地选用。在具体选用时，一般应考虑下列几个主要方面的问题。

1. 控制阀结构与特性的选择

控制阀的结构形式主要根据工艺条件，如温度、压力及介质的物理、化学特性（如腐蚀性、黏度等）来选择。例如强腐蚀介质可采用隔膜阀、高温介质可选用带翅形散热片的结构形式。

控制阀的结构形式确定以后，还需确定控制阀的流量特性（即阀芯的形状）。一般是先按控制系统的特点来选择阀的希望流量特性，然后再考虑工艺配管情况来选择相应的理想流量特性。使控制阀安装在具体的管道系统中，畸变后的工作流量特性能满足控制系统对它的要求。目前使用比较多的是等百分比流量特性。

2. 气开式与气关式的选择

气动执行器有气开式与气关式两种形式。有压力信号时阀关、无信号压力时阀开的为气关式。反之，为气开式。由于执行机构有正、反作用，控制阀（具有双导向阀芯的）也有正、反作用。因此气动执行器的气关或气开即由此组合而成。如图 5-19 和表 5-1 所示。

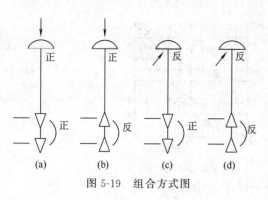

图 5-19　组合方式图

气开、气关的选择主要从工艺生产上安全要求出发。考虑原则是：信号压力中断时，应保证设备和操作人员的安全。如果阀处于打开位置时危害性小，则应选用气关式，以使气源系统发生故障，气源中断时，阀门能自动打开，保证安全。反之阀处于关闭时危害性小，则应选用气开阀。例如，加热炉的燃料气或燃料油应采用气开式控制阀，即当信号中断时应切断进炉燃料，以免炉温过高造成事故。又如控制进入设备易燃气体的控制阀，应选用气开式，以防爆炸，若介质为易结晶物料，则选用气关式，以防堵塞。

表 5-1　组合方式表

序号	执行机构	控制阀	气动执行器	序号	执行机构	控制阀	气动执行器
(a)	正	正	气关（正）	(c)	反	正	气开（反）
(b)	正	反	气开（反）	(d)	反	反	气关（正）

3. 控制阀口径的选择

控制阀口径选择得合适与否将会直接影响控制效果。口径选择得过小，会使流经控制阀的介质达不到所需要的最大流量。在大的干扰情况下，系统会因介质流量（即操纵变量的数值）的不足而失控，因而使控制效果变差，此时若企图通过开大旁路阀来弥补介质流量的不足，则会使阀的流量特性产生畸变；口径选择得过大，不仅会浪费设备投资，而且会使控制阀经常处于小开度工作，控制性能也会变差，容易使控制系统变得不稳定。

控制阀的口径选择是由控制阀流量系数 K_V 值决定的。流量系数 K_V 的定义为：当阀两端压差为 100kPa，流体密度为 $1g/cm^3$，阀全开时，流经控制阀的流体流量（以 m^3/h 表示）。例如，某一控制阀在全开时，当阀两端压差为 100kPa，如果流经阀的水流量为 $40m^3/h$，则该控制阀的流量系数 K_V 值为 40。

控制阀的流量系数 K_V 表示控制阀容量的大小，是表示控制阀流通能力的参数。因此，控制阀流量系数 K_V 亦可称控制阀的流通能力。

对于不可压缩的流体，且阀前后压差 p_1-p_2 不太大（即流体为非阻塞流）时，其流量系数 K_V 的计算公式为

$$K_V = 10Q \sqrt{\frac{\rho}{p_1-p_2}} \tag{5-8}$$

式中　ρ——流体密度，g/cm^3；

p_1-p_2——阀前后的压差，kPa；

　　Q——流经阀的流量，m^3/h。

从式(5-8)可以看出，如果控制阀前后压差 p_1-p_2 保持为 100kPa，阀全开时流经阀的水（$\rho=1g/cm^3$）流量 Q 即为该阀的 K_V 值。

因此，控制阀口径的选择实质上就是根据特定的工艺条件（即给定的介质流量、阀前后的压差以及介质的物性参数等）进行 K_V 值的计算，然后按控制阀生产厂家的产品目录，选出相应的控制阀口径，使得通过控制阀的流量满足工艺要求的最大流量且留有一定的裕量，但裕量不宜过大。

K_V 值的计算与介质的特性、流动的状态等因素有关，具体计算时请参考有关计算手册或应用相应的计算机软件。

四、气动执行器的安装和维护

气动执行器的正确安装和维护，是保证它能发挥应有效用的重要一环。对气动执行器的安装和维护，一般应注意下列几个问题。

（1）为便于维护检修，气动执行器应安装在靠近地面或楼板的地方。当装有阀门定位器或手轮机构时，更应保证观察、调整和操作的方便。手轮机构的作用是：在开停车或事故情况下，可以用它来直接人工操作控制阀，而不用气压驱动。

（2）气动执行器应安装在环境温度不高于+60℃和不低于-40℃的地方，并应远离振动较大的设备。为了避免膜片受热老化，控制阀的上膜盖与载热管道或设备之间的距离应大于 200mm。

（3）阀的公称通径与管道公称通径不同时，两者之间应加一段异径管。

（4）气动执行器应该是正立垂直安装于水平管道上。特殊情况下需要水平或倾斜安装时，除小口径阀外，一般应加支撑。即使正立垂直安装，当阀的自重较大和有振动场合时，也应加支撑。

（5）通过控制阀的流体方向在阀体上有箭头标明，不能装反，正如孔板不能反装一样。

（6）控制阀前后一般要各装一只切断阀，以便修理时拆下控制阀。考虑到控制阀发生故障或维修时，不影响工艺生产的继续进行，一般应装旁路阀，如图 5-20 所示。

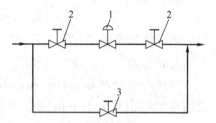

图 5-20　控制阀在管道中的安装
1—调节阀；2—切断阀；3—旁路阀

（7）控制阀安装前，应对管路进行清洗，排去污物和焊渣。安装后还应再次对管路和阀门进行清洗，并检查阀门与管道连接处的密封性能。当初次通入介质时，应使阀门处于全开位置以免杂质卡住。

（8）在日常使用中，要对控制阀经常维护和定期检修。应注意填料的密封情况和阀杆上下移动的情况是否良好，气路接头及膜片有否漏气等。检修时重点检查部位有阀体内壁、阀座、阀芯、膜片及密封圈、密封填料等。

第二节　电动执行器

电动执行器与气动执行器一样，是控制系统中的一个重要部分。它接收来自控制器的 0~10mA 或 4~20mA 的直流电流信号，并将其转换成相应的角位移或直行程位移，去操纵阀门、挡板等控制机构，以实现自动控制。

电动执行器有角行程、直行程和多转式等类型。角行程电动执行机构以电动机为动力元件，将输入的直流电流信号转换为相应的角位移（0°~90°），这种执行机构适用于操纵蝶阀、挡板之类的旋转式控制阀。直行程执行机构接收输入的直流电流信号后，使电动机转动，然后经减速器减速并转换为直线位移输出，去操纵单座、双座、三通等各种控制阀和其他直线式控制机构。多转式电动执行机构主要用来开启和关闭闸阀、截止阀等多转式阀门，由于它的电机功率比较大，最大的有几十千瓦，一般多用作就地操作和遥控。

几种类型的电动执行机构在电气原理上基本上是相同的，只是减速器不一样。以下简单介绍一下角行程的电动执行机构。

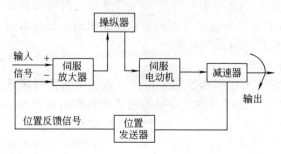

图 5-21　角行程电动执行机构的组成示意图

角行程电动执行机构主要由伺服放大器、伺服电动机、减速器、位置发送器和操纵器组成，如图 5-21 所示。其工作过程大致如下：伺服放大器将由控制器来的输入信号与位置反馈信号进行比较，当无信号输入时，由于位置反馈信号也为零，放大器无输出，电机不转；如有信号输入，且与反馈信号比较产生偏差，使放大器有足够的输出功率，驱动伺服电动机，经减速后使减速器的输出轴转动，直到与输出轴相连的位置发送器的输出电流与输入信号相等为止。此时输出轴就稳定在与该输入信号相对应的转角位置上，实现了输入电流信号与输出转角的转换。

位置发送器是能将执行机构输出轴的位移转变为 0～10mA DC（或 4～20mA DC）反馈信号的装置，它的主要部分是差动变压器，其原理如图 5-22 所示。

在差动变压器的原边加一交流稳压电源后，其副边分别会感应出交流电压$\tilde{U}_1$、$\tilde{U}_2$，由于两副边绕组匝数相等，故感应电压$\tilde{U}_{SC}$的大小将取决于铁芯的位置。

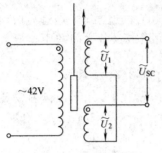

图 5-22　差动变压器原理图

铁芯的位置是与执行机构输出轴的位置相对应的。当铁芯在中间位置时，因两副边绕组的磁路对称，故在任一瞬间穿过两副边绕组的磁通都相等，因而感应电压$\tilde{U}_1 = \tilde{U}_2$。但因两绕组反向串联，它们所产生的电压互相抵消，因而输出电压$\tilde{U}_{SC}$等于零。

当铁芯自中间位置有一向上的位移时，使磁路对两绕组不对称，这时上边绕组中交变磁通的幅值将大于下面绕组中交变磁通的幅值，两绕组中的感应电压将是$\tilde{U}_1 > \tilde{U}_2$，因而有输出电压$\tilde{U}_{SC} = \tilde{U}_1 - \tilde{U}_2$产生。

反之，当铁芯下移时，两电压的关系将是$\tilde{U}_2 > \tilde{U}_1$，此时输出电压的相位与上述相反，其大小为$\tilde{U}_{SC} = \tilde{U}_2 - \tilde{U}_1$。

信号$\tilde{U}_{SC}$经过整流、滤波电路可以得到 0～10mA 的直流电流信号，它的大小与执行机构输出位移相对应。这个信号被反馈到伺服放大器的输入端，以与输入信号相比较。

电动执行机构不仅可与控制器配合实现自动控制，还可通过操纵器实现控制系统的自动控制和手动控制的相互切换。当操纵器的切换开关置于手动操作位置时，由正、反操作按钮直接控制电机的电源，以实现执行机构输出轴的正转或反转，进行遥控手动操作。

第三节　电-气转换器及电-气阀门定位器

在实际系统中，电与气两种信号常是混合使用的，这样可以取长补短。因而有各种电-气转换器及气-电转换器把电信号（0～10mA DC 或 4～20mA DC）与气信号（0.02～0.1MPa）进行转换。电-气转换器可以把电动变送器来的电信号变为气信号，送到气动控制器或气动显示仪表；也可把电动控制器的输出信号变为气信号去驱动气动控制阀，此时常用电-气阀门定位器，它具有电-气转换器和气动阀门定位器两种作用。

一、电-气转换器

电-气转换器的结构原理如图 5-23 所示，它按力矩平衡原理工作。当直流电流信号通入置于恒定磁场里的测量线圈中时，所产生的磁通与磁钢在空气隙中的磁通相互作用而产生一个向上的电磁力（即测量力）。由于线圈固定在杠杆上，使杠杆绕十字簧片偏转，于是装在杠杆另一端的挡板靠近喷嘴，使其背压升高，经过放大器功率放大后，一方面输出，一方面反馈到正、负两个波纹管，建立起与测量力矩相平衡的反馈力矩。于是输出信号（0.02～

0.1MPa）就与线圈电流成一一对应的关系。

　　由于负反馈力矩比线圈产生的测量力矩大得多，因而设置了正反馈波纹管，负反馈力矩减去正反馈力矩后的差就是反馈力矩。调零弹簧用来调节输出气压的初始值。如果输出气压变化的范围不对，可调永久磁钢的分磁螺钉。

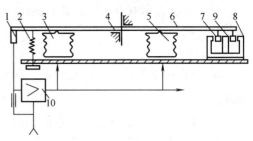

图 5-23　电-气转换器原理结构图

1—喷嘴挡板；2—调零弹簧；3—负反馈波纹管；
4—十字弹簧；5—正反馈波纹管；6—杠杆；
7—测量线圈；8—磁钢；9—铁芯；10—放大器

二、电-气阀门定位器

　　电-气阀门定位器一方面具有电-气转换器的作用，可用电动控制器输出的 $0 \sim 10$mA DC 或 $4 \sim 20$mA DC 信号去操纵气动执行机构；另一方面还具有气动阀门定位器的作用，可以使阀门位置按控制器送来的信号准确定位（即输入信号与阀门位置呈一一对应关系）。同时，改变图 5-24 中反馈凸轮 5 的形状或安装位置，还可以改变控制阀的流量特性和实现正、反作用（即输出信号可以随输入信号的增加而增加，也可以随输入信号的增加而减少）。

　　配薄膜执行机构的电-气阀门定位器的动作原理如图 5-24 所示，它是按力矩平衡原理工作的。当信号电流通入力矩马达 1 的线圈时，它与永久磁钢作用后，对主杠杆产生一个力矩，于是挡板靠近喷嘴，经放大器放大后，送入薄膜气室使杠杆向下移动，并带动反馈杆绕其支点 4 转动，连在同一轴上的反馈凸轮也做逆时针方向转动，通过滚轮使副杠杆绕其支点偏转，拉伸反馈弹簧。当反馈弹簧对主杠杆的拉力与力矩马达作用在主杠杆上的力两者力矩平衡时，仪表达到平衡状态，此时，一定的信号电流就对应于一定的阀门位置。

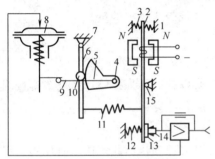

图 5-24　电-气阀门定位器

1—力矩马达；2—主杠杆；3—平衡弹簧；
4—反馈凸轮支点；5—反馈凸轮；6—副杠杆；7—副杠杆支点；8—薄膜执行机构；
9—反馈杆；10—滚轮；11—反馈弹簧；
12—调零弹簧；13—挡板；14—喷嘴；
15—主杠杆支点

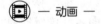
— 动画 —

第四节　数字阀与智能控制阀

　　随着计算机控制系统的发展，为了能够直接接收数字信号，执行器出现了与之适应的新品种，数字阀和智能控制阀就是其中两例，下面简单介绍一下它们的功能与特点。

一、数字阀

　　数字阀是一种位式的数字执行器，由一系列并联安装而且按二进制排列的阀门所组成。图 5-25 表示一个 8 位数字阀的控制原理。数字阀体内有一系列开闭式的流孔，它们按照二进制顺序排列。例如对这个数字阀，每个流孔的流量按 2^0，2^1，2^2，2^3，2^4，2^5，2^6，2^7 来设计，如果所有流孔关闭，则流量为 0，如果流孔全部开启，则流量为 255（流量单位），分辨率为 1（流量单位）。因此数字阀能在很大的范围内（如 8 位数字阀调节范围为 $1 \sim 255$）精密控制流量。数字阀的开度按步进式变化，每步大小随位数的增加而减小。

　　数字阀主要由流孔、阀体和执行机构三部分组

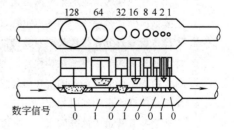

图 5-25　8 位二进制数字阀原理图

成。每一个流孔都有自己的阀芯和阀座。执行机构可以用电磁线圈，也可以用装有弹簧的活塞执行机构。

数字阀有以下特点。

① 高分辨率　数字阀位数越高，分辨率越高。8 位、10 位的分辨率比模拟式控制阀高得多。

② 高精度　每个流孔都装有预先校正流量特性的喷管和文丘里管，精度很高，尤其适合小流量控制。

③ 反应速度快，关闭特性好。

④ 直接与计算机相连　数字阀能直接接收计算机的并行二进制数码信号，有直接将数字信号转换成阀开度的功能。因此数字阀能用于直接由计算机控制的系统中。

⑤ 没有滞后、线性好、噪声小。

但是数字阀结构复杂、部件多、价格贵。此外由于过于敏感，导致输送给数字阀的控制信号稍有错误，就会造成控制错误，使被控流量大大高于或低于所要求的量。

二、智能控制阀

智能控制阀是近年来迅速发展的执行器，集常规仪表的检测、控制、执行等作用于一身，具有智能化的控制、显示、诊断、保护和通信功能，是以控制阀为主体，将许多部件组装在一起的一体化结构。智能控制阀的智能主要体现在以下几个方面。

1. 控制智能

除了一般的执行器控制功能外，还可以按照一定的控制规律动作。此外还配有压力、温度和位置参数的传感器，可对流量、压力、温度、位置等参数进行控制。

2. 通信智能

智能控制阀采用数字通信方式与主控制室保持联络，主计算机可以直接对执行器发出动作指令。智能控制阀还允许远程检测、整定、修改参数或算法等。

3. 诊断智能

智能控制阀安装在现场，但都有自诊断功能，能根据配合使用的各种传感器通过微机分析判断故障情况，及时采取措施并报警。

目前智能控制阀已经用于现场总线控制系统中。

习题与思考题

1. 气动执行器主要由哪两部分组成？各起什么作用？

2. 试问控制阀的结构有哪些主要类型？各使用在什么场合？

3. 为什么说双座阀产生的不平衡力比单座阀的小？

4. 试分别说明什么叫控制阀的流量特性和理想流量特性？常用的控制阀理想流量特性有哪些？

5. 为什么说等百分比特性又叫对数特性？与线性特性比较起来它有什么优点？

6. 什么叫控制阀的工作流量特性？

7. 什么叫控制阀的可调范围？在串、并联管道中可调范围为什么会变化？

8. 什么是串联管道中的阻力比 s？s 值的变化为什么会使理想流量特性发生畸变？

9. 什么是并联管道中的分流比 x？试说明 x 值对控制阀流量特性的影响。

10. 如果控制阀的旁路流量较大，会出现什么情况？

11. 什么叫气动执行器的气开式与气关式？其选择原则是什么？

12. 要想将一台气开阀改为气关阀，可采取什么措施？

13. 什么是控制阀的流量系数 K_V？如何选择控制阀的口径？

14. 试述电气转换器的用途与工作原理。

15. 试述电-气阀门定位器的基本原理与工作过程。

16. 电-气阀门定位器有什么用途？

17. 控制阀的日常维护要注意什么？

18. 电动执行器有哪几种类型？各使用在什么场合？

19. 电动执行器的反馈信号是如何得到的？试简述差动变压器将位移转换为电信号的基本原理。

20. 数字阀有哪些特点？

21. 什么是智能控制阀？它的智能主要体现在哪些方面？

第六章　简单控制系统

随着生产过程自动化水平的日益提高，控制系统的类型越来越多，复杂程度的差异也越来越大。本章所研究的简单控制系统是使用最普遍、结构最简单的一种自动控制系统。

第一节　简单控制系统的结构与组成

— 微课 — — 视频 —

从第一章已知，自动控制系统是由被控对象和自动化装置两大部分组成。由于构成自动控制系统的这两大部分（主要是指自动化装置）的数量、连接方式及其目的不同，自动控制系统可以有许多类型。所谓简单控制系统，通常是指由一个测量元件/变送器、一个控制器、一个控制阀和一个被控对象所构成的单闭环控制系统，因此也称为单回路控制系统。

图 6-1 的液位控制系统与图 6-2 的温度控制系统都是简单控制系统的例子。

图 6-1 的液位控制系统中，贮槽是被控对象，液位是被控变量，变送器 LT 将反映液位高低的信号送往液位控制器 LC。控制器输出的控制信号送往执行器，改变控制阀开度使贮槽输出流量发生变化以维持液位稳定。

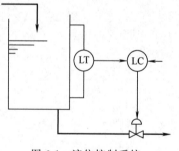

图 6-1　液位控制系统

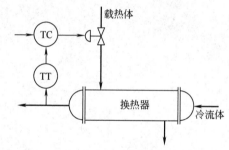

图 6-2　温度控制系统

图 6-2 所示的温度控制系统，是通过改变进入换热器的载热体流量，以维持换热器出口物料的温度在工艺规定的数值上。

需要说明的是在本系统中绘出了变送器 LT 及 TT 这个环节，根据第一章中所介绍的控制流程图，按自控设计规范，测量变送环节是被省略不画的，所以在本书以后的控制系统图中，也将不再画出测量、变送环节，但要注意在实际的系统中总是存在这一环节，只是在画图时被省略罢了。

图 6-3 是简单控制系统的典型方框图。由图可知，简单控制系统由四个基本环节组成，即被控对象、测量变送装置、控制器和执行器。对于不同对象的简单控制系统（例如图 6-1 和图 6-2 所示的系统），尽管其具体装置与变量不相同，但都可以用相同的方块图来表示，这就便于对它们的共性进行研究。

由图 6-3 还可以看出，在该系统中有着一条从系统的输出端引向输入端的反馈路线，也就是说该系统中的控制器是根据被控变量的测量值与给定值的偏差来进行控制的，这是简单反馈控制系统的又一特点。

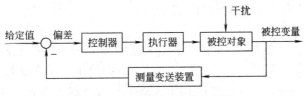

图 6-3　简单控制系统的方框图

　　简单控制系统的结构比较简单，所需的自动化装置数量少，投资低，操作维护也比较方便，而且在一般情况下，都能满足控制质量的要求。因此，这种控制系统在工业生产过程中得到了广泛的应用。据某大型化肥厂统计，简单控制系统约占控制系统总数的 85% 左右。

　　由于简单控制系统是最基本的、应用最广泛的系统，因此，学习和研究简单控制系统的结构、原理及使用是十分必要的。同时，简单控制系统是复杂控制系统的基础，学会了简单控制系统的分析，将会给复杂控制系统的分析和研究提供很大的方便。

　　前面几章已经分别介绍了组成简单控制系统的各个组成部分，包括被控对象、测量变送装置、控制器、执行器等。本章将介绍组成简单控制系统的基本原则；被控变量及操纵变量的选择；控制器控制规律的选择及控制器参数的工程整定等。

第二节　简单控制系统的设计

一、被控变量的选择

　　生产过程中希望借助自动控制保持恒定值（或按一定规律变化）的变量称为被控变量。在构成一个自动控制系统时，被控变量的选择十分重要，它关系到系统能否达到稳定操作、增加产量、提高质量、改善劳动条件、保证安全等目的，关系到控制方案的成败。如果被控变量选择不当，不管组成什么形式的控制系统，也不管配上多么精密先进的工业自动化装置，都不能达到预期的控制效果。

　　被控变量的选择是与生产工艺密切相关的，而影响一个生产过程正常操作的因素是很多的，但并非所有影响因素都要加以自动控制。所以，必须深入实际，调查研究，分析工艺，找出影响生产的关键变量作为被控变量。所谓"关键"变量，是指这样一些变量：它们对产品的产量、质量以及安全具有决定性的作用，而人工操作又难以满足要求的；或者人工操作虽然可以满足要求，但是，这种操作是既紧张而又频繁的。

　　根据被控变量与生产过程的关系，可分为两种类型的控制形式：直接指标控制与间接指标控制。如果被控变量本身就是需要控制的工艺指标（温度、压力、流量、液位、成分等），则称为直接指标控制；如果工艺是按质量指标进行操作的，照理应以产品质量作为被控变量进行控制，但有时缺乏各种合适的获取质量信号的检测手段，或虽能检测，但信号很微弱或滞后很大，这时可选取与直接质量指标有单值对应关系而反应又快的另一变量，如温度、压力等作为间接控制指标，进行间接指标控制。

　　被控变量的选择，有时是一件十分复杂的工作，除了前面所说的要找出关键变量外，还要考虑许多其

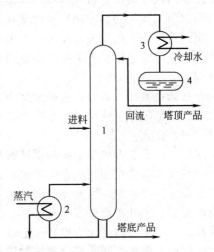

图 6-4　精馏过程示意图
1—精馏塔；2—蒸汽加热器；
3—冷凝器；4—回流罐

他因素，下面先举一个例子来略加说明，然后再归纳出选择被控变量的一般原则。

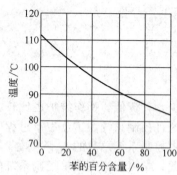

图 6-5　苯-甲苯溶液的 T-x 图

图 6-4 是精馏过程的示意图。它的工作原理是利用被分离物各组分的挥发度不同，把混合物中的各组分进行分离。假定该精馏塔的操作是要使塔顶（或塔底）馏出物达到规定的纯度，那么塔顶（或塔底）馏出物的组分 x_D（或 x_W）应作为被控变量，因为它就是工艺上的质量指标。

如果检测塔顶（或塔底）馏出物的组分 x_D（或 x_W）尚有困难，或滞后太大，那么就不能直接以 x_D（或 x_W）作为被控变量进行直接指标控制。这时可以在与 x_D（x_W）有关的参数中找出合适的变量作为被控变量，进行间接指标控制。

在二元系统的精馏中，当气液两相并存时，塔顶易挥发组分的浓度 x_D、塔顶温度 T_D、压力 p 三者之间有一定的关系。当压力恒定时，组分 x_D 和温度 T_D 之间存在有单值对应的关系。图 6-5 所示为苯-甲苯二元系统中易挥发组分苯的百分浓度与温度之间的关系。易挥发组分的浓度越高，对应的温度越低；相反，易挥发组分的浓度越低，对应的温度越高。

当温度 T_D 恒定时，组分 x_D 和压力 p 之间也存在着单值对应关系，如图 6-6 所示。易挥发组分浓度越高，对应的压力也越高；反之，易挥发组分的浓度越低，对应的压力也越低。由此可见，在组分、温度、压力三个变量中，只要固定温度或压力中的一个，另一个变量就可以代替 x_D 作为被控变量。在温度和压力中，究竟应选哪一个参数作为被控变量呢？

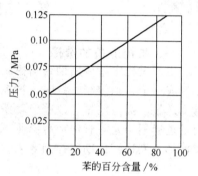

图 6-6　苯-甲苯溶液的 p-x 图

从工艺合理性考虑，常常选择温度作为被控变量。这是因为：第一，在精馏塔操作中，压力往往需要固定。只有将塔操作在规定的压力下，才易于保证塔的分离纯度，保证塔的效率和经济性。如塔压波动，就会破坏原来的气液平衡，影响相对挥发度，使塔处于不良工况。同时，随着塔压的变化，往往还会引起与之相关的其他物料量的变化，影响塔的物料平衡，引起负荷的波动。第二，在塔压固定的情况下，精馏塔各层塔板上的压力基本上是不变的，这样各层塔板上的温度与组分之间就有一定的单值对应关系。由此可见，固定压力，选择温度作为被控变量是可能的，也是合理的。

在选择被控变量时，还必须使所选变量有足够的灵敏度。在上例中，当 x_D 变化时，温度 T_D 的变化必须灵敏，有足够大的变化，容易被测量元件所感受，且使相应的测量仪表比较简单、便宜。

此外，还要考虑简单控制系统被控变量间的独立性。假如在精馏操作中，塔顶和塔底的产品纯度都需要控制在规定的数值，据以上分析，可在固定塔压的情况下，塔顶与塔底分别设置温度控制系统。但这样一来，由于精馏塔各塔板上物料温度相互之间有一定联系，塔底温度提高，上升蒸汽温度升高，塔顶温度相应亦会提高；同样，塔顶温度提高，回流液温度升高，会使塔底温度相应提高。也就是说，塔顶的温度与塔底的温度之间存在关联问题。因此，以两个简单控制系统分别控制塔顶温度与塔底温度，势必造成相互干扰。使两个系统都不能正常工作。所以采用简单控制系统时，通常只能保证塔顶或塔底一端的产品质量。工艺要求保证塔顶产品质量，则选塔顶温度为被控变量；若工艺要求保证塔底产品质量，则选塔底温度为被控变量。如果工艺要求塔顶和塔底产品纯度都要保证，则通常需要组成复杂控制系统，增加解耦装置，解决相互关联问题。

从上面举例中可以看出，要正确地选择被控变量，必须了解工艺过程和工艺特点对控制的要求，仔细分析各变量之间的相互关系。选择被控变量时，一般要遵循下列原则。

（1）被控变量应能代表一定的工艺操作指标或能反映工艺操作状态，一般都是工艺过程中比较重要的变量。

（2）被控变量在工艺操作过程中经常要受到一些干扰影响而变化。为维持被控变量的恒定，需要较频繁的调节。

（3）尽量采用直接指标作为被控变量。当无法获得直接指标信号，或其测量和变送信号滞后很大时，可选择与直接指标有单值对应关系的间接指标作为被控变量。

（4）被控变量应能被测量出来，并具有足够大的灵敏度。

（5）选择被控变量时，必须考虑工艺合理性和国内仪表产品现状。

（6）被控变量应是独立可控的。

二、操纵变量的选择

　　　　　　　　　　　　　　　　　　　　　　　一 微课 一

1. 操纵变量

在自动控制系统中，把用来克服干扰对被控变量的影响，实现控制作用的变量称为操纵变量。最常见的操纵变量是介质的流量。此外，也有以转速、电压等作为操纵变量的。在本章第一节举的例子中，图 6-1 所示的液位控制系统，其操纵变量是出口流体的流量；图 6-2 所示的温度控制系统，其操纵变量是载热体的流量。

当被控变量选定以后，接下去应对工艺进行分析，找出有哪些因素会影响被控变量发生变化。一般来说，影响被控变量的外部输入往往有若干个而不是一个，在这些输入中，有些是可控（可以调节）的，有些是不可控的。原则上，是在诸多影响被控变量的输入中选择一个对被控变量影响显著而且可控性良好的输入，作为操纵变量，而其他未被选中的所有输入量则视为系统的干扰。下面举一实例加以说明。

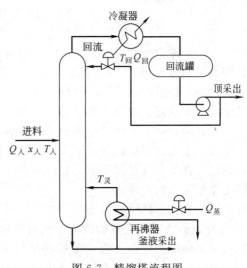

图 6-7　精馏塔流程图

图 6-7 是炼油和化工厂中常见的精馏设备。如果根据工艺要求，选择提馏段某块塔板（一般为温度变化最灵敏的板，称为灵敏板）的温度作为被控变量。那么，自动控制系统的任务就是通过维持灵敏板上温度恒定，来保证塔底产品的成分满足工艺要求。

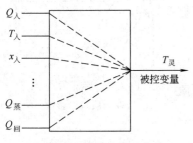

图 6-8　影响提馏段温度的
各种因素示意图

从工艺分析可知，影响提馏段灵敏板温度 $T_灵$ 的因素主要有：进料的流量（$Q_入$）、成分（$x_入$）、温度（$T_入$）、回流的流量（$Q_回$）、回流液温度（$T_回$）、加热蒸汽流量（$Q_蒸$）、冷凝器冷却温度及塔压等等。这些因素都会影响被控变量（$T_灵$）变化，如图 6-8 所示。现在的问题是选择哪一个变量作为操纵变量。为此，可先将这些影响因素分为两大类，即可控的和不可控的。从工艺角度看，本例中只有回流量和蒸汽流量为可控因素，其他一般为不可控因素。当然，在不可控因素中，有些也是可以调节的，例如 $Q_入$、塔压等，只是工艺上一般不允许用这些变量去控制塔的温度（因为 $Q_入$ 的波动意味着生产负荷的波动；塔压的波动意味着塔的工况不稳定，并会破坏温度与成分的单值对应关系，这些都是不允许的。因此，将这些影响因素也看成是不可控因素）。在两个可控因素中，蒸汽流量对提馏段温度影响比起回流量对提馏段温度影响来说更及时、更显著。同时，从节能角度来讲，控制蒸汽流量比控制回流量消耗的能量要小，所以通常应选择蒸汽流量作为操纵变量。

2. 对象特性对选择操纵变量的影响

前面已经说过，在诸多影响被控变量的因素中，一旦选择了其中一个作为操纵变量，那么其余的影响因素都成了干扰变量。操纵变量与干扰变量作用在对象上，都会引起被控变量变化的。图 6-9 是其示意图。干扰变量由干扰通道施加在对象上，起着破坏作用，使被控变量偏离给定值；操纵变量由控制通道施加到对象上，使被控变量恢复到给定值，起着校正作用。这是一对相互矛盾的变量，它们对被控变量的影响都与对象特性有密切的关系。因此在选择操纵变量时，要认真分析对象特性，以提高控制系统的控制质量。

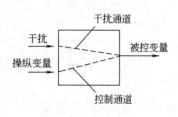

图 6-9 干扰通道与控制通道的关系

（1）对象静态特性的影响 在选择操纵变量构成自动控制系统时，一般希望控制通道的放大系数 K_o 要大些，这是因为 K_o 的大小表征了操纵变量对被控变量的影响程度。K_o 越大，表示控制作用对被控变量影响越显著，使控制作用更为有效。所以从控制的有效性来考虑，K_o 越大越好。当然，有时 K_o 过大，会引起过于灵敏，使控制系统不稳定，这也是要引起注意的。

另一方面，对象干扰通道的放大系数 K_f，则越小越好。K_f 小，表示干扰对被控变量的影响不大，过渡过程的超调量不大，故确定控制系统时，也要考虑干扰通道的静态特性。

总之，在诸多变量都要影响被控变量时，从静态特性考虑，应该选择其中放大系数大的可控变量作为操纵变量。

（2）对象动态特性的影响

① 控制通道时间常数的影响 控制器的控制作用，是通过控制通道施加于对象去影响被控变量的。所以控制通道的时间常数不能过大，否则会使操纵变量的校正作用迟缓、超调量大、过渡时间长。要求对象控制通道的时间常数 T 小一些，使之反应灵敏、控制及时，从而获得良好的控制质量。例如在前面列举的精馏塔提馏段温度控制中，由于回流量对提馏段温度影响的通道长，时间常数大，而加热蒸汽量对提馏段温度影响的通道短，时间常数小，因此选择蒸汽量作为操纵变量是合理的。

② 控制通道纯滞后 τ_o 的影响 控制通道的物料输送或能量传递都需要一定的时间。这样造成的纯滞后 τ_o 对控制质量是有影响的。图 6-10 所示为纯滞后对控制质量影响的示意图。

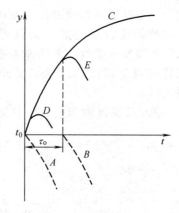

图 6-10 纯滞后 τ_o 对控制质量的影响

图中 C 表示被控变量在干扰作用下的变化曲线（这时无校正作用）；A 和 B 分别表示无纯滞后和有纯滞后时操纵变量对被控变量的校正作用；D 和 E 分别表示无纯滞后和有纯滞

后情况下被控变量在干扰作用与校正作用同时作用下的变化曲线。

对象控制通道无纯滞后时，当控制器在 t_0 时间接收正偏差信号而产生校正作用 A，使被控变量从 t_0 以后沿曲线 D 变化；当对象有纯滞后 τ_0 时，控制器虽在 t_0 时间后发出了校正作用，但由于纯滞后的存在，使之对被控变量的影响推迟了 τ_0 时间，即对被控变量的实际校正作用是沿曲线 B 发生变化的。因此被控变量则是沿曲线 E 变化的。比较 E、D 曲线，可见纯滞后使超调量增加；反之，当控制器接收负偏差时所产生的校正作用，由于存在纯滞后，使被控变量继续下降，可能造成过渡过程的振荡加剧，以致时间变长，稳定性变差。所以，在选择操纵变量构成控制系统时，应使对象控制通道的纯滞后时间 τ_0 尽量小。

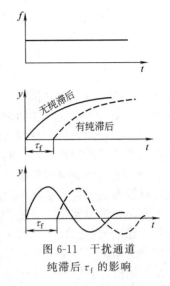

③ 干扰通道时间常数的影响　干扰通道的时间常数 T_f 越大，表示干扰对被控变量的影响越缓慢，这是有利于控制的。所以，在确定控制方案时，应设法使干扰到被控变量的通道长些，即时间常数要大一些。

④ 干扰通道纯滞后 τ_f 的影响　如果干扰通道存在纯滞后 τ_f，即干扰对被控变量的影响推迟了时间 τ_f，因而，控制作用也推迟了时间 τ_f，使整个过渡过程曲线推迟了时间 τ_f，只要控制通道不存在纯滞后，通常是不会影响控制质量的，如图 6-11 所示。

图 6-11　干扰通道
纯滞后 τ_f 的影响

3. 操纵变量的选择原则

根据以上分析，概括来说，操纵变量的选择原则主要有以下几条。

① 操纵变量应是可控的，即工艺上允许调节的变量。

② 操纵变量一般应比其他干扰对被控变量的影响更加灵敏。为此，应通过合理选择操纵变量，使控制通道的放大系数适当大、时间常数适当小（但不宜过小，否则易引起振荡）、纯滞后时间尽量小。为使其他干扰对被控变量的影响减小，应使干扰通道的放大系数尽可能小、时间常数尽可能大。

③ 在选择操纵变量时，除了从自动化角度考虑外，还要考虑工艺的合理性与生产的经济性。一般说来，不宜选择生产负荷作为操纵变量，因为生产负荷直接关系到产品的产量，是不宜经常波动的。另外，从经济性考虑，应尽可能地降低物料与能量的消耗。

三、测量元件特性的影响

测量、变送装置是控制系统中获取信息的装置，也是系统进行控制的依据。所以，要求它能正确地、及时地反映被控变量的状况。假如测量不准确，使操作人员把不正常工况误认为是正常的，或把正常工况认为不正常，形成混乱，甚至会处理错误造成事故。测量不准确或不及时，会产生失调或误调，影响之大不容忽视。

1. 测量元件的时间常数

测量元件，特别是测温元件，由于存在热阻和热容，它本身具有一定的时间常数，因而造成测量滞后。

测量元件时间常数对测量的影响，如图 6-12 所示。若被控变量 y 作阶跃变化时，测量值 z 慢慢靠近 y，如图 6-12(a) 所示，显然，前一段两者差距很大；若 y 作递增变化，而 z 则一直跟不上去，总存在着偏差，如图 6-12(b) 所示；若 y 作周期性变化，z 的振荡幅值将比 y 减小，而且落后一个相位，如图 6-12(c) 所示。

测量元件的时间常数越大，以上现象愈加显著。假如将一个时间常数大的测量元件用于控制系统，那么，当被控变量变化的时候，由于测量值不等于被控变量的真实值，所以控制

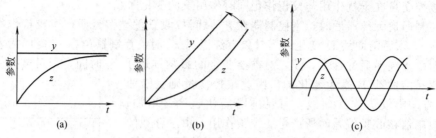

图 6-12　测量元件时间常数的影响

器接收到的是一个失真信号，它不能发挥正确的校正作用，控制质量无法达到要求。因此，控制系统中的测量元件时间常数不能太大，最好选用惰性小的快速测量元件，例如用快速热电偶代替工业用普通热电偶或温包。必要时也可以在测量元件之后引入微分作用，利用它的超前作用来补偿测量元件引起的动态误差。

当测量元件的时间常数 T_m 小于对象时间常数的 1/10 时，对系统的控制质量影响不大。这时就没有必要盲目追求小时间常数的测量元件。

有时，测量元件安装是否正确，维护是否得当，也会影响测量与控制。特别是流量测量元件和温度测量元件，例如工业用的孔板、热电偶和热电阻元件等。如安装不正确，往往会影响测量精度，不能正确地反映被控变量的变化情况，这种测量失真的情况当然会影响控制质量。同时，在使用过程中要经常注意维护、检查，特别是在使用条件比较恶劣的情况（如介质腐蚀性强、易结晶、易结焦等）下，更应该经常检查，必要时进行清理、维修或更换。例如当用热电偶测量温度时，有时会因使用一段时间后，热电偶表面结晶或结焦，使时间常数大大增加，以致严重地影响控制质量。

2. 测量元件的纯滞后

当测量存在纯滞后时，也和对象控制通道存在纯滞后一样，会严重地影响控制质量。

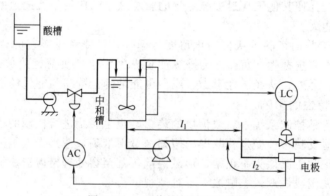

图 6-13　pH 值控制系统示意图

测量的纯滞后有时是由于测量元件安装位置引起的。例如图 6-13 中的 pH 值控制系统，如果被控变量是中和槽内出口溶液的 pH 值，但作为测量元件的测量电极却安装在远离中和槽的出口管道处，并且将电极安装在流量较小、流速很慢的副管道（取样管道）上。这样一来，电极所测得的信号与中和槽内溶液的 pH 值在时间上就延迟了一段时间 τ_0，其大小为

$$\tau_0 = \frac{l_1}{v_1} + \frac{l_2}{v_2}$$

式中，l_1，l_2 分别为电极离中和槽的主、副管道的长度；v_1，v_2 分别为主、副管道内流体的流速。

这一纯滞后使测量信号不能及时反映中和槽内溶液 pH 值的变化，因而降低了控制质量。目前，以物性作为被控变量时往往都有类似问题，这时引入微分作用是徒劳的，加得不好，反而会导致系统不稳定。所以在测量元件的安装上，一定要注意尽量减小纯滞后。对于大纯滞后的系统，简单控制系统往往是无法满足控制要求的，需采用复杂控制系统。

3. 信号的传送滞后

信号传送滞后通常包括测量信号传送滞后和控制信号传送滞后两部分。

测量信号传送滞后是指由现场测量变送装置的信号传送到控制室的控制器所引起的滞后。对于电信号来说，可以忽略不计，但对于气信号来说，由于气动信号管线具有一定的容量，所以，会存在一定的传送滞后。

控制信号传送滞后是指由控制室内控制器的输出控制信号传送到现场执行器所引起的滞后。对于气动薄膜控制阀来说，由于膜头空间具有较大的容量，所以控制器的输出变化到引起控制阀开度变化，往往具有较大的容量滞后，这样就会使得控制不及时，控制效果变差。

信号的传送滞后对控制系统的影响基本上与对象控制通道的滞后相同，应尽量减小。所以，一般气压信号管路不能超过 300m，直径不能小于 6mm，或者用阀门定位器、气动继动器增大输出功率，以减小传送滞后。在可能的情况下，现场与控制室之间的信号尽量采用电信号传递，必要时可用气-电转换器将气信号转换为电信号，以减小传送滞后。

四、控制器控制规律的选择

（🎙 — 微课 — 📹 — 视频 —）

在选择控制器时，不仅要确定控制器的控制规律，而且要确定控制器的正、反作用。

1. 控制器控制规律的确定

前面已经讲过，简单控制系统是由被控对象、控制器、执行器和测量变送装置四大基本部分组成的。在现场控制系统安装完毕或控制系统投运前，往往是被控对象、测量变送装置和执行器这三部分的特性就完全确定了，不能任意改变。这时可将对象、测量变送装置和执行器合在一起，称之为广义对象。于是控制系统可看成由控制器与广义对象两部分组成，如图 6-14 所示。在广义对象特性已经确定的情况下，如何通过控制器控制规律的选择与控制器参数的工程整定，来提高控制系统的稳定性和控制质量，这就是本节与下一节所要讨论的主要问题。

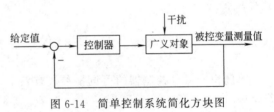

图 6-14　简单控制系统简化方块图

目前工业上常用的控制器主要有三种控制规律：比例控制规律、比例积分控制规律和比例积分微分控制规律，分别简写为 P、PI 和 PID。

选择哪种控制规律主要是根据广义对象的特性和工艺的要求来决定的。下面分别说明各种控制规律的特点及应用场合。

（1）比例控制器　比例控制器是具有比例控制规律的控制器，它的输出 p 与输入偏差 e（实际上是指它们的变化量）之间的关系为

$$p = K_P e$$

比例控制器的可调整参数是比例放大系数 K_P 或比例度 δ，对于单元组合仪表来说，它们的关系为

$$\delta = \frac{1}{K_P} \times 100\%$$

比例控制器的特点是：控制器的输出与偏差成比例，即控制阀门位置与偏差之间具有一一对应关系。当负荷变化时，比例控制器克服干扰能力强、控制及时、过渡时间短。在常用控制规律中，比例作用是最基本的控制规律，不加比例作用的控制规律是很少采用的。但是，纯比例控制系统在过渡过程终了时存在余差。负荷变化越大，余差就越大。

比例控制器适用于控制通道滞后较小、负荷变化不大、工艺上没有提出无差要求的系统，例如中间贮槽的液位、精馏塔塔釜液位以及不太重要的蒸汽压力控制系统等。

（2）比例积分控制器　　比例积分控制器是具有比例积分控制规律的控制器。它的输出 p 与输入偏差 e 的关系为

$$p = K_P \left(e + \frac{1}{T_I} \int e\,\mathrm{d}t \right)$$

比例积分控制器的可调整参数是比例放大系数 K_P（或比例度 δ）和积分时间 T_I。

比例积分控制器的特点是：由于在比例作用的基础上加上积分作用，而积分作用的输出是与偏差的积分成比例，只要偏差存在，控制器的输出就会不断变化，直至消除偏差为止。所以采用比例积分控制器，在过渡过程结束时是无余差的，这是它的显著优点。但是，加上积分作用，会使稳定性降低，虽然在加积分作用的同时，可以通过加大比例度，使稳定性基本保持不变，但超调量和振荡周期都相应增大，过渡过程的时间也加长。

比例积分控制器是使用最普遍的控制器。它适用于控制通道滞后较小、负荷变化不大、工艺参数不允许有余差的系统。例如流量、压力和要求严格的液位控制系统，常采用比例积分控制器。

（3）比例积分微分控制器　　比例积分微分控制器是具有比例积分微分控制规律的控制器，常称为三作用（PID）控制器。理想的三作用控制器，其输出 p 与输入偏差 e 之间具有下列关系

$$p = K_P \left(e + \frac{1}{T_I} \int e\,\mathrm{d}t + T_D \frac{\mathrm{d}e}{\mathrm{d}t} \right)$$

比例积分微分控制器的可调整参数有三个，即比例放大系数 K_P（比例度 δ）、积分时间 T_I 和微分时间 T_D。

比例积分微分控制器的特点是：微分作用使控制器的输出与输入偏差的变化速度成比例，它对克服对象的滞后有显著的效果。在比例的基础上加上微分作用能提高稳定性，再加上积分作用可以消除余差。所以，适当调整 δ、T_I、T_D 三个参数，可以使控制系统获得较高的控制质量。

比例积分微分控制器适用于容量滞后较大、负荷变化大、控制质量要求较高的系统，应用最普遍的是温度控制系统与成分控制系统。对于滞后很小或噪声严重的系统，应避免引入微分作用，否则会由于被控变量的快速变化引起控制作用的大幅度变化，严重时会导致控制系统不稳定。

值得提出的是，目前生产的模拟式控制器一般都同时具有比例、积分、微分三种作用。只要将其中的微分时间 T_D 置于 0，就成了比例积分控制器，如果同时将积分时间 T_I 置于无穷大，便成了比例控制器。

2. 控制器正、反作用的确定　　　　　　　　　　　　　　　　　　　▶ — 动画 —

前面已经讲到过，自动控制系统是具有被控变量负反馈的闭环系统。也就是说，如果被控变量值偏高，则控制作用应使之降低；相反，如果被控变量值偏低，则控制作用应使之升高。控制作用对被控变量的影响应与干扰作用对被控变量的影响相反，才能使被控变量值恢

复到给定值。这里，就有一个作用方向的问题。控制器的正反作用是关系到控制系统能否正常运行与安全操作的重要问题。

在控制系统中，不仅是控制器，而且被控对象、测量元件及变送器和执行器都有各自的作用方向。它们如果组合不当，使总的作用方向构成正反馈，则控制系统不但不能起控制作用，反而破坏了生产过程的稳定。所以，在系统投运前必须注意检查各环节的作用方向，其目的是通过改变控制器的正、反作用，以保证整个控制系统是一个具有负反馈的闭环系统。

所谓作用方向，就是指输入变化后，输出的变化方向。当某个环节的输入增加时，其输出也增加，则称该环节为"正作用"方向；反之，当环节的输入增加时，输出减少的称"反作用"方向。

对于测量元件及变送器，其作用方向一般都是"正"的，因为当被控变量增加时，其输出量一般也是增加的，所以在考虑整个控制系统的作用方向时，可不考虑测量元件及变送器的作用方向（因为它总是"正"的），只需要考虑控制器、执行器和被控对象三个环节的作用方向，使它们组合后能起到负反馈的作用。

对于执行器，它的作用方向取决于是气开阀还是气关阀（注意不要与执行机构和控制阀的"正作用"及"反作用"混淆）。当控制器输出信号（即执行器的输入信号）增加时，气开阀的开度增加，因而流过阀的流体流量也增加，故气开阀是"正"方向。反之，由于当气关阀接收的信号增加时，流过阀的流体流量反而减少，所以是"反"方向。执行器的气开或气关形式主要应从工艺安全角度来确定。

对于被控对象的作用方向，则随具体对象的不同而各不相同。当操纵变量增加时，被控变量也增加的对象属于"正作用"的。反之，被控变量随操纵变量的增加而降低的对象属于"反作用"的。

由于控制器的输出决定于被控变量的测量值与给定值之差，所以被控变量的测量值与给定值变化时，对输出的作用方向是相反的。对于控制器的作用方向是这样规定的：当给定值不变，被控变量测量值增加时，控制器的输出也增加，称为"正作用"方向，或者当测量值不变，给定值减小时，控制器的输出增加的称为"正作用"方向。反之，如果测量值增加（或给定值减小）时，控制器的输出减小的称为"反作用"方向。

在一个安装好的控制系统中，对象的作用方向由工艺机理可以确定，执行器的作用方向由工艺安全条件可以选定，而控制器的作用方向要根据对象及执行器的作用方向来确定，以使整个控制系统构成负反馈的闭环系统。下面举两个例子加以说明。

图 6-15 是一个简单的加热炉出口温度控制系统。在这个系统中，加热炉是对象，燃料气流量是操纵变量，被加热的原料油出口温度是被控变量。由此可知，当操纵变量燃料气流量增加时，被控变量是增加的，故对象是"正"作用方向。如果从工艺安全条件出发选定执行器是气开阀（停气时关闭），以免当气源突然断气时，控制阀大开而烧坏炉子。那么这时

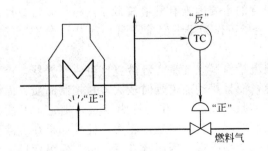

图 6-15　加热炉出口温度控制

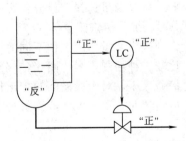

图 6-16　液位控制

执行器便是"正"作用方向。为了保证由对象、执行器与控制器所组成的系统是负反馈的，控制器就应该选为"反"作用。这样才能当炉温升高时，控制器 TC 的输出减小，因而关小燃料气的阀门（因为是气开阀，当输入信号减小时，阀门是关小的），使炉温降下来。

图 6-16 是一个简单的液位控制系统。执行器采用气开阀，在一旦停止供气时，阀门自动关闭，以免物料全部流走，故执行器是"正"方向。当控制阀开度增加时，液位是下降的，所以对象的作用方向是"反"的。这时控制器的作用方向必须为"正"，才能使当液位升高时，LC 输出增加，从而打开出口阀，使液位降下来。

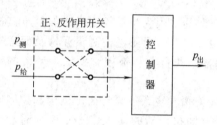

图 6-17 控制器正、反作用开关示意图

控制器的正、反作用可以通过改变控制器上的正、反作用开关自行选择，一台正作用的控制器，只要将其测量值与给定值的输入线互换一下，就成了反作用的控制器，其原理如图 6-17 所示。

五、简单控制系统设计实例

简单控制系统设计主要包括被控变量的选择、操纵变量的选择、执行器的选择、控制器控制规律及作用方式的选择等。下面以喷雾式干燥设备控制系统设计为例，介绍简单控制系统设计。

图 6-18 所示为乳化物干燥过程中的喷雾式干燥器。由于乳化物属胶体物质，激烈搅拌易固化，不能用泵输出，故采用高位槽的办法。浓缩的乳液由高位槽流经过滤器 A 或 B，除去凝结块等杂质，再至干燥塔顶部从喷嘴喷出。一部分空气由鼓风机送至换热器，经蒸汽加热变成热空气，然后再与另一部分由鼓风机直接送来的空气混合，经风管进入干燥器，蒸发乳液中的水分，使其成为产品送出。由于生产工艺对干燥后的产品质量要求很高，水分含量不能波动太大，因而对干燥的温度要求严格控制。实验表明，若温度波动小于±2℃，则产品符合质量要求。

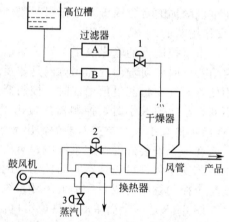

图 6-18 乳化物干燥过程工艺流程示意图

1. 被控变量与操纵变量选择

（1）被控变量选择 产品水分含量精确测量困难（精度不高），由生产工艺可知，产品质量（水分含量）与干燥温度密切相关，因而选干燥器的温度为被控变量（间接参数）。

（2）操纵变量选择 经分析影响干燥器温度的主要因素有乳液流量 $f_1(t)$、旁路空气流量 $f_2(t)$、加热蒸汽流量 $f_3(t)$，所以有三个变量可作为操纵变量。图 6-19 中，分别以三个变量作为操纵变量构成三种不同的控制方案。

比较三种控制方案，图 6-19(a) 采用乳液流量作操纵变量，乳液直接进入干燥器，控制通道滞后最小，对干燥温度的校正作用最迅速，而且扰动通道延时较大，从控制品质方面考虑，应当选此方案。但乳液流量是生产负荷（亦是产量），若作为操纵变量，则它不可能始终在最大的（而且是稳定的）负荷点工作，从而限制了装置的生产能力。此外如果在乳液管线上安装了控制阀，容易使浓缩乳液结块，降低产品质量。因而选乳液流量为操纵变量工艺上不合理。综合考虑，一般不采用此控制方案。

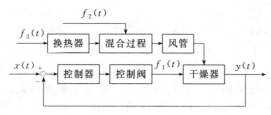

(a) 乳化物流量作为操纵变量的控制系统方框图

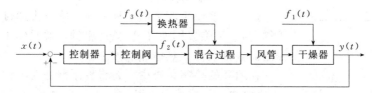

(b) 风量作为操纵变量的控制系统方框图

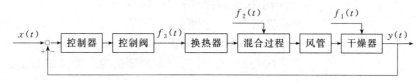

(c) 蒸汽量作为操纵变量的控制系统方框图

图 6-19　干燥塔温度控制方案比较示意图

比较分析图 6-19(b) 与 (c)，在这两种控制方案中，乳液流量 $f_1(t)$ 作为扰动量，其对控制系统的影响（扰动通道）是相同的，差别在于控制通道与另一扰动通道不同。由于换热器时间常数较大，因而采用风量为操纵变量时，图 6-19(b) 控制系统的控制通道时间常数较小，扰动通道时间常数较大；图 6-19(c) 采用蒸汽量为操纵变量，控制通道时间常数较大，扰动通道时间常数反而较小。因此选择旁路空气量为操纵变量的方案为最佳。

2. 过程检测、控制设备的选用

根据生产工艺和用户要求，选用电动单元组合仪表（DDZ-Ⅲ）。

（1）测温元件及变送器　被控温度在 100℃ 左右，选用热电阻温度计。为提高检测精度，采用三线制接法，并配用温度变送器。

（2）控制阀　根据生产工艺安全原则及被控介质特点，控制阀选气闭形式。根据过程特性与控制要求选用对数流量特性。

（3）控制器　根据过程特性与工艺要求，可选用 PI 或 PID 控制规律。根据构成负反馈系统原则，确定控制器为反作用方式。

第三节　控制器参数的工程整定　　一 微课 一

一个自动控制系统的过渡过程或者控制质量，与被控对象、干扰形式与大小、控制方案的确定及控制器参数整定有着密切的关系。在控制方案、广义对象的特性、控制规律都已确定的情况下，控制质量主要就取决于控制器参数的整定。所谓控制器参数的整定，就是按照已定的控制方案，求取使控制质量最好的控制器参数值。具体来说，就是确定最合适的控制器比例度 δ、积分时间 T_I 和微分时间 T_D。当然，这里所谓最好的控制质量不是绝对的，是根据工艺生产的要求而提出的所期望的控制质量。例如，对于单回路的简单控制系统，一般希望过渡过程呈 4：1（或 10：1）的衰减振荡过程。

控制器参数整定的方法很多，主要有两大类，一类是理论计算的方法，另一类是工程整定法。

理论计算的方法是根据已知的广义对象特性及控制质量的要求，通过理论计算出控制器的最佳参数。这种方法由于比较烦琐、工作量大，计算结果有时与实际情况不甚符合，故在工程实践中长期没有得到推广和应用。

工程整定法是在已经投运的实际控制系统中，通过试验或探索，来确定控制器的最佳参数。这种方法是工艺技术人员在现场经常遇到的。下面介绍其中的几种常用工程整定法。

一、临界比例度法　　　　　　　　🎥 — 视频 —

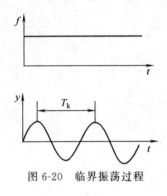

图 6-20　临界振荡过程

这是目前使用较多的一种方法。它是先通过试验得到临界比例度 δ_k 和临界周期 T_k，然后根据经验总结出来的关系求出控制器各参数值。具体做法如下。

在闭环的控制系统中，先将控制器变为纯比例作用，即将 T_I 放大 "∞" 位置上，T_D 放在 "0" 位置上，在干扰作用下，从大到小地逐渐改变控制器的比例度，直至系统产生等幅振荡（即临界振荡），如图 6-20 所示。这时的比例度称为临界比例度 δ_k，周期为临界振荡周期 T_k。记下 δ_k 和 T_k，然后按表 6-1 中的经验公式计算出控制器的各参数整定数值。

表 6-1　临界比例度法参数计算公式表

控制作用	比例度/%	积分时间 T_I/min	微分时间 T_D/min	控制作用	比例度/%	积分时间 T_I/min	微分时间 T_D/min
比例	$2\delta_k$			比例＋微分	$1.8\delta_k$		$0.1T_k$
比例＋积分	$2.2\delta_k$	$0.85T_k$		比例＋积分＋微分	$1.7\delta_k$	$0.5T_k$	$0.125T_k$

临界比例度法比较简单方便，容易掌握和判断，适用于一般的控制系统。但是对于临界比例度很小的系统不适用。因为临界比例度很小，则控制器输出的变化一定很大，被控变量容易超出允许范围，影响生产的正常进行。

临界比例度法是要使系统达到等幅振荡后，才能找出 δ_k 与 T_k，对于工艺上不允许产生等幅振荡的系统本方法亦不适用。

二、衰减曲线法　　　　🎥 — 视频 —

衰减曲线法是通过使系统产生衰减振荡来整定控制器的参数值的，具体做法如下：

在闭环的控制系统中，先将控制器变为纯比例作用，并将比例度预置在较大的数值上。在达到稳定后，用改变给定值的办法加入阶跃干扰，观察被控变量记录曲线的衰减比，然后从大到小改变比例度，直至出现4：1衰减比为止，见图 6-21(a)，记下此时的比例度 δ_s（叫4：1衰减比例度），从曲线上得到衰减周期 T_s。然后根据表 6-2 中的经验公式，求出控制器的参数整定值。

有的过程，4：1衰减仍嫌振荡过强，可采用 10：1 衰减曲线法。方法同上，得到 10：1 衰减曲线〔见图 6-21(b)〕后，记下此时的比例度 δ'_s 和最大偏差时间 $T_升$（又称上升时间），然后根据表 6-3 中的经验公式，求出相应的 δ、T_I、T_D 值。

采用衰减曲线法必须注意以下几点。

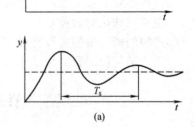

(a)

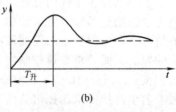

(b)

图 6-21　4：1和10：1
衰减振荡过程

（1）加的干扰幅值不能太大，要根据生产操作要求来定，一般为额定值的 5％左右，也有例外的情况。

（2）必须在工艺参数稳定情况下才能施加干扰，否则得不到正确的 δ_s、T_s 或 δ'_s 和 $T_升$ 值。

（3）对于反应快的系统，如流量、管道压力和小容量的液位控制等，要在记录曲线上严格得到 4∶1 衰减曲线比较困难。一般以被控变量来回波动两次达到稳定，就可以近似地认为达到 4∶1 衰减过程了。

表 6-2　4∶1 衰减曲线法控制器参数计算表

控制作用	$\delta/\%$	$T_I/\min$	$T_D/\min$
比例	δ_s		
比例＋积分	$1.2\delta_s$	$0.5T_s$	
比例＋积分＋微分	$0.8\delta_s$	$0.3T_s$	$0.1T_s$

表 6-3　10∶1 衰减曲线法控制器参数计算表

控制作用	$\delta/\%$	$T_I/\min$	$T_D/\min$
比例	δ'_s		
比例＋积分	$1.2\delta'_s$	$2T_升$	
比例＋积分＋微分	$0.8\delta'_s$	$1.2T_升$	$0.4T_升$

衰减曲线法比较简便，适用于一般情况下的各种参数的控制系统。但对于干扰频繁，记录曲线不规则，不断有小摆动的情况，由于不易得到准确的衰减比例度 δ_s 和衰减周期 T_s，使得这种方法难于应用。

三、经验凑试法　　　　　　　　　　　　　　　　　　　⦿ 一 视频 一

经验凑试法是长期的生产实践中总结出来的一种整定方法。它是根据经验先将控制器参数放在一个数值上，直接在闭环的控制系统中，通过改变给定值施加干扰，在记录仪上观察过渡过程曲线，运用 δ、T_I、T_D 对过渡过程的影响为指导，按照规定顺序，对比例度 δ、积分时间 T_I 和微分时间 T_D 逐个整定，直到获得满意的过渡过程为止。

各类控制系统中控制器参数的经验数据，列于表 6-4 中，供整定时参考选择。

表中给出的只是一个大体范围，有时变动较大。例如，流量控制系统的 δ 值有时需在 200％以上；有的温度控制系统，由于容量滞后大，T_I 往往要在 15min 以上。另外，选取 δ 值时尚应注意测量部分的量程和控制阀的尺寸，如果量程小（相当于测量变送器的放大系数 K_m 大）或控制阀的尺寸选大了（相当于控制阀的放大系数 K_v 大）时，δ 应适当选大一些，即 K_c 小一些，这样可以适当补偿 K_m 大或 K_v 大带来的影响，使整个回路的放大系数保持在一定范围内。

整定的步骤有以下两种。

（1）先用纯比例作用进行凑试，待过渡过程已基本稳定并符合要求后，再加积分作用消除余差，最后加入微分作用是为了提高控制质量。按此顺序观察过渡过程曲线进行整定工作，具体做法如下。

根据经验并参考表 6-4 的数据，选定一个合适的 δ 值作为起始值，把积分时间放在"∞"，微分时间置于"0"，将系统投入自动。改变给定值，观察被控变量记录曲线形状。如曲线不是 4∶1 衰减（这里假定要求过渡过程是 4∶1 衰减振荡的），例如衰减比大于 4∶1，说明选的 δ 偏大，适当减小 δ 值再看记录曲线，直到呈 4∶1 衰减为止。注意，当把控制器比例度改变以后，如无干扰就看不出衰减振荡曲线，一般都要稳定以后再改变一下给定值才能看到。若工艺上不允许反复改变给定值，那只好等候工艺本身出现较大干扰时再看记录曲线。δ 值调整好后，如要求消除余差，则要引入积分作用。一般积分时间可先取为衰减周期的一半值，并在积分作用引入的同时，将比例度增加 10％～20％，看记录曲线的衰减比和消除余差的情况，如不符合要求，再适当改变 δ 和 T_I 值，直到记录曲线满足要求。如果是三作用控制器，则在已调整好 δ 和 T_I 的基础上再引入微分作用，而在引入微分作用后，允

许把 δ 值缩小一点，把 T_I 值也再缩小一点。微分时间 T_D 也要在表 6-4 给出的范围内凑试，以使过渡过程时间短，超调量小，控制质量满足生产要求。

表 6-4 控制器参数的经验数据表

控制对象	对 象 特 性	$\delta/\%$	T_I/min	T_D/min
流量	对象时间常数小,参数有波动,δ 要大;T_I 要短;不用微分	40～100	0.3～1	
温度	对象容量滞后较大,即参数受干扰后变化迟缓,δ 应小;T_I 要长;一般需加微分	20～60	3～10	0.5～3
压力	对象的容量滞后一般,不算大,一般不加微分	30～70	0.4～3	
液位	对象时间常数范围较大。要求不高时,δ 可在一定范围内选取,一般不用微分	20～80		

经验凑试法的关键是"看曲线，调参数"。因此，必须弄清楚控制器参数变化对过渡过程曲线的影响关系。一般来说，在整定中，观察到曲线振荡很频繁，须把比例度增大以减少振荡；当曲线最大偏差大且趋于非周期过程时，需把比例度减小。当曲线波动较大时，应增大积分时间；而在曲线偏离给定值后，长时间回不来，则需减小积分时间，以加快消除余差的过程。如果曲线振荡得厉害，需把微分时间减到最小，或者暂时不加微分作用，以免更加剧振荡；在曲线最大偏差大而衰减缓慢时，需增加微分时间。经过反复凑试，一直调到过渡过程振荡两个周期后基本达到稳定，品质指标达到工艺要求为止。

在一般情况下，比例度过小、积分时间过小或微分时间过大，都会产生周期性的激烈振荡。但是，积分时间过小引起的振荡，周期较长；比例度过小引起的振荡，周期较短；微分时间过大引起的振荡周期最短，如图 6-22 所示，曲线 a 的振荡是积分时间过小引起的，曲线 b 是比例度过小引起的，曲线 c 的振荡则是由于微分时间过大引起的。

比例度过小、积分时间过小和微分时间过大引起的振荡，还可以这样进行判别：从给定值指针动作之后，一直到测量指针发生动作，如果这段时间短，应把比例度增加；如果这段时间长，应把积分时间增大；如果时间最短，应把微分时间减小。

如果比例度过大或积分时间过大，都会使过渡过程变化缓慢，如何判别这两种情况呢？一般地说，比例度过大，曲线波动较剧烈、不规则地较大地偏离给定值，而且，形状像波浪般的起伏变化，如图 6-23 曲线 a 所示。如果曲线通过非周期的不正常路径，慢慢地恢复到给定值，这说明积分时间过大，如图 6-23 曲线 b 所示。应当注意，积分时间过大或微分时间过大，超出允许的范围时，不管如何改变比例度，都是无法补救的。

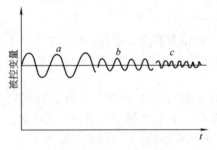
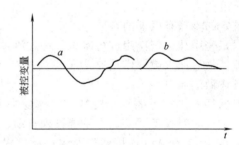

图 6-22　三种振荡曲线比较图　　　　图 6-23　比例度过大、积分时间过大时两种曲线比较图

（2）经验凑试法还可以按下列步骤进行：先按表 6-4 中给出的范围把 T_I 定下来，如要引入微分作用，可取 $T_D = \left(\dfrac{1}{3} \sim \dfrac{1}{4} \right) T_I$，然后对 δ 进行凑试，凑试步骤与前一种方法相同。

一般来说，这样凑试可较快地找到合适的参数值。但是，如果开始 T_I 和 T_D 设置得不合适，则可能得不到所要求的记录曲线。这时应将 T_D 和 T_I 作适当调整，重新凑试，直至记录曲线合乎要求为止。

经验凑试法的特点是方法简单，适用于各种控制系统，因此应用非常广泛。特别是外界干扰作用频繁，记录曲线不规则的控制系统，采用此法最为合适。但是此法主要是靠经验，在缺乏实际经验或过渡过程本身较慢时，往往较为费时。为了缩短整定时间，可以运用优选法，使每次参数改变的大小和方向都有一定的目的性。值得注意的是，对于同一个系统，不同的人采用经验凑试法整定，可能得出不同的参数值，这是由于对每一条曲线的看法，有时会因人而异，没有一个很明确的判断标准，而且不同的参数匹配有时会使所得过渡过程衰减情况极为相近。例如某初馏塔塔顶温度控制系统，如采用如下两组参数时

$$\delta = 15\%, \; T_I = 7.5 \text{ min}$$
$$\delta = 35\%, \; T_I = 3 \text{ min}$$

系统都得到 10∶1 的衰减曲线，超调量和过渡时间基本相同。

最后必须指出，在一个自动控制系统投运时，控制器的参数必须整定，才能获得满意的控制质量。同时，在生产进行的过程中，如果工艺操作条件改变，或负荷有很大变化，被控对象的特性就要改变，因此，控制器的参数必须重新整定。由此可见，整定控制器参数是经常要做的工作，对工艺人员与仪表人员来说，都是需要掌握的。

习题与思考题

1. 简单控制系统由哪几部分组成？各部分的作用是什么？

2. 图 6-24 是一反应器温度控制系统示意图。试画出这一系统的方框图，指出各方框具体代表什么？

3. 试简述家用电冰箱的工作过程，画出其控制系统的方框图。

4. 什么叫直接指标控制和间接指标控制？各使用在什么场合？

5. 被控变量的选择原则是什么？

6. 什么叫可控因素（变量）与不可控因素？当存在着若干个可控因素时，应如何选择操纵变量才是比较合理的控制方案？

7. 操纵变量的选择原则是什么？

8. 一个系统的对象有容量滞后，另一个系统由于测量点位置造成纯滞后，如分别采用微分作用克服滞后，效果如何？

9. 比例控制器、比例积分控制器、比例积分微分控制器的特点分别是什么？各使用在什么场合？

10. 为什么要考虑控制器的作用方向？如何选择？

11. 被控对象、执行器、控制器的正、反作用各是怎样规定的？

12. 假定在图 6-24 所示的反应器温度控制系统中，反应器内需维持一定温度，以利反应进行，但温度不允许过高，否则有爆炸危险。试确定执行器的气开、气关形式和控制器的正、反作用。

13. 试确定图 6-25 所示两个系统中执行器的正、反作用及控制器的正、反作用。

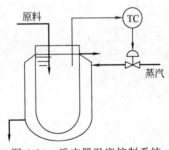

图 6-24　反应器温度控制系统

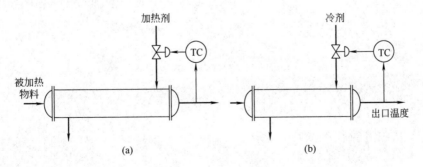

图 6-25　温度控制系统

图 6-25（a）为一加热器出口物料温度控制系统，要求物料温度不能过高，否则容易分解。

图 6-25（b）为一冷却器出口物料温度控制系统，要求物料温度不能太低，否则容易结晶。

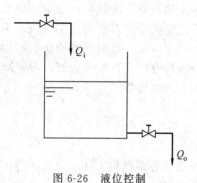

图 6-26　液位控制

14. 图 6-26 为贮槽液位控制系统，为安全起见，贮槽内液体严格禁止溢出，试在下述两种情况下，分别确定执行器的气开、气关形式及控制器的正、反作用。

（1）选择流入量 Q_i 为操纵变量；

（2）选择流出量 Q_o 为操纵变量。

15. 控制器参数整定的任务是什么？工程上常用的控制器参数整定有哪几种方法？

16. 某控制系统采用 DDZ-Ⅲ 型控制器，用临界比例度法整定参数。已测得 $\delta_k = 30\%$、$T_k = 3\text{min}$。试确定 PI 作用和 PID 作用时控制器的参数。

17. 某控制系统用 4∶1 衰减曲线法整定控制器的参数。已测得 $\delta_s = 50\%$、$T_s = 5\text{min}$。试确定 PI 作用和 PID 作用时控制器的参数。

18. 临界比例度的意义是什么？为什么工程上控制器所采用的比例度要大于临界比例度？

19. 试述用衰减曲线法整定控制器参数的步骤及注意事项。

20. 如何区分由于比例度过小、积分时间过小或微分时间过大所引起的振荡过渡过程？

21. 经验凑试法整定控制器参数的关键是什么？

第七章　复杂控制系统

在大多数情况下，由于简单控制系统需要自动化工具少，设备投资少，维修、投运和整定较简单，而且，生产实践证明它能解决大量的生产控制问题，满足定值控制的要求。因此，简单控制系统是生产过程自动控制中最简单、最基本、应用最广的一种形式，在工厂中约占全部自动控制系统的 80% 左右。然而，随着工业的发展，生产工艺的革新，生产过程的大型化和复杂化，必然导致对操作条件的要求更加严格，变量之间的关系更加复杂。同时，现代化生产往往对产品的质量提出更高的要求，例如甲醇精馏塔的温度偏离不允许超过1℃，石油裂解气的深冷分离中，乙烯纯度要求达到 99.99%。此外，生产过程中的某些特殊要求，如物料配比问题、前后生产工序协调问题、为了生产安全而采取的软保护问题等，这些问题的解决都是简单控制系统所不能胜任的，因此，相应地就出现了一些与简单控制系统不同的其他控制形式，这些控制系统统称为复杂控制系统。

复杂控制系统种类繁多，根据系统的结构和所担负的任务来说，常见的复杂控制系统有：串级、均匀、比值、分程、前馈、取代、三冲量等控制系统。

第一节　串级控制系统

一、概述

串级控制系统是在简单控制系统的基础上发展起来的。当对象的滞后较大，干扰比较剧烈、频繁时，采用简单控制系统往往控制质量较差，满足不了工艺上的要求，这时，可考虑采用串级控制系统。

为了说明串级控制系统的结构及其工作原理，下面先举一个例子。

管式加热炉是炼油、化工生产中重要装置之一。无论是原油加热或重油裂解，对炉出口温度的控制十分重要。将温度控制好，一方面可延长炉子寿命，防止炉管烧坏；另一方面可保证后面精馏分离的质量。为了控制原油出口温度，可以设置图 7-1 所示的温度控制系统，根据原油出口温度的变化来控制燃料阀门的开度，即改变燃料量来维持原油出口温度保持在工艺所规定的数值上，这是一个简单控制系统。

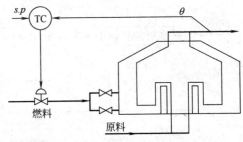

图 7-1　管式加热炉出口温度控制系统

乍看起来，上述控制方案是可行的、合理的。但是在实际生产过程中，特别是当加热炉的燃料压力或燃料本身的热值有较大波动时，上述简单控制系统的控制质量往往很差，原料油的出口温度波动较大，难以满足生产上的要求。

为什么会产生上述情况呢？这是因为当燃料压力或燃料本身的热值变化后，先影响炉膛的温度，然后通过传热过程才能逐渐影响原料油的出口温度，这个通道容量滞后很大，时间常数约 15min 左右，反应缓慢，而温度控制器 TC 是根据原料油的出口温度与给定值的偏差工作的。所以当干扰作用在对象上后，并不能较快地产生控制作用以克服干扰被控变量的影响。由于控制不及时，所以控制质量很差。当工艺上要求原料油的出口温度非常严格时，上述简单控制系统是难以满足要求的。为了解决容量滞后问题，还需对加热炉的工艺作进一步分析。

管式加热炉内是一根很长的受热管道，它的热负荷很大。燃料在炉膛燃烧后，是通过炉膛与原料油的温差将热量传给原料油的。因此，燃料量的变化或燃料热值的变化，首先是会使炉膛温度发生变化的，那么是否能以炉膛温度作为被控变量组成单回路控制系统呢？当然这样做会使控制通道容量滞后减少，时间常数约为 3min。控制作用比较及时，但是炉膛温度毕竟不能真正代表原料油的出口温度。如果炉膛温度控制好了，其原料油的出口温度并不一定就能满足生产的要求，这是因为即使炉膛温度恒定的话，原料油本身的流量或入口温度变化仍会影响其出口温度。

为了解决管式加热炉的原料油出口温度的控制问题，人们在生产实践中，往往根据炉膛温度的变化，先改变燃料量，然后再根据原料油出口温度与其给定值之差，进一步改变燃料量，以保持原料油出口温度的恒定。模仿这样的人工操作程序就构成了以原料油出口温度为主要被控变量的炉出口温度与炉膛温度的串级控制系统，图 7-2 是这种系统的示意图。它的

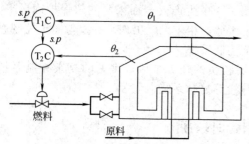

图 7-2　管式加热炉出口温度串级控制系统

工作过程是这样的：在稳定工况下，原料油出口温度和炉膛温度都处于相对稳定状态，控制燃料油的阀门保持在一定的开度。假定在某一时刻，燃料油的压力和或热值（与组分有关）发生变化，这个干扰首先使炉膛温度 θ_2 发生变化，它的变化促使控制器 T_2C 进行工作，改变燃料的加入量，从而使炉膛温度的偏差随之减少。与此同时，由于炉膛温度的变化，或由于原料油本身的进口流量或温度发生变化，会使原料油出口温度 θ_1 发生变化。θ_1 的变化通过控制器 T_1C 不断地去改变控制器 T_2C 的给定值。这样，两个控制器协同工作，直到原料油出口温度重新稳定在给定值时，控制过程才告结束。

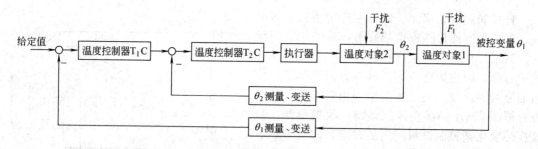

图 7-3　管式加热炉出口温度串级控制系统的方框图

图 7-3 是以上系统的方框图。根据信号传递的关系，图中将管式加热炉对象分为两部分。一部分为受热管道，图上标为温度对象 1，它的输出变量为原料油出口温度 θ_1。另一部分为炉膛及燃烧装置，图上标为温度对象 2，它的输出变量为炉膛温度 θ_2。干扰 F_2 表示燃料油压力、组分等的变化，它通过温度对象 2 首先影响炉膛温度 θ_2，然后再通过温度对象 1 影响原料油出口温度 θ_1。干扰 F_1 表示原料油本身的流量、进口温度等的变化，它通过温度对象 1 直接影响原料油出口温度 θ_1。

从图 7-2 或图 7-3 可以看出，在这个控制系统中，有两个控制器 T_1C 和 T_2C，分别接收来自对象不同部位的测量信号 θ_1 和 θ_2。其中一个控制器 T_1C 的输出作为另一个控制器 T_2C

的给定值，而后者的输出去控制执行器以改变操纵变量。从系统的结构来看，这两个控制器是串接工作的，因此，这样的系统称为串级控制系统。

为了更好地阐述和研究问题，这里介绍几个串级控制系统中常用的名词。

主变量　是工艺控制指标，在串级控制系统中起主导作用的被控变量，如上例中的原料油出口温度 θ_1。

副变量　串级控制系统中为了稳定主变量或因某种需要而引入的辅助变量，如上例中的炉膛温度 θ_2。

主对象　为主变量表征其特性的生产设备，如上例中从炉膛温度检测点到炉出口温度检测点间的工艺生产设备，主要是指炉内原料油的受热管道，图 7-3 中标为温度对象 1。

副对象　为副变量表征其特性的工艺生产设备，如上例中执行器至炉膛温度检测点间的工艺生产设备，主要指燃料油燃烧装置及炉膛部分，图 7-3 中标为温度对象 2。

主控制器　按主变量的测量值与给定值而工作，其输出作为副变量给定值的那个控制器，称为主控制器（又名主导控制器），如上例中的温度控制器 T_1C。

副控制器　其给定值来自主控制器的输出，并按副变量的测量值与给定值的偏差而工作的那个控制器称为副控制器（又名随动控制器），如上例中的温度控制器 T_2C。

主回路　是由主变量的测量变送装置，主、副控制器，执行器和主、副对象构成的外回路，亦称外环或主环。

副回路　是由副变量的测量变送装置，副控制器执行器和副对象所构成的内回路，亦称内环或副环。

根据前面所介绍的串级控制系统的专用名词，各种具体对象的串级控制系统都可以画成典型形式的方框图，如图 7-4 所示。图中的主测量、变送和副测量、变送分别表示主变量和副变量的测量、变送装置。

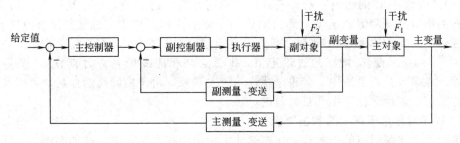

图 7-4　串级控制系统典型方框图

从图 7-4 可清楚地看出，该系统中有两个闭合回路，副回路是包含在主回路中的一个小回路，两个回路都是具有负反馈的闭环系统。

二、串级控制系统的工作过程

下面以管式加热炉为例，来说明串级控制系统是如何有效地克服滞后提高控制质量的。考虑图 7-2 所示的温度-温度串级控制系统，为了便于分析问题起见，先假定执行器采用气开形式，断气时关闭控制阀，以防止炉管烧坏而酿成事故（执行器气开、气关的选择原则与简单控制系统时相同），温度控制器 T_1C 和 T_2C 都采用反作用方向（串级控制系统中主、副控制器的正、反作用的选择原则留待下面再介绍）。下面针对不同情况来分析该系统的工作过程。

1. 干扰进入副回路

当系统的干扰只是燃料油的压力或组分波动时，亦即在图 7-3 所示的方框图中，干扰 F_1 不存在，只有 F_2 作用在温度对象 2 上，这时干扰进入副回路。若采用简单控制系统

（见图 7-1），干扰 F_2 先引起炉膛温度 θ_2 变化，然后通过管壁传热才能引起原料油出口温度 θ_1 变化。只有当 θ_1 变化以后，控制作用才能开始，因此控制迟缓、滞后大。设置了副回路后，干扰 F_2 引起 θ_2 变化，温度控制器 T_2C 及时进行控制，使其很快稳定下来，如果干扰量小，经过副回路控制后，此干扰一般影响不到原料油出口温度 θ_1；在大幅度的干扰下，其大部分影响为副回路所克服，波及原料油出口温度 θ_1 已是强弩之末了，再由主回路进一步控制，彻底消除干扰的影响，使被控变量恢复到给定值。

假定燃料油压力增加（从而使流量亦增加）或热值增加，使炉膛温度升高。显然，这时温度控制器 T_2C 的测量值是增加的。另外，由于炉膛温度 θ_2 升高，会使原料油出口温度 θ_1 也升高。因为温度控制器 T_1C 是反作用的，其输出降低，送至温度控制器 T_2C，因而使 T_2C 的给定值降低。由于温度控制器 T_2C 也是反作用的，给定值降低与测量值（θ_2）升高，都同时使输出值降低，它们的作用都是使气开式阀门关小。因此，控制作用不仅加快，而且加强了。由于燃料量的减少，从而克服了燃料油压力增加或热值增加的影响，使原料油的出口温度波动减小，并能尽快地恢复到给定值。

由于副回路控制通道短，时间常数小，所以当干扰进入回路时，可以获得比单回路控制系统超前的控制作用，有效地克服燃料油压力或热值变化对原料油出口温度的影响，从而大大提高了控制质量。

2. 干扰作用于主对象

假如在某一时刻，由于原料油的进口流量或温度变化，亦即在图 7-3 所示的方框图中，F_2 不存在，只有 F_1 作用于温度对象 1 上。若 F_1 的作用结果使原料油出口温度 θ_1 升高。这时温度控制器 T_1C 的测量值 θ_1 增加，因而 T_1C 的输出降低，即 T_2C 的给定值降低。由于这时炉膛温度暂时还没有变，即 T_2C 的测量值 θ_2 没有变，因而 T_2C 的输出将随着给定值的降低而降低（因为对于偏差来说，给定值降低相当于测量值增加，T_2C 是反作用的，故输出降低）。随着 T_2C 的输出降低，气开式的阀门开度也随之减小，于是燃料供给量减少，促使原料油出口温度降低直至恢复到给定值。在整个控制过程中，温度控制器 T_2C 的给定值不断变化，要求炉膛温度 θ_2 也随之不断变化，这是为了维持 θ_1 不变所必需的。如果由于干扰作用 F_1 的结果使 θ_1 增加超过给定值，那么必须相应降低 θ_2，才能使 θ_1 恢复到给定值。所以，在串级控制系统中，如果干扰作用于主对象，由于副回路的存在，可以及时改变副变量的数值，以达到稳定主变量的目的。

3. 干扰同时作用于副回路和主对象

如果除了进入副回路的干扰外，还有其他干扰作用在主对象上。亦即在图 7-3 所示的方框图中，F_1、F_2 同时存在，分别作用在主、副对象上。这时可以根据干扰作用下主、副变量变化的方向，分下列两种情况进行讨论。

一种是在干扰作用下，主、副变量的变化方向相同，即同时增加或同时减小。譬如在图 7-2 所示的温度-温度串级控制系统中，一方面由于燃料油压力增加（或热值增加）使炉膛温度 θ_2 增加，同时由于原料油进口温度增加（或流量减少）而使原料油出口温度 θ_1 增加。这时主控制器的输出由于 θ_1 增加而减小。副控制器由于测量值 θ_2 增加，给定值（即 T_1C 输出）减小，这时给定值和炉膛温度 θ_2 之间的差值更大，所以副控制器的输出也就大大减小，以使控制阀关得更小些，大大减少了燃料供给量，直至主变量 θ_1 恢复到给定值为止。由于此时主、副控制器的工作都是使阀门关小的，所以加强了控制作用，加快了控制过程。

另一种情况是主、副变量的变化方向相反，一个增加，另一个减小。譬如在上例中，假定一方面由于燃料油压力升高（或热值增加）而使炉膛温度 θ_2 增加，另一方面由于原料油进口温度降低（或流量增加）而使原料油出口温度 θ_1 降低。这时主控制器的测量值 θ_1 降低，其输出增大，这就使副控制器的给定值也随之增大，而这时副控制器的测量值 θ_2 也在增大，如果两者增加量恰好相等，则偏差为零，这时副控制器输出不变，阀门不需动作；如果两者增加量虽不相等，由于能互相抵消掉一部分，因而偏差也不大，只要控制阀稍稍动作一点，即可使系统达到稳定。

通过以上分析可以看出，在串级控制系统中，由于引入一个闭合的副回路，不仅能迅速克服作用于副回路的干扰，而且对作用于主对象上的干扰也能加速克服过程。副回路具有先调、粗调、快调的特点；主回路具有后调、细调、慢调的特点，并对于副回路没有完全克服掉的干扰影响能彻底加以克服。因此，在串级控制系统中，由于主、副回路相互配合、相互补充，充分发挥了控制作用，大大提高了控制质量。

三、串级控制系统的特点

由上所述，可以看出串级控制系统有以下几个特点。

（1）在系统结构上，串级控制系统有两个闭合回路：主回路和副回路；有两个控制器；主控制器和副控制器；有两个测量变送器，分别测量主变量和副变量。

串级控制系统中，主、副控制器是串联工作的。主控制器的输出作为副控制器的给定值，系统通过副控制器的输出去操纵执行器动作，实现对主变量的定值控制。所以在串级控制系统中，主回路是个定值控制系统，而副回路是个随动控制系统。

（2）在串级控制系统中，有两个变量：主变量和副变量。

一般来说，主变量是反映产品质量或生产过程运行情况的主要工艺变量。控制系统设置的目的就在于稳定这一变量，使它等于工艺规定的给定值。所以，主变量的选择原则与简单控制系统中介绍的被控变量选择原则是一样的。关于副变量的选择原则后面再详细讨论。

（3）在系统特性上，串级控制系统由于副回路的引入，改善了对象的特性，使控制过程加快，具有超前控制的作用，从而有效地克服滞后，提高了控制质量。

（4）串级控制系统由于增加了副回路，因此具有一定的自适应能力，可用于负荷和操作条件有较大变化的场合。

前面已经讲过，对于一个控制系统来说，控制器参数是在一定的负荷，一定的操作条件下，按一定的质量指标整定得到的。因此，一组控制器参数只能适应一定的负荷和操作条件。如果对象具有非线性，那么，随着负荷和操作条件的改变，对象特性就会发生变化。这样，原先的控制器参数就不再适应了，需要重新整定。如果仍用原先的参数，控制质量就会下降。这一问题，在单回路控制系统中是难于解决的。在串级控制系统中，主回路是一个定值系统，副回路却是一个随动系统。当负荷或操作条件发生变化时，主控制器能够适应这一变化及时地改变副控制器的给定值，使系统运行在新的工作点上，从而保证在新的负荷和操作条件下，控制系统仍然具有较好的控制质量。

由于串级控制系统具有上述特点，所以当对象的滞后和时间常数很大，干扰作用强而频繁，负荷变化大，简单控制系统满足不了控制质量的要求时，采用串级控制系统是适宜的。

四、串级控制系统中副回路的确定

前面已经讲过，由于串级系统比单回路系统多了一个副回路，因此与单回路系统相比，串级系统具有一些单回路系统所没有的优点。然而，要发挥串级系统的优势，副回路的设计则是一个关键。副回路设计得合理，串级系统的优势会得到充分发挥，串级系统的控制质量将比单回路控制系统的有明显的提高；副回路设计不合适，串级系统的优势将得不到发挥，控制质量的提高将不明显，甚至弄巧成拙，这就失去设计串级控制系统的意义了。

所谓副回路的确定，实际上就是根据生产工艺的具体情况，选择一个合适的副变量，从而构成一个以副变量为被控变量的副回路。

为了充分发挥串级系统的优势，副回路的确定应考虑如下一些原则。

1. 主、副变量间应有一定的内在联系

在串级控制系统中，副变量的引入往往是为了提高主变量的控制质量。因此，在主变量确定以后，选择的副变量应与主变量间有一定的内在联系。换句话说，在串级系统中，副变量的变化应在很大程度上能影响主变量的变化。

选择串级控制系统的副变量一般有两类情况。一类情况是选择与主变量有一定关系的某一中间变量作为副变量，例如前面所讲的管式加热炉的温度串级控制系统中，选择的副变量是燃料进入量至原料油出口温度通道中间的一个变量，即炉膛温度。由于它的滞后小、反应快，可以提前预报主变量 θ_1 的变化。因此控制炉膛温度 θ_2 对平稳原料油出口温度 θ_1 波动有着显著的作用；另一类情况是选择的副变量就是操纵变量本身，这样能及时克服它的波动，减少对主变量的影响。下面举一个例子来说明这种情况。

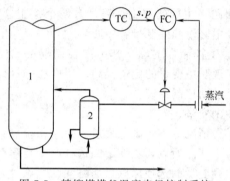

图 7-5　精馏塔塔釜温度串级控制系统
1—精馏塔；2—再沸器

图 7-5 是精馏塔塔釜温度与蒸汽流量串级控制系统的示意图。精馏塔塔釜温度是保证产品分离纯度（主要指塔底产品的纯度）的重要间接控制指标，一般要求它保持在一定的数值。通常采用改变进入再沸器的加热蒸汽量来克服干扰（如精馏塔的进料流量、温度及组分的变化等）对塔釜温度的影响，从而保持塔釜温度的恒定。但是，由于温度对象滞后比较大，由加热蒸汽量到塔釜温度的通道比较长。当蒸汽压力波动比较厉害时，控制不及时，使控制质量不够理想。为解决这个问题，可以构成如图 7-5 所示的塔釜温度与加热蒸汽流量的串级控制系统。温度控制器 TC 的输出作为蒸汽流量控制器 FC 的给定值，亦即流量控制器的给定值应该由温度控制的需要来决定它应该"变"或"不变"，以及变化的"大"或"小"。通过这套串级控制系统，能够在塔釜温度稳定不变时，蒸汽流量能保持恒定值，而当温度在外来干扰作用下偏离给定值时，又要求蒸汽流量能作相应的变化，以使能量的需要与供给之间得到平衡，从而保持釜温在要求的数值上。在这个例子中，选择的副变量就是操纵变量（加热蒸汽量）本身。这样，当干扰来自蒸汽压力或流量的波动时，副回路能及时加以克服，以大大减少这种干扰对主变量的影响，使塔釜温度的控制质量得以提高。

2. 要使系统的主要干扰被包围在副回路内

从前面的分析中已知，串级控制系统的副回路具有反应速度快、抗干扰能力强（主要指进入副回路的干扰）的特点。如果在确定副变量时，一方面能将对主变量影响最严重、变化最剧烈的干扰包围在副回路内，另一方面又使副对象的时间常数很小，这样就能充分利用副环的快速抗干扰性能，将干扰的影响抑制在最低限度。这样，主要干扰对主变量的影响就会大大减小，从而提高了控制质量。

例如在管式加热炉中，如果主要干扰来自燃料油的压力波动时，可以设置图 7-6 所示的加热炉原料油出口温度与燃料油压力串级控制系统。在这个系统中，由于选择了燃料油压力作为副变量，副对象的控制通道很短，时间常数很小，因此控制作用非常及时，比起图 7-2 所示的控制方案，能更及时有效地克服由于燃料油压力波动对原料油出口温度的影响，从而大大提高了控制质量。

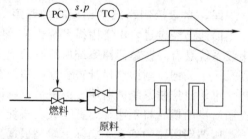

图 7-6　加热炉出口温度与燃料油压力串级控制系统

但是还必须指出，如果管式加热炉的主要干扰来自燃料油组分（或热值）波动时，就不宜采用图 7-6 所示的控制方案，因为这时主要干扰并没有被包围在副环内，所以不能充分发挥副环抗干扰能力强的这一优点。此时仍宜采用图 7-2 所示的温度-温度串级控制系统，选择炉膛温度作为副变量，这样，燃料油组分（或热值）波动的这一主要干扰也就被包围在副环内了。

3. 在可能的情况下，应使副环包围更多的次要干扰

如果在生产过程中，除了主要干扰外，还有较多的次要干扰，或者系统的干扰较多且难于分出主要干扰与次要干扰，在这种情况下，选择副变量应考虑使副环尽量多包围一些干扰，这样可以充分发挥副环的快速抗干扰能力，以提高串级控制系统的控制质量。

比较图 7-2 与图 7-6 所示的控制方案，显然图 7-2 所示的控制方案中，其副环包围的干扰更多一些，凡是能影响炉膛温度的干扰都能在副环中加以克服，从这一点上来看，图 7-2 所示的串级控制方案似乎更理想一些。

需要说明的是，在考虑到使副环包围更多干扰时，也应同时考虑到副环的灵敏度，因为这两者经常是相互矛盾的。随着副回路包围干扰的增多，副环将随之扩大，副变量离主变量也就越近。这样一来，副对象的控制通道就变长，滞后也就增大，从而会削弱副回路的快速、有力控制的特性。例如对于管式加热炉，如采用图 7-2 所示的控制方案，当主要干扰来自燃料油的压力波动时，必须通过燃烧过程影响炉膛温度后，副回路方能施加控制作用来克服这一扰动的影响。而对于图 7-6 所示的控制方案，只要燃料油压力一波动，在尚未影响到炉膛温度时，控制作用就已经开始。这对抑制扰动来说，就显得更为迅速、有力。

因此，在选择副变量时，既要考虑到使副环包围较多的干扰，又要考虑到使副变量不要离主变量太近，否则一旦干扰影响到副变量，很快也就会影响到主变量，这样副环的作用也就不大了。当主要干扰来自控制阀方面时，选择控制介质的流量或压力作为副变量来构成串级控制系统（如图 7-5 或图 7-6 所示）是很适宜的。

4. 副变量的选择应考虑到主、副对象时间常数的匹配，以防"共振"的发生

在串级控制系统中，主、副对象的时间常数不能太接近。这一方面是为了保证副回路具有快速的抗干扰性能，另一方面是由于串级系统中主、副回路之间是密切相关的，副变量的变化会影响到主变量，而主变量的变化通过反馈回路又会影响到副变量。如果主、副对象的时间常数比较接近，那么主、副回路的工作频率也就比较接近，这样一旦系统受到干扰，就有可能产生"共振"。而一旦系统发生"共振"，轻则会使控制质量下降，重则会导致系统的发散而无法工作。因此，必须设法避免共振的发生。所以，在选择副变量时，应注意使主、副对象的时间常数之比为 3～10，以减少主、副回路的动态联系，避免"共振"。当然，也不能盲目追求减小副对象的时间常数，否则可能使副回路包围的干扰太少，使系统抗干扰能力反而减弱了。

5. 当对象具有较大的纯滞后而影响控制质量时，在选择副变量时应使副环尽量少包含纯滞后或不包含纯滞后

对于含有大纯滞后的对象，往往由于控制不及时而使控制质量很差，这时可采用串级控制系统，并通过合理选择副变量将纯滞后部分放到主对象中去，以提高副回路的快速抗干扰功能，及时克服干扰的影响，将其抑制在最小限度内，从而可以使主变量的控制质量得到提高。

例如，某化纤厂胶液压力的控制问题，其工艺流程如图 7-7 所示。

图中纺丝胶液由计量泵 1 输送至板式热交换器 2 中进行冷却，随后被送往过滤器 3 滤去杂质。工艺上要求过滤前的胶液压力稳定在 0.25MPa，因为压力波动将直接影响到过滤效果和后面喷丝头的正常工作。由于胶液黏度大，控制通道又比较长，所以纯滞后比较大，单

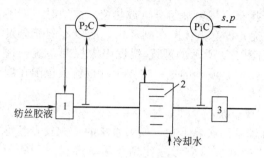

图 7-7 压力与压力串级控制系统

1—计量泵；2—板式热交换器；3—过滤器

回路压力控制方案效果不好。为了提高控制质量，可在计量泵和冷却器之间，靠近计量泵的某个适当位置，选择一个压力测量点，并以它为副变量组成一个压力与压力的串级控制系统，如图 7-7 所示。

图中主控制器 P_1C 的输出作为副控制器 P_2C 的给定值，由副控制器的输出来改变计量泵的转速，从而控制纺丝胶液的压力。采用上述方案后，当纺丝胶液黏度发生变化或因计量泵前的混合器有污染而引起压力变化时，副变量可及时反映出来，并通过副回路进行克服，从而稳定了过滤器前的胶液压力。

不过应当指出，这种方法是有很大局限性的，即只有当纯滞后环节能够大部分乃至全部都可以被划入到主对象中去时，这种方法才能有效地提高系统的控制质量，否则将不会获得很好的效果。

五、主、副控制器控制规律及正、反作用的选择

1. 控制规律的选择

串级控制系统中主、副控制器的控制规律是根据控制的要求来进行选择的。

串级控制系统的目的是高精度地稳定主变量。主变量是生产工艺的主要控制指标，它直接关系到产品的质量或生产的正常进行，工艺上对它的要求比较严格。一般来说，主变量不允许有余差。所以，主控制器通常都选用比例积分控制规律，以实现主变量的无差控制。有时，对象控制通道容量滞后比较大，例如温度对象或成分对象等，为了克服容量滞后，可以选择比例积分微分控制规律。

在串级控制系统中，稳定副变量并不是目的，设置副变量的目的就在于保证和提高主变量的控制质量。在干扰作用下，为了维持主变量的不变，副变量就要变。副变量的给定值是随主控制器的输出变化而变化的。所以，在控制过程中，对副变量的要求一般都不很严格，允许它有波动。因此，副控制器一般采用比例控制规律。为了能够快速跟踪，最好不带积分作用，因为积分作用会使跟踪变得缓慢。副控制器的微分作用也是不需要的，因为当副控制器有微分作用时，一旦主控制器输出稍有变化，就容易引起控制阀大幅度地变化，这对系统的稳定是不利的。

2. 控制器正、反作用的选择

串级控制系统中，必须分别根据各种不同情况，选择主、副控制器的作用方向，选择方法如下。

（1）串级控制系统中的副控制器作用方向的选择，是根据工艺安全等要求，选定执行器的气开、气关形式后，按照使副控制回路成为一个负反馈系统的原则来确定的。因此，副控制器的作用方向与副对象特性、执行器的气开、气关形式有关，其选择方法与简单控制系统中控制器正、反作用的选择方法相同，这时可不考虑主控制器的作用方向，只是将主控制器的输出作为副控制器的给定就行了。

例如图 7-2 所示的管式加热炉温度-温度串级控制系统中的副回路，如果为了在气源中断时，停止供给燃料油，以防烧坏炉子，那么执行器应该选气开阀，是"正"方向。当燃料量加大时，炉膛温度 θ_2（副变量）是增加的，因此副对象是"正"方向。为了使副回路构成一个负反馈系统，副控制器 T_2C 应选择"反"作用方向。只有这样，才能当炉膛温度受到干扰作用上升时，T_2C 的输出降低，从而使气开阀关小，减少燃料量，促使炉膛温度下降。

又如图 7-5 所示的精馏塔塔釜温度与蒸汽流量的串级控制系统中，如果基于工艺上的考虑，选择执行器为气关阀。那么，为了使副回路是一个负反馈控制系统，副控制器 FC 的作用方向应选择为"正"作用。这时，当由于蒸汽压力波动而使蒸汽流量增加时，副控制器的输出就将增加，以使控制阀关小（因是气关阀），保证进入再沸器的加热蒸汽量不受或少受蒸汽压力波动的影响。这样，就充分发挥了副回路克服蒸汽压力波动这一干扰的快速作用，提高了主变量的控制质量。

（2）串级控制系统中主控制器作用方向的选择可按下述方法进行：当主、副变量增加（或减小）时，如果由工艺分析得出，为使主、副变量减小（或增加），要求控制阀的动作方向是一致的时候，主控制器应选"反"作用；反之，则应选"正"作用。

从上述方法可以看出，串级控制系统中主控制器作用方向的选择完全由工艺情况确定，与执行器的气开、气关形式及副控制器的作用方向完全无关。因此，串级控制系统中主、副控制器的选择可以按先副后主的顺序，即先确定执行器的开、关形式及副控制器的正、反作用，然后确定主控制器的作用方向；也可以按先主后副的顺序，即先按工艺过程特性的要求确定主控制器的作用方向，然后按一般单回路控制系统的方法再选定执行器的开、关形式及副控制器的作用方向。

例如图 7-2 所示的管式加热炉串级控制系统，不论是主变量 θ_1 或副变量 θ_2 增加时，对控制阀动作方向的要求是一致的，都要求关小控制阀，减少供给的燃料量，才能使 θ_1 或 θ_2 降下来，所以此时主控制器 T_1C 应确定为反作用方向。图 7-5 所示的精馏塔塔釜温度串级控制系统，由于蒸汽流量（副变量）增加时，需要关小控制阀，塔釜温度（主变量）增加时，也需要关小控制阀，因此它们对控制阀的动作方向要求是一致的，所以主控制器 TC 也应为反作用方向。

图 7-8 是冷却器温度串级控制系统的示意图。为了保证被冷却物料出口温度的恒定，并及时克服冷剂压力波动对控制质量的影响，设计了以被冷却物料出口温度为主变量，冷剂流量为副变量的串级控制系统。分析冷却器的特性可以知道，当主变量即被冷却物料出口温度增加时，需要开大控制阀，而当副变量即冷剂流量增加时，需要关小控制阀，

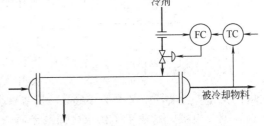

图 7-8　冷却器温度串级控制系统

它们对控制阀动作方向的要求是不一致的，因此主控制器 TC 的作用方向应选用正作用。

（3）当由于工艺过程的需要，控制阀由气开改为气关，或由气关改为气开时，只要改变副控制器的正反作用而不需改变主控制器的正反作用。

但是必须指出，在有些生产过程中，要求控制系统既可以进行串级控制，又可以实现主控制器单独工作，即切除副控制器，由主控制器的输出直接控制执行器（称为主控）。这就是说，若系统由串级切换为主控时，是用主控制器的输出代替原先副控制器的输出去控制执行器，而若系统由主控切换为串级时，是用副控制器的输出代替主控制器的输出去控制执行器。无论哪一种切换，都必须保证当主变量变化时，去控制阀的信号完全一致。以图 7-2 所示的管式加热炉出口温度串级控制系统为例，当执行器为气开阀时，T_1C 和 T_2C 均为反作用。主变量 θ_1 增加时，去执行器的气压信号是要求减小的。这样才能关小阀门，减少燃料供给量，以使温度 θ_1 下降，当系统由串级切换为主控时，若 θ_1 增加，要求主控制器的输出也减小，因此这时主控制器仍为反作用的，不需改变方向。相反，如果工艺要求执行器改为气关阀，那么 T_1C 为反作用，T_2C 为正作用。这时若系统为串级控制时，θ_1 增加，T_2C 的输出即去执行器的信号是增加的，这样才能关小阀门，减少燃料供给量。若这时系统由串级

切换为主控，为了保证在 θ_1 增加时，主控制器的输出，即去执行器的信号仍是增加的，正控制器就必须是正作用，这样才能保证由串级改为主控后，控制系统（这时实际上是单回路的）是一个具有负反馈的闭环系统。

总之，系统串级与主控切换的条件是：当主变量变化时，串级时副控制器的输出与主控时主控制器的输出信号方向完全一致。根据这一条件可以断定：只有当副控制器为"反"作用时，才能在串级与主控之间直接进行切换，如果副控制器为"正"作用，则在串级与主控之间进行切换的同时，要改变主控制器的正反作用。为了能使串级系统在串级与主控之间方便地切换，在执行器气开、气关形式的选择不受工艺条件限制，可以任选的情况下，应选择能使副控制器为反作用的那种执行器类型，这样就可免除在串级与主控切换时来回改变主控制器的正、反作用。

第二节　均匀控制系统　　🎧 — 微课 —

一、均匀控制的目的

在化工生产中，各生产设备都是前后紧密联系在一起的。前一设备的出料，往往是后一设备的进料，各设备的操作情况也是互相关联、互相影响的。例图 7-9 所示的连续精馏的多

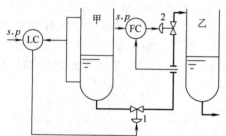

图 7-9　前后精馏塔的供求关系

塔分离过程就是一个最能说明问题的例子。甲塔的出料为乙塔的进料。对甲塔来说，为了稳定操作需保持塔釜液位稳定，为此必然频繁地改变塔底的排出量，这就使塔釜失去了缓冲作用。而对乙塔来说，从稳定操作要求出发，希望进料量尽量不变或少变，这样甲、乙两塔间的供求关系就出现了矛盾。如果采用图 7-9 所示的控制方案，两个控制系统是无法同时正常工作的。如果甲塔的液位上升，则液位控制器 LC 就会开大出料阀 1，而这将引起乙塔进料量增大，于是乙塔的流量控制器 FC 又要关小阀 2，其结果会使甲塔液位升高，出料阀 1 继续开大，如此下去，顾此失彼，解决不了供求之间的矛盾。

解决矛盾的方法，可在两塔之间设置一个中间贮罐，既满足甲塔控制液位的要求，又缓冲了乙塔进料流量的波动。但是由此会增加设备，使流程复杂化。当物料易分解或聚合时，就不宜在贮罐中久存，故此法不能完全解决问题。但是从这个方法可以得到启示，能不能通过自动控制来模拟中间贮罐的缓冲作用呢？

从工艺和设备上进行分析，塔釜有一定的容量。其容量虽不像贮罐那么大，但是液位并不要求保持在定值上，允许在一定的范围内变化。至于乙塔的进料，如不能做到定值控制，但能使其缓慢变化也对乙塔的操作是很有益的，较之进料流量剧烈的波动则改善了很多。为了解决前后工序供求矛盾，达到前后兼顾协调操作，使液位和流量均匀变化，为此组成的系统称为均匀控制系统。

均匀控制通常是对液位和流量两个变量同时兼顾，通过均匀控制，使两个互相矛盾的变量达到下列要求。

（1）两个变量在控制过程中都应该是变化的，且变化是缓慢的。因为均匀控制是指前后设备的物料供求之间的均匀，那么，表征前后供求矛盾的两个变量都不应该稳定在某一固定的数值。图 7-10(a) 中把液位控制成比较平稳的直线，因此下一设备的进料量必然波动很大，这样的控制过程只能看作液位的定值控制，而不能看作均匀控制。反之，图 7-10(b) 中把后一设备的进料量控制成比较平稳的直线，那么，前一设备的液位就必然波动很厉害，

所以，它只能被看作是流量的定值控制。只有如图 7-10(c) 所示的液位和流量的控制曲线才符合均匀控制的要求，两者都有一定程度的波动，但波动都比较缓慢。

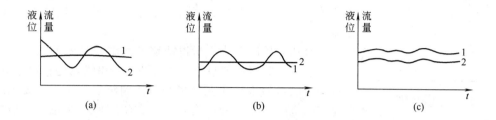

图 7-10　前一设备的液位和后一设备的进料量之关系
1—液位变化曲线；2—流量变化曲线

（2）前后互相联系又互相矛盾的两个变量应保持在所允许的范围内波动。如图 7-9 中，甲塔塔釜液位的升降变化不能超过规定的上下限，否则就有淹过再沸器蒸汽管或被抽干的危险。同样，乙塔进料流量也不能超越它所能承受的最大负荷或低于最小处理量，否则就不能保证精馏过程的正常进行。为此，均匀控制的设计必须满足这两个限制条件。当然，这里的允许波动范围比定值控制过程的允许偏差要大得多。

明确均匀控制的目的及其特点是十分必要的。因为在实际运行中，有时因不清楚均匀控制的设计意图而变成单一变量的定值控制，或者想把两个变量都控制成很平稳，这样最终都会导致均匀控制系统的失败。

二、均匀控制方案

1. 简单均匀控制

图 7-11 所示的为简单均匀控制系统。外表看起来与简单的液位定值控制系统一样，但系统设计的目的不同。定值控制是通过改变排出流量来保持液位为给定值，而简单均匀控制是为了协调液位与排出流量之间的关系，允许它们都在各自许可的范围内作缓慢地变化。

简单均匀控制系统如何能够满足均匀控制的要求呢？是通过控制器的参数整定来实现的。简单均匀控制系统中的控制器一般都是纯比例作用的，比例度的整定不能按 4∶1（或 10∶1）衰减振荡过程来整定，而是将比例度整定得很大，以使当液位变化时，控制器的输出变化很小，排出流量只作微小缓慢地变化。有时为了克服连续发生的同一方

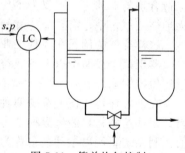

图 7-11　简单均匀控制

向干扰所造成的过大偏差，防止液位超出规定范围，则引入积分作用。这时比例度一般大于 100％，积分时间也要放得大一些。至于微分作用，是和均匀控制的目的背道而驰的，故不采用。

2. 串级均匀控制

前面讲的简单均匀控制方案，虽然结构简单，但有局限性。当塔内压力或排出端压力变化时，即使控制阀开度不变，流量也会随阀前后压差变化而改变。等到流量改变影响到液位变化后，液位控制器才进行控制，显然这是不及时的。为了克服这一缺点，可在原方案基础上增加一个流量副回路，即构成串级均匀控制，图 7-12 是其原理图。

从图中可以看出，在系统结构上它与串级控制系统是相同的。液位控制器 LC 的输出，作为流量控制器 FC 的给定值，用流量控制器的输出来操纵执行器。由于增加

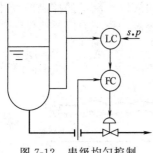

图 7-12 串级均匀控制

了副回路，可以及时克服由于塔内或排出端压力改变所引起的流量变化。这些都是串级控制系统的特点。但是，由于设计这一系统的目的是协调液位和流量两个变量的关系，使之在规定的范围内作缓慢地变化，所以本质上是均匀控制。

串级均匀控制系统之所以能够使两个变量间的关系得到协调，是通过控制器参数整定来实现的。在串级均匀控制系统中，参数整定的目的不是使变量尽快地回到给定值，而是要求变量在允许的范围内作缓慢的变化。参数整定的方法也与一般的不同。一般控制系统的比例度和积分时间是由大到小地进行调整，均匀控制系统却正相反，是由小到大地进行调整。均匀控制系统的控制器参数数值一般都很大。

串级均匀控制系统的主、副控制器一般都采用纯比例作用的。只在要求较高时，为了防止偏差过大而超过允许范围，才引入适当的积分作用。

第三节　比值控制系统 　　　　　　　　📱 — 微课 —

一、概述

在化工、炼油及其他工业生产过程中，工艺上常需要将两种或两种以上的物料保持一定的比例关系，如比例一旦失调，将影响生产或造成事故。

例如，在造纸生产过程中，必须使浓纸浆和水以一定比例混合，才能制造出一定浓度的纸浆，显然这个流量比对于产品质量有密切关系。在重油气化的造气生产过程中，进入气化炉的氧气和重油流量应保持一定的比例，若氧油比过高，因炉温过高使喷嘴和耐火砖烧坏，严重时甚至会引起炉子爆炸；如果氧量过低，则生成的炭黑增多，还会发生堵塞现象。所以保持合理的氧油比，不仅为了使生产能正常进行，且对安全生产来说具有重要意义。再如在锅炉燃烧过程中，需要保持燃料量和空气按一定的比例进入炉膛，才能提高燃烧过程的经济性。这样类似的例子在各种工业生产中是大量存在的。

实现两个或两个以上参数符合一定比例关系的控制系统，称为比值控制系统。通常为流量比值控制系统。

在需要保持比值关系的两种物料中，必有一种物料处于主导地位，这种物料称之为主物料，表征这种物料的参数称之为主动量，用 Q_1 表示。由于在生产过程控制中主要是流量比值控制系统，所以主动量也称为主流量；而另一种物料按主物料进行配比，在控制过程中随主物料量而变化，因此称为从物料，表征其特性的参数称为从动量或副流量，用 Q_2 表示。一般情况下，总以生产中主要物料定为主物料，如上例中的浓纸浆、重油和燃料油均为主物料，而相应跟随变化的水、氧和空气则为从物料。在有些场合，以不可控物料作为主物料，用改变可控物料即从物料的量来实现它们之间的比值关系。比值控制系统就是要实现副流量 Q_2 与主流量 Q_1 成一定比值关系，满足如下关系式：

$$K = Q_2/Q_1 \tag{7-1}$$

式中，K 为副流量与主流量的流量比值。

二、比值控制系统的类型

比值控制系统主要有以下几种方案。

1. 开环比值控制系统

开环比值控制系统是最简单的比值控制方案，图 7-13 是其原理图。图中 Q_1 是主流量，

Q_2 是副流量。当 Q_1 变化时，通过控制器 FC 及安装在从物料管道上的执行器，来控制 Q_2，以满足 $Q_2 = KQ_1$ 的要求。

图 7-14 是该系统的方框图。从图中可以看到，该系统的测量信号取自主物料 Q_1，但控制器的输出却去控制从物料的流量 Q_2，整个系统没有构成闭环，所以是一个开环系统。

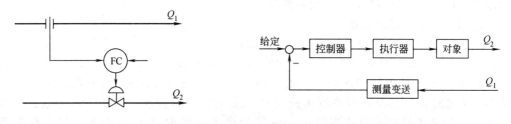

图 7-13　开环比值控制　　　　　　　　　　　图 7-14　开环比值控制方框图

这种方案的优点是结构简单，只需一台纯比例控制器，其比例度可以根据比值要求来设定。但是如果仔细分析一下这种开环比值系统，其实质只能保持执行器的阀门开度与 Q_1 之间成一定比例关系。因此，当 Q_2 因阀门两侧压力差发生变化而波动时，系统不起控制作用，此时就保证不了 Q_2 与 Q_1 的比值关系了。也就是说，这种比值控制方案对副流量 Q_2 本身无抗干扰能力。所以这种系统只能适用于副流量较平稳且比值要求不高的场合。实际生产过程中，Q_2 本身常常要受到干扰，因此生产上很少采用开环比值控制方案。

2. 单闭环比值控制系统

单闭环比值控制系统是为了克服开环比值控制方案的不足，在开环比值控制系统的基础上，通过增加一个副流量的闭环控制系统而组成的，如图 7-15 所示。图 7-16 是该系统的方框图。

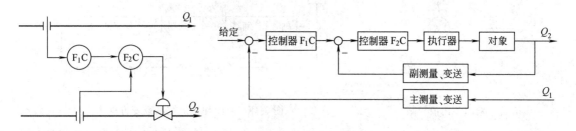

图 7-15　单闭环比值控制　　　　　　　　图 7-16　单闭环比值控制系统方框图

从图中可以看出，单闭环比值控制系统与串级控制系统具有相类似的结构形式，但两者是不同的。单闭环比值控制系统的主流量 Q_1 相似于串级控制系统中的主变量，但主流量并没有构成闭环系统，Q_2 的变化并不影响到 Q_1。尽管它亦有两个控制器，但只有一个闭合回路，这就是两者的根本区别。

在稳定情况下，主、副流量满足工艺要求的比值，$Q_2/Q_1 = K$。当主流量 Q_1 变化时，经变送器送至主控制器 F_1C（或其他计算装置）。F_1C 按预先设置好的比值使输出成比例地变化，也就是成比例地改变副流量控制器 F_2C 的给定值，此时副流量闭环系统为一个随动控制系统，从而 Q_2 跟随 Q_1 变化，使得在新的工况下，流量比值 K 保持不变。当主流量没有变化而副流量由于自身干扰发生变化时，此副流量闭环系统相当于一个定值控制系统，通过控制克服干扰，使工艺要求的流量比值仍保持不变。

单闭环比值控制系统的优点是它不但能实现副流量跟随主流量的变化而变化，而且还可以克服副流量本身干扰对比值的影响，因此主、副流量的比值较为精确。另外，这种方案的结构形式较简单，实施起来也比较方便，所以得到广泛的应用，尤其适用于主物料在工艺上不允许进行控制的场合。

单闭环比值控制系统，虽然能保持两物料量比值一定，但由于主流量是不受控制的，当主流量变化时，总的物料量就会跟着变化。

3. 双闭环比值控制系统

双闭环比值控制系统是为了克服单闭环比值控制系统主流量不受控制，生产负荷（与总物料量有关）在较大范围内波动的不足而设计的。它是在单闭环比值控制的基础上，增加了主流量控制回路而构成的。图 7-17 是它的原理图。从图可以看出，当主流量 Q_1 变化时，一方面通过主流量控制器 F_1C 对它进行控制，另一方面通过比值控制器 K（可以是乘法器）乘以适当的系数后作为副流量控制器 F_2C 的给定值，使副流量跟随主流量的变化而变化。

图 7-18 是双闭环比值控制系统的方框图。由图可以看出，该系统具有两个闭合回路，分别对主、副流量进行定值控制。同时，由于比值控制器 K 的存在，使得主流量由受到干扰作用开始到重新稳定在给定值这段时间内，副流量能跟随主流量的变化而变化。这样不仅实现了比较精确的流量比值，而且也确保了两物料总量基本不变，这是它的一个主要优点。

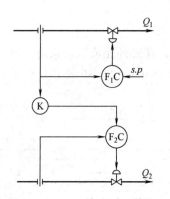

图 7-17　双闭环比值控制

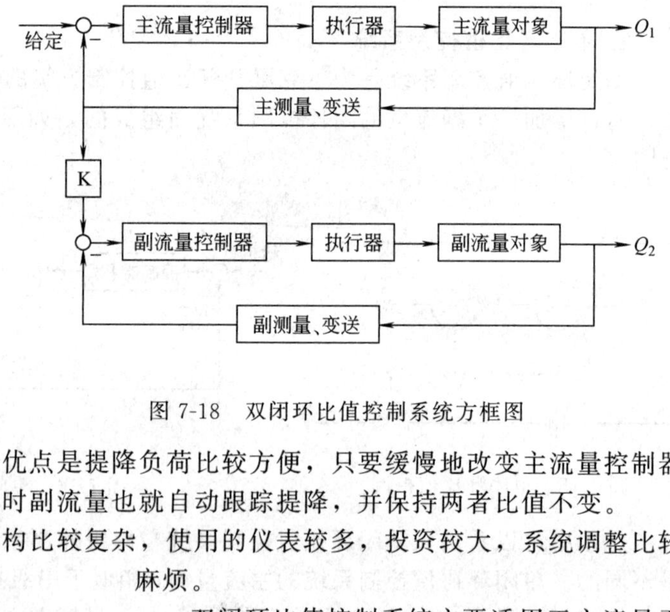

图 7-18　双闭环比值控制系统方框图

双闭环比值控制系统的另一个优点是提降负荷比较方便，只要缓慢地改变主流量控制器的给定值，就可以提降主流量，同时副流量也就自动跟踪提降，并保持两者比值不变。

这种比值控制方案的缺点是结构比较复杂，使用的仪表较多，投资较大，系统调整比较麻烦。

双闭环比值控制系统主要适用于主流量干扰频繁、工艺上不允许负荷有较大波动或工艺上经常需要提降负荷的场合。

4. 变比值控制系统

以上介绍的几种控制方案都是属于定比值控制系统。控制过程的目的是要保持主、从物料的比值关系为定值。但有些化学反应过程，要求两种物料的比值能灵活地随第三变量的需

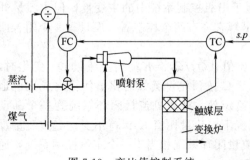

图 7-19　变比值控制系统

要而加以调整，这样就出现一种变比值控制系统。

图 7-19 是变换炉的半水煤气与水蒸气的变比值控制系统的示意图。在变换炉生产过程中，半水煤气与水蒸气的量需保持一定的比值，但其比值系数要能随一段触媒层的温度变化而变化，才能在较大负荷变化下保持良好的控制质量。在这里，蒸汽与半水煤气的流量经测量变送后，送往除法器，计算得到它们的实际比值，作为流量比值控制器 FC 的测量值。而 FC 的给定值来自温度控制器 TC，最后通过调整蒸汽量（实际上是调整了蒸汽与半水煤气的比值）来使变换炉触媒层的温度恒定在规定的数值上。图 7-20 是该变比值控制系统的方框图。

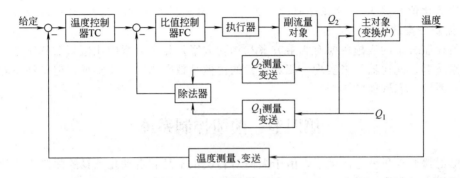

图 7-20 变比值控制系统方框图

由图可见，从系统的结构上来看，实际上是变换炉触媒层温度与蒸汽/半水煤气的比值串级控制系统。系统中控制器的选择，温度控制器 TC 按串级控制系统中主控制器要求选择，比值系统按单闭环比值控制系统来确定。

三、比值控制系统的几个问题

1. 主、从动量的确定

设计比值控制系统时，首先需要确定主、从动量。其确定原则如下。

（1）生产过程中主要物料的流量为主动量，次要物料的流量为从动量。

（2）两物料中有一个物料的量为可测但不可控时，则应选不可控的物料流量为主动量，另一个可控的物料为从动量。

以上只是选择主动量的一般原则，如工艺有特殊要求还要根据工艺情况做具体分析。

2. 控制方案的选择

控制方案的选择主要根据各种控制方案的特点及工艺的具体情况来确定。

3. 比值系数的计算

设计比值控制系统时，比值系数的计算是一个十分重要的问题，工艺给出的是两种物料的体积（质量）流量比值，即 $K = \dfrac{Q_2}{Q_1}$。而实施比值控制时会采用适当的传感器和仪表，目前仪表采用的标准信号为 4～20mA 或 20～100kPa，在仪表上所放置的是两个信号的比值系数 $K' = \dfrac{I_2}{I_1}$（或 $\dfrac{P_2}{P_1}$），显然仪表信号 K 与工艺比值 K' 之间具有一定对应关系，因此必须将流量的比值系数 K' 折算成仪表上的比值系数 K 才能进行比值设定。具体计算方法如下。

（1）流量与其测量信号之间呈线性关系 如用转子流量计、涡轮流量计等方法测量或用差压法测量但经开方器后输出信号也和流量值之间呈线性关系，则可用式（7-2）进行计算。

$$K' = K \frac{Q_{1\max}}{Q_{2\max}} \tag{7-2}$$

式中　$Q_{1\max}$——测量 F_1 所用变速器的最大量程；

　　　$Q_{2\max}$——测量 F_2 所用变速器的最大量程。

（2）流量和测量信号之间呈非线性关系　如用差压法测流量而未用开方器时，因流量与压差之间呈非线性（开方）关系可用式(7-3)计算。

$$K' = K \frac{Q_{1\max}^2}{Q_{2\max}^2} \tag{7-3}$$

将计算出的比值系数 K 设置在比值计算器上，比值控制系统就能按工艺要求正常进行。

4. 控制方案的实施

比值控制方案的实施主要有相乘方案和相除方案。相乘方案中比值系数的实施可采用比值器、乘法器、配比器等来实现。相除方案的比值系数采用除法器实现，但应注意除法器的非线性对系统动态性能的影响。

第四节　前馈控制系统

前馈的概念很早就已产生了，由于人们对它认识不足和自动化工具的限制，致使前馈控制发展缓慢。近年来，随着新型仪表和电子计算机的出现和广泛应用，为前馈控制创造了有利条件，前馈控制又重新被重视。目前前馈控制已在锅炉、精馏塔、换热器和化学反应器等设备上获得成功的应用。

一、前馈控制系统及其特点　　　　　　　　　　　　　　🌐 — 思政 —

在大多数控制系统中，控制器是按照被控变量相对于给定值的偏差而进行工作的。控制作用影响被控变量，而被控变量的变化又返回来影响控制器的输入，使控制作用发生变化。这些控制系统都属于反馈控制。不论什么干扰，只要引起被控变量变化，都可以进行控制，这是反馈控制的优点。例如在图 7-21 所示的换热器出口温度的反馈控制中，所有影响被控变量 θ 的因素，如进料流量、温度的变化，蒸汽压力的变化等，它们对出口物料温度 θ 的影响都可以通过反馈控制来克服。但是，在这样的系统中，控制信号总是要在干扰已经造成影响，被控变量偏离给定值以后才能产生，控制作用总是不及时的。特别是在干扰频繁，对象有较大滞后时，使控制质量的提高受到很大的限制。

如果已知影响换热器出口物料温度变化的主要干扰是进口物料流量的变化，为了及时克服这一干扰对被控变量 θ 的影响，可以测量进料流量，根据进料流量大小的变化直接去改变加热蒸汽量的大小，这就是所谓的"前馈"控制。图 7-22 是换热器的前馈控制系统示意图。当进料流量变化时，通过前馈控制器 FC 去开大或关小加热蒸汽阀，以克服进料流量变化对出口物料温度的影响。

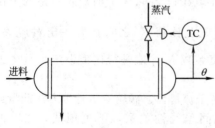

图 7-21　换热器的反馈控制

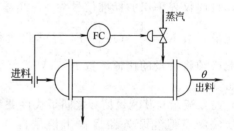

图 7-22　换热器的前馈控制

为了对前馈控制有进一步的认识，下面仔细分析一下前馈控制的特点，并与反馈控制作一简单的比较。

1. 前馈控制是基于不变性原理工作的，比反馈控制及时、有效

前馈控制是根据干扰的变化产生控制作用的。如果能使干扰作用对被控变量的影响与控制作用对被控变量的影响在大小上相等、方向上相反的话，就能完全克服干扰对被控变量的影响。图 7-23 就可以充分说明这一点。

在图 7-22 所示的换热器前馈控制系统中，当进料流量突然阶跃增加 ΔQ_1 后，就会通过干扰通道使换热器出口物料温度 θ 下降，其变化曲线如图 7-23 中曲线 1 所示。与此同时，进料流量的变化经测量变送后，送入前馈控制器 FC，按一定的规律运算后输出去开大蒸汽阀。由于加热蒸汽量增加，通过加热器的控制通道会使出口物料温度 θ 上升，如图 7-23 中曲线 2 所示。由图可知，干扰作用使温度 θ 下降，控制作用使温度 θ 上升。如果控制规律选择合适，可以得到完全的补偿。也

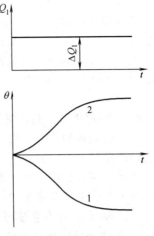

图 7-23　前馈控制系统的补偿过程

就是说，当进口物料流量变化时，可以通过前馈控制，使出口物料的温度完全不受进口物料流量变化的影响。显然，前馈控制对于干扰的克服要比反馈控制及时得多。干扰一旦出现，不需等到被控变量受其影响产生变化，就会立即产生控制作用，这个特点是前馈控制的一个主要优点。

图 7-24(a)、(b) 分别表示反馈控制与前馈控制的方框图。

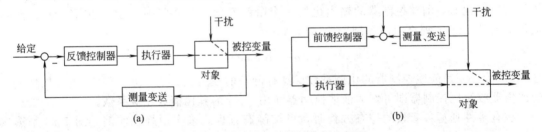

图 7-24　反馈控制与前馈控制方框图

由图 7-24 可以看出，反馈控制与前馈控制的检测信号与控制信号有如下不同的特点。

反馈控制的依据是被控变量与给定值的偏差，检测的信号是被控变量，控制作用发生时间是在偏差出现以后。

前馈控制的依据是干扰的变化，检测的信号是干扰量的大小，控制作用的发生时间是在干扰作用的瞬间而不需等到偏差出现之后。

2. 前馈控制是属于"开环"控制系统

反馈控制系统是一个闭环控制系统，而前馈控制是一个"开环"控制系统，这也是它们两者的基本区别。由图 7-24(b) 可以看出，在前馈控制系统中，被控变量根本没有被检测。当前馈控制器按扰动量产生控制作用后，对被控变量的影响并不返回来影响控制器的输入信号——扰动量，所以整个系统是一个开环系统。

前馈控制系统是一个开环系统，这一点从某种意义上来说是前馈控制的不足之处。反馈控制由于是闭环系统，控制结果能够通过反馈获得检验，而前馈控制其控制效果并不通过反馈来加以检验。如上例中，根据进口物料流量变化这一干扰施加前馈控制作用后，出口物料的温度（被控变量）是否达到所希望的温度是不得而知的。因此，要想综合一个合适的前馈控制作用，必须对被控对象的特性作深入的研究和彻底的了解。

3. 前馈控制使用的是视对象特性而定的"专用"控制器

一般的反馈控制系统均采用通用类型的 PID 控制器，而前馈控制要采用专用前馈控制器（或前馈补偿装置）。对于不同的对象特性，前馈控制器的控制规律将是不同的。为了使干扰得到完全克服，干扰通过对象的干扰通道对被控变量的影响，应该与控制作用（也与干扰有关）通过控制通道对被控变量的影响大小相等、方向相反。所以，前馈控制器的控制规律取决于干扰通道的特性与控制通道的特性。对于不同的对象特性，就应该设计具有不同控制规律的控制器。

4. 一种前馈作用只能克服一种干扰

由于前馈控制作用是按干扰进行工作的，而且整个系统是开环的，因此根据一种干扰设置的前馈控制就只能克服这一干扰对被控变量的影响，而对于其他干扰，由于这个前馈控制器无法感受到，也就无能为力了。而反馈控制只用一个控制回路就可克服多个干扰，所以说这一点也是前馈控制系统的一个弱点。

二、前馈控制的主要形式

1. 单纯的前馈控制形式

前面列举的图 7-22 所示的换热器出口物料温度控制就属于单纯的前馈控制系统，它是按照干扰的大小来进行控制的。根据对干扰补偿的特点，可分为静态前馈控制和动态前馈控制。

（1）静态前馈控制系统　在图 7-22 中，前馈控制器的输出信号是按干扰大小随时间变化的，它是干扰量和时间的函数。而当干扰通道和控制通道动态特性相同时，便可以不考虑时间函数，只按静态关系确定前馈控制作用。静态前馈是前馈控制中的一种特殊形式。如当干扰阶跃变化时，前馈控制器的输出也为一个阶跃变化。图 7-22 中，如果主要干扰是进料流量的波动 ΔQ_1，那么前馈控制器的输出 Δm_f 为

$$\Delta m_f = K_f \Delta Q_1$$

式中，K_f 是前馈控制器的比例系数。这种静态前馈实施起来十分方便，用常规仪表中的比值器或比例控制器即可作为前馈控制器使用，K_f 为其比值或比例系数。

在有条件列写各参数的静态方程时，可按静态方程式来实现静态前馈。图 7-25 是蒸汽加热的换热器，冷料进入量为 Q_1，进口温度为 θ_1，出口温度 θ_2 是被控变量。

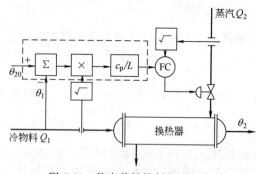

图 7-25　静态前馈控制实施方案

分析影响出口温度 θ_2 的因素，进料 Q_1 增加，使 θ_2 降低；入口温度 θ_1 提高，使 θ_2 升高；蒸汽压力下降，使 θ_2 降低。假若这些干扰当中，进料量 Q_1 变化幅度大而且频繁，现在只考虑对干扰 Q_1 进行静态补偿的话，可利用热平衡原理来分析，近似的平衡关系是蒸汽冷凝放出的热量等于进料流体获得的热量，即

$$Q_2 L = Q_1 c_p (\theta_2 - \theta_1) \tag{7-4}$$

式中，L 为蒸汽冷凝热；c_p 为被加热物料的比热容；Q_1 为进料流量；Q_2 为蒸汽流量。

当进料增加后为 $Q_1 + \Delta Q_1$，为保持出口温度 θ_2 不变，Q_2 需要相应地变化到 $Q_2 + \Delta Q_2$，列出这时的静态方程为

$$(Q_2 + \Delta Q_2) L = (Q_1 + \Delta Q_1) c_p (\theta_2 - \theta_1) \tag{7-5}$$

式(7-5) 减去式(7-4)，可得

$$\Delta Q_2 L = \Delta Q_1 c_{\mathrm{p}}(\theta_2 - \theta_1)$$

即　　　　　　　　$$\Delta Q_2 = \frac{c_{\mathrm{p}}(\theta_2 - \theta_1)}{L} \Delta Q_1 = K \Delta Q_1 \qquad (7\text{-}6)$$

因此，若能使 Q_2 与 Q_1 的变化量保持

$$\frac{\Delta Q_2}{\Delta Q_1} = K \qquad (7\text{-}7)$$

的关系，就可以实现静态补偿。根据静态控制方程式(7-6)，构成换热器静态前馈控制实施方案如图 7-25 所示。

　　此方案将主、次干扰 θ_1、Q_1、Q_2 等都引入系统，控制质量大有提高。热交换器是应用前馈控制较多的场合，换热器有滞后大、时间常数大、反应慢的特性，前馈控制就是针对这种对象特性设计的，故能很好发挥作用。图 7-25 中虚线框内的环节，就是前馈控制所应该起的作用，可用前馈控制器，也可用单元组合仪表来实现。

　　(2) 动态前馈控制系统　静态前馈控制只能保证被控变量的静态偏差接近或等于零，并不能保证动态偏差达到这个要求。故必须考虑对象的动态特性，从而确定前馈控制器的规律，才能获得动态前馈补偿。现在图 7-25 的静态前馈控制基础上加个动态前馈补偿环节，便构成了图 7-26 的动态前馈控制实施方案。

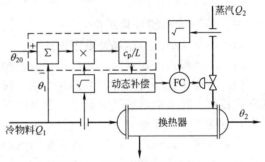

图 7-26　动态前馈控制实施方案

　　图中的动态补偿环节的特性，应该是针对对象的动态特性来确定的。但是考虑到工业对象的特性千差万别，如果按对象特性来设计前馈控制器的话，将会花样繁多，一般都比较复杂，实现起来比较困难。因此，可在静态前馈控制的基础上，加上延迟环节或微分环节，以达到干扰作用的近似补偿。按此原理设计的一种前馈控制器，有三个可以调整的参数 K、T_1、T_2。K 为放大倍数，是为了静态补偿用的。T_1、T_2 是时间常数，都有可调范围，分别表示延迟作用和微分作用的强弱。相对于干扰通道而言，控制通道反应快的给它加强延迟作用，反应慢的给它加强微分作用。根据两通道的特性适当调整 T_1、T_2 的数值，使两通道反应合拍便可以实现动态补偿，消除动态偏差。

2. 前馈-反馈控制

　　前面已经谈到，前馈与反馈控制的优缺点是相对应的。若把其组合起来，取长补短，使前馈控制用来克服主要干扰，反馈控制用来克服其他的多种干扰，两者协同工作，一定能提高控制质量。

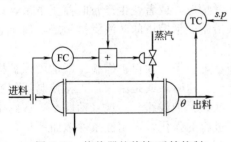

图 7-27　换热器的前馈-反馈控制

　　图 7-22 所示的换热器前馈控制系统，仅能克服由于进料量变化对被控变量 θ 的影响。如果还同时存在其他干扰，例如进料温度、蒸汽压力的变化等，它们对被控变量 θ 的影响，通过这种单纯的前馈控制系统是得不到克服的。因此，往往用"前馈"来克服主要干扰，再用"反馈"来克服其他干扰，组成如图 7-27 所示的前馈-反馈控制系统。

　　图中的控制器 FC 起前馈作用，用来克服由于进料量波动对被控变量 θ 的影响，而温度控制器 TC 起反馈作用，用来克服其他干扰对被

控变量 θ 的影响，前馈和反馈控制作用相加，共同改变加热蒸汽量，以使出料温度 θ 维持在给定值上。

图 7-28 是前馈-反馈控制系统的方框图。从图可以看出，前馈-反馈控制系统虽然也有两个控制器，但在结构上与串级控制系统是完全不同的。串级控制系统是由内、外（或主、副）两个反馈回路所组成；而前馈-反馈控制系统是由一个反馈回路和另一个开环的补偿回路叠加而成。

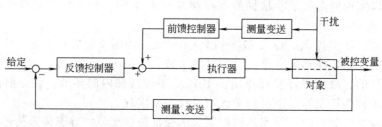

图 7-28　前馈-反馈控制系统方框图

三、前馈控制的应用场合

前馈控制主要的应用场合有下面几种。

（1）干扰幅值大而频繁，对被控变量影响剧烈，仅采用反馈控制达不到要求的对象。

（2）主要干扰是可测而不可控的变量。所谓可测，是指干扰量可以运用检测变送装置将其在线转化为标准的电或气的信号。但目前对某些变量，特别是某些成分量还无法实现上述转换，也就无法设计相应的前馈控制系统。所谓不可控，主要是指这些干扰难以通过设置单独的控制系统予以稳定，这类干扰在连续生产过程中是经常遇到的，其中也包括一些虽能控制但生产上不允许控制的变量，例如负荷量等。

（3）当对象的控制通道滞后大，反馈控制不及时，控制质量差，可采用前馈或前馈-反馈控制系统，以提高控制质量。

第五节　选择性控制系统　　📺 — 微课 —

一、基本概念

通常自动控制系统只能在生产工艺处于正常情况下进行工作。一旦生产出现事故，控制器就得要改为手动，待事故被排除后，控制系统再重新投入工作。对于现代化大型生产过程来说，生产过程自动化仅仅做到这一步是不够的，是远远不能满足生产要求的。在这些大型工艺生产过程中，除了要求控制系统在生产处于正常运行情况下，能够克服外界干扰，维持生产的平稳运行外，当生产操作达到安全极限时，控制系统应有一种应变能力，能采取相应的保护措施，促使生产操作离开安全极限，返回到正常情况，或者使生产暂时停止下来，以防事故的发生或进一步扩大。像大型压缩机的防喘振措施、精馏塔的防液泛措施等都属于非正常生产过程的保护性措施。

属于生产保护性措施有两类：一类是硬保护措施；另一类是软保护措施。所谓硬保护措施就是当生产操作达到安全极限时，有声、光警报产生。这时，或是由操作工将控制器切换到手动，进行手动操作、处理；或是通过专门设置的联锁保护线路，实现自动停车，达到生产安全的目的。就人工保护来说，由于大型工厂生产过程的强化，限制性条件多而严格，生产安全保护的逻辑关系往往比较复杂，即使编写出详尽的操作规程，人工操作也难免出错。此外，由于生产过程进行的速度往往很快，操作人员的生理反应难于跟上，因此，一旦出现事故状态，情况十分紧急，容易出现手忙脚乱的情况，某个环节处理不当，就会使事故扩大。因此，在遇到这类问题时，常常采用联锁保护的办法进行处理。当生产达到安全极限时，通过专门设置的联锁保护线路，能自动地使设备停车，达到保护的目的。

通过事先专门设置的联锁保护线路，虽然能在生产操作达到安全极限时起到安全保护的作用，但是，这种硬性保护方法，动辄就使设备停车，这必然会影响到生产。对于大型连续生产过程来说，即使是短暂的设备停车也会造成巨大的经济损失。因此，这种硬保护措施已逐渐不为人们所欢迎，相应情况下就出现了一种生产的软保护措施。

所谓生产的软保护措施，就是通过一个特定设计的自动选择性控制系统，当生产短期内处于不正常情况时，既不使设备停车又起到对生产进行自动保护的目的。在这种自动选择性控制系统中，已经考虑到了生产工艺过程限制条件的逻辑关系。当生产操作条件趋向限制条件时，一个用于控制不安全情况的控制方案将自动取代正常情况下工作的控制方案。直到生产操作重新回到安全范围时，正常情况下工作的控制方案又自动恢复对生产过程的正常控制。因此，这种选择性控制系统有时被称为取代控制系统或自动保护控制系统。某些选择性控制系统甚至可以使开、停车这样的工作都能够由系统控制自动地进行而无需人参与。

要构成选择性控制，生产操作必须要具有一定选择性的逻辑关系。而选择性控制的实现则需要靠具有选择功能的自动选择器（高值选择器或低值选择器）或有关的切换装置（切换器、带电接点的控制器或测量仪表）来完成。

二、选择性控制系统的类型

1. 开关型选择性控制系统

在这一类选择性控制系统中，一般有 A、B 两个可供选择的变量。其中一个变量 A 假定是工艺操作的主要技术指标，它直接关系到产品的质量或生产效率；另一个变量 B，工艺上对它只有一个限值要求，只要不超出限值，生产就是安全的，一旦超出这一限值，生产过程就有发生事故的危险。因此，在正常情况下，变量 B 处于限值以内，生产过程就按照变量 A 来进行连续控制。一旦变量 B 达到极限值时，为了防止事故的发生，所设计的选择性控制系统将通过专门的装置（电接点、信号器、切换器等）切断变量 A 控制器的输出，而将控制阀迅速关闭或打开，直到变量 B 回到限值以内时，系统才自动重新恢复到按变量 A 进行连续控制。

开关型选择性控制系统一般都用做系统的限值保护。图 7-29 所示的丙烯冷却器的控制可作为一个应用的实例。

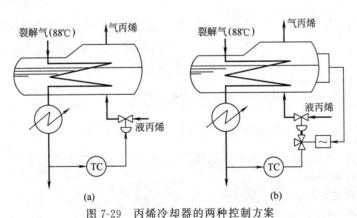

图 7-29　丙烯冷却器的两种控制方案

在乙烯分离过程中，裂解气经五段压缩后其温度已达 88℃。为了进行低温分离，必须将它的温度降下来，工艺要求降到 15℃左右。为此，工艺上采用了丙烯冷却器这一设备。在冷却器中，利用液态丙烯低温下蒸发吸热的原理，达到降低裂解气温度的目的。

为了使得经冷却器后的裂解气达到一定温度，一般的控制方案是选择经冷却后的裂解气温度为被控变量，以液态丙烯流量为操纵变量，组成如图 7-29(a) 所示的温度控制系统。

图 7-29(a) 所示的方案实际上是通过改变换热面积的方法来达到控制温度的目的。当裂解气出口温度偏高时，控制阀开大，液态丙烯流量就随之增大，冷却器内丙烯的液位将会上升，冷却器内列管被液态丙烯淹没的数量则增多，换热面积于是就增大，因而，为丙烯气化所带走的热量将会增多，因而裂解气温度就会下降。反过来，当裂解气出口温度偏低时，控制阀关小，丙烯液位则下降，换热面积就减小，丙烯气化带走热量也减小，裂解气温度则上升。因此，通过对液态丙烯流量的控制就可以达到维持裂解气出口温度不变的目的。

然而，有一种情况必须加以考虑。当裂解气温度过高或负荷量过大时，控制阀将要大幅度地被打开。当冷却器中的列管全部为液态丙烯所淹没，而裂解气出口温度仍然降不到希望的温度时，就不能再一味地使控制阀开度继续增加了。因为，一来这时液位继续升高已不再能增加换热面积，换热效果也不再能够提高，再增加控制阀的开度，冷剂量液态丙烯将得不到充分的利用；二来液位的继续上升，会使冷却器中的丙烯蒸发空间逐渐减小，甚至会完全没有蒸发空间，以至于使气相丙烯会出现带液现象。气相丙烯带液进入压缩机将会损坏压缩机，这是不允许的。为此，必须对图 7-29(a) 所示的方案进行改造，即需要考虑到当丙烯液位上升到极限情况时的防护性措施，于是就构成了如图 7-29(b) 所示的裂解气出口温度与丙烯冷却器液位的开关型选择性控制系统。

方案（b）是在方案（a）的基础上增加了一个带上限节点的液位变送器（或报警器）和一个连接于温度控制器 TC 与执行器之间的电磁三通阀。上限节点一般设定在液位总高度的75％左右。在正常情况下，液位低于 75％，节点是断开的，电磁阀失电，温度控制器的输出可直通执行器，实现温度自动控制。当液位上升达到 75％时，这时保护压缩机不致受损坏已变为主要矛盾。于是液位变送器的上限节点闭合，电磁阀得电而动作，将控制器输出切断，同时使执行器的膜头与大气相通，使膜头压力很快下降为零，控制阀将很快关闭（对气开阀而言），这就终止了液态丙烯继续进入冷却器。待冷却器内液态丙烯逐渐蒸发，液位缓慢下降到低于 75％时，液位变送器的上限节点又断开，电磁阀重新失电，于是温度控制器的输出又直接送往执行器，恢复成温度控制系统。

此开关型选择性控制系统的方框图如图 7-30 所示。图中的方框"开关"实际上是一只电磁三通阀，可以根据液位的不同情况分别让执行器接通温度控制器或接通大气。

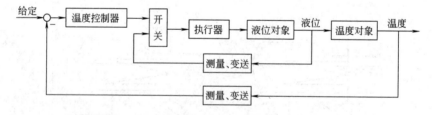

图 7-30　开关型选择性控制系统方框图

上述开关型选择性控制系统也可以通过图 7-31 所示的方案来实现。在该系统中采用了一台信号器和一台切换器。

信号器的信号关系是：

当液位低于 75％时，输出 $p_2 = 0$；

当液位达到 75％时，$p_2 = 0.1\text{MPa}$。

切换器的信号关系是：

当 $p_2 = 0$ 时，$p_y = p_x$；

当 $p_2 = 0.1$MPa 时，$p_y = 0$。

在信号器与切换器的配合作用下，当液位低于 75% 时，执行器接收温度控制器来的控制信号，实现温度的连续控制；当液位达到 75% 时，执行器接收的信号为零，于是控制阀全关，液位则停止上升并缓慢下降，这就防止了气丙烯带液现象的发生，对后续的压缩机起着保护作用。

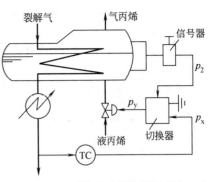

图 7-31　开关型选择性控制系统

2. 连续型选择性控制系统

连续型选择性控制系统与开关型选择性控制系统的不同之处就在于：当取代作用发生后，控制阀不是立即全开或全关，而是在阀门原来的开度基础上继续进行连续控制。因此，对执行器来说，控制作用是连续的。

在连续型选择性控制系统中，一般具有两台控制器，它们的输出通过一台选择器（高选器或低选器）后，送往执行器。这两台控制器，一台在正常情况下工作，另一台在非正常情况下工作。在生产处于正常情况下，系统由用于正常情况下工作的控制器进行控制；一旦生产出现不正常情况时，用于非正常情况下工作的控制器将自动取代正常情况下工作的控制器对生产过程进行控制；直到生产恢复到正常情况，正常情况下工作的控制器又取代非正常情况下工作的控制器，恢复对生产过程的控制。

下面举一个连续型选择性控制系统的应用实例。

在大型合成氨工厂中，蒸汽锅炉是一个很重要的动力设备，它直接担负着向全厂提供蒸汽的任务。它正常与否，将直接关系到合成氨生产的全局。因此，必须对蒸汽锅炉的运行采取一系列保护性措施。锅炉燃烧系统的选择性控制系统就是这些保护性措施项目之一。

蒸汽锅炉所用的燃料为天然气或其他燃料气。在正常情况下，根据产汽压力来控制所加的燃料量。当用户所需蒸汽量增加时，蒸汽压力就会下降。为了维持蒸汽压力不变，必须在增加供水量（供水量另有其他系统进行控制，这里暂不研究）的同时相应地增加燃料气量。当用户所需蒸汽量减少时，蒸汽压力就会上升，这时就得减少燃料气量。对于燃料气压力对燃烧过程的影响，经过研究发现：进入炉腔燃烧的燃气压力不能过高，当燃料气压力过高时，就会产生脱火现象。一旦脱火现象发生，大量燃料气就会因未燃烧而导致烟囱冒黑烟，这不但会污染环境，更严重的是燃烧室内积存大量燃料气与空气混合物，会有爆炸的危险。为了防止脱火现象的产生，在锅炉燃烧系统中采用了如图 7-32 所示的蒸汽压力与燃料气压力的自动选择性控制系统。

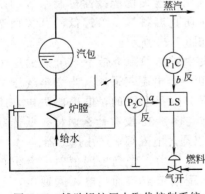

图 7-32　辅助锅炉压力取代控制系统

图中采用了一台低选器（LS），通过它选择蒸汽压力控制器 P_1C 与燃料气压力控制器 P_2C 之一的输出送往设置在燃料气管线上的控制阀。

低选器的特性是：它能自动地选择两个输入信号中较低的一个作为它的输出信号。

本系统的方框图如图 7-33 所示。

现在来分析一下该选择性控制系统的工作情况：在正常情况下，燃料气压力低于给定值，燃料气压力控制器 P_2C 所感受到的是负偏差，由于 P_2C 是反作用（根据系统控制要求决定的）控制器，因此它的输出 a 将呈现为高信号。而与此同时蒸汽压力控制器 P_1C 的

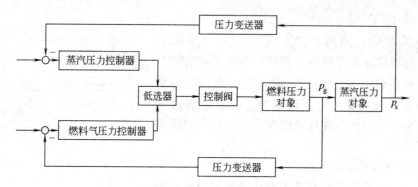

图 7-33　蒸汽压力与燃料气压力选择性控制系统方框图

输出 b 则呈现为低信号。这样，低选器 LS 将选中 b 作为输出，也即此时执行器将根据蒸汽压力控制器的输出而工作，系统实际上是一个以蒸汽压力作为被控变量的单回路控制系统。

当燃料气压力升高（由于控制阀开大引起的）到超过给定值时，由于燃料气压力控制器 P_2C 的比例度一般都设置得比较小，一旦出现这种情况时，它的输出 a 将迅速减小，这时将出现 $b>a$，于是低选器 LS 将改选 a 信号作为输出送往执行器。因为此时防止脱火现象产生已经上升为主要矛盾，因此系统将改为以燃料气压力为被控变量的单回路控制系统。

待燃料气压力下降到低于给定值时，a 又迅速升高成为高信号，此时蒸汽压力控制器 P_1C 的输出 b 又成为低信号了，于是蒸汽压力控制器将迅速取代燃料气压力控制器的工作，系统又将恢复以蒸汽压力作为被控变量的正常控制了。

值得注意的是：当系统处于燃料气压力控制时，蒸汽压力的控制质量将会明显下降，但这是为了防止事故发生所采取的必要的应急措施，这时的蒸汽压力控制系统实际上停止了工作，被属于非正常控制的燃料气压力控制系统所取代。

3. 混合型选择性控制系统

在这种混合型选择性控制系统中，既包含有开关型选择的内容，又包含有连续型选择的内容。例如锅炉燃烧系统既考虑脱火又考虑回火的保护问题就可以通过设计一个混合型选择性控制系统来解决。

关于燃料气管线压力过高会产生脱火的问题前面已经作了介绍。然而当燃料气管线压力过低时又会出现什么现象和产生什么危害呢？

当燃料气压力不足时，燃料气管线的压力就有可能低于燃烧室压力，这样就会出现危险的回火现象，危及燃料气罐使之发生燃烧和爆炸。因此，回火现象和脱火现象一样，也必须设法加以防止。为此，可在图 7-32 所示的蒸汽压力与燃料气压力连续型选择性控制系统的基础上增加一个防止燃料气压力过低的开关型选择的内容，如图 7-34 所示。

在本方案中增加了一个带下限节点的压力控制器 P_3C 和一台电磁三通阀。当燃料气压力正常时，下限节点是断开的，电磁阀失电，此时系统的工作与图 7-32 没有什么两样，低选器 LS 的输出可以通过电磁阀，送往执行器。

一旦燃料气压力下降到极限值时，为防止回火的产生，下限节点接通，电磁阀通电，于是便切断了低选器 LS 送往执行器的信号，并同

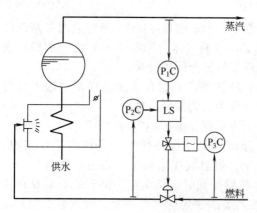

图 7-34　混合型选择性控制方案

时使控制阀膜头与大气相通，膜头内压力迅速下降到零，于是控制阀将关闭（气开阀），回火事故将不致发生。当燃料气压力上升达到正常时，下限节点又断开，电磁阀中失电，于是低选器的输出又被送往执行器，恢复成图 7-32 所示的蒸汽压力与燃料气压力连续型选择性控制方案。

三、积分饱和及其防止

1. 积分饱和的产生及其危害性

一个具有积分作用的控制器，当其处于开环工作状态时，如果偏差输入信号一直存在，那么，由于积分作用的结果，将使控制器的输出不断增加或不断减小，一直达到输出的极限值为止，这种现象称之为"积分饱和"。由上述定义可以看出，产生积分饱和的条件有三个：其一是控制器具有积分作用；其二是控制器处于开环工作状态，其输出没有被送往执行器；其三是控制器的输入偏差信号长期存在。

在选择性控制系统中，任何时候选择器只能选中两个控制器的其中一个，被选中的控制器其输出送往执行器，而未被选中的控制器则处于开环工作状态。这个处于开环工作状态下的控制器如果具有积分作用，在偏差长期存在的条件下，就会产生积分饱和。

当控制器处于积分饱和状态时，它的输出将达到最大或最小的极限值，该极限值已超出执行器的有效输入信号范围。对于气动薄膜控制阀来说，有效输入信号范围为 $20\sim100\text{kPa}$，也就是说，当输入由 20kPa 变化到 100kPa 时，控制阀就可以由全开变为全关（或由全关变为全开），当输入信号在这个范围以外变化时，控制阀将停留在某一极限位置（全开或全关）不再变化。由于控制器处于积分饱和状态时，它的输出已超出执行器的有效输入信号范围，所以当它在某个时刻重新被选择器选中，需要它取代另一个控制器对系统进行控制时，它并不能立即发挥作用。这是因为要它发挥作用，必须等它退出饱和区，即输出慢慢返回到执行器的有效输入范围以后，才能使执行器开始动作，因而控制是不及时的。这种取代不及时（或者说取代虽然及时，但真正发挥作用不及时）有时会给系统带来严重的后果，甚至会造成事故，因而必须设法防止和克服。

2. 抗积分饱和措施

前面已经分析过，产生积分饱和有三个条件，即控制器具有积分作用、偏差长期存在和控制器处于开环工作状态。需要指出的是，除选择性控制系统会产生积分饱和现象外，只要满足产生积分饱和的这三个条件，其他系统也会产生积分饱和问题。如用于控制间歇生产过程的控制器，当生产停下来而控制器未切入手动，在重新开车时，控制器就会有积分饱和的问题，其他如系统出现故障、阀芯卡住、信号传送管线泄漏等都会造成控制器的积分饱和问题。

目前防止积分饱和的方法主要有以下两种。

（1）限幅法 这种方法是通过一些专门的技术措施对积分反馈信号加以限制，从而使控制器输出信号被限制在工作信号范围之内。在气动和电动Ⅱ型仪表中有专门的限幅器（高值限幅器和低值限幅器），在电动Ⅲ型仪表中则有专门设计的限幅型控制器。采用这种专用控制器后就不会出现积分饱和的问题。

（2）积分切除法 这种方法是当控制器处于开环工作状态时，就将控制器的积分作用切除掉，这样就不会使控制器输出一直增大到最大值或一直减小到最小值，当然也就不会产生积分饱和问题了。

在电动Ⅲ型仪表中有一种 PI-P 型控制器就属于这一类型。当控制器被选中处于闭环工作状态时，就具有比例积分控制规律；而当控制器未被选中处于开环工作状态时，仪表线路具有自动切除积分作用的功能，结果控制器就只具有比例控制作用。这样就不能向最大或最小两个极端变化，积分饱和问题也就不存在了。

第六节　分程控制系统

一、概述

在反馈控制系统中，通常都是一台控制器的输出只控制一台控制阀。然而分程控制系统则不然。在这种控制系统中，一台控制器的输出可以同时控制两台甚至两台以上的控制阀。在这里，控制器的输出信号被分割成若干个信号范围段，由每一段信号去控制一台控制阀。由于是分段控制，故取名为分程控制系统。

分程控制系统的方框图如图 7-35 所示。

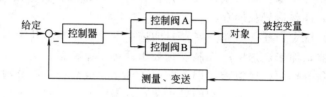

图 7-35　分程控制系统方框图

分程控制系统中控制器输出信号的分段一般是由附设在控制阀上的阀门定位器来实现的。阀门定位器相当于一台可变放大系数且零点可以调整的放大器。如果在分程控制系统中，采用了两台分程阀，在图 7-35 中分别为控制阀 A 和控制阀 B。将执行器的输入信号 20~100kPa 分为两段，要求 A 阀在 20~60kPa 信号范围内作全行程动作（即由全关到全开或由全开到全关）；B 阀在 60~100kPa 信号范围内作全行程动作。那么，就可以对附设在控制阀 A、B 上的阀门定位器进行调整，使控制阀 A 在 20~60kPa 的输入信号下走完全行程，使控制阀 B 在 60~100kPa 的输入信号下走完全行程。这样一来，当控制器输出信号在小于 60kPa 范围内变化时，就只有控制阀 A 随着信号压力的变化改变自己的开度，而控制阀 B 则处于某个极限位置（全开或全关），其开度不变。当控制器输出信号在 60~100kPa 范围内变化时，控制阀 A 因已移动到极限位置开度不再变化，控制阀 B 的开度却随着信号大小的变化而变化。

分程控制系统，就控制阀的开、关形式可以划分为两类：一类是两个控制阀同向动作，即随着控制器输出信号（即阀压）的增大或减小，两控制阀都开大或关小，其动作过程如图 7-36 所示，其中图（a）为气开阀的情况，图（b）为气关阀的情况。另一类是两个控制阀异向动作，即随着控制器输出信号的增大或减小，一个控制阀开大，另一个控制阀则关小，如图 7-37 所示，其中图（a）是 A 为气关阀、B 为气开阀的情况，图（b）是 A 为气开阀、B 为气关阀的情况。

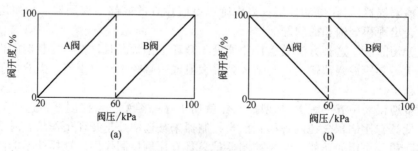

(a)　　　　　　　　　　　　　　(b)

图 7-36　两阀同向动作

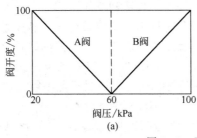
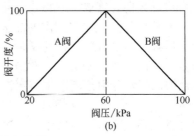

图 7-37　两阀异向动作

分程阀同向或异向动作的选择问题，要根据生产工艺的实际需要来确定。

二、分程控制的应用场合

1. 用于扩大控制阀的可调范围，改善控制品质

有时生产过程要求有较大范围的流量变化，但是控制阀的可调范围是有限制的（国产统一设计柱塞控制阀可调范围 $R=30$）。若采用一个控制阀，能够控制的最大流量和最小流量相差不可能太悬殊，满足不了生产上流量大范围变化的要求，这时可考虑采用两个控制阀并联的分程控制方案。

现以某厂蒸汽压力减压系统为例。锅炉产汽压力为 10MPa，是高压蒸汽，而生产上需要的是压力平稳的 4MPa 中压蒸汽。为此，需要通过节流减压的方法将 10MPa 的高压蒸汽节流减压成 4MPa 的中压蒸汽。在选择控制阀口径时，为了适应大负荷下蒸汽供应量的需要，控制阀的口径就要选择得很大。然而，在正常情况下，蒸汽量却不需要这么大，这就得要将阀关小。也就是说，正常情况下控制阀只在小开度下工作。而大阀在小开度下工作时，除了阀特性会发生畸变外，还容易产生噪声和振荡，这样就会使控制效果变差，控制质量降低。为解决这一矛盾，可采用两台控制阀，构成分程控制方案，如图7-38 所示。

在该分程控制方案中采用了 A、B 两台控制阀（假定根据工艺要求均选择为气开阀）。其中 A 阀在控制器输出压力为 20～60kPa 时，从全关到全开，B 阀在控制器输出压力为60～100kPa 时由全关到全开。这样在正常情况下，即小负荷时，B 阀处于关闭状态，只通过 A 阀开度的变化来进行控制。当大负荷时，A 阀已全开仍满足不了蒸汽量的需要，中压蒸汽管线的压力仍达不到给定值，于是反作用式的压力控制器 PC 输出增加，超过了60kPa，使 A 阀也逐渐打开，以弥补蒸汽供应量的不足。

2. 用于控制两种不同的介质，以满足工艺生产的要求

在某些间歇式生产的化学反应过程中，当反应物料投入设备后，为了使其达到反应温

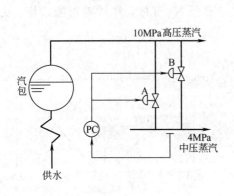

图 7-38　蒸汽减压系统分程控制

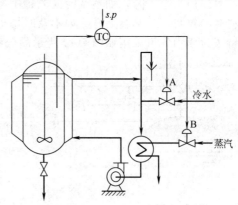

图 7-39　反应器分程控制系统

度，往往在反应开始前，需要给它提供一定的热量。一旦达到反应温度后，就会随着化学反应的进行而不断放出热量，这些放出的热量如不及时移走，反应就会越来越剧烈，以致会有爆炸的危险。因此，对这种间歇式化学反应器，既要考虑反应前的预热问题，又需要考虑反应过程中移走热量的问题。为此，可设计如图 7-39 所示的分程控制系统。在该系统中，利用 A、B 两台控制阀，分别控制冷水与蒸汽两种不同介质，以满足工艺上需要冷却和加热的不同需要。

图中温度控制器 TC 选择为反作用，冷水控制阀 A 选为气关式，蒸汽控制阀 B 选为气开式，两阀的分程情况如图 7-40 所示。

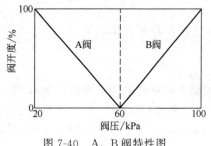

图 7-40　A、B 阀特性图

该系统的工作情况如下。

在进行化学反应前的升温阶段，由于温度测量值小于给定值，控制器 TC 输出较大（大于 60kPa），因此，A 阀将关闭，B 阀被打开，此时蒸汽通入热交换器使循环水被加热，循环热水再通入反应器夹套为反应物加热，以便使反应物温度慢慢升高。

当反应物温度达到反应温度时，化学反应开始，于是就有热量放出，反应物的温度将逐渐升高。由于控制器 TC 是反作用的，故随着反应物温度的升高，控制器的输出逐渐减小。与此同时，"B" 阀将逐渐关闭。待控制器输出小于 60kPa 以后，"B" 阀全关，"A" 阀则逐渐打开。这时，反应器夹套中流过的将不再是热水而是冷水。这样一来，反应所产生的热量就不断为冷水所移走，从而达到维持反应温度不变的目的。

本方案中选择蒸汽控制阀为气开式，冷水控制阀为气关式是从生产安全角度考虑的。因为，一旦出现供气中断情况，A 阀将处于全开，B 阀将处于全关。这样，就不会因为反应器温度过高而导致生产事故。

3. 用作生产安全的防护措施

有时为了生产安全起见，需要采取不同的控制手段，这时可采用分程控制方案。

例如在各类炼油或石油化工厂中，有许多存放各种油品或石油化工产品的贮罐。这些油品或石油产品不宜与空气长期接触，因为空气中的氧气会使油品氧化而变质，甚至引起爆炸。为此，常常在贮罐上方充以惰性气体 N_2，以使油品与空气隔绝，通常称之为氮封。为了保证空气不进贮罐，一般要求氮气压力应保持为微正压。

这里需要考虑的一个问题就是贮罐中物料量的增减会导致氮封压力的变化。当抽取物料时，氮封压力会下降，如不及时向贮罐中补充 N_2，贮罐就有被吸瘪的危险。而当向贮罐中打料时，氮封压力又会上升，如不及时排出贮罐中一部分 N_2 气体，贮罐就可能毁坏。为了维持氮封压力，可采用如图 7-41 所示的分程控制方案。

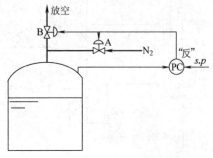

图 7-41　贮罐氮封分程控制方案

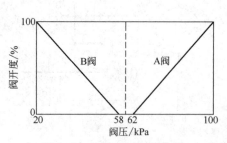

图 7-42　氮封分程阀特性图

本方案中采用的 A 阀为气开式，B 阀为气关式，它们的分程特性如图 7-42 所示。

当贮罐压力升高时，测量值将大于给定值，压力控制器 PC 的输出将下降，这样 A 阀将关闭，而 B 阀将打开，于是通过放空的办法将贮罐内的压力降下来。当贮罐内压力降低，测量值小于给定值时，控制器输出将变大，此时 B 阀将关闭而 A 阀将打开，于是 N_2 气体被补充加入贮罐中，以提高贮罐的压力。

为了防止贮罐中压力在给定值附近变化时 A、B 两阀的频繁动作，可在两阀信号交接处设置一个不灵敏区，如图 7-42 所示。方法是通过阀门定位器的调整，使 B 阀在 20～58kPa 信号范围内从全开到全关，使 A 阀在 62～100kPa 信号范围内从全关到全开，而当控制器输出压力在 58～62kPa 范围变化时，A、B 两阀都处于全关位置不动。这样做的结果，对于贮罐这样一个空间较大，因而时间常数较大且控制精度不是很高的具体压力对象来说，是有益的。因为留有这样一个不灵敏区之后，将会使控制过程变化趋于缓慢，系统更为稳定。

三、分程控制中的几个问题

（1）控制阀流量特性要正确选择。因为在两阀分程点上，控制阀的放大倍数可能出现突变，表现在特性曲线上产生斜率突变的折点，这在大小控制阀并联时尤其重要。如果两控制阀均为线性特性，情况更严重，见图 7-43（a）。如果采用对数特性控制阀，分程信号重叠一小段，则情况会有所改善，如图 7-43（b）所示。

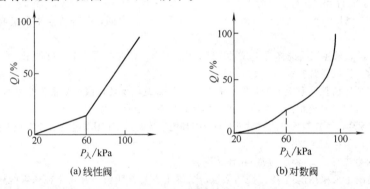

图 7-43　阀门特性

（2）大小阀并联时，大阀的泄漏量不可忽视，否则就不能充分发挥扩大可调范围的作用。当大阀的泄漏量较大时，系统的最小流通能力就不再是小阀的最小流通能力了。

（3）分程控制系统本质上是简单控制系统，因此控制器的选择和参数整定，可参照简单控制系统处理。不过在运行中，如果两个控制通道特性不同，就是说广义对象特性是两个，控制器参数不能同时满足两个不同对象特性的要求。遇此情况，只好照顾正常情况下的被控对象特性，按正常情况下整定控制器的参数。对另一台阀的操作要求，只要能在工艺允许的范围内即可。

习题与思考题

1. 什么叫串级控制？画出一般串级控制系统的典型方块图。
2. 串级控制系统有哪些特点？主要使用在什么场合？
3. 串级控制系统中的主、副变量应如何选择？
4. 为什么说串级控制系统中的主回路是定值控制系统，而副回路是随动控制系统？
5. 图 7-44 所示为聚合釜温度控制系统。试问：
（1）这是一个什么类型的控制系统？试画出它的方块图；
（2）如果聚合釜的温度不允许过高，否则易发生事故，试确定控制阀的气开、气关形式；
（3）确定主、副控制器的正、反作用；

（4）简述当冷却水压力变化时的控制过程；

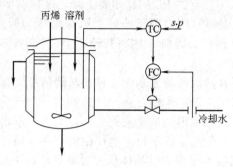

图 7-44　聚合釜温度控制系统

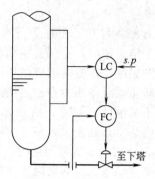

图 7-45　串级均匀控制系统

（5）如果冷却水的温度是经常波动的，上述系统应如何改进？

（6）如果选择夹套内的水温作为副变量构成串级控制系统，试画出它的方块图，并确定主、副控制器的正、反作用。

6. 为什么在一般情况下，串级控制系统中的主控制器应选择 PI 或 PID 作用的，而副控制器选择 P 作用的？

7. 均匀控制系统的目的和特点是什么？

8. 图 7-45 是串级均匀控制系统示意图，试画出该系统的方块图，并分析这个方案与普通串级控制系统的异同点。

9. 图 7-45 中，如果控制阀选择为气开式，试确定 LC 和 FC 控制器的正、反作用。

10. 什么叫比值控制系统？

11. 画出单闭环比值控制系统的原理图，并分析为什么说单闭环比值控制系统的主回路是不闭合的？

12. 与开环比值控制系统相比，单闭环比值控制系统有什么优点？

13. 试画出双闭环比值控制系统的原理图。与单闭环比值控制系统相比，它有什么特点？使用在什么场合？

14. 什么是变比值控制系统？

15. 前馈控制系统有什么特点？应用在什么场合？

16. 在什么情况下要采用前馈-反馈控制系统，试画出它的方块图，并指出在该系统中，前馈和反馈各起什么作用？

17. 什么叫生产过程的软保护措施？与硬保护措施相比，软保护措施有什么优点？

18. 选择性控制系统的特点是什么？

19. 选择性控制系统有哪几种类型？

20. 什么是控制器的"积分饱和"现象？产生积分饱和的条件是什么？

21. 积分饱和的危害是什么？有哪几种主要的抗积分饱和措施？

22. 从系统的结构上来说，分程控制系统与连续型选择性控制系统的主要区别是什么？分别画出它们的方块图。

23. 分程控制系统主要应用在什么场合？

24. 采用两个控制阀并联的分程控制系统为什么能扩大控制阀的可调范围？

第八章　新型控制系统

以状态空间法为基础的现代控制理论，从 20 世纪 60 年代初期发展以来，已取得很大进展。从单变量系统发展到多输入-多输出系统的分析和设计，对自动控制技术的发展起到了积极的推动作用。但随着科学技术和生产的迅速发展，对大型、复杂和不确定性系统实行自动控制的要求不断提高，使得现代控制理论的局限性日益明显。一般说来，实际工业过程常具有非线性、时变性和不确定性，且大多数工业过程是多变量的，难于建立其精确的数学模型。即使一些对象能够建立起数学模型，其结构也往往十分复杂，难于设计并实现有效控制。基于上述原因，在工业过程控制领域，应用现代控制理论设计的过程控制器的控制效果收效甚少，占统治地位的仍然是经典的 PID 控制器。

为了克服理论与应用间的上述不协调现象，从 20 世纪 70 年代以来，广大科学工作者、工程技术人员不断探索新的理论与方法。除了加强对生产过程的建模、系统辨识、自适应控制、鲁棒控制（Robust Control）等的研究外，开始打破传统控制思想的束缚，试图面向工业过程的特点，寻找各种对模型要求低、在线计算方便、控制综合效果好的基于模型的控制算法。随着数字计算机向小型机、微型机、大容量、低成本方向的发展，也为这类算法的实现提供了物质基础。其间，人工智能理论和技术的发展，使智能控制理论逐渐形成一个新兴的学科领域，模糊控制理论、人工神经元网络和专家系统在过程控制中应用随之越来越广泛。

随着现代自动化水平的日益提高，系统规模日益扩大，系统的复杂性迅速增加，同时系统的投资也越来越大。因此人们迫切希望提高控制系统的可靠性和可维修性。故障检测和诊断技术就是为提高系统的可靠性和可维修性而开辟了一条新的途径。

本章就是介绍近年来发展起来的新型控制系统。它们较之传统的 PID 控制系统，控制性能有了明显的提高。因此，这些控制算法，在实际复杂工业过程控制中得到了成功的应用，受到工程界的普遍欢迎和好评。

第一节　自适应控制系统　　　🔲🎧 — 微课 —

前面已经介绍过的控制系统，均指控制器有固定参数的系统。实际上有些化工对象特性是随时间变化的（如原材料成分的改变、催化剂的活性降低和设备的结垢、磨损等），这些变化可能使工艺参数发生复杂而幅度较大的变化。对于这类生产过程，采用前几章介绍的常规 PID 控制往往不能很好地适应工艺参数的变化，而导致产品产量和质量不稳定。如能采用一种新的控制方式，控制器参数可以随工艺参数的变化而按某种最优性能自动整定，从而保证产品的产量和质量不随工艺参数的变化而下降，这类控制器要通过测取系统的有关信息，了解对象特性的变化情况，再经过某种算法自动地改变控制器的可调参数，使系统始终运行在最佳状况下，这种系统就称为自适应控制系统。

根据自适应控制的设计原理和结构的不同，可分为如下四类。

一、变增益自适应控制

这类系统的方块图如图 8-1 所示。这种系统的工作原理是根据能测量到的系统辅助变量 f，直接查找预先设计好的表格来选择控制器的增益，以补偿系统受环境等条件变化而造成对象参数变化的影响。这种方法的关键是找出影响对象参数变化的辅助变量，并设计好辅助变量与最佳控制器增益的有关表格。

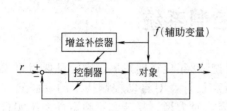

图 8-1　变增益自适应控制

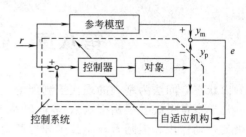

图 8-2　模型参考自适应控制系统

这是最简单的自适应控制系统。这种系统结构简单，动作迅速，但参数补偿是按开环工作方式进行的。

二、模型参考自适应控制系统

模型参考自适应控制系统的基本结构如图 8-2 所示。图中参考模型表示控制系统的性能要求，虚线框内表示控制系统。参考模型与控制系统并联运行，接受相同的设定信号 r，它们输出信号的差值 $e = y_m - y_p$，经过自适应机构来调整控制器的参数，直至使控制系统性能接近或等于参考模型规定的性能。

这种系统中，不需要专门的在线辨识装置，用来更新控制系统参数的依据是相对于理想模型的广义误差 $e(t)$，取目标函数 $J = \int_{t_0}^{t} e^2(t)\mathrm{d}t$，通过调整可调参数，使 J 趋于极小值。参考模型与控制系统的模型可以用系统的传递函数、微分方程、输入-输出方程或系统的状态方程来表示。它要研究的主要问题在于设计一个稳定的、具有较高性能的自适应机构的自适应算法。

三、直接优化目标函数的自适应控制系统

直接优化目标函数的自适应控制系统的结构原理图如图 8-3 所示。

该系统选择某个指定的目标函数为

$$J(\eta) = E\{f[y(t,\eta), u(t,\eta)]\}$$

式中，y 为输出；u 为控制信号；η 为控制器的可调参数向量，$E\{\cdot\}$ 为取数学期望。

对上述目标函数求极小，可采用随机逼近法找到可调参数向量 η，使系统的对象参数发生变化时，仍可运行在最佳状态。这是一种更为直接、概括性更强的设计方案。

四、自校正控制系统

自校正控制系统的原理图如图 8-4 所示。

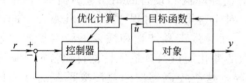

图 8-3　直接优化目标函数的自适应控制系统

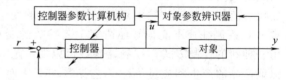

图 8-4　自校正控制系统

该系统在原有控制系统的基础上，增加了一个外回路。它由对象参数辨识器和控制器参数计算机构组成。对象的输入信号 u 和输出信号 y 送入对象参数辨识器，在线辨识出时变对象的数学模型，控制器参数计算机构根据辨识结果设计计算自校正控制律和修改控制器参数，在对象参数受到扰动而发生变化时，控制系统性能仍保持或接近最优状态。这种系统应用较多。

第二节　预　测　控　制

— 微课 —

预测控制是 20 世纪 70 年代末开始出现的一种基于模型的计算机控制算法。1978 年 Richalet 提出的模型预测启发式算法，不但完整地给出这一算法，也给出工业应用的实例。近 20 年来，无论在理论上或工业上，由于它的先进性和有效性，控制界投入大量人力和物力进行研究，使预测控制有了很大发展，成为控制理论及其工业应用的热点。目前已经有了几十种的预测控制算法，其中比较有代表性的是模型算法控制（MAC）、动态矩阵控制（DMC）和广义预测控制（GPC）等。

一、预测控制的基本结构

尽管预测控制的算法很多，但归纳起来，主要都是由四部分组成，即预测模型、反馈校正、滚动优化和参考轨迹，图 8-5 是预测控制的基本结构图。

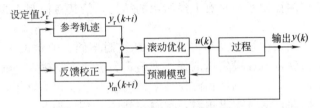

图 8-5　预测控制的基本结构

1. 预测模型

预测控制需要一个描述系统动态行为的模型作为预测模型。它应具有预测功能，即能够根据系统的现时刻的控制输入以及过程的历史信息，预测过程输出的未来值。在预测控制中各种不同算法，采用不同类型的预测模型，如最基本的模型算法控制（MAC）采用的是系统的单位脉冲响应曲线，而动态矩阵控制（DMC）采用的是系统的阶跃响应曲线。这两者模型互相之间可以转换，且都属于非参数模型，在实际的工业过程中比较容易通过实验测得，不必进行复杂的数据处理，尽管精度不是很高，但数据冗余量大，使其抗干扰能力较强。

预测模型具有展示过程未来动态行为的功能，这样就可像在系统仿真时那样，任意地给出未来控制策略，观察过程不同控制策略下的输出变化，从而为比较这些控制策略的优劣提供了基础。

2. 反馈校正

在预测控制中，采用预测模型进行过程输出值的预估只是一种理想的方式，对于实际过程，由于存在非线性、时变、模型失配和扰动等不确定因素，使基于模型的预测不可能准确地与实际相符。因此，在预测控制中，通过输出的测量值 $y(k)$ 与模型的预估值 $y_m(k)$ 进行比较，得出模型的预测误差，再利用模型预测误差来对模型的预测值进行修正。

由于对模型施加了反馈校正的过程，使预测控制具有很强的抗扰动和克服系统不确定的能力。预测控制中不仅基于模型，而且利用了反馈信息，因此预测控制是一种闭环优化控制算法。

3. 滚动优化

预测控制是一种优化控制算法。它是通过某一性能指标的最优化来确定未来的控制作用。这一性能指标还涉及过程未来的行为，它是根据预测模型由未来的控制策略决定的。

但预测控制中的优化与通常的离散最优控制算法不同，它不是采用一个不变的全局最优目标，而是采用滚动式的有限时域优化策略。也就是说，优化过程不是一次离线完成的，而是反复在线进行的，即在每一采样时刻，优化性能指标只涉及从该时刻起到未来有限的时间，而到下一个采样时刻，这一优化时段会同时向前推移。因此，预测控制不是用一个对全局相同的优化性能指标，而是在每一个时刻有一个相对于该时刻的局部优化性能指标。

4. 参考轨迹

在预测控制中，考虑到过程的动态特性，为了使过程避免出现输入和输出的急剧变化，往往要求过程输出沿着一条所期望的、平缓的曲线达到设定值 y_r。这条曲线通常称为参考轨迹。它是设定值经过在线"柔化"后的产物。

最广泛采用的参考轨迹为一阶指数变化的形式，它可以使急剧变化的信号转变为比较缓慢变化的信号。

将上述四个组成部分与过程对象连成整体，就构成了基于模型的预测控制系统，如图8-5所示。

二、预测控制的特点及应用

由于基于模型的预测控制系统具有上述所示的结构，使其在控制方式、原理及其应用上具有以下特点。

首先，从控制方式上预测控制。与传统的 PID 控制不同。通常的 PID 控制，是根据过程当前的和过去的输出测量值和设定值的偏差来确定当前的控制输入。而预测控制不但利用当前的和过去的偏差值，而且还利用预测模型来预估过程未来的偏差值，以滚动优化确定当前的最优输入策略。因此，从基本思想看，预测控制优于 PID 控制。

其次，从原理来说，预测控制中的预测模型、反馈校正、滚动优化虽然只不过是一般控制理论中模型、反馈和控制概念的具体表现形式。但是，由于预测控制对模型结构的不唯一性，使它可以根据过程的特点和控制要求，以最为方便的方法在系统的输入输出信息中，建立起预测模型。由于预测控制的优化模式和预测模式的非经典性，使它可以把实际系统中的不确定因素体现在优化过程中，形成动态优化控制，并可处理约束和多种形式的优化目标。因此，可以认为预测控制的预测和优化模式是对传统最优控制的修正，它使建模简化，并考虑了不确定性及其他复杂性因素，从而使预测控制能适合复杂工业过程的控制，这也正是预测控制首先广泛应用于过程控制领域的原因。

另外，预测控制对数学模型要求不高且模型的形式是多样化的；能直接处理具有纯滞后的过程；具有良好的跟踪性能和较强的抗扰动能力；对模型误差具有较强的鲁棒性。

以上特点使预测控制更加符合工业过程的实际要求，这是 PID 控制或现代控制理论无法相比的。因此，预测控制在实际工业中已得到广泛重视和应用，而且必将获得更大的发展，特别是多变量有约束预测控制的推广应用将会改变过去传统的单变量设计方法，而展现多变量设计的新阶段，使工业过程控制出现新的面貌。

目前，国外已经形成许多以预测控制为核心思想的先进控制商品化软件包，主要有：美国 DMC 公司的 DMC，Setpoint 公司的 IDCOM-M，SMCA，Honeywell Profimatics 公司的 RMRCT，Aspen 公司的 DMCPLUS，法国 Adersa 公司的 PFC，加拿大 Treiber Controls 公司的 OPC 等，成功应用于石油化工中的催化裂化、常减压、连续重整、延迟焦化、加氢裂化等许多重要装置。

由于先进控制软件包可以为企业带来可观的经济效益，但国外这些软件的价格非常之高，而且国外厂商对其核心技术是保密的。目前我国已引进 IDCOM-M，SMCA 等先进控制软件，并已投入使用，取得明显经济效益。另外，Honeywell Profimatics 公司已经与中国石化总公司合作，在石化行业推广他们的 RMPCT 软件，部分已投入使用。中国通过"八五""九五"国家重点科技攻关等，在先进控制与优化控制方面积累了许多经验，成功应用实例亦不少。部分成果已逐渐形成商品化软件。

第三节　其他新型控制系统

— 微课 —

一、智能控制

1. 智能控制的基本概念

智能控制是一个新兴的学科领域，它是控制理论发展的高级阶段。它主要用来解决那些用传统方法难以解决的复杂系统的控制问题。

智能控制系统是实现某种控制任务的一种智能系统，它由智能控制器和对象组成，具备一定的智能行为，它的基本结构如图 8-6 所示。

在该系统中，对象就是具体的化工生产设备，通常将变送器和执行器（自动调节阀）的特性纳入对象之中，统称为广义对象。感知信息处理、认知以及规划和控制等部分构成智能控制器。感知信息处理将变送器送来的生产过程信息加以处理。认知部分主要接收和储存知识、经验和数据，并对它们进行分析、推理和预测，作出控制的决策，送至规划和控制部分。它根据系统的要求，反馈的信息及经验知识，进行自动搜索，推理决策和规划，最终产生具体的控制作用，经自动调节阀直接作用于对象。通信接口可建立各环

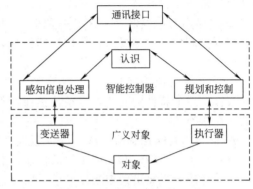

图 8-6　智能控制系统的典型结构

节的信号联系和人-机界面，在需要时还可将智能控制系统与上位计算机联系起来。

对于不同用途的智能控制系统，图 8-6 所示各部分的形式和功能可能存在较大差异。其智能程度也有高有低。通常智能行为包括下述方面：感知；学习；推理；对策；决策；预测；产生（增值）；直觉及联想等。

目前对上述八个环节的智能行为的研究模拟技术还很不够，尤其对第七项和第八项还没有分析清楚，是当前竞相研究的尖端问题，是提高智能水平的关键所在。

智能控制系统的主要功能特点可概括为以下几个方面。

① 学习功能　一个系统，如果能对生产过程或其环境的未知特征所固有的信息进行学习，并将得到的经验用于进一步的估计、分类、决策或控制，从而使系统的性能得到改善，那么就称该系统为学习系统。具有学习功能的控制系统就称为学习控制系统。低层次学习功能主要指对控制对象参数的学习；高层次学习则指知识的更新和遗忘等。

② 适应功能　这里所说的适应功能比前面介绍的自适应控制中的适应功能更具有广泛的含义。它可看成是不依赖模型的自适应估计，具有很好的适应性能。当系统的输入不是已经学习过的例子时，由于它具有插补功能，从而可给出合适的输出。甚至当系统中某些部分出现故障时，系统也能够正常地工作。如果系统具有更高程度的智能，它还能自动找出故障甚至具备自修复的功能，从而体现了更强的适应性。

③ 组织功能　组织功能指的是对于复杂的系统和分散的变送器信息具有自行组织和协调的能力，它表现为系统具有相应的主动性和灵活性，即智能控制器可以在任务要求的范围内自行决策、主动地采取行动；而当出现多目标冲突时，在一定的限制条件下，控制器可有权自行裁决。

智能控制是人工智能运筹学和自动控制等多学科的交叉学科，目前尚处在发展阶段，迄今尚未建立起完整的理论体系。它的数学工具主要为人工智能和控制理论的数学工具的交叉

和结合。即人工智能所使用的符号处理和一阶谓词逻辑等，和控制理论采用的微分方程、状态方程与各种变换等作为研究的数学工具，以及介于两者之间的方法，如神经元网络和模糊集合论。在某些方面如逻辑关系、不依赖于模型等类似于人工智能的方法；而其他方面，如连续取值和非线性动力学特性等则类似于通常的数值方法。

2. 智能控制的主要类型

根据智能控制系统的定义和控制功能，可对各种智能控制器进行分类，主要类型有以下几种。

① 自寻优智能控制器　这是一种拟人"自寻优"功能的控制器，它不要求预先知道被控对象的精确数学模型，就能够自动寻找系统的最优工作状态；并能适应对象特性的漂移，自动保持最优工作状态。

② 自学习智能控制器　这是一种拟人"自学习"功能的控制器，它可在系统运行过程中，根据控制性能指标要求，利用反馈信息，自动修改控制器参数或控制规律，不断积累经验，逐步改善控制系统的工作状态。

③ 自适应智能控制器　这是一种拟人"自适应"功能的控制器，它能适应系统的环境条件或被控对象特性的变化，自动校正或调整控制器的参数和性能，以保持系统最优的或满意的工作状态。

④ 自组织智能控制器　这是一种拟人"自组织"功能的控制器，它能根据控制目标要求，以及有关对象特性和环境条件的信息，利用所需的控制软件、控制元件、部件和连接工具，自动组成合乎要求的控制器。

⑤ 自修复智能控制器　这是一种拟人"自修复"功能的控制器，它能自动诊断和排除控制系统故障，维持系统正常工作状态。

⑥ 自镇定智能控制器　这是一种拟人"自镇定"功能的控制器，它能在环境条件和对象特性不确知、不确定，缺乏完备的信息的情况下，自动寻求、保持控制系统的稳定性。

⑦ 自协调智能控制器　这是一种拟人"自协调"功能的控制器，它能自行协调大系统中各子系统的工作，在各子系统稳定和优化的基础上，自动实现大系统的稳定和优化。

⑧ 自繁殖智能控制器　这是一种拟人"自繁殖"功能的控制器，它能根据系统的目的要求或环境条件变化的需要，自动复制或生成类似的或新的控制器。

二、专家控制系统

1. 专家控制系统概念

自动控制学科从古典控制理论发展到现代控制理论，取得了巨大的进展。但是这种控制理论必须依赖被控对象的严格的数学模型，试图依靠精确模型来求取最优控制效果。而实际对象，尤其是化工生产过程存在着许多难以建模的因素。完善的模型一般都难以解析表示，过于简化的模型往往又不足以解决实际问题。因此，自动控制领域专家开始把专家系统的思想和方法引入控制系统的研究。专家系统是一种基于知识的系统，它主要面临的是各种非结构化问题，尤其是处理定性的、启发式或不确定的知识信息，经过各种推理过程达到系统任务目标。专家系统技术的特点为解决传统控制理论的局限性提供了重要的启示，二者的结合导致了一种新颖的专家控制系统。它是指将专家系统的设计规范和运行机制与传统控制理论和技术相结合而成的实时控制系统的设计和实现方法。

根据专家系统技术在控制系统中应用的复杂程度，可以分为专家控制系统和专家式智能控制器。专家控制系统具有全面的专家系统结构、完善的知识处理功能，同时又具有实时控制的可靠性能。这种系统知识库庞大、推理机复杂，还包括知识获取子系统和学习子系统，人-机接口要求较高；专家式智能控制器是专家控制系统的简化，功能上没有本质的区别，只是针对具体的控制对象或过程，专注于启发式控制知识的开发，设计较小的知识库，简单的推理机制，省去复杂的人-机对话接口等。

专家控制系统能够运用控制工作者的成熟的控制思想、策略和方法包括成熟的理论方法、直觉经验和手动控制技能。因此，专家控制系统不仅可以提高常规控制系统的控制品质，拓宽系统的作用范围，增加系统的功能，而且可以对传统控制方法难以奏效的复杂过程实现高品质的控制。

专家控制系统的设计规范是建立数学模型与知识模型相结合的广义知识模型，它的运行机制是包含数值算法在内的知识推理，是控制技术与信息处理技术的结合。专家控制系统是人工智能与控制理论方法和技术相结合的典型产物。

2. 专家控制系统的类型

根据专家控制系统在过程控制中的用途和功能可分为直接型专家控制器和间接型专家控制器。如按知识表达技术分类，则又可分为产生式专家控制系统和框架式专家控制系统等。

（1）直接型专家控制器　直接型专家控制器具有模拟（或延伸、扩展）操作工人的智能（经验和知识）的功能。它取代常规 PID 控制，实现在线实时控制，它的知识表达和知识库均较简单，由几十条产生式规则构成，便于增减和修改。其推理和控制策略也较简化，采用直接模式匹配方法，推理效率较高。

（2）间接型专家控制器　间接型专家控制器和常规 PID 控制器相结合，对生产过程实现间接智能控制。它具有模拟（或延伸、扩展）控制工程师的智能（知识和经验）的功能，可实现优化、适应、协调、组织等高层决策。按它的高层决策功能，可分为优化型、适应型、协调型和组织型专家控制器。这些专家控制器功能较复杂，要求智能水平较高，相应的知识表达需采用综合技术，既用产生式规则，也要用框架和语义网络，以及知识模型和数学模型相结合的广义模型化方法；知识库的设计需采用层次型、网络型或关系型的结构；推理机的设计需考虑启发推理和算法推理、正向推理和反向推理相结合，还要用到非精确、不确定和非单调推理等。优化型和适应型常在线实时联机运行，而协调型和组织型可离线非实时运行。

3. 专家控制系统结构

专家控制系统总体结构如图 8-7 所示。该系统由算法库、知识基系统和人-机接口与通信系统三大部分组成。算法库部分主要完成数值计算：控制算法根据知识基系统的控制配置命令和对象的测量信号，按 PID 算法或最小方差算法等计算控制信号，每次运行一种控制算法。辨识算法和监控算法为递推最小二乘算法和延时反馈算法等，只有当系统运行状况发生某种变化时，才往知识基系统中发送信息。在稳态运行期间，知识基系统是闲置的，整个系统按传统控制方式运行；知识基系统具有定性的启发式知识，它进行符号推理，按专家系统的设计规范编码，它通过算法库与对象相连；人-机接口与通信系统作为人-机界面和实现与知识基系统直接交互联系，与算法库进行间接联系。

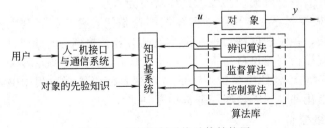

图 8-7　专家控制系统总体结构图

由于化工过程的复杂性和先验知识的局限性，难以对它进行完善的建模，这时就要根据过去获得的经验信息，通过估计来学习，逐渐逼近未知信息的真实情况，使控制性能逐步改善，也就是说，具有上述学习控制功能的系统才是完善的专家控制系统。

三、模糊控制系统

众所周知，经典控制论解决线性定常系统的控制问题是十分有效的，但在工业生产中，却有相当数量的过程难以自动控制，如那些大滞后，非线性等复杂工业对象，以及那些无法获得数学模型或模型粗糙的复杂的非线性时变系统，按传统的方法难以实现自动控制。但一个熟练工人或技术人员，却能凭自己的丰富实践经验，用手工操纵来控制一个复杂的生产过程，这就使人联想到，能否把他们头脑中丰富的经验加以总结，将凭经验所采取的措施变成相应的控制规则，并且研制一个"控制器"来代替这些控制规则，从而对这个复杂的工业过程实现控制呢？实践证明，以模糊控制理论为基础的"模糊控制器"能完成这个任务。它与传统的控制相比，具有实时性好，超调量小，抗干扰能力强，稳态误差小等优点。

与一般工业控制的根本区别是模糊控制并不需要建立控制过程的精确的数学模型，而是完全凭人的经验知识"直观"地控制，属于智能控制的范畴。这样的模糊控制策略如何实现呢？我们先从单独的一个模糊控制器所必需的基本结构谈起。

1. 模糊控制系统的基本结构

图8-8为模糊控制系统的方框图，我们根据从对象中测得的数据 y（被控变量）如温度、压力等。与给定值进行比较，将偏差 e 和偏差变化率 c 输入到模糊控制器。由模糊控制器推断出控制量 u，用它来控制对象。

由于对一个模糊控制来说，输入和输出都是精确的数值，而模糊控制原理是采用人的思维，也就是按语言规则进行推理，因此必须将输入数据变换成语言值，这个过程称为精确量的模糊化（Fuzzification），然后进行推理及控制规则的形成（Rule Evaluation），最后将推理所得结果变换成实际的一个精确的控制值，即清晰化（Defuzzification，亦称反模糊化）。模糊控制器的基本结构框图如图8-9所示。

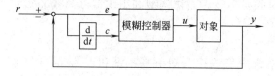

图 8-8　模糊控制系统的方框图

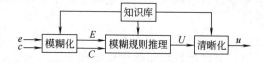

图 8-9　模糊控制器的基本结构

2. 模糊控制的几种方法

① 查表法　查表法是模糊控制最早采用的方法，也是应用最广泛的一种方法。

所谓查表法就是将输入量的隶属度函数、模糊控制规则及输出量的隶属度函数都用表格来表示，这样输入量的模糊化、模糊规则推理和输出量的清晰化都是通过查表的方法来实现。输入模糊化表、模糊规则推理表和输出清晰化表的制作都是离线进行的，可以通过离线计算将这三种表合并为一个模糊控制表，这样就更为省事了。

② 专用硬件模糊控制器　专用硬件模糊控制器是用硬件直接实现上述的模糊推理。它的优点是推理速度快，控制精度高。现在世界上已有各种模糊芯片供选用。但与使用软件方法相比，专用硬件模糊控制器价格昂贵。目前主要应用于伺服系统、机器人、汽车等领域。

③ 软件模糊推理法　软件模糊推理法的特点就是模糊控制过程中输入量模糊化，模糊规则推理和输出清晰化和知识库这四部分都用软件来实现。

四、神经元网络控制

最近十多年来，国际上掀起一股人工神经元网络的研究热潮。人工神经元网络以独特的结构和处理信息的方法，使其在许多实际应用领域中取得了显著的成效，在自动控制领域也相当突出。

神经元网络是一种基本上不依赖于模型的控制方法，它比较适用于那些具有不确定性或高度非线性的控制对象，并具有较强的适应和学习功能，因而它也属于智能控制的范畴。

　　人脑极其复杂，是由一千多亿个神经元构成的网络状结构。人们一开始进行神经网络控制，是想通过微电子技术来模拟人脑。尽管已有多年历史，但人脑仿真依然是一个难题。然而，从研究神经元所得到的一些特性，导致了人工神经网络（Artificial Neural Network，ANN）的诞生。到今天已有几十种类型。神经网络在工程上的应用，似乎已与人脑的设想逐渐远离，而是作为强有力的非线性函数转换器来看待。从 20 世纪 40 年代起，几十年的发展，历经盛衰，发现了新的问题或不足之处，ANN 热潮变冷，作了改进，提出新的结构和算法，ANN 的研究和应用又由冷变热，走了一条马鞍形的曲折道路。

1. 人工神经网络

　　人工神经网络是由许多人工神经元模型构成，用来模拟生物神经网络的某些结构和功能。

　　在对大脑神经元的主要功能和特性进行抽象的基础上，给出了多输入单输出单个人工神经元模型，如图 8-10 所示。此时各输入为 x_i（$i=1, 2, \cdots, n$），输出为 y，y 与 x_i 间的关系将是

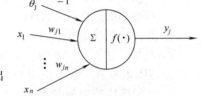

$$S_j = \sum_{i=1}^{n} w_{ji}x_i - \theta_j = \sum_{i=0}^{n} w_{ji}x_i \quad (x_0=\theta_j, w_{j0}=-1)$$
$$y_i = f(s_j)$$

　　式中，θ_j 为阈值；w_{ji} 为连接权系数；$f(\cdot)$ 为输出变换函数。

图 8-10　人工神经元模型

　　输出变换函数有比例函数、符号函数、饱和函数、双曲函数、阶跃函数、s 形函数，也有用高斯函数的。

　　很多人工神经元模型，按一定方式连接而成网络结构，称为人工神经网络。

　　人工神经网络可以从功能上模拟生物神经网络，如学习、识别和控制等功能。

　　神经网络中每个节点（即一个人工神经元模型）都有一个状态变量 x_j；从节点 i 到节点 j 有一个连接权系数 w_{ji}，每个节点都有一个阈值 θ_j 和一个非线性变换函数 $f(\sum w_{ji}x_i - \theta_j)$。

　　由于神经网络具有大规模并行性、冗余性、容错性、本质非线性及自组织、自学习、自适应能力，已经成功地应用到许多不同的领域。

　　人工神经元网络的形式很多，其中最常见的是反向传播（BP）网络，如图 8-11 所示。

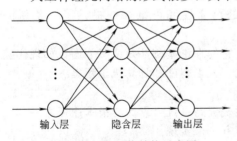

图 8-11　BP 网络结构示意图

　　反向传播网络是一种多层前馈网络，它分输入层、隐含层（可以有多个隐含层）和输出层，其神经元的变换函数为 s 形函数。它的输入、输出量是0 到 1 之间连续变化量，可以实现从输入到输出的任意非线性映射。由于连接权的调整采用误差修正反向传播（Back Propagation）的学习算法，所以该网络称为 BP 网络。该学习算法亦称监督学习，它需要组织一批正确的输入输出数据对称训练样本。将输入数据加载到网络输入端后，把网络的实际响应输出与正确的（期望的）输出相比较，得到误差，然后根据误差的情况修改各连接权，使网络朝着能正确响应的方向不断变化下去，直到实际响应的输出与期望的输出之差在允许范围之内。

　　该算法属于全局逼近的方法，有较好的泛化能力。当参数适当时，能收敛到较小的均方误差，是当前应用最广泛的一种网络。它的缺点是训练时间长，易陷入局部极小，隐含层数和隐含节点数难以确定。

BP 网络用于建模和控制的较多，需选择网络层数、每层的节点数、初始权值、阈值、学习算法、权值修改频度等。虽然有些指导原则可供参考，但更多的是靠经验和试凑。一般选择一个隐含层，用较少隐节点对网络进行训练，并测试网络的逼近误差，逐渐增加隐节点数，直至测试误差不再有明显下降为止。再用一组检验样本测试，如超差太多，需要重新训练。

另一种在自动化中较有价值的人工神经网络是径向基函数（RBF）网络。这种网络具有很好的非线性函数逼近能力，它的另一个优点是学习比较简捷。

其他常用的人工神经元网络还有动态递归神经网络、模糊神经网络等。

2. 神经网络在控制中的主要作用

由于神经网络具有许多优异特征，所以决定了它在控制系统中应用的多样性和灵活性。神经网络控制是指在控制系统中采用神经网络这一工具，对难以精确描述的复杂的非线性对象进行建模，或充当控制器，或作优化计算，或进行推理，或作故障诊断等。一般可分为如下四种。

① 在基于精确模型的各种控制结构中充当对象的模型。

② 在反馈控制系统中直接充当控制器的作用。

③ 在传统控制系统中起优化计算作用。

④ 在与其他智能控制方法，如模糊控制、专家控制等相融合中，为其提供非参数化对象模型、优化参数、推理模型和故障诊断等。

3. 神经网络控制的分类

根据不同观点可以有不同的形式，目前尚无统一的分类标准。一般可分为两大类，即基于传统控制理论的神经控制和基于神经网络的智能控制。

基于传统控制理论的神经控制有很多，如神经逆动态控制，神经自适应控制，神经自校正控制，神经内模控制，神经预测控制，神经最优决策控制和神经自适应线性控制等。

基于神经网络的智能控制有神经网络直接反馈控制，神经网络专家系统控制，神经网络模糊逻辑控制和神经网络滑模控制等。

五、故障检测与故障诊断

随着现代自动化水平的日益提高，系统的规模日益扩大，系统的复杂性也迅速增加，同时系统的投资也越来越大。因此，人们迫切希望提高控制系统的可靠性和可维修性，故障检测和诊断技术正是为提高控制系统的可靠性和可维修性提供了一条新的途径。

故障检测和诊断技术是一门应用型的边缘学科，它的理论基础涉及诸多方面，如现代控制理论，现代信号处理理论、数理统计、模糊集合论、人工智能和计算机工程等。

1. 提高控制系统可靠性的主要方法

（1）提高元器件的可靠性 增强元器件的可靠性是提高系统可靠性的根本途径之一，可通过改善屏蔽技术，选择优质材料和改革工艺水平等方法来实现。

（2）系统的高可靠性设计 为做到控制系统的高可靠设计，可从如下两方面着手。

① 简化系统结构，系统结构越简单，采用的元部件越少，系统可靠性越高。因此在不影响系统性能的条件下，应尽量简化系统结构。

② 采用备份，对重要的系统，通常可采用双重或三重备份方法来提高系统的可靠性。

（3）控制系统的容错设计 通过控制器的合理设计，使控制系统出现某些局部故障时仍能保持稳定。这种设计技术较为复杂，是近年来才发展起来的。如多输入多输出系统，若某个传感器或执行器部分失效，致使某个或某些回路开路，整个控制系统仍能保持稳定；或设计一个控制器，使得对象的所有控制方式都是稳定的。

（4）基于故障检测和诊断技术的容错设计　故障检测和诊断技术是提高控制系统可靠性的最后一道防线。当控制系统发生局部故障时，它可以迅速报警，并分离出发生故障的部位，以帮助维修人员迅速查找出故障源，进行排除，以防局部故障在系统中传播而导致灾难性故障的发生；它还可以构造一种新的容错控制系统，产生新的控制规律，以确保系统稳定。

2. 主要故障

控制系统的故障主要涉及以下几方面：传感器故障；执行器故障；控制器故障；计算机故障，如输入、输出卡件，计算机硬盘、CPU，通信网络，软件等。

3. 故障检测和诊断的含义

故障诊断的含义是当控制系统发生故障时，可以及时发现并报警，但这一点很难做到，提高故障的正确检测率，降低故障的漏报率和误报率一直是故障检测和诊断领域的前沿课题。

故障诊断是分离出故障的部位，判别故障的类型，估计出故障的大小与时间，并作评价与决策。

故障诊断比之故障检测要难得多，要花更多时间来分离出故障的部位并精确地估计出故障的大小，辨别出故障的类型、严重程度，以决定采取何种措施，防其传播和灾难事故的发生。

4. 故障检测和诊断的主要方法

（1）基于控制系统动态模型的方法　控制系统的变送器、执行器和被控系统可以由动态模型来描述。基于动态模型就有可能对其故障进行检测和诊断。诊断的思路是利用观测器或滤波器对控制系统的状态或参数进行重构，并构成残差序列，然后采用一些措施来增强残差序列中所含的故障信息，抑制模型误差等非故障信息，通过对残差序列的统计分析就可以检测出故障发生并进行故障诊断。

（2）不依赖于动态模型的方法　由于控制系统的复杂性，使得很多控制系统的建模非常困难或很不精确。因此，上述的基于动态模型的方法就不太适用。不依赖动态模型的方法也就应运而生。这种方法是与人工智能紧密相连的，类型很多，这里只能挑主要的介绍。

① 诊断专家系统，用专家系统来诊断故障的方法如图 8-12 所示。该系统主要有两大部分：知识库和推理机。知识库中含有规则库和数据库。规则库中有一系列反映引起故障的因果关系的规则，它属于判断性的经验知识，是用产生式规则来表示的，借推理机寻找结论；数据库可存放一些叙述性的环境知识，系统知识和实时检测到的生产过程特征数据和故障时检测到的数据。推理机就是专家系统的诊断程序，在规则库和数据库的支持下，综合运用各种规则，进行一系列的推理，必要时还可随时调用各种应用程序。专家系统和知识库通过知识获取环节，人机接口与被控过程和人联系，知识获取过程就是从被控过程测取新知识，以便更新数据库中的知识，也可为数据库增添系统故障前或故障发生时观测到的一些特征量。推理机在运行中间，可经人机接口向用户索取到必要的信息后，就可快速地直接找到最终故障或是最有可能的故障。

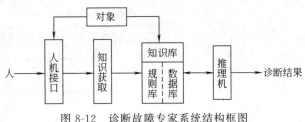

图 8-12　诊断故障专家系统结构框图

② 模糊数学的诊断方法，生产过程中，有些复杂过程的状态常常很难或无法用数学模型来表示，模糊数学是描述这类过程的有效工具。故模状态也具有模糊性，故模糊聚类分析是诊断故障的一个有效方法。将模糊集划分成不同水平的子集、借此判别故障最可能属于哪一个子集。

③ 模式识别诊断方法，这种方法适合于积累了大量有关故障的案例，一般诊断步骤如下。

a. 选择能表达系统故障状态的向量集，以此构成故障模式向量。

b. 根据故障向量中各参数的重要性，选择故障状态最敏感的特征参数，构成特征向量集，作为故障的基准模式集。

c. 由特征向量以一定方式构成判别函数，用来判别系统目前状态属于哪一个基准模式，或说系统属于哪种故障状态。

④ 人工神经元网络诊断方法，神经元网络具有联想记忆和自学习能力，当出现新颖故障时，它可以通过自学，不断调整权值和阈值，以提高故障检测率，降低漏报率和误报率，并有可能用于控制系统在线故障检测。

六、解耦控制系统

1. 系统间的耦合现象

在一个生产装置中，往往需要设置若干个控制回路，来稳定各个被控变量。在这种情况下，几个回路之间，就可能相互关联，相互耦合，相互影响，构成多输入-多输出的相关

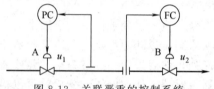

图 8-13   关联严重的控制系统

（耦合）控制系统。图 8-13 所示流量、压力控制方案就是相互耦合的系统。在这两个控制系统中，单把其中任一个投运都是不成问题的，生产上亦用得很普遍。然而，若把两个控制系统同时投运，问题就出现了。控制阀 A 和 B 对系统压力的影响程度同样强烈，对流量的影响程度亦相同。因此，当压力偏低而开大控制阀 A 时，流量亦将增加，如果通过流量控制器作用而关小阀 B，结果又使管路的压力上升。阀 A 和阀 B 相互间就是这样互相影响着。

在一个装置或设备上，如果设置多个控制系统，耦合现象就可能出现。然而，各个控制系统之间的耦合程度是不一样的。当控制系统之间的耦合程度比较严重时，就会使控制系统无法正常工作，甚至根本无法运行，严重时会导致生产事故。

2. 减少与解除耦合的途径

（1）合理匹配被控变量与操纵变量   对有些系统来说，减少与解除耦合的途径可通过被控变量与操纵变量间的合理匹配来解决，这是最简单的有效手段。

如图 8-14 所示为冷热物料混合系统。如果工艺上要求混合物料的流量 F 及温度 T 都要求控制在设定值，那么就必须分别设置一个以 F 为被控变量的流量控制系统和一个以 T 为被控变量的温度控制系统。由工艺分析可知，冷物料的流量 F_c 及热物料的流量 F_h 变化时，都会同时影响混合物料的出口流量 F 及温度 T，它们之间的关系如图 8-15 所示，这是一个双输入双输出的系统。操纵变量 F_h 的变化不仅会影响被控变量 T，而且会同时影响被控变量 F；同样，操纵变量 F_c 的变化也不仅影响 F，而且会影响 T，这就是变量之间的耦合现象。

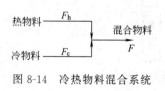

图 8-14   冷热物料混合系统

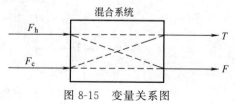

图 8-15   变量关系图

针对以上情况，变量之间的匹配可以有两种方案：一个方案是以 F_h 作为操纵变量，以 T 作为被控变量构成温度控制系统，同时，以 F_c 作为操纵变量，以 F 作为被控变量构成流量控制系统；另一个方案是以 F_h 作为操纵变量，以 F 作为被控变量构成流量控制系统，同时，以 F_c 作为操纵变量，以 T 作为被控变量构成温度控制系统。这两种方案的变量匹配关系是不同的，哪一种比较好呢，经实验及分析计算发现，第二种方案比较好，这时两个系统之间的耦合

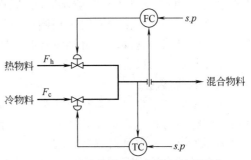

图 8-16 混合物料温度和流量控制系统

程度要比第一种方案的耦合程度来的弱，基本上保证了温度控制系统与流量控制系统都能正常工作，其控制方案如图 8-16 所示。

（2）控制器的参数整定 在上一方法无能为力或尚嫌不够时，一条出路是在动态上设法通过控制器的参数整定，使两个控制回路的工作频率错开，两个控制器作用强弱不同。压力和流量控制系统中，如果把流量作为主要被控变量，那么流量控制回路像通常一样整定，要求响应灵敏；而把压力作为从属的被控变量，压力控制回路整定得"松"些，即比例度大一些，积分时间长一些。这样，对流量控制系统来说，控制器输出对被控流量变量的作用是显著的，而该输出引起的压力变化，经压力控制器输出后对流量的效应将是相当微弱的。这样就减少了关联作用。当然，在采用这种方法时，次要的被控变量的控制品质往往较差，这在有些情况下是个严重的缺点。

（3）减少控制回路 把上一方法推到极限，次要控制回路的控制器取无穷大的比例度，此时这个控制回路不再存在，它对主要控制回路的关联作用也就消失。例如，在精馏塔的控制系统设计中，工艺对塔顶和塔底的组分均有一定要求时，若塔顶和塔底的组分均设有控制系统，这两个控制系统是相关的，在扰动较大时无法投运。为此，目前一般采用减少控制回路的方法来解决。如塔顶重要，则塔顶设置控制回路，塔底不设置质量控制回路而往往设置加热蒸汽流量控制回路。

（4）串接解耦控制 在控制器的输出端与过程模型的输入端之间串接入解耦装置，只要合理设计解耦装置的特性，就可以解除控制系统之间的耦合。双输入双输出串接解耦系统框图如图 8-17 所示。

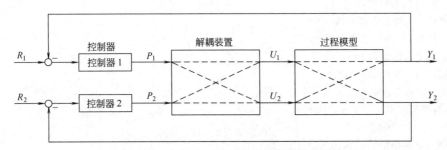

图 8-17 双输入双输出串接解耦系统框图

由图 8-17 可以看出，有两个控制器，试图分别来控制两个被控变量 Y_1 和 Y_2，构成两个控制系统。但是，由于过程模型具有耦合现象，控制器 1 的输出 P_1 不仅要影响 Y_1，同时还影响 Y_2，同样，控制器 2 的输出 P_2 不仅要影响 Y_2，同时还影响 Y_1。为了消除这种耦合，设计一个解耦装置串接在控制器与过程模型之间。解耦装置的特性设计要达到这样的要求：使得 P_1 通过 U_1 影响 Y_2 和 P_1 通过 U_2 影响 Y_2 的大小相等、方向相反，这样就可以互

相抵消，P_1 的变化就不致影响 Y_2 了。同样，P_2 通过 U_2 影响 Y_1 和 P_2 通过 U_1 影响 Y_1 也被抵消。这样一来，由控制器 1 控制 Y_1 的系统与由控制器 2 控制 Y_2 的系统之间的耦合就被消除了。当然，这样理想解耦装置的特性往往难于实现，但只要合理地设计，总可以基本上消除变量之间的耦合。

七、鲁棒控制

从本来的意义来说，不确定性指的是事物的特性中含有不确定性。对过程数学模型，往往将实际特性与数学模型在某些场合下的差别都看作不确定性。从产生不确定性原因看，可以分为两大类：一类是对象特性的确具有不确定性，有些场合是这样，有些场合是那样，具有偶然性、随机性或不可预估性；另一类是数学模型未能完全符合客观实际，有许多简化模型就是这样，例如用线性化模型来描述非线性对象，在离原定工作点较远时就会产生偏差。又如用确定性模型来描述时变性对象，在不同时间将会有不同偏差。还有在建立模型时做了一些假设、略去了一些次要的因素，这些因素的变化也将引起偏差。这些不确定性应该是可以预见的，然而，如果导致对象数学模型过于复杂，仍无法用现代控制理论。

鲁棒控制的任务是设计一个固定控制器，使得相应的闭环系统在指定不确定性扰动作用下仍能维持预期的性能，或相应的闭环系统在保持预期的性能前提下，能允许最大的不确定性扰动。鲁棒控制的研究是近年来非常热门的研究课题。鲁棒控制的研究历史可追溯到 20 世纪 40 年代的单变量控制系统设计，利用奈奎斯图等经典工具可以容易地解决单变量系统的鲁棒控制问题，多变量系统低灵敏度控制器的设计也是旨在使闭环系统对不确定性扰动不敏感。一般认为，多变量系统鲁棒控制的研究始于 1976 年，其研究的最重要的特点是讨论参数在有界扰动（而不是无穷小扰动）下系统性能保持的能力。

目前有关系统鲁棒性（Robustness）及鲁棒控制研究的理论成果已经取得不少，但由于其设计方法复杂，计算量大，其应用范围仍是比较有限的，主要集中在航空航天、飞行器控制、柔性结构系统、机器人控制等，而不确定性非常严重的工业过程控制中的成功应用比较少。但是，随着数学工具的不断丰富和鲁棒控制理论的不断完善，其应用范围将会不断扩大。

习题与思考题

1. 什么样的系统称为自适应控制系统？在什么情况下需要采用自适应控制系统？
2. 自适应控制系统有哪几种类型？
3. 预测控制的基本结构中主要有哪几部分组成？
4. 预测控制与 PID 控制有什么不同？
5. 智能控制主要具备哪些功能？
6. 智能控制器有哪些主要类型？
7. 什么是专家控制系统？
8. 专家控制系统有哪些类型？
9. 模糊控制与传统的控制相比，其根本区别是什么？有什么特点？
10. 模糊控制有哪几种主要方法？
11. 什么是人工神经网络？
12. 简述 BP 网络的结构和特点。
13. 故障检测和诊断的含义是什么？
14. 控制系统的故障检测和诊断有些什么方法？
15. 提高系统可靠性的主要方法有哪些？
16. 什么是控制系统之间的耦合现象？简述减少与解除耦合的主要途径。
17. 推断控制中的信号分离、估计器、推断控制器各起什么作用？
18. 鲁棒控制器的作用是什么？

第九章　计算机控制系统

现代科学技术领域中，计算机技术和自动化技术被认为是发展最迅速的两个分支，计算机控制技术是这两个分支相结合的产物，它是工业自动化的重要支柱。

自从微型计算机问世以来，计算机控制系统得到了飞速发展。目前，从简单的工业装置到大型的工业生产过程和装置，都希望采用计算机进行自动控制和管理，其应用的广泛性，已经渗透到各个工业部门和生产过程，使工业自动化技术发展到一个崭新的阶段。

第一节　概　　述　　　🔊 — 微课 —

一、计算机控制系统的组成

所谓计算机控制系统就是利用计算机实现工业生产过程的自动控制系统，图 9-1 是典型的计算机控制系统原理框图。不同于常规仪表控制系统，在计算机控制系统中，计算机的输入、输出信号都是数字信号，因此在典型的计算机控制系统中需要有输入与输出的接口装置（I/O），以实现模拟量与数字量的

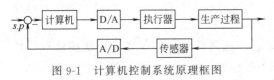

图 9-1　计算机控制系统原理框图

转换，其中包括模/数转换器（A/D）和数/模转换器（D/A）。

由图 9-1 可以看到，计算机控制的工作过程可以归纳为三个步骤：数据采集、控制决策与控制输出。数据采集就是实时检测来自传感器的被控变量瞬时值；控制决策就是根据采集到的被控变量按一定的控制规律进行分析和处理，产生控制信号，决定控制行为；控制输出就是根据控制决策实时地向执行器发出控制信号，完成控制任务。

为了完成上述任务，计算机控制系统主要由传感器、过程输入输出通道、计算机及其外设、操作台和执行器等组成，图 9-2 是一般计算机控制系统的组成框图。

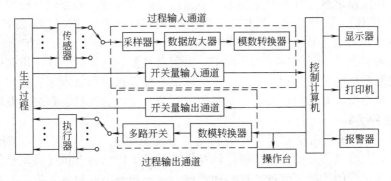

图 9-2　计算机控制系统组成框图

下面简述一下计算机控制系统中各组成部分的主要作用。

① 传感器　将过程变量转换成计算机所能接受的信号，如 4～20mA 或 1～5V。

② 过程输入通道　包括采样器、数据放大器和模数转换器。接受传感器传送来的信号进行相关的处理（有效性检查、滤波等）并转换成数字信号。

③ 控制计算机 根据采集的现场信息，按照事先存储在内存中的依据数学模型编写好的程序或固定的控制算法计算出控制输出，通过过程输出通道传送给相关的接收装置。控制计算机可以是小型通用计算机，也可以是微型计算机。计算机一般出运算器、控制器、存储器以及输入、输出接口等部分组成。

④ 外围设备 外围设备主要是为了扩大主机的功能而设置的，它们用来显示、打印、存储及传送数据。一般包括光电机、打印机、显示器、报警器等。

⑤ 操作台 进行人机对话的工具。操作台一般设置键盘与操作按钮，通过它可以修改被控变量的设定值，报警的上、下限，控制器的参数 K_C、T_I、T_D 值，以及对计算机发出指令等。

⑥ 过程输出通道 将计算机的计算结果经过相应的变换送往执行机构，对生产过程进行控制。

⑦ 执行机构 接受由多路开关送来的控制信号，执行机构产生相应的动作，改变控制阀的开度，从而达到控制生产过程的目的。

二、计算机控制系统的特点

以计算机为主要控制设备的计算机控制系统与常规控制系统比较，其主要特点如下。

① 随着生产规模的扩大，模拟控制盘越来越长，这给集中监视和操作带来困难；而计算机采用分时操作，用一台计算机可以代替许多台常规仪表，在一台计算机上操作与监视则方便了许多。

② 常规模拟式控制系统的功能实现和方案修改比较困难，常需要进行硬件重新配置调整和接线更改；而计算机控制系统，由于其所实现功能的软件化，复杂控制系统的实现或控制方案的修改可能只需修改程序、重新组态即可实现。

③ 常规模拟控制无法实现各系统之间的通信，不便全面掌握和调度生产情况；计算机控制系统可以通过通信网络而互通信息，实现数据和信息共享，能使操作人员及时了解生产情况，改变生产控制和经营策略，使生产处于最优状态。

④ 计算机具有记忆和判断功能，它能够综合生产中各方面的信息，在生产发生异常情况下，及时做出判断，采取适当措施，并提供故障原因的准确指导，缩短系统维修和排除故障时间，提高系统运行的安全性，提高生产效率，这是常规仪表所达不到的。

三、计算机控制系统的发展过程

在应用过程控制之前，计算机主要作为数值运算、数据统计和数值分析的工具，与实际生产过程没有任何的物理连接。1959 年美国 TRW 公司和 TEXACO 公司联合研制的TRW300 在炼油厂装置上投运成功，当时主要用于数据记录并实现部分控制功能，虽然控制功能极其有限，但这一开创性工作开辟了一个轰轰烈烈的计算机工业应用时代。

计算机控制系统的发展过程在很大程度上取决于计算机应用技术的发展，主要经过了直接数字控制、集中型计算机控制系统、集散控制系统和现场总线控制系统等发展过程。

1. 直接数字控制

20 世纪 50 年代末，由于提供了计算机与过程装置间的接口，实现了"传感器—计算机—执行器"三者电气信号的直接传递，计算机在配备了传感器、执行器以及相关的电气接口后就可以实现过程的检测、监视、控制和管理。这种用数字控制技术简单地取代模拟控制技术，而不改变原有的控制功能，形成了所谓的直接数字控制（Direct Digital Control），简称 DDC。图 9-1 就是 DDC 单回路控制系统的原理框图。

DDC 是计算机控制技术的基础。从本质上来说，就是用一台计算机取代一组模拟控制器，构成闭环控制回路。与采用模拟控制器的控制系统相比，DDC 的突出优点是计算灵活，它不仅能实现典型的 PID 控制规律，而且能方便地对传统的 PID 算法进行改进或实现其他的控制算法。随着计算机软硬件功能的发展，DDC 还很快地发展到 PID 以外的多种复杂控制，如串级控制、前馈控制和解耦控制等。如图 9-2 的计算机控制系统组成框图所示，通过采样器和多路开关等，DDC 还可以分时处理多个控制回路，用一台计算机实现对生产过程中若干个被控变量的控制。DDC 用于工业控制的主要问题是当时的计算机系统价格昂贵，计算机运算速度不能满足快速过程实时控制的要求。

2. 集中型计算机控制系统

从系统功能上说，集中型计算机控制是 DDC 控制的发展，由于当时的计算机系统的体积庞大，价格非常昂贵，为了使计算机控制能与常规仪表控制相竞争，企图用一台计算机来控制尽可能多的控制回路，实现集中检测、集中控制和集中管理。

在图 9-3 中，输入子系统包括 AI 和 DI 两部分，它们分别采集过程对象有关的模拟量和开关量测量信号。输出子系统包括 AO 和 DO 两部分，它们分别输出过程对象有关的模拟量和开关量控制信号。CRT 操作台代替传统的模拟仪表盘，实现参数的监视。

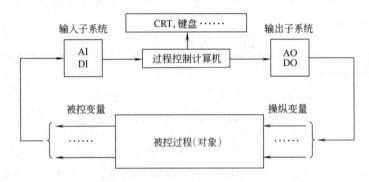

图 9-3 集中型计算机控制系统原理图

从表面上看，集中型计算机控制与常规仪表控制相比具有更大的优越性：集中型计算机控制可以实现先进控制、联锁控制等各种更复杂的控制功能；信息集中，便于实现优化控制和优化生产；灵活性大，控制回路的增减、控制方案的改变由软件来方便实现；HMI 友好，操作方便，大量的模拟仪表盘可由 CRT 取代，各种人机干预可通过标准 I，O 设备完成。

由于当时计算机总体性能低，运算速度慢，容量小，利用一台计算机控制很多个回路容易出现负荷过载，而且控制的集中也直接导致危险的集中，高度的集中使系统变得十分"脆弱"。具体表现在一旦计算机出现故障，甚至系统中某一控制回路发生故障就可能导致生产过程的全面瘫痪。在当时，集中型计算机控制系统不仅没有给工业生产带来明显的好处，反而有可能严重影响正常生产，因此这种危险集中的系统结构很难为生产过程所接受，曾一度陷入困境。

3. 集散控制系统

由于在可靠性方面存在重大缺陷，集中型计算机控制系统在当时的过程控制中并没有得到成功的应用。人们开始认识到，要提高系统的可靠性，需要把控制功能分散到若干个控制站实现，不能采取控制回路高度集中的设计思想；此外，考虑到整个生产过程的整体性，各个局部的控制系统之间还应当存在必要的相互联系，即所有控制系统的运行应当服从工业生产和管理的总体目标。这种管理的集中性和控制的分散性是生产过程高效、安全运行的需要，它直接推动了集散控制系统的产生和发展。

集散控制系统 DCS 是随着现代大型工业生产自动化的不断兴起和过程控制要求的日益复杂应运而生的综合控制系统。DCS 可直译为"分布式控制系统"，"集散控制系统"是按中国人习惯理解而称谓的。集散控制系统的主要特征是它的集中管理和分散控制。它采用危险分散、控制分散，而操作和管理集中的基本设计思想，多层分级、合作自治的结构形式，同时也为正在发展的先进过程控制系统提供了必要的工具和手段。目前，DCS 在电力、冶金、石油、化工、制药等各种领域都得到了极其广泛的应用。

4. 现场总线控制系统

现场总线控制系统是计算机技术和网络技术发展的产物，是建立在智能化测量与执行装置的基础上，发展起来并逐步取代 DCS 控制系统的一种新型自动化控制装置。

根据国际电工委员会和现场总线基金会对现场总线的定义，现场总线是连接智能现场装置和自动化系统的数字式、双向传输、多分支结构的通信网络。现场总线在本质上是全数字式的，取消了原来 DCS 系统中独立的控制器，避免了反复进行 A/D、D/A 的转换。它有两个显著特点：一是双向数据通信能力；二是把控制任务下移到智能现场设备，以实现测量控制一体化，从而提高系统固有可靠性。对于厂商来说，现场总线技术带来的效益主要体现在降低成本和改善系统性能，对于用户来说，更大的效益在于能获得精确的控制类型，而不必定制硬件和软件。

当前，现场总线及由此而产生的现场总线智能仪表和控制系统已成为全世界范围自动化技术发展的热点，这一涉及整个自动化和仪表的工业"革命"和产品全面换代的新技术在国际上已引起人们广泛的关注。

第二节　集散控制系统 ⬛ — 微课 — 📹 — 视频 —

集散控制系统以多台微处理机分散应用于过程控制，通过通信网络、CRT 显示器、键盘、打印机等设备又实现高度集中的操作、显示和报警管理。这种实现集中管理、分散控制的新型控制装置，自 1975 年问世以来，发展十分迅速，目前已经得到了广泛的应用。

一、集散控制系统的特点

集散控制系统具有集中管理和分散控制的显著特征，与模拟仪表控制系统和集中式工业控制计算机系统相比具有显著的特点。

① 控制功能丰富　DCS 系统具有多种运算控制算法和其他数学、逻辑运算功能，如四则运算、逻辑运算、PID 控制、前馈控制、自适应控制和滞后时间补偿等；还有顺序控制和各种联锁保护、报警等功能。可以通过组态把以上这些功能有机地组合起来，形成各种控制方案，满足系统的要求。

② 监视操作方便　DCS 系统通过 CRT 显示器和键盘、鼠标操作可以对被控对象的变量值及其变化趋势、报警情况、软硬件运行状况等进行集中监视，实施各种操作功能，画面形象直观。

③ 信息和数据共享　DCS 系统的各站独立工作同时，通过通信网络传递各种信息和数据协调工作，使整个系统信息共享。DCS 系统通信采用国际标准通信协议，符合 OSI 七层体系，具有极强的开放性，便于系统间的互联，提高了系统的可用性。

④ 系统扩展灵活　DCS 系统采用标准化、模块化设计，可以根据不同规模的工程对象要求，硬件设计上采用积木搭接方式进行灵活配置，扩展灵活。

⑤ 安装维护方便　DCS 采用专用的多芯电缆、标准化插接件和规格化端子板，便于装配和维修更换。DCS 具有强大的自诊断功能，为故障判别提供准确的指导，维修迅速准确。

⑥ 系统可靠性高　集散控制系统管理集中而控制分散，使得危险分散，故障影响面小。系统的自诊断功能和采用的冗余措施等，支持系统无中断工作，平均无故障时间（$MTBF$）可达十万小时以上。

二、集散控制系统的基本构成

一个最基本的 DCS 应包括四个大的组成部分：至少一台现场控制站、至少一台操作员站、一台工程师站和一条系统网络。典型结构如图 9-4 所示。

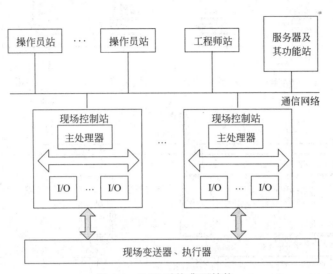

图 9-4　DCS 系统典型结构

现场控制站是 DCS 的核心，它是直接和生产过程相连接的 I/O 处理单元，完成对整个工业过程的实时监控功能。

操作员站简称操作站是由工业 PC 机、CRT、键盘、鼠标、打印机等组成的人机系统，是操作人员进行过程监视和过程操作的设备，主要完成人机界面的功能。

工程师站是为专业的工程技术人员设计的，内装有相应的组态平台和系统维护工具。主要用于对 DCS 进行离线组态工作和在线监督、控制与维护。它能够借助于组态软件对系统进行离线组态，并在 DCS 在线运行时实时监视 DCS 网络上各站的运行情况。

服务器及其功能站用于整个系统的信息管理和优化控制。服务器通过通信网络收集系统中各个单元的数据信息，根据优化指标进行后台计算、优化控制等。

通信网络是集散控制系统的中枢，它将 DCS 的控制站、操作站、工程师站等部分连接起来，构成一个完整的分布式系统，实现系统各个部分间的信息传递和共享。

简言之，操作站、工程师站和服务器构成了 DCS 的集中管理部分；现场控制站构成 DCS 的分散控制部分；通信是 DCS 各个部分的连接纽带，是实现集中管理，分散控制的关键。

三、JX-300XP 集散控制系统

DCS 控制系统的种类很多，典型的 DCS 系统国外有美国 Honywell 公司的 TDC-300、TPS、安全系统等；美国 Emerson 公司的 DeltaV、Plant Web 等；日本横河公司的 CEN-TUM 系列；国内有北京和利时公司的 HOLLIASMACS 系统；浙大中控的 JX-300XP、ECS-700 等。

JX-300XP 系统吸收了近年快速发展的通信技术、微电子技术，并应用了最新的信号处理技术、高速网络通信技术和现场总线技术，同时采用先进的控制算法，全面提高了控制系统的功能和性能，能适应复杂的应用要求。下面着重介绍 JX-300XP 的结构和组态。

1. JX-300XP 的整体结构

JX-300XP 系统包括现场控制站，现场数采站（也叫现场监测站，对过程变量进行采集

和预处理，为操作员站提供数据）、工程师站和操作员站。整个系统采用三层通信网络结构，如图 9-5 所示。

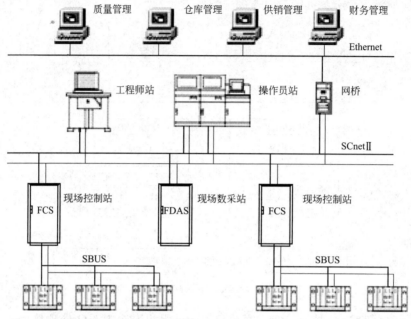

图 9-5　JX-300XP 系统整体结构

其中最上层是信息管理网络，采用符合 TCP/IP 协议的以太网，连接了各个控制装置的网桥及企业各类管理计算机，用于工厂级的信息传送和管理，是实现全厂综合管理的信息通道。

中间层为控制网（SCnet II），采用了双高速冗余工业以太网 SCnet II 作为其过程控制网络，连接操作员站、工程师站和控制站等，用于过程实时数据、组态信息、诊断信息等现场控制层信息的高速可靠传输。还可以通过挂接网桥连接上层管理网或其他厂家设备。

底层网络为控制站内部网络（SBUS），属于系统的现场总线，它采用主控制卡指挥式令牌网，存储转发通信协议，是控制站各卡件之间进行信息交换的通道。

2. JX-300XP 系统设计过程

DCS 实际应用于生产过程控制时，需要根据设计要求，进行软、硬件设计以使系统按特定的状态运行。

（1）硬件设计　DCS 系统的硬件设计即硬件根据系统实际测量点和控制情况，选择系统需要的硬件设备（机柜、机笼、卡件、操作站等），使硬件配置可以满足设计中的数据监控、画面浏览等要求，并为将来的系统扩展升级留有一定的余量。具体步骤如下：

① 根据测量点性质确定系统 I/O 卡件的类型及数量（适当留有余量），对于重要的信号点要考虑是否进行冗余配置；

② 根据 I/O 卡件数量和工艺要求确定控制站和操作站的个数；

③ 根据上述设备的数量配置其他设备，如机柜、机笼、电源、操作台等；

④ 在有防爆要求的场合，需要考虑选配合适的安全栅；

⑤ 对于开关量，根据其数量和性质要考虑是否选配相应的端子板、转接端子和继电器。

（2）组态设计　组态设计即是 DCS 的软件设计。DCS 的组态包括系统组态、画面组态和控制组态。

根据硬件选型完毕后，利用 JX-300X 系统组态软件包中的相关软件实现控制站、操作站等硬件设备在软件中的配置、操作画面设计、流程图绘制、控制方案编写，报表制作等，组态软件的结构图如图 9-6 所示。其中 SCKey 为组态软件核心，SCDraw 为流程图制作软件，SCForm 为报表制作软件，SCLang 用于控制站编程的编程语言，SCControl 为图形编程软件。各功能软件之间通过对象链接与嵌入技术、动态地实现模块间各种数据、信息的通信、控制和管理。

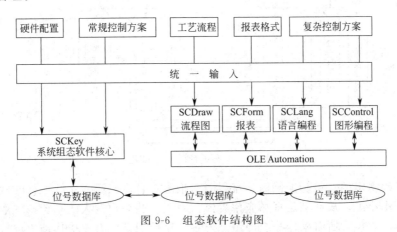

图 9-6　组态软件结构图

组态设计的基本过程如图 9-7 所示，具体实现如下。

① 控制系统的硬件配置，即对系统硬件构成的软件设置。主要包括以下几部分。

a. 总体信息组态即主机组态，指对系统控制站（主控制卡）、操作站以及工程师站的相关信息进行配置，包括各个控制站的地址、控制周期、通信、冗余情况、各个操作站或工程师站的地址等一系列的工作，组态中进行的设置应该和实际的硬件配置保持一致。

b. 控制站 I/O 组态总体信息组态完毕后，需对 I/O 进行组态。I/O 组态首先从数据转发卡组态开始。数据转发卡组态是对某一控制站内部的数据转发卡在 SBUS-S2 网络上的地址以及卡件的冗余情况等参数进行组态。数据转发卡设置完毕后，可以进行 I/O 卡件设置。I/O 卡件设置是对 SBUS-S1 网络上的 I/O 卡件型号及地址等参数进行组态。最后进行 I/O 信号点的设置。

对于信号单元的组态，除了需要设定信号的位号、描述及报警状态外，根据信号类型不同，分别有不同的内容。

c. 控制方案组态完成系统 I/O 组态后，需要对控制站控制回路进行组态。控制方案组态包括常规控制方案和自定义控制方案两种组态。JX-300X 系统以基本 PID 算式为核心进行扩展，设计了串级、前馈、串级前馈（三冲量）等多种控制方案，对一般要求的常规控制，系统提供的方案基本能满足。这些控制方案易于组态，操作方便，且实际运用中控制运行可靠、稳定，因此对于无特殊要求的常规控制，建议采用系统提供的控制方案。对于一些特殊的控制，必须根据实际需要，自己确定方案，通过 SCLang 语言编程和图形编程来实现。

上面所述的一系列操作，都是在控制站进行的。接下来，将进行操作站组态。

② 操作站组态（监控画面，如流程图等）。操作站的组态一般采用树形结构，主要包括下面的几个方面的内容。

a. 操作小组的组态。在实际的工程应用中，往往并不是每个操作站都需要查看和监测所有的操作画面，例如，某工程采用 DCS 控制现场的两个工段，每个工段由指定的操作工分别在两台不同的操作站上进行监控操作，这时现场往往会要求这两个操作站上可以显示完全独立的两组画面。可以利用操作小组对操作功能进行划分，每一个不同的操作小组可观

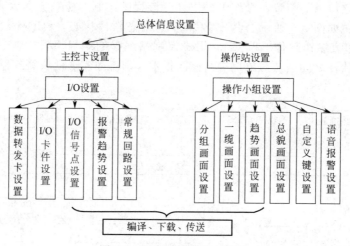

图 9-7　组态设计的基本过程

察、设置、修改指定的一组标准画面、流程图、报表、自定义键。系统运行时两个操作站上运行不同的操作小组，从而满足现场应用需要。对于一些规模较大的系统，一般建议设置一个总操作小组，它包含所有操作小组的组态内容，这样当其中有一操作站出现故障，可以运行此操作小组，查看出现故障的操作小组运行内容，以免时间耽搁而造成损失。

　　b. 标准操作画面的制作。系统的标准画面组态是指对系统已定义格式的标准操作画面进行组态。标准画面包括总貌画面、趋势图画面、控制分组、数据一览等四种操作画面，如图 9-8～图 9-11 所示。

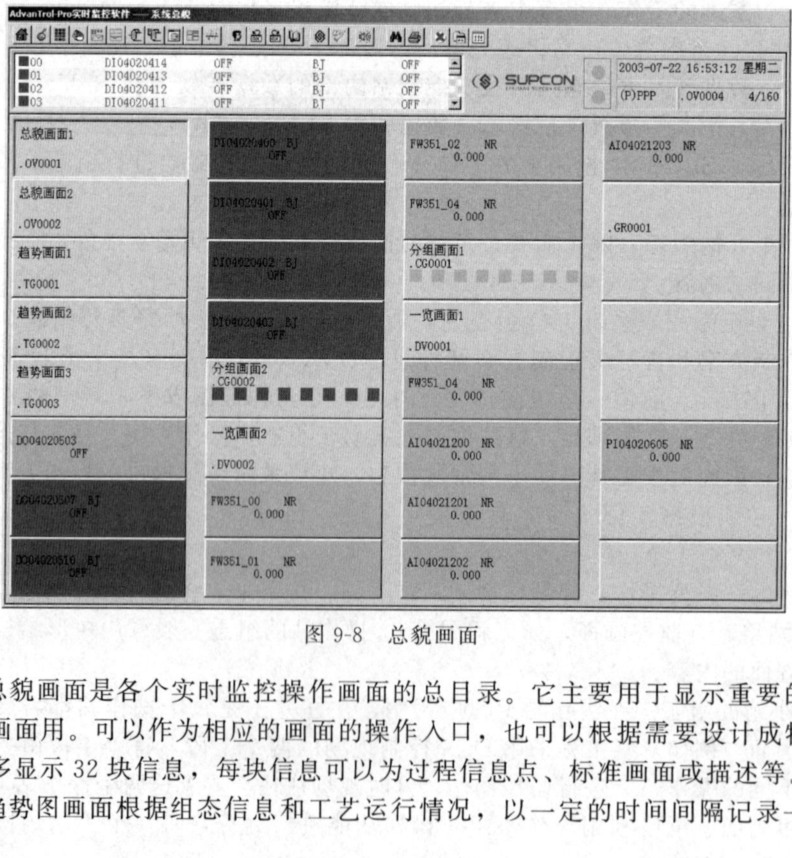

图 9-8　总貌画面

　　图 9-8 总貌画面是各个实时监控操作画面的总目录。它主要用于显示重要的过程信息，或作为索引画面用。可以作为相应的画面的操作入口，也可以根据需要设计成特殊菜单页。每页画面最多显示 32 块信息，每块信息可以为过程信息点、标准画面或描述等。

　　图 9-9 趋势图画面根据组态信息和工艺运行情况，以一定的时间间隔记录一个数据点，

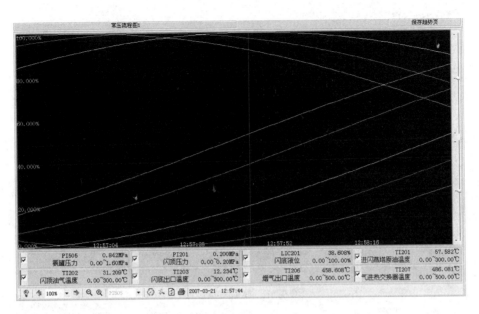

图 9-9　趋势图画面

动态更新历史趋势图，并显示时间轴所在时刻的数据。每页最多可显示 8 个位号的趋势曲线，每个数据存储时间的间隔在 1～3600s 间选择。

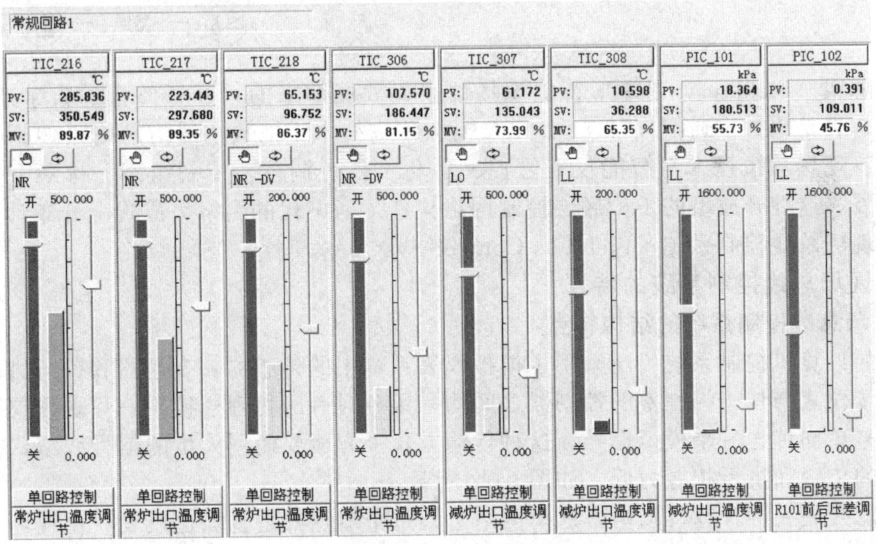

图 9-10　控制分组画面

　　图 9-10 控制分组画面可根据组态信息和工艺运行情况动态更新每个仪表的参数和状态。每页可显示 8 个位号的内部仪表。

　　图 9-11 数据一览画面显示 32 个信号的实时值、单位、描述等数据信息。

　　c. 流程图绘制。利用 SCDraw 软件绘制系统的流程图。可对画面基础上的各类动态参数直接进行数据组态，并在流程图画面中对这些动态数据进行实时观察和操作。

　　d. 报表制作。利用 SCForm 软件制作实时报表，采用窗口交互式界面，所见即所得的数据显示方式。

常压流程压力一览1

序号	位号	描述	数值	单位	序号	位号	描述	数值	单位
1	PI505	氨罐压力	0.640	MPa	17	FIC201	原油入常炉流量	19.621	t/h
2	PI201	闪顶压力	0.196	MPa	18	TIC217	常炉出口温度	492.796	℃
3	LIC_201	闪底液位调节	53.480	%	19	PI501	干气压力	0.761	MPa
4	TI201	进闪蒸塔原油	30.842	℃	20	FIC204	常一中流量	12.378	t/h
5	TI202	闪顶油气温度	12.015	℃	21	FIC203	常顶循环回流量	7.607	t/h
6	TI203	闪底出口温度	1.685	℃	22	TI219	常顶温度	188.230	℃
7	TI207	烟气进热交换	499.023	℃	23	TI220	常顶循环返塔	17.241	℃
8	TI206	烟气出口温度	486.447	℃	24	TI221	常顶循环抽出	33.748	℃
9	TI205	烟道口温度	551.062	℃	25	TI221	常顶循环抽出	33.748	℃
10	TI209	常炉对流室温度	573.430	℃	26	TI223	常一中抽出温度	116.630	℃
11	TI210	常炉膛北上温度	301.753	℃	27	TI224	常二中返塔温度	153.846	℃
12	TI211	常炉膛北下温度	721.533	℃	28	TI225	常二中抽出温度	254.351	℃
13	TI212	常炉膛东南上	555.018	℃	29	TI230	常压塔进料段	491.512	℃
14	TI213	常炉膛东南下	516.484	℃	30	TI231	常底油抽出温度	494.628	℃
15	TI214	常炉膛西南上	558.463	℃	31	PIC502	燃料油压力	0.300	MPa
16	TI215	常炉膛西南下	294.945	℃	32	TIC218	常顶温度	5.310	℃

图 9-11　数据一览画面

e. 其他组态。根据实际要求，操作站组态还有自定义键设计，语音报警等。

以上所有的组态工作完成后就可以进行编译、下载。JX-300XP 的整个设计过程结束。

第三节　现场总线控制系统

— 微课 — — 视频 —

现场总线（Fieldbus）是顺应智能现场仪表而发展起来的一种开放型的数字通信技术，其发展的初衷是用数字通信代替 4～20mA 模拟传输技术，把数字通信网络延伸到工业过程现场。随着现场总线技术与智能仪表管控一体化（仪表调校、控制组态、诊断、报警、记录）的发展，这种开放型的工厂底层控制网络构造了新一代的网络集成式全分布计算机控制系统，即现场总线控制系统（Fieldbus Control System，简称 FCS）。

一、现场总线控制系统的特点

1. 现场总线控制系统的结构特点

传统的计算机控制系统广泛采用了模拟仪表系统中的传感器、变送器和执行机构等现场设备，现场仪表与位于控制室的控制器之间均采用一对一的物理连接，一只现场仪表需要一对传输线来单向传送一个模拟信号。这种传输方式一方面要使用大量的信号线缆，另一方面模拟信号的传输和抗干扰能力低，如图 9-12 所示。

现场总线是一种计算机网络，这个网络上的每个节点都是智能化仪表。在现场总线的标准中，一般只包括 ISO 参考模型中的物理层、数据链路层和应用层，如同 Mini MAP 一样。有的现场总线还具有网络层的功能。

现场总线控制系统 FCS 是在 DCS 系统的基础上发展而成的，它继承了 DCS 的分布式特点，但在各功能子系统之间，尤其是在现场设备和仪表之间的连接上，采用了开放式的现场网络，从而使系统现场设备的连接形式发生了根本的改变，具有自己所特有的性能和特征。

现场总线采用数字信号传输取代模拟信号传输。现场总线允许在一条通信线上挂多个现场设备，而不需要 A/D、D/A 等 I/O 组件，如图 9-13 所示。这与传统的一对一的连接方式是不相同的。

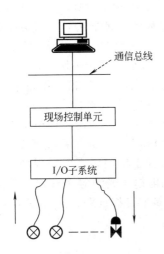

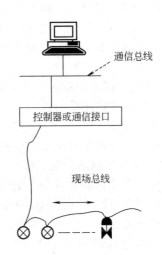

图 9-12　传统计算机控制系统结构示意图　　　　图 9-13　现场总线控制系统结构示意图

2. 现场总线控制系统的技术特点

全数字化、全网络化、全分散式、可互操作和全开放型是 FCS 相对于 DCS 的基本技术特点，具体包括以下内容。

① 全数字化通信　传统 DCS 的通信网络截止于控制站或输入输出单元，现场仪表仍然是一对一模拟信号传输。在 FCS 中，现场信号都保持着数字特性，所有现场控制设备采用全数字化通信。许多总线在通信介质、信息检验、信息纠错、重复地址检测等方面都有严格的规定，从而确保总线通信快速、完全、可靠地进行。

② 开放型的互联网络　开放的概念主要是指通信协议公开，也就是指对相关标准的一致性、公开性，强调对标准的共识与遵从。一个开放系统，它可以与任何遵守相同标准的其他设备或系统相连。现场总线就是要致力于建立一个开放型的工厂底层网络。

③ 互操作性与互用性　互操作性的含义是指来自不同制造厂的现场设备可以互相通信、统一组态，构成所需的控制系统；而互用性则意味着不同生产厂家的性能类似的设备可进行互换而实现互用。由于现场总线强调遵循公开统一的技术标准，因而有条件实现设备的互操作性和互换性，用户就可以根据产品的性能、价格选用不同厂商的产品，通过网络对现场设备统一组态，把不同厂家、不同品牌的产品集成在同一个系统内，并可在同功能的产品之间进行相互替换，使用户具有了自控设备选择、集成的主动权。

④ 系统的全分散式　现场总线控制系统构成一种新的全分散式的控制系统，可以废弃 DCS 中的输入/输出单元和控制站，把 DCS 控制站的功能块分散地分配给现场仪表，从而从根本上改变了原有 DCS 集中与分散相结合的体系，大大提高了系统的可靠性。

⑤ 现场设备的智能化　现场总线仪表本身具有自诊断功能，它可以处理各种参数、运行状态信息及故障信息，系统可随时诊断设备的运行状态，这在模拟仪表中是做不到的。

3. 现场总线控制系统的优点

FCS 有如下主要优点。

① 节省硬件数量和投资　现场总线控制系统中分散在现场的智能设备能执行多种传感、控制、计算等功能，减少了变送器、控制器、计算单元等数量，也不需要信号调理、转换等功能单元及接线等，节省了硬件投资，减少了控制室面积。

② 节省安装费用　现场总线系统的接线简单，一对双绞线或一条电缆上通常可挂接多个设备，因而电缆、端子、桥架等用量减少，设计和校对量减少。增加现场控制设备时，无

需增设新的电缆，可就近连接到原有电缆上，节省了投资，减少了设计和安装工作量。

③ 节省维护费用　现场控制设备具有自诊断和简单故障处理能力，通过数字通信能将诊断维护信息送控制室，用户可查询设备的运行、诊断、维护信息，分析故障原因并快速排除，缩短了维护时间，同时，系统结构简化、连线简单也减少了维护工作量。

④ 用户具有高度的系统集成主动权　用户可自由选择不同厂商所提供设备来集成系统。不用为系统集成中的不兼容协议、接口犯愁，使系统集成的主动权掌握在用户手中。

⑤ 提高系统的准确性与可靠性　现场总线设备的智能化、数字化，从根本上提高了测控精度。此外，系统结构简化，设备和连线减少，功能增强等，提高了系统可靠性。

⑥ 对现场环境的适应性　工作在现场设备前端，作为工厂网络底层的现场总线，是专为在现场环境下工作而设计的，它可支持双绞线、同轴电缆、光缆等多种途径传送数字信号。另外，现场总线还支持总线供电，即两根导线在为多个自控设备传送数字信号的同时，还为这些设备传送工作电源，可满足本质安全防爆要求。

二、现场总线国际标准化

现场总线自 20 世纪 90 年代开始发展以来，一直是世界各国关注和发展的热点。世界各国都是在开发研究的过程中，同步制定了各自国家标准（或协会标准），同时都力求将自己的协议标准转化成各区域的标准化组织的标准。

国际电工委员会、国际标准化组织、各大公司及世界各国的标准化组织虽然都给予了极大的关注，但由于行业与地域发展等历史原因，加之各大公司的利益驱使，直到 1999 年才形成了一个由 8 个类型组成的 IEC61158 现场总线国际标准。

IEC61158 包括 8 个组成部分，分别是：IEC61158 原先的技术报告，ControlNet，Profibus，P-Net，FF-HSE，Swift-Net，WorldFIP 和 Interbus，如图 9-14 所示。IEC61158 国际标准只是一种模式，它既不改变原 IEC 技术报告的内容，也不改变各组织专有的行规，各组织按照 IEC 技术报告 Type1 的框架组织各自的行规。IEC 标准的 8 种类型是平等的，其中 Type2～Type8 需要对 Type1 提供接口，而标准本身不要求 Type2～Type8 之间提供接口。用户在应用各类时，仍可使用各自的行规，其目的就是为了保护各自的利益。

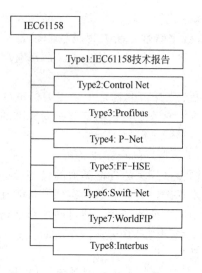

图 9-14　IEC61158 采用的 8 种类型

三、主要的现场总线系统简介

现在推出的现场总线系统在硬件构成方面基本相似，主要区别在于系统通信协议，比较流行的现场总线系统有以下几种。

1. HART 总线系统

1985 年 Rosemount 公司开发出一种将模拟信号调制成数字调频信号，并利用数字调频信号进行传输的 HART（Highway Addressable Remote Transducer）协议。现场仪表内置 Smart 调制解调器，将 4～20mA 的模拟信号调制成符合 Bell202 标准的 FSK（调频信号）。Smart 仪表可用同一对传输线同时传送出 4～20mA 的模拟信号和 FSK 的调频数字信号。如果采用模拟仪表的常规接法（点对点），可以使用 4～20mA 的模拟信号；如果将多个 Smart 仪表共线连接，则应使用 FSK 数字信号并通过 Bell202 标准的 MODEM 将信号送入计算机。HART 协议还可以使用设备说明语言 DDL（Device Description Language）实现控制中心与仪表之间的双向通信。

2. Profibus 总线系统

1987 年 Siemens 等 13 家公司成立了一个专门发展现场总线委员会 ISP，推出数字现场总线产品 Profibus。Profibus 是一种多主多从的令牌网络，得到令牌的节点可以向网上发送信息，其余节点接收。Profibus 的物理层采用 EIA485，数据链路层采用令牌协议。每个系统允许最多 4 个段，每段可以挂接 32 个节点。

3. FF 总线系统

1993 年 ISP 与北美现场总线组织 WorldFIP 合并为 FF（Fieldbus Foundation），共同制定遵循 ISA/IEC 的 SP50 现场总线标准。SP50 的最大特点是其物理层使用了双绞线，该双绞线既用于传送数字信息，也用于为现场供电，这是利用"两相曼彻斯特编码"技术实现的。SP50 的数据链路层为 LAS（Link Active Scheduler）协议，按照令牌循环方式控制。SP50 的传输速率为 2.5Mbps，最大传输距离为 2km，每条双绞线可连接节点 32 个。FF 除了定义 ISO 的第一层、第二层、第七层外，还定义了新的一层——用户协议，该层中 FF 采用了 HART 协议中的 DDL 作为该层的一个组成部分。

4. CAN 总线系统

CAN（Controller Area Network）总线网是最近发展较快的一种现场总线。CAN 是一种对等式（Peer to Peer）的现场总线网，其物理层采用双绞线，符合 ISODIS 11898 标准，其数据链路层采用 CSMA/CD 协议，建立了良好的优先级控制机制。CAN 的最大特点是其可靠性高，双绞线中即使有一条接地或与电源短路，甚至断路，都可以正常地传输信息。CAN 的传输速率为 1Mbps，最大传输距离为 10km，网络上的节点数没有限制。

5. LonWorks 总线系统

另外一种发展很快的现场总线是 Echelon 公司的 LonWorks，它也是一种对等总线网络，其碰撞检测机制为 CSMA 加时间槽（Time Slot）方式，实现极少的碰撞概率。LonWorks 采用芯片 Neuron，这是集控制器和网络通信处理器于一体的芯片，内置 3 个 CPU，一个用于控制，可以处理现场 I/O，另两个处理网络通信，因此 LonWorks 具有明显的网络处理能力优势。芯片本身带 48 位地址，且芯片本身固化了 ISO 的七层协议，可以用此芯片构成复杂的网络结构。LonWorks 的物理层可以使用多种介质，如双绞线、红外线、无线、EIA485 等，使用双绞线时传输速率为 1.25Mbps，最大传输距离为 1.2km，每段双绞线可连接 64 个节点，一个网络可以有 255 个网段。由于 LonWorks 需要专门的网络收发器以适应不同的物理线路，因此成本偏高，但随着这种网络的推广，其成本将逐步下降，使这种网络成为具有发展潜力的现场总线网络。

由于现场总线的工作环境是恶劣的工业环境，在现场总线的实施时需要有特殊的考虑。现场总线的物理层应该是本安型的，为此，传输速度、信号强度、传输距离、通信介质都应有限制。此外，现场干扰信号强，应有相应的抗干扰措施。

第四节　网络控制系统　

随着计算机技术和网络通信技术的发展，网络控制系统（Networked Control System，NCS）应运而生，其主要标志是在控制系统中引入了计算机网络，从而使众多的传感器、执行器、控制器等主要部件能够通过网络相连接，相关的信号和数据通过网络进行传输和交换，避免了点对点专线的铺设，实现了资源共享，远程操作与控制，增强了系统的灵活性和可靠性。网络控制系统的思想就是应用一系列通信网络去交换分布系统中的物理元件之间的系统信息与控制信号。

一、概述

网络控制系统（Networked Control Systems，NCS），又称为网络化的控制系统，即在网络环境下实现的控制系统。是指在某个区域内一些现场检测、控制及操作设备和通信线路的集合，用以提供设备之间的数据传输，使该区域内不同地点的设备和用户实现资源共享和协调操作。广义的网络控制系统包括狭义的在内，而且还包括通过企业信息网络以及Internet 实现对工厂车间、生产线甚至现场设备的监视与控制等。网络控制系统示意图如图9-15 所示。

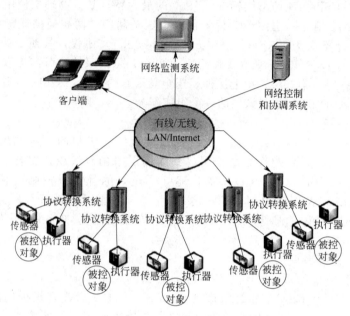

图 9-15　网络控制系统示意图

网络控制系统的特点如下。

（1）控制系统网络化　这是 NCS 的根本特点，正是由于控制网络的引入，将原来的不同地点的现场设备连接成网络，为数据的集中管理和远程传送、控制系统与其他信息系统的连接与沟通创造了条件。

（2）信息传输的数字化　数字化与网络化相辅相成，如果网络化是从系统角度描述NCS 的特点，那么数字化则是从信息的角度描述 NCS。与模拟信号相比，数字信号的抗干扰能力强，传输精度高，传输的信息更丰富，同时数字化进程也大大减少了控制系统布线的复杂性。

（3）控制结构的层次化　在 DDC 控制结构中，一台计算机不仅要完成底层的回路控制和顺序控制，还需要完成系统的实时监控，参数调试等任务。而在 NCS 中，这些任务分别在不同层次的不同计算机完成，每台计算机都各司其职，控制层次与控制任务得到细分。

（4）底层控制的分散化和信息管理的集中化　这一特点是控制系统层次化的延伸，在底层 NCS 利用现场控制设备实现了分布式控制，增强了控制系统的可靠性，在上层实现了对底层数据的集中管理，监视，为上层的协调优化，甚至对宏观决策提出必要的信息支持。

（5）硬件和软件模块化　采用模块化机构可以使系统具有良好的灵活性和可扩展性，成本低、体积小，可靠性高。并且使系统的组态方便、控制灵活、调试效率高、操作简单。

（6）控制系统的智能化　主要指在现场设备上的智能化和控制算法与优化算法上的智能化。

（7）通信协议的渐进标准化　协议的标准化意味着系统具有更好的开放性、互操作性。

二、网络控制系统的分类

NCS 的出现给传统的控制系统带来了深刻的变革，NCS 具备一系列的优点：可实现资源的共享；远程的监控和诊断；交互性好；减少了系统的布线，增加了系统的柔性和可靠性；安装维护方便等。基于现在网络控制系统的发展应用，有以下几种技术的网络控制系统。

1. 基于以太网的网络控制系统

现场总线的出现，对于实现面向设备的自动化系统起到了巨大的推动作用，但是现场总线过于专用实时通信网络，具有高成本、速度低和支持应用有限等缺陷，再加上总线通信协议的多样性，使得不同总线产品不具有互联、互用和互操作等缺点。相反，以太网为代表的 COTS 信息网络通信技术，具有协议简单通信速率高、完全开放易于和 Internet 连接、稳定性好、可靠性好和成本低等优点。

工业以太网在继承或者部分继承以太网原有核心技术的基础上，面对环境适应性、通信实时性、时间发布与各节点间的时间同步、网络供电、本安防爆、网络的功能安全与信息安全等问题提出了相应的方案。

工业以太网是一个网络控制系统，实时性要求高，网络传输要有确定性。整个网络按功能可分为处于管理层的通用以太网和处于监控层的工业以太网以及现场设备层（如现场总线）。管理层通用以太网可以与控制层的工业以太网交换数据，上下网段采用相同协议自由通信。工业以太网（Industrial Ethernet，IE）适用于工业自动化环境，符合 IEEE802.3 标准、按照 IEEE 802.1D "媒体访问 IA 控制（MAC）网桥" 规范和 "IEEE 802.1Q 局域网虚拟网桥" 规范，对其没有进行任何实时扩展而实现的以太网，一般通过减轻以太网负荷、提高网络速度、采用交换式技术和全双工通信、信息优先级和流量控制以及虚拟局域网等技术实现实时性要求。Ethernet/IP，FF HSE，Modbus/TCP，Profi-Net 就属于这种类型。

与现场总线系统相比，工业以太网具有明显的优点。

（1）标准统一　以太网标准统一，是全球范围的商用网络的事实标准，在局域网和广域网中占统治地位。目前为了避免出现现场总线开发标准多样性的情况，IEC 组织对工业以太网相关标准的制定进行了规范和约束，从而加快了工业以太网的标准及其控制器件的开发推广和应用。

（2）应用广泛，成本低廉、安装方便　以太网安装节点数量巨大，价格低廉，大部分的工厂建筑和办公室都安装了以太网网络，在安装工业以太网设备时可充分利用已有的布线系统降低系统造价。

（3）通信速度高　以太网传输速度远远高于现场总线，可以满足各类信息需求。常用以太网的传输速度为 10/100Mbps，可实现高速处理大量数据。

（4）技术成熟，便于开发　由于以太网的广泛应用，已有的各类基于商业以太网的协议、设备、应用软件都非常成熟，使得工业以太网在开发中可移植现有技术，降低开发难度。

（5）易于信息集成　可实现无缝集成：由于工业以太网协议和商用以太网协议基本一致，因此工业以太网易于和企业信息网络互联互通，可以无缝的集成到信息网络中，实现从办公室到生产现场设备 I/O 级的全透明的通信。

2. EPA 实时以太网网络控制系统

NCS-EPA 控制系统分成若干区域（Area）对象的逻辑概念，通过区域对象将整个系统的控制策略划分为若干个部分的功能，便于用户管理不同类别、范围的模块对象，通常对应于一个现场位置，比如车间，或者一个比较独立的处理过程。

NCS-EPA 网络控制系统下，抽象物理网络为控制网络（Control Network）对象，抽象物理控制器为虚拟控制器（Virtual Controller）对象，EPA 网络控制系统模型如图 9-16 所示。虚拟控制器具有分配控制算法（模块），添加、配置 I/O 模块和通道等物理控制器的很多特性。对虚拟控制器实现离线组态，使控制算法与物理设备之间的界限更加清晰，便于维护。将控制网络中的虚拟控制器和物理网络中的物理控制器映射，建立对应关系，以实现下载操作，建立控制策略。通过在控制网络中添加虚拟控制器，实现虚拟控制器组态：控制策略模块分配和 I/O 映射配置。同时，进行控制器映射与模块分配。

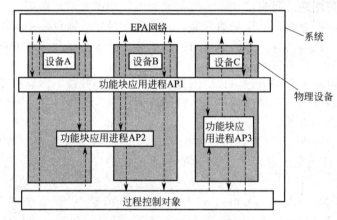

图 9-16　EPA 网络控制系统模型

3. 嵌入式以太网网络控制系统

所谓的嵌入式以太网技术是以太网技术与目前发展迅猛的嵌入式技术相结合的产物。嵌入式以太网技术构建的监控系统有以下特点：现场监测设备同时充当网络服务器。它集信号采集、转换及 TCP/IP 通信等功能于一体，采用 TCP/IP 网络协议标准，具有组网容易、传输数据量大、速率快等特点。嵌入式以太网网络控制系统的结构如图 9-17 所示。

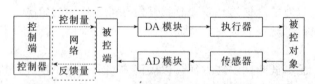

图 9-17　嵌入式以太网网络控制系统结构

系统由运行监控程序的控制端、集成了多种接口功能的被控端、传感器、执行器以及信号调理电路组成。

4. 基于 Web 和 Internet 的网络控制系统

基于 Web 和 Internet 的网络控制系统指将工业现场被控对象（如液位、流量、温度、压力等）的工作状态和实时数据与万维网（World Wide Web，WWW）结合起来，通过 Internet 网络实现各类实时数据、画面、曲线接入 Web 服务器，并以 HTML 文本的形式实时发布，使得在 Internet 上通过浏览器实现远程的监视和控制工业现场。

习题与思考题

1. 什么是计算机控制系统？计算机控制的工作过程有哪三个步骤？
2. 简述计算机控制系统的主要组成及各部分的作用。
3. 简述计算机控制系统的特点。
4. 简述计算机控制系统的发展过程。
5. 什么是直接数字控制系统（DDS)？与模拟控制系统相比较有什么优点？
6. 什么是集散控制系统？它有什么主要特点？
7. 简述集散控制系统的主要构成。
8. JX-300XP 集散控制系统由哪几部分组成？
9. JX-300XP 集散控制系统的主要画面有哪些？简述其画面的调出方法。
10. 什么是现场总线控制系统？在结构上与技术上，它与 DCS 相比有什么特点？
11. IEC61158 现场总线国际标准主要由哪几个部分组成？
12. 什么是网络控制系统？
13. 简述网络控制系统的特点。

第十章 典型化工单元的控制方案

控制方案的确定是实现化工生产过程自动化的重要环节。要设计出一个好的控制方案，必须深入了解生产工艺，按化学工程的内在机理来探讨其自动控制方案。化工单元操作按其物理和化学变化及加工方式来分，主要有动量传递过程、热量传递过程、质量传递过程和化学反应过程。操作设备种类繁多，控制方案也因不同对象而异。这里只选择一些典型化工单元为例进行讨论。有关单元设备的结构、原理和特性，在有关课程中已经学过。本章只从自动控制的角度出发，根据对象特性和控制要求，分析典型化工操作单元中若干具有代表性的设备的控制方案，从中阐明设计控制方案的共同原则和方法。

第一节 流体输送设备的控制方案

在化工生产中，各种物料大多数是在连续流动状态下，或是进行传热，或是进行传质和化学反应等过程。为使物料便于输送、控制，多数物料是以气态或液态方式在管道内流动。倘若是固态物料，有时也进行流态化。流体的输送，是一个动量传递过程，流体在管道内流动，从泵或压缩机等输送设备获得能量，以克服流动阻力。泵是液体的输送设备，压缩机则是气体的输送设备。

流体输送设备的基本任务是输送流体和提高流体的压头。在连续性化工生产过程中，除了某些特殊情况，如泵的启停、压缩机的程序控制和信号联锁外，对流体输送设备的控制，多数是属于流量或压力的控制，如定值控制、比值控制及以流量作为副变量的串级控制等。此外，还有为保护输送设备不致损坏的一些保护性控制方案，如离心式压缩机的"防喘振"控制方案。

一、离心泵的控制方案 <img>— 视频 — <img>— 微课 — <img>— 动画 —

离心泵是最常见的液体输送设备。它的压头是由旋转翼轮作用于液体的离心力而产生的。转速越高，则离心力越大，压头也越高。

离心泵流量控制的目的是要将泵的排出流量恒定于某一给定的数值上。流量控制在化工厂中是常见的，例如进入化学反应器的原料量需要维持恒定、精馏塔的进料量或回流量需要维持恒定等。

离心泵的流量控制大体有三种方法。

1. 控制泵的出口阀门开度

通过控制泵出口阀门开启度来控制流量的方法如图 10-1 所示。当干扰作用使被控变量（流量）发生变化偏离给定值时，控制器发出控制信号，阀门动作，控制结果使流量回到给定值。

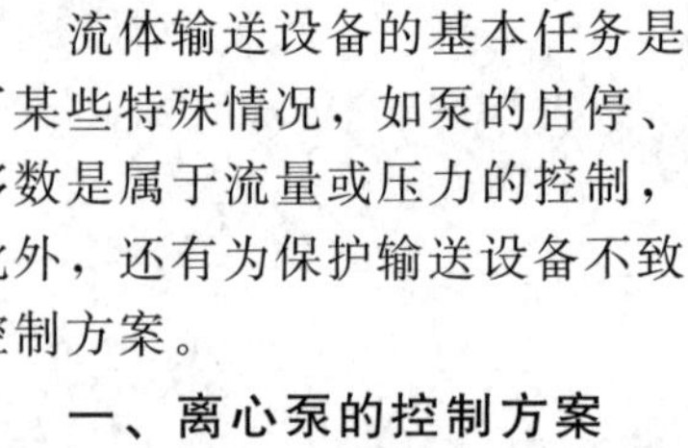

改变出口阀门的开启度就是改变管路上的阻力，为什么阻力的变化就能引起流量的变化呢？这得从离心泵本身的特性加以解释。

在一定转速下，离心泵的排出流量 Q 与泵产生的压头 H 有一定的对应关系，如图 10-2 曲线 A 所示。在不同流量下，泵所能提供的压头是不同的，曲线 A 称为泵的流量

图 10-1 改变泵出口阻力控制流量

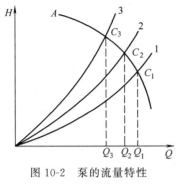

图 10-2　泵的流量特性
曲线与管路特性曲线

特性曲线。泵提供的压头又必须与管路上的阻力相平衡才能进行操作。克服管路阻力所需压头大小随流量的增加而增加，如曲线 1 所示。曲线 1 称为管路特性曲线。曲线 A 与曲线 1 的交点 C_1 即为进行操作的工作点。此时泵所产生的压头正好用来克服管路的阻力，C_1 点对应的流量 Q_1 即为泵的实际出口流量。

当控制阀开启度发生变化时，由于转速是恒定的，所以泵的特性没有变化，即图 10-2 中的曲线 A 没有变化。但管路上的阻力却发生了变化，即管路特性曲线不再是曲线 1，随着控制阀的关小，可能变为曲线 2 或曲线 3 了。工作点就由 C_1 移向 C_2 或 C_3，出口流量也由 Q_1 改变为 Q_2 或 Q_3，如图 10-2 所示。以上就是通过控制泵的出口阀开启度来改变排出流量的基本原理。

采用本方案时，要注意控制阀一般应该安装在泵的出口管线上，而不应该安装在泵的吸入管线上（特殊情况除外）。这是因为控制阀在正常工作时，需要有一定的压降，而离心泵的吸入高度是有限的。

控制出口阀门开启度的方案简单可行，是应用最为广泛的方案。但是，此方案总的机械效率较低，特别是控制阀开度较小时，阀上压降较大，对于大功率的泵，损耗的功率相当大，因此是不经济的。

2. 控制泵的转速

当泵的转速改变时，泵的流量特性曲线会发生改变。图 10-3 中曲线 1、2、3 表示转速分别为 n_1、n_2、n_3 时的流量特性，且有 $n_1 > n_2 > n_3$。在同样的流量情况下，泵的转速提高会使压头 H 增加。在一定的管路特性曲线 B 的情况下，减小泵的转速，会使工作点由 C_1 移向 C_2 或 C_3，流量相应也由 Q_1 减少到 Q_2 或 Q_3。

这种方案从能量消耗的角度来衡量最为经济，机械效率较高，但调速机构一般较复杂，所以多用在蒸汽透平驱动离心泵的场合，此时仅需控制蒸汽量即可控制转速。

3. 控制泵的出口旁路

如图 10-4 所示，将泵的部分排出量重新送回到吸入管路，用改变旁路阀开启度的方法来控制泵的实际排出量。

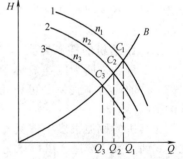

图 10-3　改变泵的转速控制流量

控制阀装在旁路上，由于压差大，流量小，所以控制阀的尺寸可以选得比装在出口管道上的小得多。但是这种方案不经济，因为旁路阀消耗一部分高压液体能量，使总的机械效率降低，故很少采用。

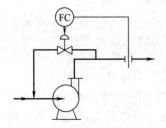

图 10-4　改变旁路阀控制流量

泵-南水北调工程　　　　　　　　　　🌐 — 思政 —

二、往复泵的控制方案　　　　🧑‍🏫 — 微课 —

往复泵也是常见的流体输送机械，多用于流量较小、压头要求较高的场合，它是利用活塞在汽缸中往复滑行来输送流体的。

往复泵提供的理论流量可按下式计算

$$Q_理 = 60nFs \quad (\text{m}^3/\text{h}) \qquad (10\text{-}1)$$

式中，n 为每分钟的往复次数；F 为汽缸的截面积，m^2；

s 为活塞冲程，m。

由上述计算公式中可清楚地看出，从泵体角度来说，影响往复泵出口流量变化的仅有 n、F、s 三个参数，或者说只能通过改变 n、F、s 来控制流量。了解这一点对设计流量控制方案很有帮助。常用的流量控制方案有三种。

1. 改变原动机的转速

这种方案适用于以蒸汽机或汽轮机作原动机的场合，此时，可借助于改变蒸汽流量的方法方便地控制转速，进而控制往复泵的出口流量，如图 10-5 所示。当用电动机作原动机时，由于调速机构较复杂，故很少采用。

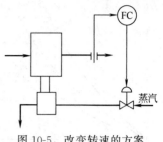

图 10-5　改变转速的方案

2. 控制泵的出口旁路

如图 10-6 所示，用改变旁路阀开度的方法来控制实际排出量。这种方案由于高压流体的部分能量要白白消耗在旁路上，故经济性较差。

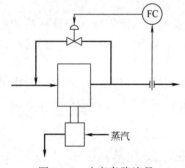

图 10-6　改变旁路流量

3. 改变冲程 s

计量泵常用改变冲程 s 来进行流量控制。冲程 s 的调整可在停泵时进行，也有可在运转状态下进行的。

往复泵的前两种控制方案，原则上亦适用于其他直接位移式的泵，如齿轮泵等。

往复泵的出口管道上不允许安装控制阀，这是因为往复泵活塞每往返一次，总有一定体积的流体排出。当在出口管线上节流时，压头 H 会大幅度增加。图 10-7 是往复泵的压头 H 与流量 Q 之间的特性曲线。在一定的转速下，随着流量的减少压头急剧增加。因此，企图用改变出口管道阻力既达不到控制流量的目的，又极易导致泵体损坏。

三、压缩机的控制方案　　　　　　— 微课 —

压缩机和泵同为输送流体的机械，其区别在于压缩机是提高气体的压力。气体是可以压缩的，所以要考虑压力对密度的影响。

压缩机的种类很多，按其作用原理不同可分为离心式和往复式两大类；按进、出口压力高低的差别，可分为真空泵、鼓风机、压缩机等类型。在制定控制方案时必须考虑各自的特点。

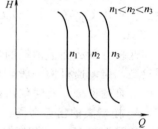

图 10-7　往复泵的特性曲线

压缩机的控制方案与泵的控制方案有很多相似之处，被控变量同样是流量或压力，控制手段大体上可分为三类。

1. 直接控制流量

对于低压的离心式鼓风机，一般可在其出口直接用控制阀控制流量。由于管径较大，执行器可采用蝶阀。其余情况下，为了防止出口压力过高，通常在入口端控制流量。因为气体的可压缩性，所以这种方案对于往复式压缩机也是适用的。在控制阀关小时，会在压缩机入口端引成负压，这就意味着，吸入同样容积的气体，其质量流量减少了。流量降低到额定值的 $50\%\sim70\%$ 以下时，负压严重，压缩机效率大为降低。这种情况下，可采用分程控制方案，如图 10-8 所示。出口流量控制器 FC 操纵两个控制阀。吸入阀只能关小到一定开度，如果需要的流量更小，则应打开旁路阀 2，以避免入口端负压严重。两只阀的特性见图 10-9。

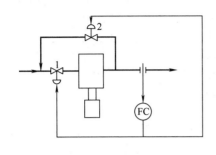

图 10-8 分程控制方案

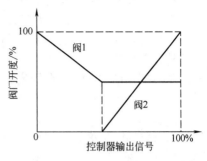

图 10-9 分程阀的特性

为了减少阻力损失，对大型压缩机，往往不用控制吸入阀的方法，而用调整导向叶片角度的方法。

2. 控制旁路流量

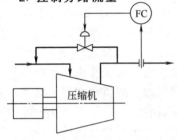

图 10-10 控制压缩机旁路方案

它和泵的控制方案相同，见图 10-10。对于压缩比很高的多段压缩机，从出口直接旁路回到入口是不适宜的。这样控制阀前后压差太大，功率损耗太大。为了解决这个问题，可以在中间某段安装控制阀，使其回到入口端，用一个控制阀可满足一定工作范围的需要。

3. 调节转速

压缩机的流量控制可以通过调节原动机的转速来达到，这种方案效率最高，节能最好，问题在于调速机构一般比较复杂，没有前两种方法简便。

四、离心式压缩机的防喘振控制

—— 微课 ——

1. 离心式压缩机的特性曲线及喘振现象

近年来，离心式压缩机的应用日益增加，对于这类压缩机的控制，还有一个特殊的问题，就是"喘振"现象。

图 10-11 是离心式压缩机的特性曲线，即压缩机的出口与入口的绝对压力之比 p_2/p_1 与进口体积流量 Q 之间的关系曲线。图中 n 是离心机的转速，且有 $n_1 < n_2 < n_3$。由图可见，对应于不同转速 n 的每一条 $\dfrac{p_2}{p_1} \sim Q$ 曲线，都有一个最高点。此点之右，降低压缩比 p_2/p_1 会使流量增大，即 $\dfrac{\Delta Q}{\Delta(p_2/p_1)}$ 为负值。在这种情况下，压缩机有自衡能力，表现在因干扰作用使出口管网的压力下降时，压缩机能自发地增大排出量，提高压力建立新的平衡；此点之左，降低压缩比，反而使流量减少，即 $\dfrac{\Delta Q}{\Delta(p_2/p_1)}$ 为正值，这样的对象是不稳定的，这时，如果因干扰作用使出口管网的压力下降时，压缩机不但不增加输出流量，反而减少排出量，致使管网压力进一步下降，因此，离心式压缩机特性曲线的最高点是压缩机能否稳定操作的分界点。在图 10-11 中，连接最高点的虚线是一条表征压缩机能否稳定操作的极限曲线，在虚线的右侧为正常运行区，在

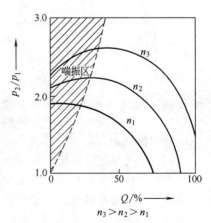

图 10-11 离心式压缩机特性曲线

虚线的左侧，即图中的阴影部分是不稳定区。

对于离心式压缩机，若由于压缩机的负荷（即流量）减少，使工作点进入不稳定区，将会出现一种危害极大的"喘振"现象。图 10-12 是说明离心式压缩机喘振现象的示意图。图中 Q_B 是在固定转速 n 的条件下对应于最大压缩比 $(p_2/p_1)_B$ 的体积流量，它是压缩机能否正常操作的极限流量。设压缩机的工作点原处于正常运行区的点 A，由于负荷减少，工作点将沿着曲线 ABC 方向移动，在点 B 处压缩机达到最大压缩比。若继续减小负荷，则工作点将落到不稳定区，此时出口压力减小，但与压缩机相连的管路系统在此瞬间的压力不

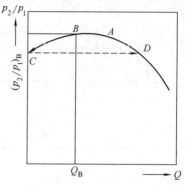

图 10-12　喘振现象示意图

会突变，管网压力反而高于压缩机出口压力，于是发生气体倒流现象，工作点迅速下降到 C。由于压缩机在继续运转，当压缩机出口压力达到管路系统压力后，又开始向管路系统输送气体，于是压缩机的工作点由点 C 突变到点 D，但此时的流量 $Q_D > Q_B$，超过了工艺要求的负荷量，系统压力被迫升高，工作点又将沿 DAB 曲线下降到 C。压缩机工作点这种反复迅速突变的过程，好像工作点在"飞动"，所以产生这种现象时，又被称作压缩机的飞动。人们之所以称它为喘振，是由于出现这一现象时，由于气体由压缩机忽进忽出，使转子受到交变负荷，机身发生振动并波及相连的管线，表现在流量计和压力表的指针大幅度摆动。如果与机身相连接的管网容量较小并严密，则可听到周期性的如同哮喘病人"喘气"般的噪声；而当管网音量较大，喘振时会发生周期性间断的吼响声，并使止逆阀发出撞击声，它将使压缩机及所连接的管网系统和设备发生强烈振动，甚至使压缩机遭到破坏。

喘振是离心式压缩机所固有的特性，每一台离心式压缩机都有其一定的喘振区域。负荷减小是离心式压缩机产生喘振的主要原因；此外，被输送气体的吸入状态，如温度、压力等的变化，也是使压缩机产生喘振的因素。一般讲，吸入气体的温度或压力越低，压缩机越容易进入喘振区。

2. 防喘振控制方案

由上可知，离心式压缩机产生喘振现象的主要原因是由于负荷降低，排气量小于极限值 Q_B 而引起的，只要使压缩机的吸气量大于或等于在该工况下的极限排气量即可防止喘振。工业生产上常用的控制方案有固定极限流量法和可变极限流量法两种，现简述如下。

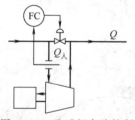

图 10-13　防喘振旁路控制

（1）固定极限流量法　对于工作在一定转速下的离心式压缩机，都有一个进入喘振区的极限流量 Q_B，为了安全起见，规定一个压缩机吸入流量的最小值 Q_P，且有 $Q_P < Q_B$。固定极限流量法防喘振控制的目的就是在当负荷变化时，始终保证压缩机的入口流量 Q_1 不低于 Q_P 值。图 10-13 是一种最简单的固定极限法防喘振控制方案，这种控制方案与图 10-10 所示的旁路控制在形式上相同，但其控制目的、测量点的位置不一样。在这种方案中，测量点在压缩机的吸入管线上，流量控制器的给定值为 Q_P，当压缩机的排气量因负荷变小且小于 Q_P 时，则开大旁路控制阀以加大回流量，保证吸入流量 $Q_1 \geqslant Q_P$，从而避免喘振现象的产生。

本方案结构简单，运行安全可靠，投资费用较少，但当压缩机的转速变化时，如按高转速取给定值，势必在低转速时给定值偏高，能耗过大；如按低转速取给定值，则在高转速时仍有因给定值偏低而使压缩机产生喘振的危险。因此，当压缩机的转速不是恒值时，不宜采用这种控制方案。

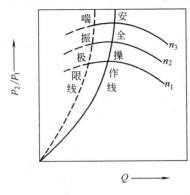

图 10-14　防喘振曲线

（2）可变极限流量法　当压缩机的转速可变时，进入喘振区的极限流量也是变化的。图 10-14 上的喘振极限线是对应于不同转速时的压缩机特性曲线的最高点的连线。只要压缩机的工作点在喘振极限线的右侧，就可以避免喘振发生。但为了安全起见，实际工作点应控制在安全操作线的右侧。安全操作线近似为抛物线，其方程可用下列近似公式表示

$$\frac{p_2}{p_1} = a + \frac{bQ_1^2}{T_1} \tag{10-2}$$

式中，T_1 为入口端绝对温度；Q_1 为入口流量；a，b 为系数，一般由压缩机制造厂提供。

p_1、p_2、T_1、Q_1 可以用测试方法得到。如果压缩比 $\frac{p_2}{p_1} \leqslant a + \frac{bQ_1^2}{T_1}$，工况是安全的；如果压缩比 $\frac{p_2}{p_1} > a + \frac{bQ_1^2}{T_1}$，其工况将可能产生喘振。

经过换算，上述不等式可写成如下形式

$$\Delta p_1 \geqslant \frac{r}{bk^2}(p_2 - ap_1) \tag{10-3}$$

式中，Δp_1 为与流量 Q_1 对应的压差；r 为一个常数。

图 10-15 就是根据式（10-3）所设计的一种防喘振控制方案。压缩机入口、出口压力 p_1、p_2 经过测量、变送器以后送往加法器 $\sum$，得到 $(p_2 - ap_1)$ 信号，然后乘以系数 $\frac{r}{bk^2}$，作为防喘振控制器 FC 的给定值。控制器的测量值是测量入口流量的压差经过变送器后的信号。当测量值大于给定值时，压缩机工作在正常运行区，旁路阀是关闭的；当测量值小于给定值时，这时需要打开旁路阀以保证压缩机的入口流量不小于给定值。这种方案属于可变极限流量法的防喘振控制方案，这时控制器 FC 的给定值是经过运算得到的，因此能根据压缩机负荷变化的情况随时调整入口流量的给定值，而且由于这种方案将运算部分放在闭合回路之外，因此可像单回路流量控制系统那样整定控制器参数。

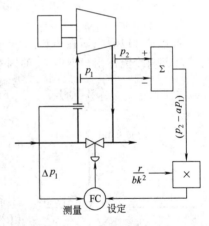

图 10-15　变极限流量防喘振控制方案

第二节　传热设备的自动控制

在生产中过程中，经常需要根据工艺的要求，对物料进行加热或冷却。为保证工艺过程正常、安全运行，必须对传热设备进行有效控制。传热设备的种类很多，主要有换热器、再沸器、蒸汽加热器、冷凝冷却器、加热炉和锅炉，前四种传热设备以对流传热为主要传热方式，有时把它们称为一般传热设备。

一、一般传热设备的控制

1. 两侧均无相变化的换热器控制方案　　　　　　　　　　🎤 — 微课 — 🎬 — 视频 —

换热器的目的是使工艺介质加热（或冷却）到某一温度，自动控制的目的就是要通过改

变换热器的热负荷，以保证工艺介质在换热器出口的温度恒定在给定值上。当换热器两侧流体在传热过程中均不起相变化时，常采用下列几种控制方案。

（1）控制载热体的流量　图 10-16 表示利用控制载热体流量来稳定被加热介质出口温度的控制方案。从传热基本方程式可以解释这种方案的工作原理。

若不考虑传热过程中的热损失，则热流体失去的热量应该等于冷流体获得的热量，可写出下列热量平衡方程式

$$Q = G_1 c_1 (T_1 - T_2) = G_2 c_2 (t_2 - t_1) \qquad (10\text{-}4)$$

式中，Q 为单位时间内传递的热量；G_1，G_2 分别为载热体和冷流体的流量；c_1，c_2 分别为载热体和冷流体的比热容；T_1，T_2 分别为载热体的入口和出口温度；t_1，t_2 分别为冷流体的入口和出口温度。

另外，传热过程中传热的速率可按下式计算

$$Q = KF \Delta t_m \qquad (10\text{-}5)$$

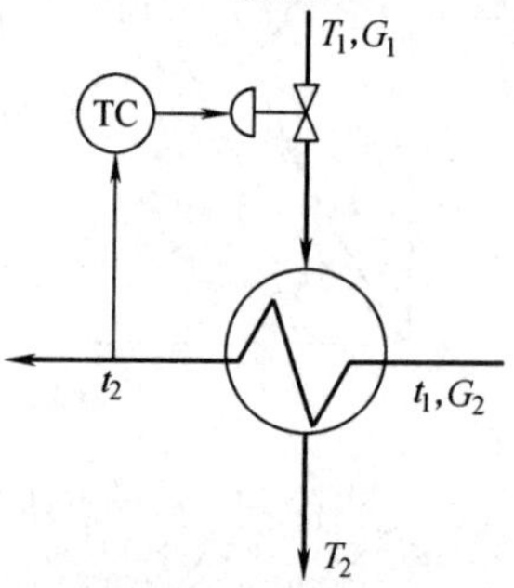

式中，K 为传热系数；F 为传热面积；Δt_m 为两流体间的平均温差。

由于冷热流体间的传热既符合热量平衡方程式（10-4），又符合传热速率方程式（10-5），因此有下列关系式

$$G_2 c_2 (t_2 - t_1) = KF \Delta t_m \qquad (10\text{-}6)$$

移项后可改写为

$$t_2 = \frac{KF \Delta t_m}{G_2 c_2} + t_1 \qquad (10\text{-}7)$$

图 10-16　改变载热体流量控制温度

从上式可以看出，在传热面积 F、冷流体进口流量 G_2、温度 t_1 及比热容 c_2 一定的情况下，影响冷流体出口温度 t_2 的因素主要是传热系数 K 及平均温差 Δt_m。控制载流体流量实质上是改变 Δt_m。假如由于某种原因使 t_2 升高，控制器 TC 将使阀门关小以减少载体热流量，传热就更加充分，因此载体热的出口温度 T_2 将要下降，这就必然导致冷热流体平均温差 Δt_m 下降，从而使工艺介质出口温度 T_2 也下降。因此这种方案实质上是通过改变 Δt_m 来控制工艺介质出口温度 t_2 的。必须指出，载热体流量的变化也会引起传热系数 K 的变化，只是通常 K 的变化不大，所以讨论中可以忽略不计。

改变载热体流量是应用最为普遍的控制方案，多适用于载热体流量的变化对温度影响较灵敏的场合。

如果载热体本身压力不稳定，可另设稳压系统，或者采用以温度为主变量、流量为副变量的串级控制系统，如图 10-17 所示。

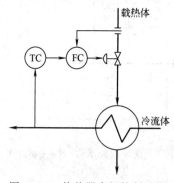

图 10-17　换热器串级控制系统

（2）控制载热体旁路流量　当载热体是工艺流体，其流量不允许变动时，可采用图 10-18 所示的控制方案。这种方案的工作原理与前一种方案相同，也是利用改变温差 Δt_m 的手段来达到温度控制的目的。这里，采用三通控制阀来改变进入换热器的载流体流量与旁路流量的比例，这样既可以改变进入换热器的载热体流量，又可以保证载热体总流量不受影响。这种方案在载热体为工艺主要介质时，极为常见。

旁路的流量一般不用直通阀来直接进行控制，这是由于在换热器内部流体阻力小的时候，控制阀前后压降很小，这样就使控制阀的口径要选得很大，而且阀的流量特性易发生

畸变。

（3）控制被加热流体自身流量　如图 10-19 所示，控制阀安装在被加热流体进入换热器的管道上。由式（10-7）可以看出，被加热流体流量 G_2 越大，出口温度 t_2 就越低。这是因为 G_2 越大，流体的流速越快，与热载体换热必然不充分，出口温度一定会下降。这种控制方案，只能用在工艺介质的流量允许变化的场合，否则可考虑采用下一种方案。

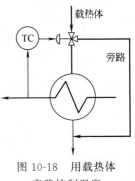

图 10-18　用载热体旁路控制温度

（4）控制被加热流体自身流量的旁路　当被加热流体的总流量不允许控制，而且换热器的传热面积有余量时，可将一小部分被加热流体由旁路直接流到出口处，使冷热物料混合来控制温度，如图 10-20 所示。这种控制方案从工作原理来说与第三种方案相同，即都是通过改变被加热流体自身流量来控制出口温度的，只是在改变流量的方法上采用三通控制阀，改变进入换热器的被加热介质流量与旁路流量的比例，这一点与第二种方案相似。

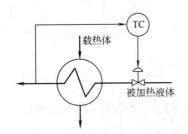

图 10-19　用介质自身流量控制温度

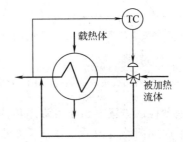

图 10-20　用介质旁路控制温度

由于此方案中载热体一直处于最大流量，而且要求传热面积有较大的裕量，因此在通过换热器的被加热介质流量较小时，就不太经济。

2. 载热体进行冷凝的加热器自动控制　　　　　　🎓 — 微课 —

利用蒸汽冷凝来加热介质的加热器，在石油、化工中十分常见。在蒸汽加热器中，蒸汽冷凝由汽相变为液相，放出热量，通过管壁加热工艺介质。如果要求加热到 200℃ 以上或 30℃ 以下时，常采用一些有机化工物作为载热体。

这种蒸汽冷凝的传热过程不同于两侧均无相变的传热过程。蒸汽在整个冷凝过程中温度保持不变。因此这种传热过程分两段进行，先冷凝后降温。但在一般情况下，由于蒸汽冷凝潜热比凝液降温的显热要大得多，所以有时为简化起见，就不考虑显热部分的热量。当仅考虑汽化潜热时，工艺介质吸收的热量应该等于蒸汽冷凝放出的汽化潜热，于是热量平衡方程式为

$$Q = G_1 c_1 (t_2 - t_1) = G_2 \lambda \tag{10-8}$$

式中，Q 为单位时间传递的热量；G_1 为被加热介质流量；G_2 为蒸汽流量；c_1 为被加热介质比热容；t_1，t_2 分别为被加热介质的入、出口温度；λ 为蒸汽的汽化潜热。

传热速率方程式仍为

$$Q = G_2 \lambda = K F \Delta t_m \tag{10-9}$$

式中，K、F、Δt_m 的意义同式（10-5）。

当被加热介质的出口温度 t_2 为被控变量时，常采用下述两种控制方案：一种是控制进入的蒸汽流量 G_2；另一种是通过改变冷凝液排出量以控制冷凝的有效面积 F。

（1）**控制蒸汽流量** 这种方案最为常见。当蒸汽压力本身比较稳定时可采用图 10-21 所示的简单控制方案。通过改变加热蒸汽量来稳定被加热介质的出口温度。当阀前蒸汽压力有波动时，可对蒸汽总管加设压力定值控制，或者采用温度与蒸汽流量（或压力）的串级控制。一般来说，设压力定值控制比较方便，但采用温度与流量的串级控制另有一个好处，它对于副环内的其余干扰，或者阀门特性不够完善的情况，也能有所克服。

（2）**控制换热器的有效换热面积** 如图 10-22 所示，将控制阀装在凝液管线上。如果被加热物料出口温度高于给定值，说明传热量过大，可将凝液控制阀关小，凝液就会积聚起来，减少了有效的蒸汽冷凝面积，使传热量减少，工艺介质出口温度就会降低。反之，如果被加热物料出口温度低于给定值，可开大凝液控制阀，增大有效传热面积，使传热量相应增加。

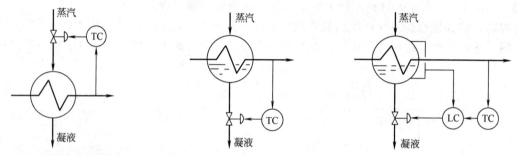

图 10-21　用蒸汽流量控制温度　　图 10-22　用凝液排出量控制温度　　图 10-23　温度-液位串级控制系统

这种控制方案，由于凝液至传热面积的通道是个滞后环节，控制作用比较迟钝。当工艺介质温度偏离给定值后，往往需要很长时间才能校正过来，影响了控制质量。较有效的办法为采用串级控制方案。串级控制有两种方案，图 10-23 为温度与凝液的液位串级控制，图 10-24 为温度与蒸汽流量的串级控制。由于串级控制系统克服了进入副回路的主要干扰，改善了对象特性，因而提高了控制品质。

以上介绍了两种控制方案及其各自改进的串级控制方案，它们各有优缺点。控制蒸汽流量的方案简单易行、过渡过程时间短、控制迅速，缺点是需选用较大的蒸汽阀门、传热量变化比较剧烈，有时凝液冷到 100℃ 以下，这时加热器内蒸汽一侧会产生负压，造成冷凝液的排放不连续，影响均匀传热。控制凝液排出量的方案，控制通道长、变化迟缓，且需要有较大的传热面积裕量。但由于变化和缓，有防止局部过热的优点，所以对一些过热后会引起化学变化的过敏性介质比较适用。另外，由于蒸汽冷凝后凝液的体积比蒸汽体积小得多，所以可以选用尺寸较小的控制阀门。

3. 冷却剂进行汽化的冷却器自动控制　　　　　　　　　— 微课 —

当用水或空气作为冷却剂不能满足冷却温度的要求时，需要用其他冷却剂。这些冷却剂有液氨、乙烯、丙烯等。这些液体冷却剂在冷却器中由液体汽化为气体时带走大量潜热，从而使另一种物料得冷却。以液氨为例，当它在常压下汽化时，可以使物料冷却到零下 30℃ 的低温。

在这类冷却器中，以氨冷器为最常见，下面以它为例介绍几种控制方案。

（1）**控制冷却剂的流量** 图 10-25 所示的方案为通过改变液氨的进入量来控制介质的出口温度。这种方案的控制过程为：当工艺介质出口温度上升时，就相应增加液氨进入量使氨冷器内液位上升，液体传热面积就增加，因而使传热量增加，介质的出口温度下降。

这种控制方案并不以液位为被控变量，但要注意液位不能过高，液位过高会造成蒸发空间不足，使出去的氨气中夹带大量液氨，引起氨压缩机的操作事故。因此，这种控制方案带有上限液位报警，或采用温度-液位自动选择性控制，当液位高于某上限值时，自动把液氨阀关小或暂时切断。

（2）温度与液位的串级控制 图 10-26 所示方案中，操纵变量仍是液氨流量，但以液位作为副变量，以温度作为主变量构成串级控制系统。应用此类方案时对液位的上限值应该加以限制，以保证有足够的蒸发空间。

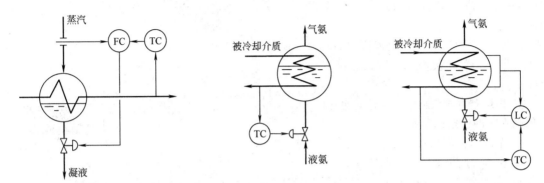

图 10-24 温度-流量串级控制系统 图 10-25 用冷却剂流量控制温度 图 10-26 温度-液位串级控制

这种方案的实质仍然是改变传热面积。但由于采用了串级控制，将液氨压力变化而引起液位变化的这一主要干扰包含在副环内，从而提高了控制质量。

（3）控制汽化压力 由于氨的汽化温度与压力有关，所以可以将控制阀装在气氨出口管道上，如图 10-27 所示。

这种控制方案的工作原理是基于当控制阀的开度变化时，会引起氨冷器内汽化压力改变，于是相应的汽化温度也就改变了。譬如说，当工艺介质出口温度升高偏离给定值时，就开大氨气出口管道上的阀门，使氨冷器内压力下降，液氨温度也就下降，冷却剂与工艺介质间的温差 Δt_m 增大，传热量就增大，工艺介质温度就会下降，这样就达到了控制工艺介质出口温度恒定的目的。为了保证液位不高于允许上限，在该方案中还设有辅助的液位控制系统。

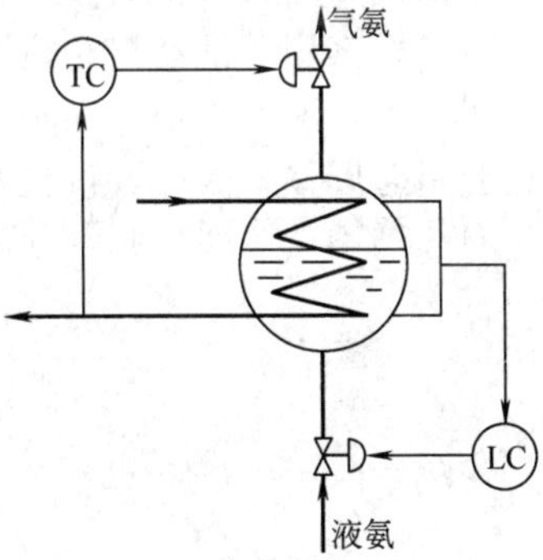

这种方案控制作用迅速，只要汽化压力稍有变化，就能很快影响汽化温度，达到控制工艺介质出口温度的目的。

图 10-27 用汽化压力控制温度

但是由于控制阀安装在气氨出口管道上，故要求氨冷器要耐压，并且当气氨压力由于整个制冷系统的统一要求不能随意加以控制时，这个方案就不能采用了。

二、锅炉设备的自动控制 📹 一 视频 一

锅炉是在日常生活和工业生产中应用十分广泛的设备，从居民和办公用房的供热到大型火力发电厂汽轮机的动力均离不开锅炉。在工业生产中，锅炉主要用来产生蒸汽，提供热源或动力源。

锅炉设备根据工作压力的不同可分为高压锅炉、中压锅炉和低压锅炉，根据燃料的不同可分为燃煤锅炉、燃油锅炉和燃气锅炉，还可以根据用途不同分为不同的类型。常见的锅炉设备的主要工艺流程如图 10-28 所示。

由图可知，锅炉由两大部分组成，第一部分为燃烧系统，由送风机、空气预热器、燃料系统、燃烧室、烟道、除尘器和引风机等组成；第二部分为蒸汽发生系统，由给水系统、省煤器、汽包和过热器等组成。工作时，燃料和空气按一定比例送入燃烧室燃烧，产生的热量传递给水冷壁和汽包底部，产生饱和蒸汽。燃烧过程产生的烟气，经烟道将剩余的热量传递

给过热器产生过热蒸汽，传递给省煤器和空气预热器预热给水和空气，然后经除尘由引风机送往烟囱，排入大气。

根据安全和工艺要求，锅炉设备的控制任务如下。

① 保持汽包内的水位在一定范围内。

② 保持炉膛负压在一定范围内。

③ 保持锅炉燃烧的经济性和安全性。

④ 锅炉产生的蒸汽量应适应负荷的变化或保持设定的负荷。

⑤ 保持出汽压力在一定范围内。

⑥ 保持过热蒸汽温度在一定范围内。

根据控制任务，锅炉控制系统主要

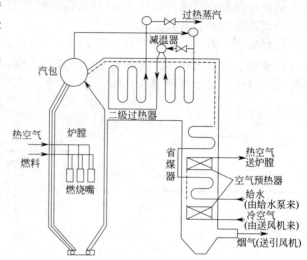

图 10-28　锅炉设备主要工艺流程图

由汽包水位控制系统、燃烧控制系统和过热蒸汽控制系统三部分组成。

1. 锅炉汽包水位控制系统

保持汽包水位稳定在一定范围内是锅炉安全、稳定运行的首要条件。汽包水位过高，将使产生的饱和蒸汽带液，使得过热器温度急剧下降和管壁结垢，严重时会损坏过热器。如果，过热蒸汽用于推动汽轮机，过热蒸汽带液将会损坏汽轮机叶片。汽包水位过低，当负荷很大时，汽化速度很快，如不及时调节，汽包内的液体将全部汽化，导致水冷壁损坏，严重时还会引起爆炸。因此，汽包水位必须严格控制。

（1）汽包水位的动态特性　与汽包水位相关的锅炉汽水系统如图 10-29 所示。锅炉汽包水位对象与其他液位对象的最大不同点是汽包的液相中含有气泡。因此影响汽包水位的因素除了汽包容积、给水流量、锅炉负荷（蒸汽流量）外，还受汽包压力、炉膛热负荷等因素的影响。在诸多影响因素中，给水流量和蒸汽流量变化对汽包水位的影响最大，下面主要讨论这两种因素对汽包水位的影响。

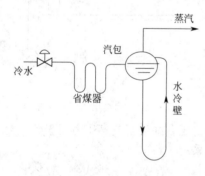

图 10-29　锅炉汽水系统

① 给水流量变化对汽包水位的影响（控制通道特性）。图 10-30 所示为给水流量阶跃变化时，汽包水位的响应曲线。如果把汽包和给水看作单容无自衡对象，汽包水位的阶跃响应曲线如图中 H_1 所示。由于给水温度低于汽包中饱和水的温度，所以当给水量增加时，要从原有的饱和水中吸收热量，使得饱和水中的汽包容积有所下降。当水位下汽包容积的变化过程逐渐平衡时，水位将随汽包中储水量的上升而上升。最后，当水位下汽包容积不再变化时，水位变化因完全反映了储水量的变化而直线上升，所以图中 H 是水位实际变化的曲线。

给水温度越低，纯滞后时间 τ 越大。通常 τ 在 15～100s 之间。如果采用省煤器，则由于省煤器的延时，将使 τ 增加到 100～200s 之间。

② 蒸汽流量变化对汽包水位的影响（扰动通道的特性）。蒸汽流量阶跃变化时，汽包水位的变化如图 10-31 所示。在蒸汽流量突然增加，燃料量不变的情况下，蒸汽量大于给水量，水位应如图中 H_1 所示变化。但是实际情况是，由于蒸汽流量的突然增加，瞬间导致汽

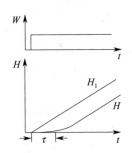

图 10-30　给水流量扰动下汽包
水位的阶跃响应曲线

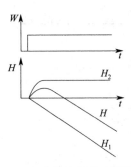

图 10-31　蒸汽流量扰动下汽包
水位的阶跃响应曲线

包压力下降，汽包中的水沸腾加剧，水中气泡迅速增加，由于水中气泡增加而使水位增加的变化曲线如图中 H_2 所示。实际的水位响应曲线 H 为 H_1+H_2。从图中可以看出，当蒸汽量突然增加时，虽然锅炉给水量小于蒸发量，但是在一开始，水位不下降反而迅速上升，然后再下降（反之，蒸汽流量下降时，水位先下降，然后再上升），这种现象称为"虚假水位"。应该指出：当负荷变化时，水位下汽包容积变化引起水位变化的速度是很快的，时间常数只有 $10\sim20s$。

　　显然，由于虚假水位现象的存在，汽包水位扰动通道具有反向特性，设计控制方案时应引起重视。

　　(2) 汽包水位控制系统　在锅炉的正常运行中，汽包水位是重要的操作指标，给水控制系统就是用来自动控制锅炉的给水量，使其适应蒸发量的变化，维持汽包水位在允许的范围内，以使锅炉运行平稳可靠，并减轻操作人员的繁重劳动。

　　锅炉液位的控制方案有下列几种。

　　① 单冲量液位控制系统。图 10-32 是锅炉液位的单冲量控制系统示意图。它实际上是根据汽包液位的信号来控制给水量的，属于简单的单回路控制系统。其优点是结构简单、使用仪表少。主要用于蒸汽负荷变化不剧烈，用户对蒸汽品质要求不十分严格的小型锅炉。它的缺点是不能适应蒸汽负荷的剧烈变化。在燃料量不变的情况下，倘若蒸汽负荷突然有较大幅度

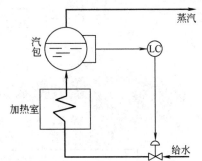

图 10-32　单冲量控制系统

的增加，由于汽包内蒸汽压力瞬时下降，汽包内的沸腾状况突然加剧，水中的气泡迅速增多，将水位抬高，形成了虚假的水位上升现象。因为这种升高的液位并不反映汽包中贮水量的真实变化情况，所以称之为"假液位"。但单冲量液位控制系统却不但不开大给水控制阀，以增加给水量维持锅炉的物位平衡，补充由于蒸汽负荷量增加而引起的汽包内贮水量的减少；反而却根据"假液位"的信号去关小控制阀，减少给水流量。显然，这时单冲量液位控制系统帮了倒忙，引起锅炉汽包水位大幅度的波动。严重的甚至会使汽包水位降到危险的程度，以致发生事故。为了克服这种由于"假液位"而引起的控制系统的误动作，引入了双冲量控制系统。

　　② 双冲量液位控制系统。图 10-33 是锅炉液位的双冲量控制系统示意图。这里的双冲量是指液位信号和蒸汽流量信号。当控制阀选为气关型，液位控制器 LC 选为正作用时，其运算器中的液位信号运算符号应为正，以使液位增加时关小控制阀；蒸汽流量信号运算符号应为负，以使蒸汽流量增加时开大控制阀，满足由于蒸汽负荷增加时对增大给水量的要求。图 10-34 是双冲量控制系统的方框图。

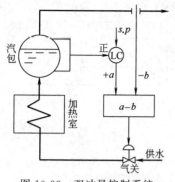

图 10-33 双冲量控制系统

由图可见，从结构上来说，双冲量控制系统实际上是一个前馈-反馈控制系统。当蒸汽负荷的变化引起液位大幅度波动时，蒸汽流量信号的引入起着超前的作用（即前馈作用），它可以在液位还未出现波动时提前使控制阀动作，从而减少因蒸汽负荷量的变化而引起的液位波动，改善了控制品质。

影响锅炉汽包液位的因素还包括供水压力的变化。当供水压力变化时，会引起供水流量变化，进而引起汽包液位变化。双冲量控制系统对这种干扰的克服是比较迟缓的。它要等到汽包液位变化以后再由液位控制器来调整，使进水阀开大或关小。所以，当供水压力扰动比较频繁时，双冲量液位控制系统的控制质量较差，这时可采用三冲量液位控制系统。

③ 三冲量液位控制系统。图 10-35 是锅炉液位的三冲量控制系统。这种系统除了液位、蒸汽流量信号外，再增加一个供水流量的信号。它有助于及时克服由于供水压力波动而引起的汽包液位的变化。由于三冲量控制系统的抗干扰能力和控制品质都比单冲量、双冲量控制要好，所以用得比较多，特别是在大容量、高参数的近代锅炉上，应用更为广泛。

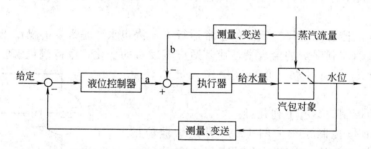

图 10-34 双冲量控制系统方框图

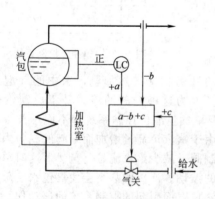

图 10-35 三冲量控制系统

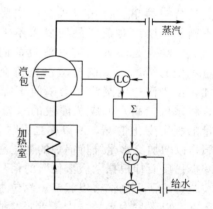

图 10-36 三冲量控制系统的一种实施方案

图 10-36 是三冲量控制系统的一种实施方案。图 10-37 是它的方框图。

由图可见，三冲量控制系统实质上是前馈-串级控制系统。在这个系统中，根据三个变量（冲量）来进行控制的。其中汽包液位是被控变量，亦是串级控制系统中的主变量，是工艺的主要控制指标；给水流量是串级控制系统中的副变量，引入这一变量的目的

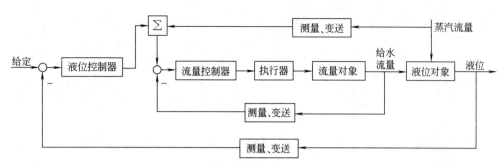

图 10-37　三冲量控制系统方框图

是为了利用副回路克服干扰的快速性来及时克服给水压力变化对汽包液位的影响；蒸汽流量是作为前馈信号引入的，其目的是及时克服蒸汽负荷变化对汽包液位的影响。

2. 锅炉燃烧控制系统

锅炉燃烧控制系统的任务是保持炉膛负压在一定范围内和锅炉燃烧的经济性、安全性。锅炉燃烧系统因燃料、燃烧装置结构和锅炉类型的不同，控制系统有所不同，下面仅以大中型燃油锅炉为例介绍锅炉燃烧控制系统。燃油锅炉燃烧控制系统主要有三个：蒸汽压力控制系统、燃料空气比值控制系统和炉膛负压控制系统。

（1）蒸汽压力和燃料空气比值控制系统　蒸汽压力的主要扰动是蒸汽负荷的变化和燃料量的波动，蒸汽负荷取决于蒸汽用量，不能作为操纵变量。因此，蒸汽压力控制通常采用燃料量作为操纵变量。在燃料量波动较小时，可以组成由蒸汽压力控制燃料量的单回路控制系统；当燃料量波动较大时需要构成燃料量为副回路，蒸汽压力为主回路的串级控制系统。

为获得较高的燃烧效率，还需要保持燃料量和空气量的适当比例。因燃料量随蒸汽负荷变化，所以燃料量作为主流量与空气流量组成比值控制系统。

图 10-38 所示为燃烧过程基本控制方案，这个方案是蒸汽压力控制器的输出作为燃料和空气流量控制器的设定值，蒸汽压力和燃料量构成燃料量为副回路的串级控制系统。燃料量与空气量的比值关系是通过燃料控制回路和空气控制回路的正确动作间接得到保证的。这个方案可以保持蒸汽压力恒定，但是由于锅炉结构的原因，燃油锅炉的燃料控制回路时间常数小于空气控制通道的时间常数，当负荷变化时，送风量的变化必然落后于燃料量的变化，引起不完全燃烧，产生黑烟，造成污染，故需对这个方案进行改进。图 10-39 所示为改进的燃烧控制方案。这个方案比上一方案多了两个选择器，使得当负荷增加时，先增加空气量，然后再增加燃料量；当负荷减少时，先减少燃料量，再减少空气量。这个方案既保证了完全燃烧，又保持了蒸汽压力的恒定。

（2）炉膛负压控制系统　为保证锅炉安全运行，必须保证炉膛一定的负压。当炉膛负压过小，甚至为正时，会造成炉膛内热烟气外冒，影响设备和工作人员的安全；当炉膛负压过大时，会使大量冷空气进入炉膛，增加热量损失，降低炉膛的热效率。

影响炉膛负压的主要因素为引风机和送风机风量，以及燃烧室的工作状况。在锅炉负荷变化不是很大时，通常锅炉负压控制可以通过控制引风量来实现。但是，当负荷变化比较大时，燃料和送风量均会产生变化，而引风量只有在上述因素引起炉膛负压发生变化时才能控制引风机改变风量，调整负压，这样显然会引起负压的较大波动。为改善控制质量，可以引入送风量作为前馈补偿，构成如图 10-40 所示的炉膛负压前馈-反馈控制系统。

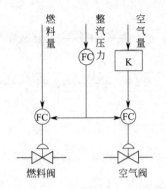

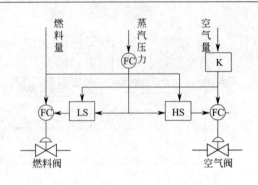

图 10-38　燃烧过程基本控制方案　　　　　　图 10-39　燃烧过程改进控制方案

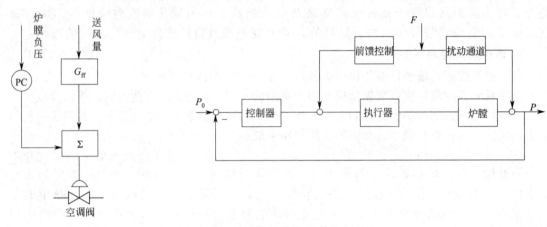

图 10-40　炉膛负压前馈-反馈控制系统

板式塔（普通浮阀塔）原理展示　　　　　　　　　　　　— 动画 —

第三节　精馏塔的自动控制

— 微课 —　　　— 视频 —

　　精馏过程是现代化工生产中应用极为广泛的传质过程，其目的是利用混合液中各组分挥发度的不同将各组分进行分离，并达到规定的纯度要求。

　　精馏塔是精馏过程的关键设备，它是一个非常复杂的现象。在精馏操作中，被控变量多，可以选用的操纵变量亦多，它们之间又可以有各种不同组合，所以控制方案繁多。由于精馏塔对象的通道很多，反应缓慢，内在机理复杂，变量之间相互关联，加以对控制要求又较高，因此必须深入分析工艺特性，总结实践经验，结合具体情况，才能设计出合理的控制方案。

一、工艺要求

　　精馏过程中的主要要求有如下几点。

1. 保证质量指标

　　对于一个正常操作的精馏塔，一般应当使塔顶或塔底产品中的一个产品达到规定的纯度要求，另一个产品的成分亦应保持在规定的范围内。为此，应当取塔顶或塔底的产品质量作被控变量，这样的控制系统称为质量控制系统。

　　质量控制系统需要应用能测出产品成分的分析仪表。由于目前被测物料种类繁多，还不能相应地生产出多种测量滞后小而又精确的分析仪表。所以，质量控制系统目前所见不多，大多数情况下，是由能间接控制质量的温度控制系统来代替。

2. 保证平稳操作

为了保证塔的平稳操作，必须把进塔之前的主要可控干扰尽可能预先克服，同时尽可能缓和一些不可控的主要干扰。例如，可设置进料的温度控制、加热剂和冷却剂的压力控制、进料量的均匀控制系统等。为了维持塔的物料平衡，必须控制塔顶馏出液和釜底采出量，使其之和等于进料量，而且两个采出量变化要缓慢，以保证塔的平稳操作。塔内的持液量应保持在规定的范围内。控制塔内压力稳定，对塔的平稳操作是十分必要的。

3. 约束条件

为保证正常操作，需规定某些参数的极限值为约束条件。例如对塔内气体流速的限制，流速过高易产生液泛；流速过低，会降低塔板效率。尤其对工作范围较窄的筛板塔和乳化塔的流速问题，必须很好注意。因此，通常在塔底与塔顶间装有测量压差的仪表，有的还带报警装置。塔本身还有最高压力限，超过这个压力，容器的安全就没有保障。

4. 节能要求和经济性

任何精馏过程都是要消耗能量的，这主要是再沸器的加热量和冷凝器的冷却量消耗，此外，塔和附属设备及管线也要散失一部分能量。

应当指出，精馏塔的操作情况必须从整个经济收益来衡量。在精馏操作中，质量指标、产品回收率和能量消耗均是要控制的目标。其中质量指标是必要条件，在质量指标一定的前提下，应在控制过程中使产品产量尽量高一些，同时能量消耗尽可能低一些。

二、精馏塔的干扰因素

图 10-41 表示精馏塔塔身、冷凝器和再沸器的物料流程图。在精馏塔的操作过程中，影响其质量指标的主要干扰有以下几种。

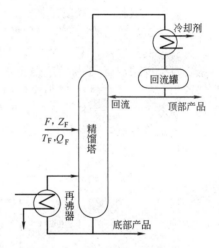

图 10-41　精馏塔的物料流程图

1. 进料流量 F 的波动

进料量的波动通常是难免的。如果精馏塔位于整个生产过程的起点，则采用定值控制是可行的。但是，精馏塔的处理量往往是由上一工序决定的，如果一定要使进料量恒定，势必要设置很大的中间贮槽进行缓冲。工艺上新的趋势是尽可能减小或取消中间贮槽，而采取在上一工序设置液位均匀控制系统来控制出料，使塔的进料流量 F 波动比较平稳，尽量避免剧烈的变化。

2. 进料成分 Z_F 的变化

进料成分是由上一工序出料或原料情况决定的，因此对塔系统来讲，它是不可控的干扰。

3. 进料温度 T_F 及进料热焓 Q_F 的变化

进料温度通常是较为恒定的。假如不恒定，可以先将进料预热，通过温度控制系统来使精馏塔进料温度恒定。然而，进料温度恒定时，只有当进料状态全部是气态或全部是液态时，塔的进料热焓才能一定。当进料是汽液混相状态时，则只有当汽液两相的比例恒定时，进料热焓才能恒定。为了保持精馏塔的进料热焓恒定，必要时可通过热焓控制的方法来维持恒定。

4. 再沸器加热剂（如蒸汽）加入热量的变化

当加热剂是蒸汽时，加入热量的变化往往是由蒸汽压力的变化引起的。可以通过在蒸汽总管设置压力控制系统来加以克服，或者在串级控制系统的副回路中予以克服。

5. 冷却剂在冷凝器内除去热量的变化

这个热量的变化会影响到回流量或回流温度，它的变化主要是由于冷却剂的压力或温度变化引起的。一般冷却剂的温度变化较小，而压力的波动可采用克服加热剂压力变化的同样方法予以克服。

6. 环境温度的变化

在一般情况下，环境温度的变化较小，但在采用风冷器作冷凝器时，则天气骤变与昼夜温差，对塔的操作影响较大，它会使回流量或回流温度变化。为此，可采用内回流控制的方法予以克服。内回流通常是指精馏塔的精馏段内上一层塔盘向下一层塔盘流下的液体量。内回流控制，是指在精馏过程中，控制内回流为恒定量或按某一规律变化的操作。

由上述干扰分析可以看出，进料流量和进料成分的波动是精馏塔操作的主要干扰，而且往往是不可控的。其余干扰一般比较小，而且往往是可控的，或者可以采用一些控制系统预先加以克服的。当然，有时可能并不一定是这样，还需根据具体情况作具体分析。

三、精馏塔的控制方案

精馏塔的控制方案繁多，这里只择其有代表性的、常见的原则方案介绍如下。

1. 精馏塔的提馏段温控

如果采用以提馏段温度作为衡量质量指标的间接指标，而以改变再沸器加热量作为控制手段的方案，就称为提馏段温控。

图 10-42 是常见的提馏段温控的一种方案。这种方案中的主要控制系统是以提馏段塔板温度为被控变量，加热蒸汽量为操纵变量。除了这个主要控制系统外，还设有五个辅助控制系统：对塔底采出量 B 和塔顶馏出液 D，按物料平衡关系分别设有塔底与回流罐的液位控制器作均匀控制；进料量 F 为定值控制（如不可控，也可采用均匀控制系统）；为维持塔压恒定，在塔顶设置压力控制系统，控制手段一般为改变冷凝器的冷剂量，提馏段温控时，回流量采用定值控制，而且回流量应足够大，以便当塔的负荷最大时，仍能保持塔顶产品的质量指标在规定的范围内。

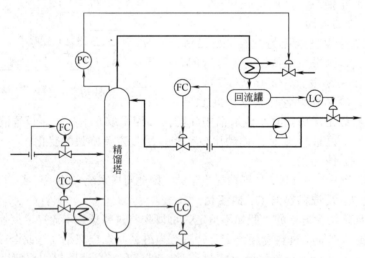

图 10-42 提馏段温控的控制方案示意图

提馏段温控的主要特点与使用场合如下。

（1）由于采用了提馏段温度作为间接质量指标，因此，它能较直接地反映提馏段产品情况。将提馏段温度恒定后，就能较好地保证塔底产品的质量达到规定值。所以，在以塔底采出为主要产品，对塔釜成分要求比对馏出液为高时，常采用提馏段温控方案。

（2）当干扰首先进入提馏段时，例如在液相进料时，进料量或进料成分的变化首先要影响塔底的成分，故用提馏段温控就比较及时，动态过程也比较快。

由于提馏段温控时，回流量是足够大的，因而仍能使塔顶质量保持在规定的纯度范围内，这就是经常在工厂中看到的即使塔顶产品质量要求比塔底严格时，仍有采用提馏段温控的原因。

2. 精馏塔的精馏段温控

如果采用以精馏段温度作为衡量质量指标的间接指标，而以改变回流量作为控制手段的方案，就称为提馏段温控。

图 10-43 是常见的精馏段温控的一种方案。它的主要控制系统是以精馏段塔板温度为被控变量，而以回流量为操纵变量。

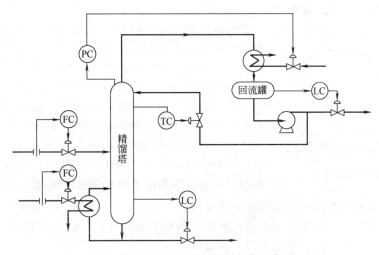

图 10-43　精馏段温控的控制方案示意图

除了上述主要控制系统外，精馏段温控还设有五个辅助控制系统。对进料量、塔压、塔底采出量与塔顶馏出液的控制方案与提馏段温控时相同。在精馏段温控时，再沸器加热量应维持一定，而且足够大，以使塔在最大负荷时，仍能保证塔底产品的质量指标在一定范围内。

精馏段温控的主要特点与使用场合如下。

① 由于采用了精馏段温度作为间接质量指标，因此，它能较直接地反映精馏段的产品情况。当塔顶产品纯度要求比塔底严格时，一般宜采用精馏段温控方案。

② 如果干扰首先进入精馏段，例如气相进料时，由于进料量的变化首先影响塔顶的成分，所以采用精馏段温控就比较及时。

在采用精馏段温控或提馏段温控时，当分离的产品较纯时，由于塔顶或塔底的温度变化很小，对测温仪表的灵敏度和控制精度都提出了很高的要求，但实际上却很难满足。解决这一问题的方法，是将测温元件安装在塔顶以下或塔底以上几块塔板的灵敏板上，以灵敏板的温度作为被控变量。

所谓灵敏板，是指在受到干扰时，当达到新的稳定状态后，温度变化量最大的那块塔板。由于灵敏板上的温度，在受到干扰后变化比较大，因此，对温度检测装置灵敏度的要求就可不必很高了。同时，也有利于提高控制精度。

3. 精馏塔的温差控制及双温差控制

以上两种方案，都是以温度作为被控变量，这对于一般的精馏塔来说，是可行的。但是在精密精馏时，产品纯度要求很高，而且塔顶、塔底产品的沸点差又不大时，应当采用温差控制，以进一步提高产品的质量。

采用温差作为衡量质量指标的间接变量，是为了消除塔压波动对产品质量的影响。因为系统中即使设置了压力定值控制，压力也总是会有些微小的波动，因而引起成分变化，这对一般产品纯度不太高的精馏塔是可以忽略不计的。但如果是精密精馏，产品纯度要求很高，微小的压力波动亦足以影响质量，使产品质量超出允许的范围，这时就不能再忽略压力的影响了。也就是说，精密精馏时，用温度作为被控变量就不能很好地代表产品的成分。温度的变化可能是成分和压力两个变量都变化的结果，只有当压力完全恒定时，温度与成分之间才具有单值对应关系（严格来说，只是对二元组分来说）。为了解决这个问题，可以在塔顶（或塔底）附近的一块塔板上检测出该板温度，再在灵敏板上也检测出温度，由于压力波动对每块塔板的温度影响是基本相同的，只要将上述检测到的两个温度值相减，压力的影响就消除了，这就是采用温差来衡量质量指标的原因。

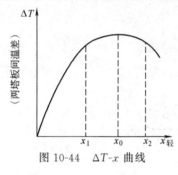

图 10-44　ΔT-x 曲线

值得注意的是，温差与产品纯度之间并非单值关系。图 10-44 是正丁烷和异丁烷分离塔的温差 ΔT 和塔底产品轻组分浓度 $x_{轻}$ 之间关系的示意图。由图可见，曲线有最高点，其左侧表示塔底产品纯度较高（即轻组分浓度 $x_{轻}$ 较小）情况下，温差随着产品纯度的增加而减小；其右侧表示在塔底产品不很纯的情况下，温差随产品纯度的降低而减小。为了使控制系统能正常工作，温差与产品纯度应该具有单值对应关系。为此，一般将工作点选择在曲线的左侧，并采取措施使工作点不致进入曲线的右侧。

为了使控制器的正常工作范围在曲线最高点的左侧，在使用温度控制时，控制器的给定值不能太大，干扰量（尤其是加热蒸汽量的波动）不能太大，以防止工作状态变到图 10-44 中曲线最高点的右侧，致使控制器无法正常工作。

温差控制可以克服由于塔压波动对塔顶（或塔底）产品质量的影响，但是它还存在一个问题：就是当负荷变化时，塔板的压降产生变化，随着负荷递增，由于两块塔板的压力变化值不相同，所以由压降引起的温差也将增大。这时温差和组分之间就不呈单值对应关系，在这种情况下可以采用双温差控制。

双温差控制亦称温差差值控制。图 10-45 是双温差控制的系统图。由图可知，所谓双温差控制就是分别在精馏段及提馏段上选取温差信号，然后将两个温差信号相减，作为控制器的测量信号（即控制系统的被控变量）。从工艺角度来理解选取双温差的理由是因为由压降

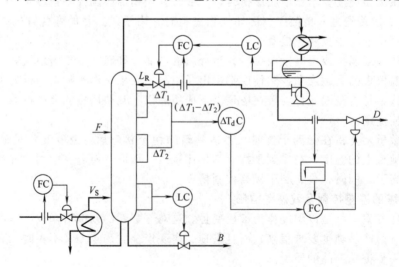

图 10-45　双温差控制

引起的温差，不仅出现在顶部，也出现在底部，这种因负荷引起的温差，在作相减后就可相互抵消。从工艺上来看，双温差法是一种控制精馏塔进料板附近的组成分布，使得产品质量合格的办法。它以保证工艺上最好的温度分布曲线为出发点，来代替单纯地控制塔的一端温度（或温差）。

4. 按产品成分或物性的直接控制方案

以上介绍的温度、温差或双温差控制都是间接控制产品质量的方法。如果能利用成分分析器，例如红外分析器、色谱仪、密度计、干点和闪点以及初馏点分析器等，分析出塔顶（或塔底）的产品成分并作为被控变量，用回流量（或再沸器加热量）作为控制手段组成成分控制系统，就可实现按产品成分的直接指标控制。

与温度的情况类似，塔顶或塔底产品的成分能体现产品的质量指标。但是当分离的产品较纯时，在邻近顶、底的各板间，成分差已经很小了，而且每块板上的成分在受到干扰后变化也很小了，这就对检测成分仪表的灵敏度提出了很高的要求。但是目前来讲，成分分析器一般精度较低，控制效果往往不够满意，这时可选择灵敏板上的成分作为被控变量进行控制。

按产品成分的直接指标控制方案按理来说，是最直接的，也是最有效的。但是，由于目前测量产品成分的检测仪表，一般来说，准确度较差、滞后时间很长、维护比较复杂，致使控制系统的控制质量受到很大影响，因此目前这种方案使用还不普遍。但是，在成分分析仪表性能不断得到改善以后，按产品成分的直接指标控制方案还是很有前途的。

第四节　化学反应器的自动控制

化学反应器是化工生产中重要的设备之一，反应器控制的好坏直接关系到生产的产量和质量指标。

由于反应器在结构、物料流程、反应机理和传热情况等方面的差异，自控的难易程度相差很大，自控的方案也千差万别。下面只对反应器的控制要求及几种常见的反应器控制方案作一简单的介绍。

一、化学反应器的控制要求

在设计化学反应器的自控方案时，一般要考虑下列要求。

1. 质量指标

化学反应器的质量指标一般指反应的转化率或反应生成物的规定浓度。显然，转化率应当是被控变量。如果转化率不能直接测量，就只能选取几个与它有关的参数，经过运算去间接控制转化率。如聚合釜出口温差控制与转化率的关系为

$$y = \frac{\rho g c (\theta_o - \theta_i)}{x_i H} \tag{10-10}$$

式中，y 为转化率；θ_i、θ_o 分别为进料与出料温度；ρ 为进料密度；g 为重力加速度；c 为物料的比热容；x_i 为进料浓度；H 为每摩尔进料的反应热。

上式表明，对于绝热反应器来说，当进料浓度一定时，转化率与温度差成正比，即 $y = K (\theta_o - \theta_i)$。这是由于转化率越高，反应生成的热量也越多，因此物料出口的温度亦越高。所以，以温差 $\Delta\theta = \theta_o - \theta_i$ 作为被控变量，可以来间接控制转化率的高低。

因为化学反应不是吸热就是放热，反应过程总伴随有热效应。所以，温度是最能够表征质量的间接控制指标。

也有用出料浓度作为被控变量的，如焙烧硫铁矿或尾砂，取出口气体中 SO_2 含量作为

被控变量。但是就目前情况，在成分仪表尚属薄弱环节的条件下，通常是采用温度为质量的间接控制指标构成各种控制系统，必要时再辅以压力和处理量（流量）等控制系统，即可保证反应器的正常操作。

以温度、压力等工艺变量作为间接控制指标，有时并不能保证质量稳定。当有干扰作用时，转化率和反应生成物组分等仍会受到影响。特别是在有些反应中，温度、压力等工艺变量与生成物组分间不完全是单值对应关系，这就需要不断地根据工况变化去改变温度控制系统的给定值。在有催化剂的反应器中，由于催化剂的活性变化，温度给定值也要随之改变。

2. 物料平衡

为使反应正常，转化率高，要求维持进入反应器的各种物料量恒定，配比符合要求。为此，在进入反应器前，往往采用流量定值控制或比值控制。另外，在有一部分物料循环的反应系统中，为保持原料的浓度和物料平衡，需另设辅助控制系统。如氨合成过程中的惰性气体自动排放系统。

3. 约束条件

对于反应器，要防止工艺变量进入危险区域或不正常工况。例如，在不少催化接触反应中，温度过高或进料中某些杂质含量过高，将会损坏催化剂；在流化床反应器中，流体速度过高，会将固相吹走，而流速过低，又会让固相沉降等。为此，应当配备一些报警、联锁装置或设置取代控制系统。

二、釜式反应器的温度自动控制　　📇 — 微课 — 🎬 — 动画 — 📹 — 视频 —

釜式反应器在化学工业中应用十分普遍，除广泛用作聚合反应外，在有机染料、农药等行业中还经常采用釜式反应器来进行碳化、硝化、卤化等反应。

反应温度的测量与控制是实现釜式反应器最佳操作的关键问题，下面主要针对温度控制进行讨论。

1. 控制进料温度

图 10-46 是这类方案的示意图。物料经过预热器（或冷却器）进入反应釜。通过改变进入预热器（或冷却器）的热剂量（或冷剂量），可以改变进入反应釜的物料温度，从而达到维持釜内温度恒定的目的。

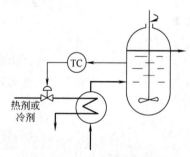　　　　　　　　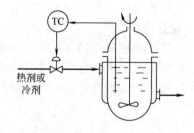

图 10-46　改变进料温度控制釜温　　　　　　图 10-47　改变加热剂或冷却剂流量控制釜温

2. 改变传热量

由于大多数反应釜均有传热面，以引入或移去反应热，所以用改变引入传热量多少的方法就能实现温度控制。图 10-47 为一带夹套的反应釜。当釜内温度改变时，可用改变加热剂（或冷却剂）流量的方法来控制釜内温度。这种方案的结构比较简单，使用仪表少，但由于反应釜容量大，温度滞后严重，特别是当反应釜用来进行聚合反应时，釜内物料黏度大，热传递较差，混合又不易均匀，就很难使温度控制达到严格的要求。

3. 串级控制

为了针对反应釜滞后较大的特点，可采用串级控制方案。根据进入反应釜的主要干扰的不同情况，可以采用釜温与热剂（或冷剂）流量串级控制（见图 10-48）、釜温与夹套温度串级控制（见图 10-49）及釜温与釜压串级控制（见图 10-50）等。

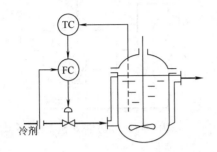

图 10-48 釜温与冷剂流量串级控制示意图

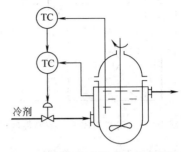

图 10-49 釜温与夹套温度串级控制示意图

三、固定床反应器的自动控制

固定床反应器是指催化剂床层固定于设备中不动的反应器，流体原料在催化剂作用下进行化学反应以生成所需反应物。

固定床反应器的温度控制十分重要。任何一个化学反应都有自己的最适宜温度。最适宜温度综合考虑了化学反应速度、化学平衡和催化剂活性等因素。最适宜温度通常是转化率的函数。

温度控制首要的是要正确选择敏点位置，把感温元件安装在敏点处，以便及时反映整个催化剂床层温度的变化。多段的催化剂床层往往要求分段进行温度控制，这样可使操作更趋合理。常见的温度控制方案有下列几种。

1. 改变进料浓度

对放热反应来说，原料浓度越高，化学反应放热量越大，反应后温度也越高。以硝酸生产为例，当氨浓度在 9%～11% 范围内时，氨含量每增加 1% 可使反应温度提高 60～70℃。图 10-51 是通过改变进料浓度以保证反应温度恒定的一个实例，改变氨和空气比值就相当于改变进料的氨浓度。

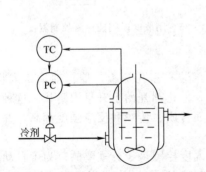

图 10-50 釜温与釜压串级控制系统示意图

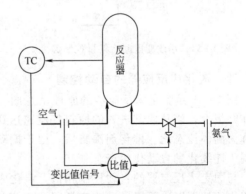

图 10-51 改变进料浓度控制反应器温度

2. 改变进料温度

改变进料温度，整个床层温度就会变化，这是由于进入反应器的总热量随进料温度变化而改变的缘故。若原料进反应器前需预热，可通过改变进入换热器的载热体流量，以控制反应床上的温度,如图 10-52 所示,也有按图 10-53 所示方案用改变旁路流量大小来控制床层温度的。

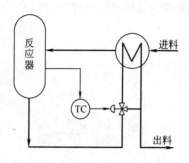

图 10-52 用载热体流量控制温度

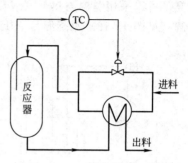

图 10-53 用旁路控制温度

3. 改变段间进入的冷气量

在多段反应器中,可将部分冷的原料气不经预热直接进入段间,与上一段反应后的热气体混合,从而降低了下一段入口气体的温度。图 10-54 所示为硫酸生产中用 SO_2 氧化成 SO_3 的固定床反应器温度控制方案。这种控制方案由于冷的那一部分原料气少经过一段催化剂层,所以原料气总的转化率有所降低。另外有一种情况,如在合成氨生产工艺中,当用水蒸气与一氧化碳变换成氢气(反应式为 $CO + H_2O \rightarrow CO_2 + H_2$)时,为了使反应完全,进入变换炉的水蒸气往往是过量很多的,这时段间冷气采用水蒸气则不会降低一氧化碳的转化率,图 10-55 所示为这种方案的原理图。

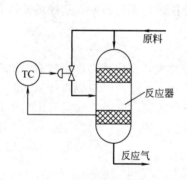

图 10-54 用改变段间冷气量控制温度

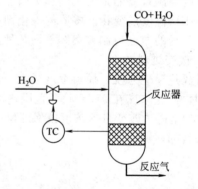

图 10-55 用改变段间蒸汽量控制温度

四、流化床反应器的自动控制

图 10-56 是流化床反应器的原理示意图。反应器底部装有多孔筛板,催化剂呈粉末状,放在筛板上,当从底部进入的原料气流速达到一定值时,催化剂开始上升呈沸腾状,这种现象称为固体流态化。催化剂沸腾后,由于搅动剧烈,因而传质、传热和反应强度都高,并且有利于连续化和自动化生产。

与固定床反应器的自动控制相似,流化床反应器的温度控制是十分重要的。为了自动控制流化床的温度,可以通过改变原料入口温度(如图 10-57 所示),也可以通过改变进入流化床的冷剂流量(如图 10-58 所示),以控制流化床反应器内的温度。

在流化床反应器内,为了了解催化剂的沸腾状态,常设置差压指示系统,如图 10-59 所示。在正常情况下,差压不能太小或太大,以防止催化剂下沉或冲跑的现象。当反应器中有结块、结焦和堵塞现象时,也可以通过差压仪表显示出来。

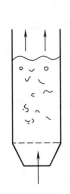

图 10-56　流化床反应器原理示意图

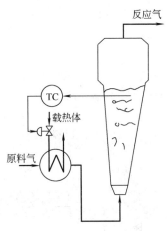

图 10-57　改变入口温度控制反应器温度

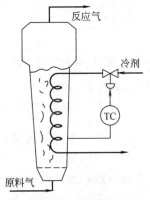

图 10-58　改变冷剂流量控制温度

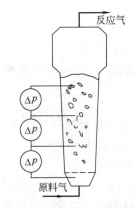

图 10-59　流化床差压指示系统

第五节　生化过程的控制

 — 微课 —

　　生化过程十分复杂，涉及生物化学、化学工程等诸多学科。生化过程的基础是发酵，利用微生物发酵可为人类提供大量食品和药品，如啤酒、谷氨酸、抗生素等。生化过程需要检测的参数包括物理参数、化学参数、生物参数。物理参数通常有生化反应器温度、生化反应器压力、空气流量、冷却水流量、冷却水进口温度、搅拌电动机转速、搅拌电动机电流、泡沫高度等。化学参数有 pH 值和溶解氧浓度。生物参数包括生物物质呼吸代谢参数、生物物质浓度、代谢产物浓度、底物浓度、生物比生长速率、底物消耗速率、产物形成速率等。这些参数中，温度、压力、流量等运用常规检测手段就能检测，而对有些参数（如成分浓度、糖、氮、DNA 等）的检测缺乏在线检测仪表，这些参数不能直接作为被控变量，因此主要可采用与质量有关的变量，如温度、搅拌转速、pH 值、溶解氧、通气流量、罐压、泡沫等作为被控变量。另外，生化过程大多采用间歇生产过程，与连续生产过程有较大差别。总体上讲，生化过程控制难度较大。

一、常用生化过程控制

1. 发酵罐温度控制

一般发酵过程均为放热过程，温度多数要求控制在 30～50℃（±0.5℃）。过程操纵变量

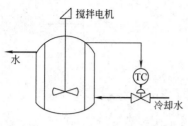

图 10-60 发酵罐温度控制

通气流量。

为冷却水量，一般不需加热（特别寒冷地区除外）。图 10-60 为发酵罐温度控制流程图。由于发酵过程容量滞后较大，因此多数采用 PID 控制规律。

2. 通气流量、罐压和搅拌转速控制

当搅拌转速、罐压和通气流量进行单回路控制时，其流程图如图 10-61 所示。由于在同一发酵罐中通气流量和罐压相互关联影响严重，因此这两个控制回路不宜同时使用。图 10-61(a) 控制罐压，而图 10-61(b) 控制

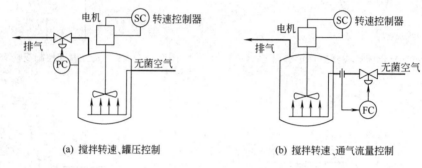

(a) 搅拌转速、罐压控制   （b) 搅拌转速、通气流量控制

图 10-61 发酵罐搅拌转速、罐压（或流通气量）控制

3. 溶氧浓度控制

在好气菌的发酵过程中，必须连续地通入无菌空气，使空气中的氧溶解到培养液中，然后在液流中传给细胞壁进入细胞质，以维持菌体生长和产物的生物合成。在发酵过程中必须控制溶解氧浓度，使其在发酵过程的不同阶段都略高于临界值，这样既不影响菌体的正常代谢，又不致为维持过高的溶氧水平而大量消耗动力。

培养液的溶解氧水平其实质为供氧和需氧矛盾的结果。影响溶氧浓度有多种因素，在控制中可以从供氧效果和需氧效果两方面加以考虑。需氧效果方面要考虑菌体的生理特性等。供氧效果方面要考虑通气流量、搅拌速率和气体组分中的氧分压、罐压、罐温以及培养液的物理性能。通常以控制供氧手段来控制溶氧浓度，最常用的溶氧浓度控制方案是改变搅拌速率和改变通气速率。

① 改变通气速率 在通气速率低时改变通气速率可以改变供气能力，加大通气量对提高溶氧浓度有明显效果。但是在空气流速已经较大时，再提高通气速率则控制作用并不明显，反而会产生副作用，如泡沫形成、罐温变化等。

② 改变搅拌速率 该方案控制效果一般要比改变通气速率方案好。这是因为通入的气泡被充分破碎，增大有效接触面积，而且液体形成涡流，可以减少气泡周围液膜厚度和菌丝表面液膜厚度，并延长气泡在液体中停留时间，提高供氧能力。

图 10-62 是改变搅拌转速的溶氧串级控制系统。

4. pH 值控制

在发酵过程中为控制 pH 值而加入的酸碱性物料，往往就是工艺要求所需的补料基质，所以在 pH 控制系统中还须对所加酸碱物料进行计量，以便进行有关离线参数的计算。图 10-63 是采用连续流加酸碱物料方式控制 pH 值。

图 10-64 是采用脉冲式流加方式控制 pH 值。在这种控制方式中，控制器将 PID 运算的输出转换成在一定周期内开关信号，控制隔膜阀（或计量杯）。该控制方式在目前应用较为广泛。

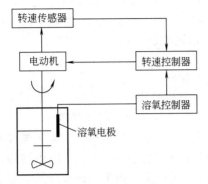

图 10-62　改变搅拌转速的溶氧串级控制系统

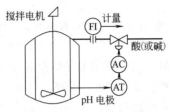

图 10-63　连续流加 pH 控制

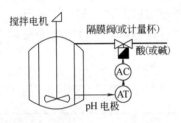

图 10-64　脉冲式流加 pH 控制

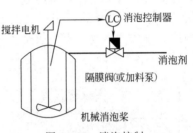

图 10-65　消泡控制

5. 自动消泡控制

在很多发酵过程中，由于多种原因会产生大量泡沫，从而引起发酵环境的改变，甚至引起逃液现象，造成不良后果。通常在搅拌轴的上方安装机械消泡桨，少量的泡沫会不断地被打破。但当泡沫量较大时，就必须加入消泡剂（俗称"泡敌"）进行消泡，采用位式控制方式。当电极检测到泡沫信号后，控制器便周期性地加入消泡剂，直至泡沫消失。在控制系统中可以对加入的消泡剂进行计量，以便控制消泡剂总量和进行有关参数计算，控制流程见图 10-65。

二、青霉素发酵过程控制

青霉素发酵过程中直接检测的变量有：温度、pH 值、溶解氧、通气流量、转速、罐压、溶解 CO_2、发酵液体积、排气 CO_2、排气 O_2 等。离线检测的参数有：菌体量、残糖量、含氮量、前体浓度和产物浓度等。通过检测这些参数，还可以进一步获取有关间接参数。各种参数随着菌体培养代谢过程的进行而变化，并且参数之间有耦合相关，会影响控制的稳定性。相关性包括两个方面，其一是理化相关，指参数之间由于物质理化性质的变化引起的关联，如传热与温度、酸碱与 pH 值和转速、通气流量和罐压与溶氧水平的相关性。其二是生物相关，指通过生物细胞的生命活动所引起的参数之间关联，如在青霉素发酵一定条件下，补糖将引起排气 CO_2 浓度的增加和培养液的 pH 值下降。

三、啤酒发酵过程控制

啤酒发酵过程是一个微生物代谢过程。它通过酵母的多种酶解作用，将可发酵的糖类转化为酒精和 CO_2，以及其他一些影响质量和口味的代谢物。在发酵期间，工艺上主要控制的变量是温度、糖度和时间的变化。糖度的控制是由控制发酵温度来完成，而在一定麦芽汁浓度、酵母数量和活性的条件下时间的控制也取决于发酵温度。因此控制好啤酒发酵过程的温度及其升降速率是决定啤酒质量和生产效率的关键。

啤酒发酵过程典型的温度控制曲线如图 10-66 所示。*oa* 段为自然升温段，无须外部控制；ab 段为主发酵阶段，典型温度控制点是 12℃；bc 段为降温逐渐进入后酵阶段，典型的降温速度为 0.3℃/h；cd 段为后酵阶段，典型温度控制点为 5℃；de 段为降温进入储酒阶段，典型的降温速度为 0.15℃/h；ef 为储酒，典型温度控制点是 0～-1℃。

啤酒发酵生产工艺对控制的要求主要是：

① 控制罐温在特定阶段时与标准的工艺生产曲线相符；

② 控制罐内气体的有效排放，使罐内压力符合不同阶段的需要；

③ 控制结果不应与工艺要求相抵触，如局部过冷、破坏酵母沉降条件等。

发酵工艺过程对温控偏差要求很高，但由于采用外部冷媒间接换热方式来控制体积较大的发酵罐温度，极易引起超调和持续振荡，整个过程存在大纯滞后环节。使用普通的 PID 控制是无法满足控制要求的。因此采用了一些特殊的控制方法，如工艺曲线分解、温度超前拦截、连续交互式 PID 控制技术等，以获得较高的控制品质。

啤酒发酵过程常采用计算机控制。整个控制系统的硬件结构见图 10-67。控制系统分为二级。第一级是 PC 监控站，用于提供操作界面，并且向控制器下装控制组态软件，便于系统功能和控制算法的修改。第二级是控制器和 I/O，每个控制器可以完成对十个发酵大罐的全部测控任务。

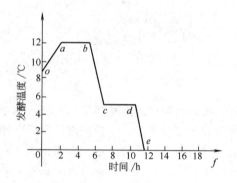

图 10-66　啤酒发酵温度控制曲线

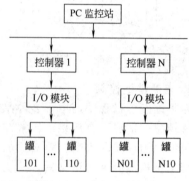

图 10-67　系统硬件结构

习题与思考题

1. 离心泵的控制方案有哪几种？各有什么优缺点？

2. 为了控制往复泵的出口流量，采用图 10-68 所示的方案行吗？为什么？

3. 试述图 10-69 所示的离心式压缩机两种方案的特点，它们在控制目的上有什么不同？

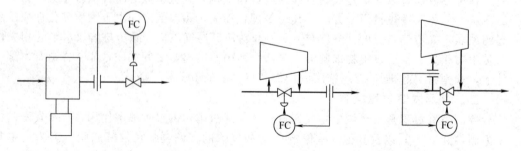

图 10-68　往复泵的流量控制　　　　　图 10-69　离心式压缩机的控制方案

4. 试简述压缩机防喘振的两种控制方案，并比较其特点。

5. 两侧均无相变化的换热器常采用哪几种控制方案？各有什么特点？

6. 图 10-70 所示的列管式换热器，工艺要求出口物料稳定，无余差，超调量小。已知主要干扰为载热体（蒸汽）压力不稳定。试确定控制方案，画出该自动控制系统原理图与方块图，并确定所选控制器的控制规律及正反作用。

7. 改变加热蒸汽流量和改变冷凝水流量的加热器控制方案的特点各是什么？

8. 氨冷器的控制方案有哪几种？各有什么特点？

9. 试说明在双冲量控制系统中，引入蒸汽流量这个冲量的目的是什么？

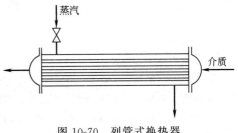

图 10-70　列管式换热器

10. 试说明在三冲量控制系统中，为什么要引入供水流量这个冲量？

11. 试结合图 10-35 所示的锅炉液位的三冲量控制系统，分别分析当汽包液位、蒸汽流量、供水压力增加时，控制阀是怎么动作的？

12. 精馏塔的自动控制有哪些基本要求？

13. 精馏塔操作的主要干扰有哪些？哪些是可控的？哪些是不可控的？

14. 精馏塔的被控变量与操纵变量一般是如何选择的？

15. 精馏段温控与提馏段温控各有什么特点？分别使用在什么场合？

16. 何谓温差控制与双温差控制？试述它们的使用场合。

17. 化学反应器对自动控制的基本要求是什么？

18. 为什么对大多数反应器来说，其主要的被控变量都是温度？

19. 釜式、固定床和流化床反应器的自动控制方案有哪些？

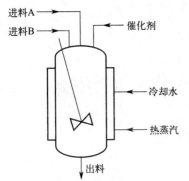

图 10-71　釜式反应器

20. 某连续搅拌釜式放热反应器如图 10-71 所示，反应初期要用热蒸汽加热诱发反应，反应进行后要移除热量。工艺要求反应混合物出料中反应产物的摩尔浓度超过一定值，且出料量稳定。试确定控制方案，画出该自动控制系统的结构图，确定控制阀的开闭形式、控制器的控制规律及正反作用。

21. 生化过程控制有何特点？

参 考 文 献

[1]　厉玉鸣．化工仪表及自动化．6版．北京：化学工业出版社，2018.

[2]　张光新，杨丽明，王会芹．化工自动化及仪表．2版．北京：化学工业出版社，2016.

[3]　俞金寿，孙自强．过程自动化及仪表．3版．北京：化学工业出版社，2015.

[4]　王化祥．自动检测技术．3版．北京：化学工业出版社，2018.

[5]　张毅，张宝芬，曹丽，彭黎辉．自动检测技术及仪表控制系统．3版．北京：化学工业出版社，2012.

[6]　张宏建．自动检测技术与装置．2版．北京：化学工业出版社，2010.

[7]　周泽魁．控制仪表与计算机控制装置．北京：化学工业出版社，2002.

[8]　乐新．一种基于TCP/IP协议的新型网络传感器的研究．传感器世界．2005.

[9]　张志君，于海晨，宋彤．现代检测与控制技术．北京：化学工业出版社，2007.

[10]　孟华，刘娜，厉玉鸣．化工自动化及仪表．北京：化学工业出版社，2009.

[11]　孙德辉，史运涛．网络控制系统．北京：国防工业出版社，2008.

[12]　孙洪程，李大字．过程控制工程设计．2版．北京：化学工业出版社，2009.